BIBLIOTECA TÉCNICA – 4

Volumes publicados:

1. *Traçados de Caldeiraria, Funilaria, Encanador Industrial e Geometria Descritiva* — Antônio Ghizze
2. *Manual do Encanador Industrial* — Antônio Ghizze
3. *Manual Técnico de Tubulação Industrial* — Antônio Ghizze

MANUAL DE
TROCADORES DE CALOR,
VASOS E TANQUES

Dados de Catalogação na Publicação (CIP) Internacional
(Câmara Brasileira do Livro, SP, Brasil)

Ghizze, Antônio.
G347m Manual de trocadores de calor, vasos e tanques / Antônio Ghizze. -- São Paulo : IBRASA, 1989.
(Biblioteca técnica ; v. 4)

1. Trocadores de calor I. Título.

88-2193 CDD-621.4022

Índices para catálogo sistemático:

1. Calor : Transferência : Engenharia 621.4022
2. Trocadores de calor : Engenharia 621.4022

ANTÔNIO GHIZZE

MANUAL DE TROCADORES DE CALOR, VASOS E TANQUES

(De acordo com as normas da API)

IBRASA
INSTITUIÇÃO BRASILEIRA DE DIFUSÃO CULTURAL LTDA.
SÃO PAULO

Direitos desta edição reservados à

IBRASA
INSTITUIÇÃO BRASILEIRA DE DIFUSÃO CULTURAL LTDA.
Rua 13 de Maio, 446 - Tel.: 3284-8382
01327-000 - Bela Vista - São Paulo - SP

03047 – SÃO PAULO – S.P.

Publicado em 2009

IMPRESSO NO BRASIL – PRINTED IN BRAZIL

NOTA DO AUTOR

Ao Mestre, Técnico, Supervisor, Desenhista Projetista, Estudante e Engenheiro: este Manual tem por objetivo atender a uma área especializada, cujos profissionais trabalham em todos os rincões de nosso Brasil.

Todas as matérias aqui compiladas foram baseadas nas normas da API (American Petroleum Institute), em convenções e práticas profissionais de anos em diversas firmas projetistas e instaladoras.

Agradeço a todos aqueles que, de uma forma ou de outra, colaboraram e, principalmente, a meus dois jovens filhos que mantém o mesmo objetivo de realizar algo construtivo para o bem de nosso País.

ÍNDICE

INTRODUÇÃO – NOÇÕES GERAIS

CAPÍTULO I

Vasos de pressão são recipientes que têm seu uso destinado a várias utilidades na indústria.
Possui o nome de vaso de pressão porque, na maioria das vezes, opera com diversas pressões tanto interna como externa.

Pressão Interna: é pressão de operação que trabalha dentro do equipamento que pode variar desde pressão inferior a da atmosfera, isto é, pressão abaixo de 0 sendo também chamada pressão de vácuo até pressão superior ou pressão acima da atmosfera.

Pi = Pressão Interna

Pi $<$ 0
Pressão de Vácuo

Pi $>$ 0
Pressão superior da Atmosfera

Pressão Externa: é pressão de operação que trabalha fora do equipamento para seu interior, e pode trabalhar tanto no vácuo sendo pressão negativa, ou pressão superior a da atmosfera, pressões acima de 0.

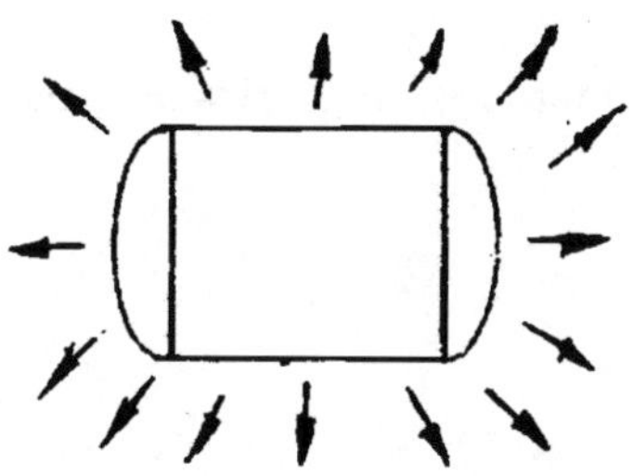

Fig. 3

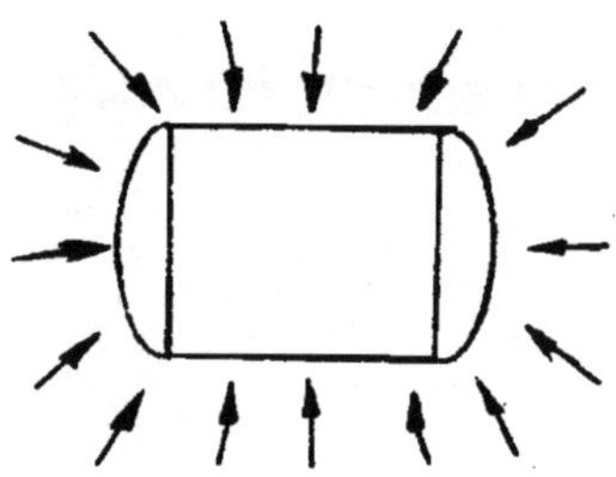

Fig. 4

Pe = Pressão Externa

Pe $<$ 0
Pressão de Vácuo

Pe $>$ 0
Pressão Superior da Atmosfera

Pressão Normal: Chama-se pressão normal a pressão ambiente e seu valor ao nível do mar é exatamente 1 kgf/cm^2, porém, à medida que subimos ela se altera. Por exemplo, em São Paulo, a pressão normal é menor que a pressão normal de Santos. Isto significa que, se medirmos com aparelhos de precisão, iremos notar que, em Santos, a pressão normal é exatamente 1 kgf/cm^2, mas, à medida que subimos em relação ao nível do mar, a pressão se altera. Em São Paulo, a pressão é aproximadamente 0,96 kgf/cm^2, porém, se subirmos até o Pico da Neblina, a pressão será mais inferior.
Para efeito de construção de vasos de pressão, considera-se pressão 0 a pressão ambiente ou também chamada pressão normal.

P = 0	P > 0	P < 0
Pressão de ambiente ou normal	Pressão superior ou alta pressão	Pressão inferior ou baixa pressão

FINALIDADES DOS VASOS

Os vasos de pressão servem para estocagem de produtos líquidos, viscosos, em suspensão, em gases, sendo empregados também como misturadores, reatores filtros, separadores, degasadores e uso geral.

Para uso de estocagem de produtos líquidos operam normalmente em pressão normal e para estocagem de produto em forma de gás, operam igualmente em alta pressão.

TIPOS DE VASOS

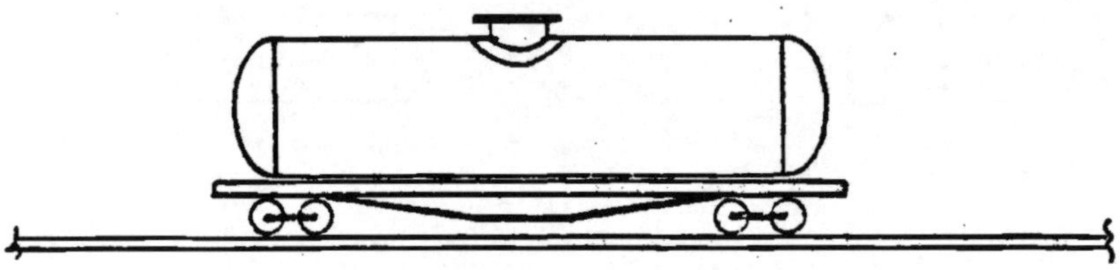

Fig. 5

Pressão normal — transporte de líquidos

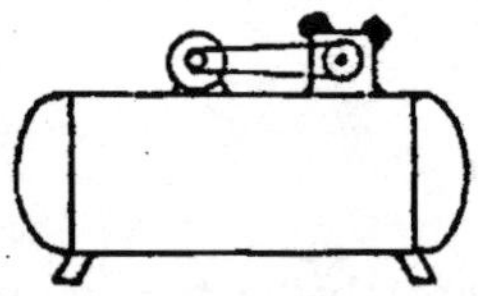

Fig. 6

Alta pressão — reservatório de ar comprimido

Para uso como misturadores servem nas operações de trabalho tanto normal, alta ou baixa.

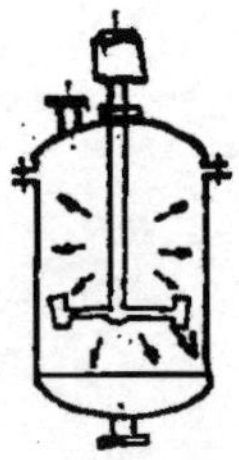

Fig. 7

Fig. 7 — Tipos comuns de vasos usados como misturadores, trabalhando com pressões internas.

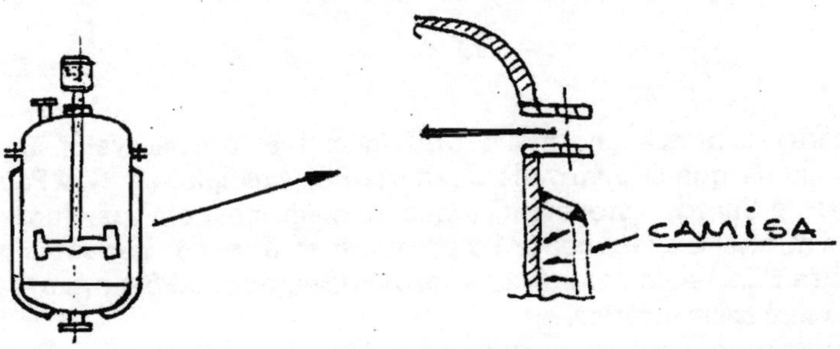

Fig. 8

Fig. 8 — Tipos de vasos usados como reatores, revestidos com camisas, neste caso operando com variações de pressões interna e externa.

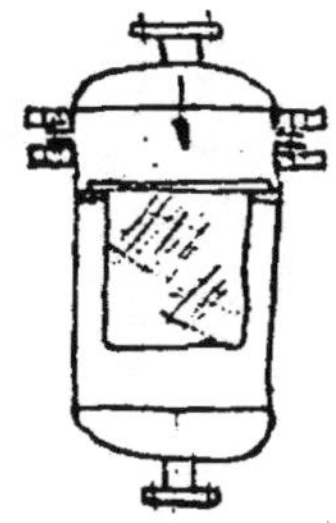

Fig. 9

Fig. 9 — Tipos de vasos usados como filtros de cesta, sendo muito comum seu uso nas grandes indústrias, também operam com diferença de pressões desde pressão de vácuo até altas pressões. Esse tipo de filtro também pode ser usado como separador.

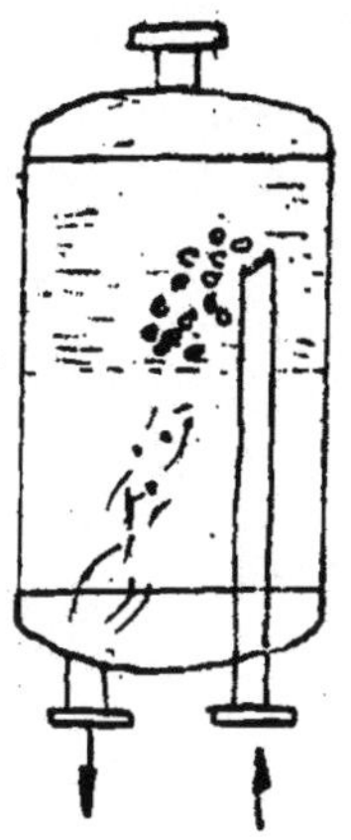

Fig. 10

Fig. 10 — Tipos de vasos de pressão usados como degasadores. Estes vasos operam geralmente em pressão ambiente, são muito usados em firmas químicas, tendo por objetivo reagir certos tipos de gases que saem de uma reação e reagem com outro produto líquido a ser preparado para ser lançado na atmosfera, evitando assim a poluição.

FORMA DE APRESENTAÇÃO:

Os vasos de pressão aparecem na maioria das vezes em diversas posições, uns se apresentam em sua forma horizontal como são conhecidos os reservatórios de combustível do tipo vagão de trem, compressores, etc.. Esses tipos de vasos na horizontal também são denominados vasos deitados, outros porém apresentam em sua forma na posição vertical e são usados como reservatórios de produtos líquidos ou pastosos, em geral como filtros, degasadores, reatores, misturadores, etc., esses vasos também são conhecidos como vasos de Pé.
Os vasos podem se apresentar na posição de Pé ou deitados, dependendo de sua utilidade na indústria ou conforme o espaço apresentado.

FIXAÇÃO DE VASOS VERTICAIS:

Os vasos de pressão na posição vertical podem apresentar diversas maneiras de fixação, dependendo do lugar e da circunstância que o encontre, podendo apresentar-se na forma de fixação por pernas, variando a quantidade de 3 a mais pernas, dependendo do seu diâmetro e sua carga, ou pode apresentar sua fixação do tipo saia para grandes diâmetros e grandes cargas.
Para os vasos verticais fixos em determinadas elevações onde não é possível a colocação de pernas, usa-se fixação do tipo garras ou conhecidas também como sapatas de fixação. Essas sapatas apresentam-se fixas em sua lateral através de uma chapa suporte e sua quantidade pode variar de 2 ou mais, dependendo da carga ou da posição no lugar em que se localiza.
Exemplo de fixação de vasos verticais.

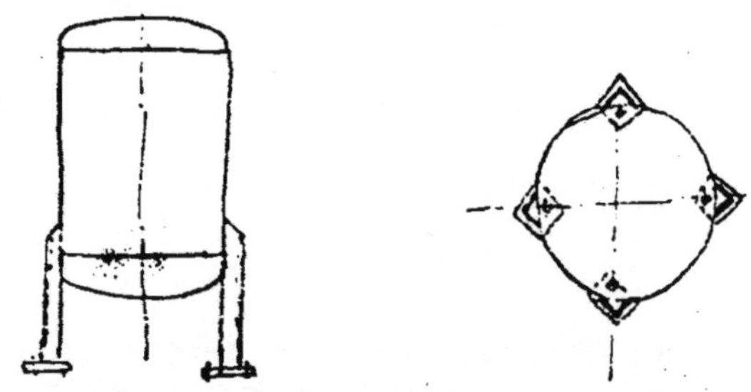

Fig. 11 Elevação Planta

Fig. 11 — Tipos de vasos verticais por pernas. Para estes tipos de fixação pode ser feito com cantoneiras de abas iguais, tubos, vigas tipo "U", viga tipo "I", perfil tipo "T", para a fixação das pernas no corpo do vaso deve existir uma chapa de reforço sempre do mesmo material do vaso e espessura igual, porém, o material para as pernas pode ser de aço carbono. Na fixação das pernas do vaso, a base deve ser feita de chapa na espessura superior a 1/4" com furo para fixação de chumbadores.

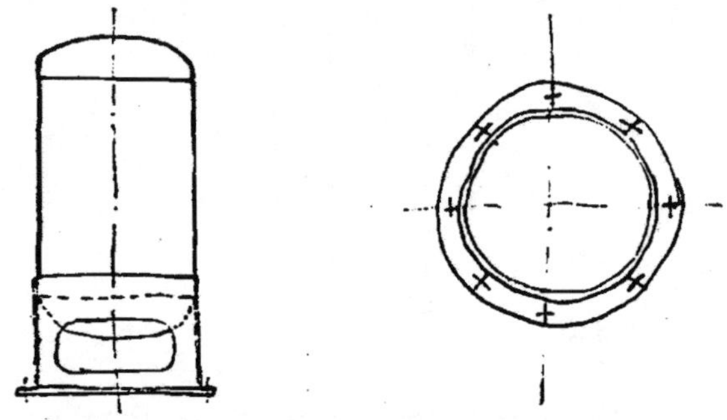

Fig. 12 Elevação Planta

Fig. 12 — Tipos de vasos verticais fixos por saias. Este tipo de fixação deve ser feito para vasos de grande diâmetro onde a carga requer muito esforço, devendo primeiro, fazer um anel no vaso, sempre do mesmo material e espessura igual, após deve ser feita sua fixação com chapa de espessura igual ou maior que a espessura do corpo. Para fixação da saia na base deve ser feita uma coroa do tipo flange com furação para chumbadores e espessura mínima de 1/4".

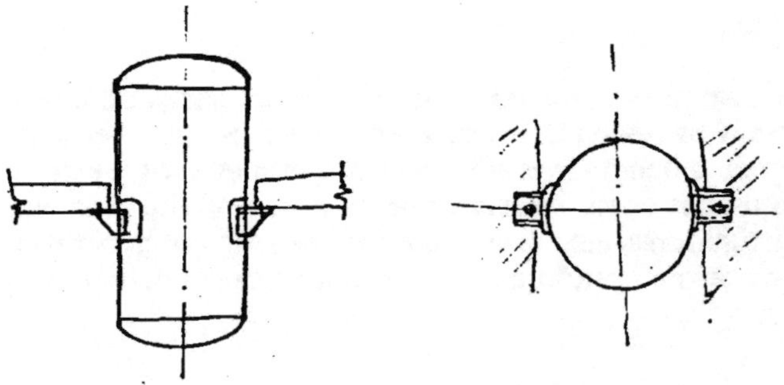

Fig. 13 Elevação Planta

Fig. 13 — Tipos de vasos verticais fixos por sapatas. ESte tipo de fixação pode apresentar 2 ou mais sapatas, dependendo da posição ou carga do vaso, e a fixação da sapata no corpo do vaso deve ter sempre uma chapa de reforço da mesma espessura e material do vaso.

FIXAÇÃO DE VASOS HORIZONTAIS:

Os vasos de pressão na posição horizontal se apresentam, na maioria das vezes, fixos por suportes denominados berços de fixação, devendo sempre apresentar uma chapa de suporte na mesma espessura e material do corpo. O número de suportes por vasos horizontais, varia de 2 ou mais, dependendo do comprimento do vaso e cargas aplicadas.

Fig. 14 — Exemplo de fixação de vasos horizontais por berço:

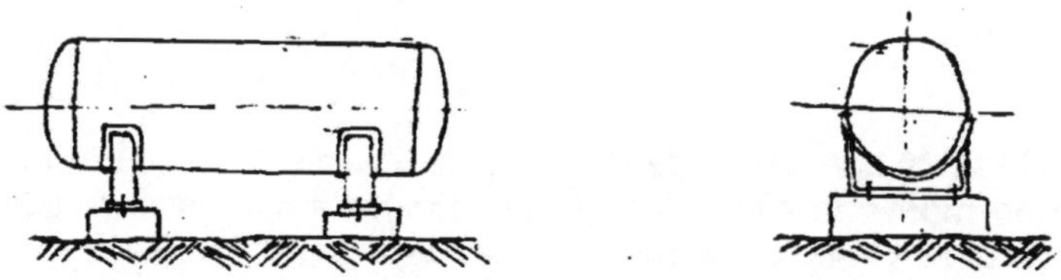

Fig. 14 Vista de frente Vista em lateral

Além do tipo de fixação de berços para vasos horizontais, também podem ser apresentados tipos de fixação pos sapatas ou vasos aterrados, estes, porém, apresentam fixação sobre uma base de concreto.
Fig. 15 — Exemplo de vasos horizontais fixos por sapatas.

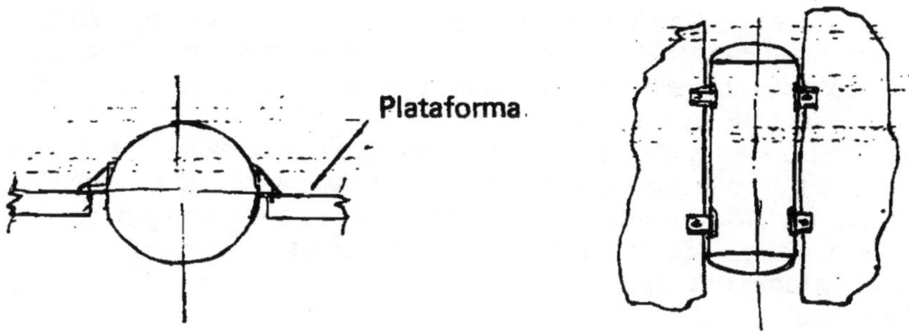

Fig. 15 Elevação Planta

Fig. 16 e 17 — Exemplo de vasos aterrados.

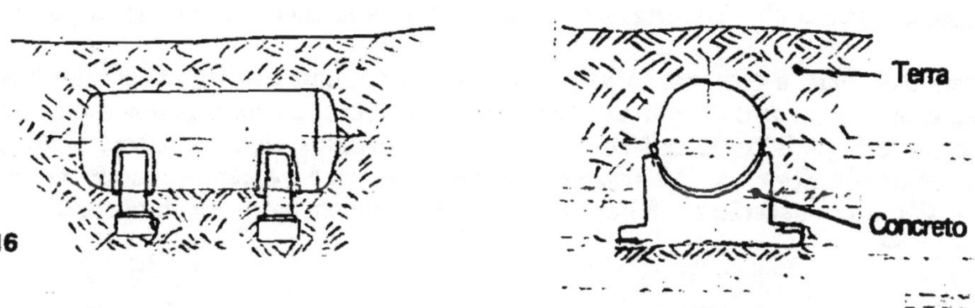

Fig. 16

Elevação Lateral

Para os vasos horizontais aterrados, suas bases devem ser sempre de concreto, apresentando apenas uma guarnição entre o vaso e a base, porém, quando aparecerem vasos do tipo de fixação horizontal em lugares não aterrados e de terrenos caídos, devem apresentar um cinto de segurança para evitar que boie com água de chuva. Casos típicos:

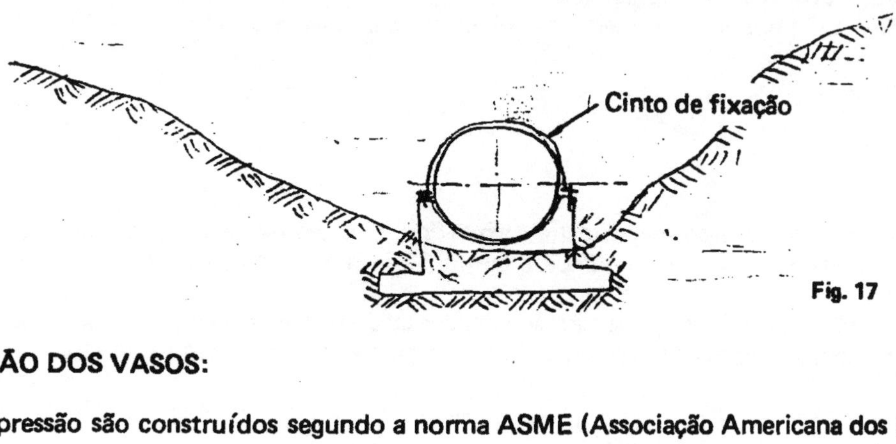

Fig. 17

CONSTRUÇÃO DOS VASOS:

Os vasos de pressão são construídos segundo a norma ASME (Associação Americana dos Engenheiros Mecânicos).

Esta norma padronizou tudo sobre construção de vasos, desde tipo de solda, até os cálculos a serem feitos para o projeto. Mas o objetivo no momento não é divulgar os cálculos e nem ensinar como resolver projetos, mas sim, dar-lhes toda técnica possível para seu desenho e construção.
Para construir ou mesmo desenhar, é preciso termos todas as informações necessárias.
Primeiro devemos saber sua finalidade de trabalho e volume, em função disto determinar-se-á o diâmetro e altura. Tendo estes dados, então poderemos pensar nos bocais que terão quantidade necessária conforme utilidade do projeto. Existem alguns que são necessários para o serviço: bocal de alimentação, bocal de saída de produto, bocal de dreno, indicador de nível e, no caso de produtos líquidos, haverá um respiro ou mesmo podendo ter um ladrão, dependendo do produto não ser inflamável, ou no caso de ser inflamável, haverá um bocal adaptado com válvula quebra-chama.
Quando os vasos forem de pequenos diâmetros e tamanhos, não haverá necessidade de um bocal de inspeção ou limpeza, mas para os vasos de grande diâmetro e grande altura, haverá a necessidade de um bocal de inspeção com diâmetro suficiente para entrada de um homem, o qual se entitulou de Boca de Visita.
Além dos bocais, os vasos possuem os pontos de fixação que são os pés. Estes, porém, devem ser feitos conforme necessidade, com três ou mais sapatas, sais e berços.
Para fabricá-lo, o caldeireiro deverá serguir o desenho, por isto que se exige que o desenhista tenha conhecimento de como é feito, para um auxiliar o outro e não haver necessidade de ter intermediários entre caldeireiro e desenhista. O principal fator que auxilia na fabricação do vaso é a cotagem do desenho, e detalhamento para a cotagem, existem cotas que são primordiais e são as seguintes:
Principais cotas para construção dos vasos:
- diâmetro interno do corpo
- espessura do corpo
- altura da linha de tangência a linhas de tangência
- formato do tipo do tampo
- elevações dos bocais
- projeções dos bocais
- elevação do vaso em relação aos pés

As outras medidas quanto a clip, suportes e escadas, deverão aparecer em detalhes separados ou folha de desenho à parte.
O diâmetro interno do vaso é uma das principais medidas para construí-lo e a espessua poderá variar quanto sua temperatura e pressão, mas o diâmetro interno deverá ser fixo. Quando aparecerem vasos de pequenos diâmetros, o corpo poderá ser feito de pedaços de tubo e, nestes casos, será conforme diâmetro nominal do tubo existente e a espessura conforme a classificação dos Schedules, que é a denominação de espessura de tubos. Os vasos de grandes diâmetros deverão ser feitos de chapa virada ou em setores calandrados.

TIPOS DE TAMPOS:

A finalidade dos tampos do vaso de pressão é aumentar a área e diminuir a pressão a uma força constante.
Exemplo:

$$\text{Pressão} = \frac{\text{Força}}{\text{Área}}$$: Quanto maior a área, menor será a pressão para uma força constante

Por este motivo, existem diversos tipos de tampos.
Em função da pressão e da temperatura, poderemos utilizar os seguintes tipos de tampos:
- Elipsoidal
- Torosférico (abaulado)
- Hemisférico
- Cônico
- Torocônico

Fig. 18 — Para construção dos tampos elipsoidal e torosférico, existem determinadas tabelas que darão as dimensões em função do diâmetro, que é o mesmo do corpo. Servem para vasos de alta pressão ou para armazenar produtos líquidos.
Estes tampos também são conhecidos por tampo abaulado e suas aplicações principais são: compressores, caldeiras de vapor, misturadores, degasadores, potes de armazenagem e muitas outras utilidades.

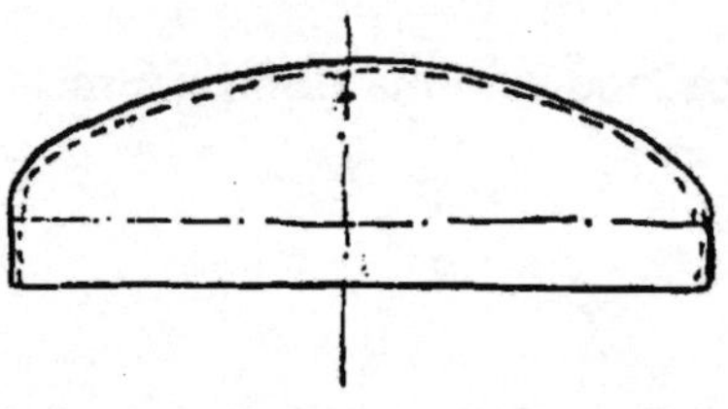

Fig. 18

Desenho típico de tampo abaulado Torisférico e Elipsoidal

Fig. 19 – Tampo hemisférico, devido à alta pressão de um vaso e por necessitar de aumentar a área para diminuir a pressão, ou seja, diminuir as tensões de esforços, usa-se tampo hemisférico, que apresenta a maior área possível. Estes tampos apresentam uma dimensão básica e única que é o diâmetro do corpo.

Utilidades destes tampos nos vasos de pressão:

- Armazenagem de gases ou vapores de alta pressão e os tipos mais conhecidos destes vasos são: armazenamento de gás liquefeito de petróleo nas indústrias Petroquímicas, tanques de transporte de produtos gasosos tipo pipa. Ex.: carretas de gás liquefeito.

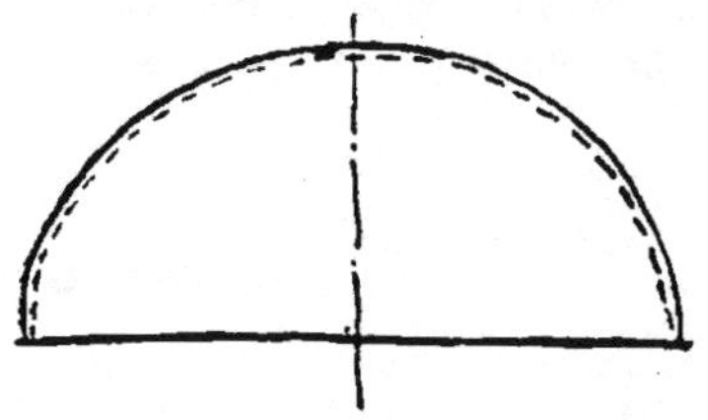

Fig. 19

Desenho de tampo hemisférico ou conhecido como tampo de meia bola

Fig. 20 – Tampo Cônico: Estes tampos apresentam-se em forma de cone e trabalham com baixa pressão, suas principais utilidades são: silos de armazenamento de produto a granel, silos de armazenar pós, ciclone, misturados e potes de dosagem para produtos granulados em geral.

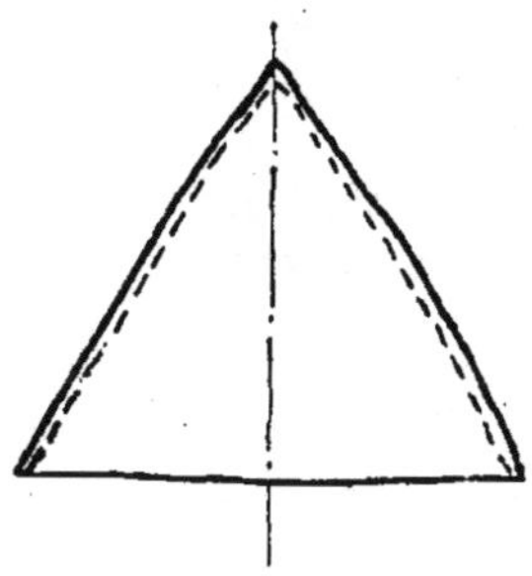

Fig. 20

Desenho de Tampo Cônico

Fig. 21 – Tampo Torocônico: Estes tampos trabalham com mais pressão que os tampos cônicos e servem também para operar com produtos gasosos de média pressão.

A diferença do tampo cônico e torocônico é que o segundo apresenta um raio na base e suas utilidades são: silos de produtos líquidos de alta temperatura, produtos vapores de pressões médias para partes superiores de caldeiras para armazenar produtos viscosos em geral.

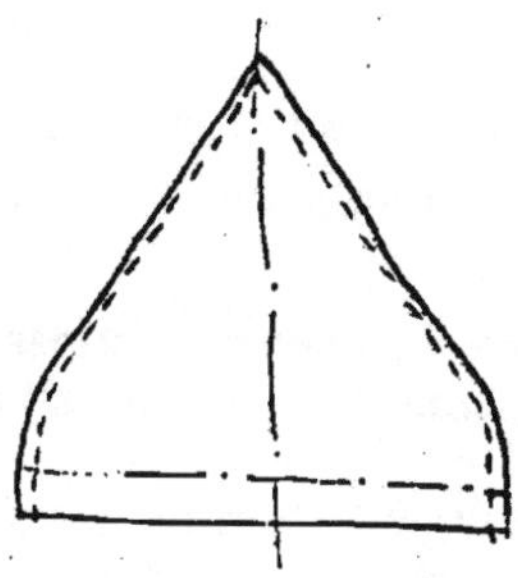

Fig. 21

Desenho de Tampo Torocônico

TIPOS DE BOCAIS

Os vasos de pressão apresentam bocais conforme necessidade de projeto, porém, alguns são necessários à fabricação conforme demonstrativo abaixo:

Tipos de Bocais:
- Entrada de produto
- Saída de produto
- Dreno
- Boca de visita
- Indicador de nível
- Respiro

Bocal de Entrada de Produto: Pode aparecer um ou mais, dependendo do tipo de serviço que se vai fazer com o vaso. Ex.: quando se trata de um reator ou um misturador, necessitamos de vários bocais de entrada de produto e os mesmos podendo variar de diâmetro. Para bocais de diâmetro até duas polegadas se fixará no corpo apenas soldado e os de diâmetro acima de duas polegadas haverá necessidade de uma chapa de reforço em torno do bocal, devido ao esforço que este apresenta quanto ao peso.
Vide desenho abaixo dos tipos de bocais:

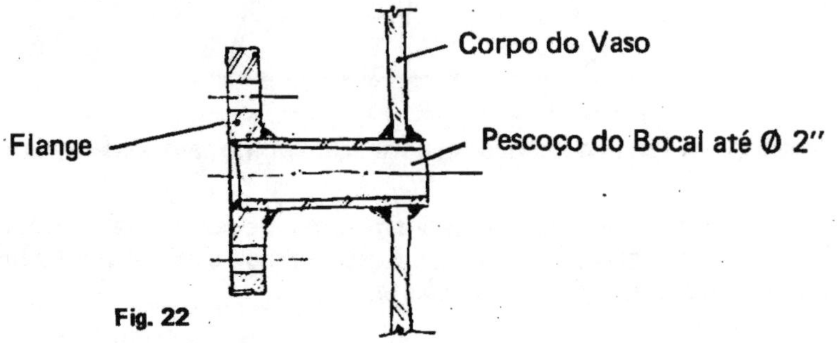

Fig. 22

Fig. 22 – Bocal de Ø 2" soldado ao corpo: Este tipos de bocais não necessita de chapa de reforço devido apresentar pouco esforço nas soldas (flanges leves e pescoço curto).

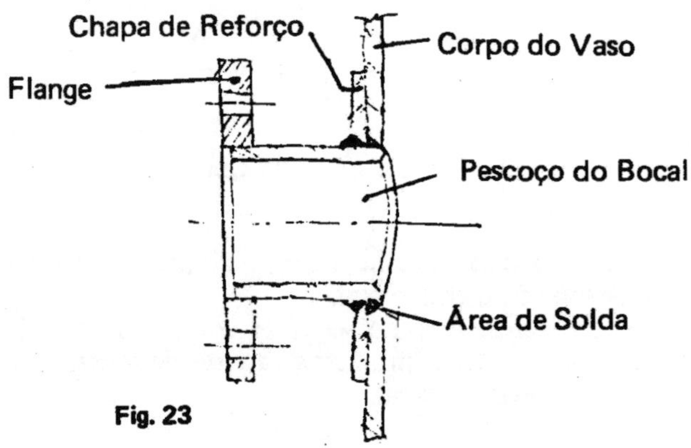

Fig. 23

Fig. 23 – Bocal de diâmetro acima de 2": nestes casos eles apresentam muito esforço na solda que une ao corpo, devido ao peso do flange e do pescoço, por isso, houve a necessidade de alimentar a área de solda e melhorar a fixação diminuindo as tensões.

Bocal de saída de produto: Estes têm as mesmas características dos bocais de entrada quanto ao diâmetro e apresentação, porém, o que difere é que, geralmente, se faz alimentação pelo ponto mais elevado e saída de produto pela parte mais baixa.
Fig. 24 – Bocal de Dreno: Todo vaso de pressão tem necessidade do dreno que, na maioria das vezes, vem apresentado por uma conexão ou uma luva de pequeno diâmetro, sua finalidade é o escoamento de água de limpeza ou restos de produtos que ficam no fundo do vaso.
Os drenos deverão aparecer sempre na parte mais baixa do vaso, pois sua finalidade é escoar produto.
Vide desenho abaixo:

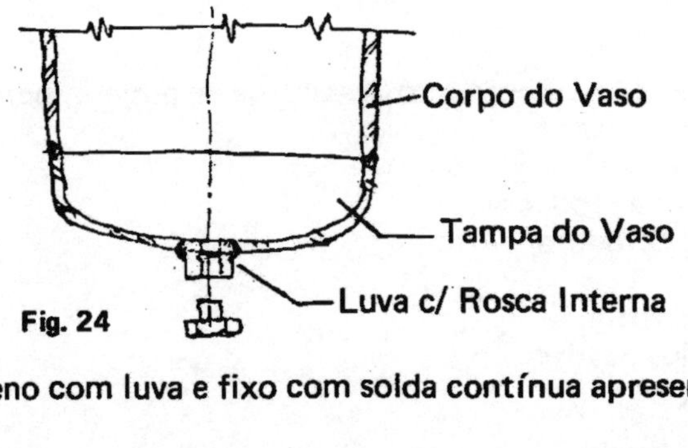

Fig. 24

Desenho típico de dreno com luva e fixo com solda contínua apresentando tampa com rosca.

Boca de Visita: Devido alguns vasos apresentarem grandes tamanhos e quando em sua manutenção houver necessidade da entrada de um homem para limpar, deverão ter uma entrada que foi batizada com o nome de Boca de Visita.

As bocas de visita foram padronizadas em diâmetro de 18", 20" e 24", conforme o tamanho do vaso então se determinará o tamanho, fazendo, então, um bocal proporcional ao tamanho do corpo.
Em alguns vasos de pressão, os bocais se apresentarão na forma horizontal ou vertical, isto devido à forma que se apresenta o vaso, também em alguns casos poderão apresentar-se em lugares baixos ou lugares elevados.
Para os bocais de visista de diâmetro 22" e 24" por terem seus flanges muito pesados, poderão, conforme o local, ter a obrigatoriedade de apresentar um turco, que é uma alça que serve de dobradiça entre o flange do pescoço e o flange cego.
Fig. 25 — Vide desenho abaixo de tipos de Bocal de Visita:

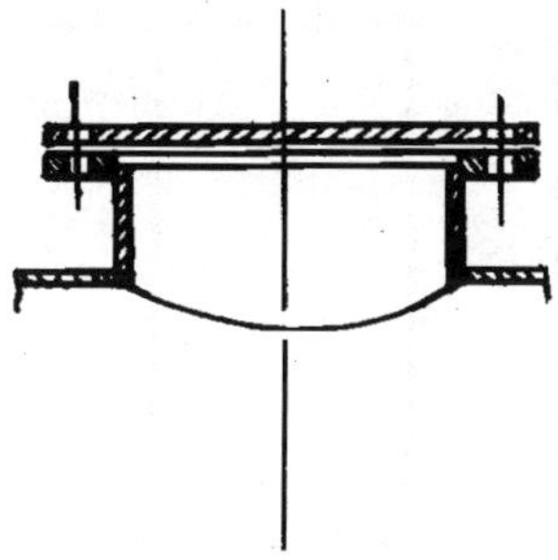

Fig. 25

Fig. 26 — Boca de Visita vertical simples, apresentando apenas uma alça no flange cego para remoção quando se der a entrada de homem para o vaso.

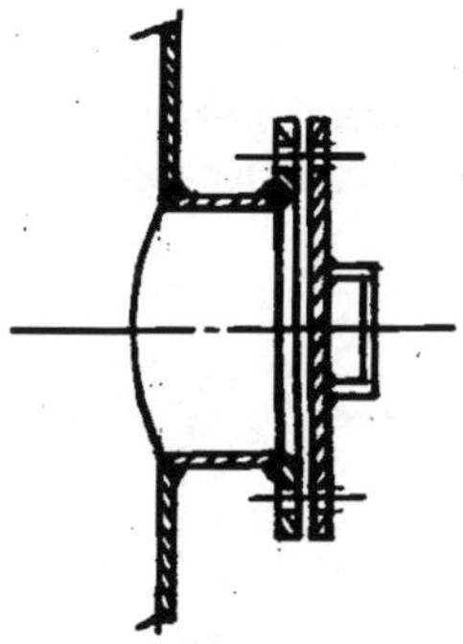

Fig. 26

Boca de Visita de grandes diâmetros, apresentando turco para facilitar a entrada do homem para o vaso, devido ser pesados ou estarem em lugares não acessíveis.
Para Bocas de Visita que se apresentam em posições horizontais, não haverá necessidade de um turco, mas poderá apresentar dobradiças laterais para facilitar ao operador ou para oferecer maior visão e segurança.
Fig. 27 — Vide desenho típico abaixo de Bocais Horizontais:

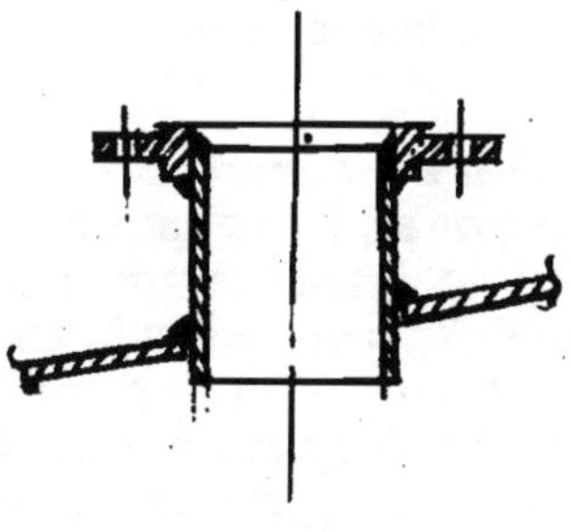

Fig. 27

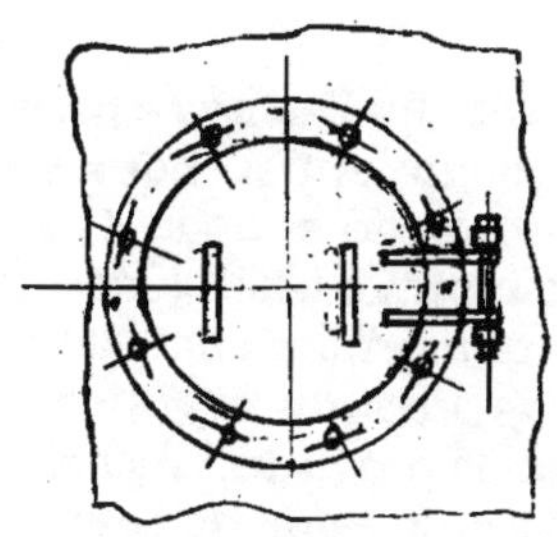

Fig. 28

Fig. 28 — Boca de Visita simples em posição horizontal, apresentando dobradiças fixas no flange cego.

Indicador de Nível: Os vasos de pressão na posição vertical ou horizontal, deverão apresentar um indicador de nível, que serve para acusar em que ponto está o produto dentro, uma vez que o vaso não é transparente. Porém, quando os vasos operarem em altas pressões, apresentarão um visor de nível que será composto por duas válvulas angulares e um visor de tubo de vidro temperado, porém, os indicadores apenas poderão apresentar uma válvula e o visor poderá ser de tubo de mangueira plástica transparente. Em alguns casos, pode apresentar indicador de nível externo com bóia interna, mas estes não são muito recomendáveis por não apresentarem uma medida precisa.

Vide desenho típico abaixo:

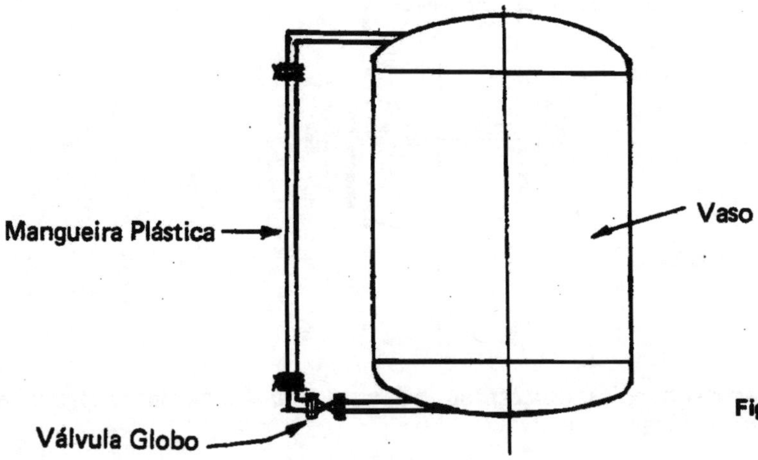

Fig. 29

Tipo de indicador com mangueira plástica transparente para vasos com pressão ambiente e produto não corrosivo e quando houver produtos corrosivos haverá necessidade de tubos de vidro.

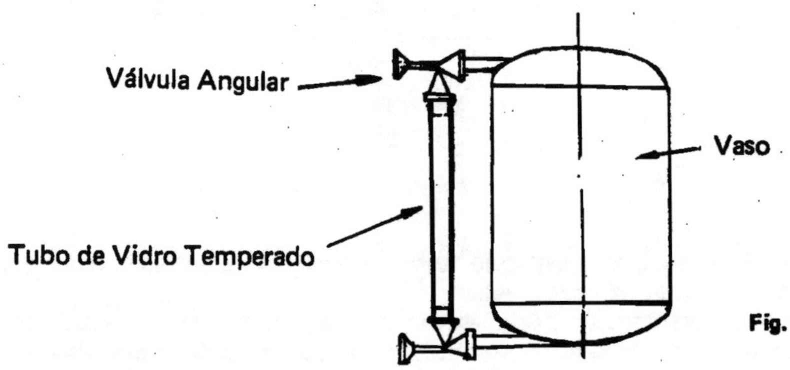

Fig. 30

Fig. 30 — Desenho de visor de nível para alta pressão e alta temperatura, aparecendo duas válvulas angulares e tubo de vidro temperado. Estes visores são muito usados em caldeira e reboilers.

Respiro: A finalidade dos respiros é permitir a entrada e saída de ar do interior do vaso, pois sem ele não haveria condição do produto entrar, porque o vaso se encontra cheio de ar, ou no caso do vaso estar cheio de produto não sairia, nao tendo entrada de ar para o interior do mesmo. Devido serem estocados diversos tipos de produtos, existe também a necessidade de vários tipos de respiros. No caso de produtos granulados, pode apresentar simplesmente um tubo com sua extremidade virada para baixo, para não permitir a entrada de água de chuva e, no caso de produtos na forma de pó, poderá apresentar um tipo semelhante, apenas com um filtro de pó, porém, no caso de produtos inflamáveis, estes vasos terão um bocal conectado a uma válvula quebra-chama que permite a entrada e saída de gases, não deixando que entre no seu interior a chama no caso de incêndio. No caso de caldeiras de alta pressão ou compressores que operam com altas pressões, existe para um bocal adaptado, uma válvula de segurança que permitirá uma vazão, quando este ultrapassar as pressões de trabalho. Fig. 31 — Vide senho abaixo de respiros.

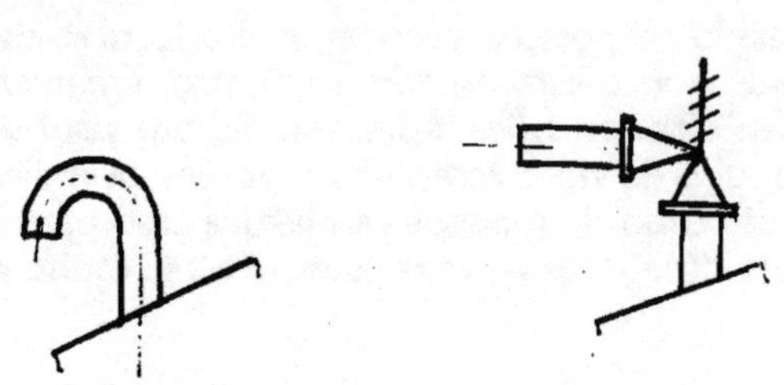

Fig. 31

Fig. 32 — Tipo de respiro para produtos líquidos ou granulados não inflamáveis.

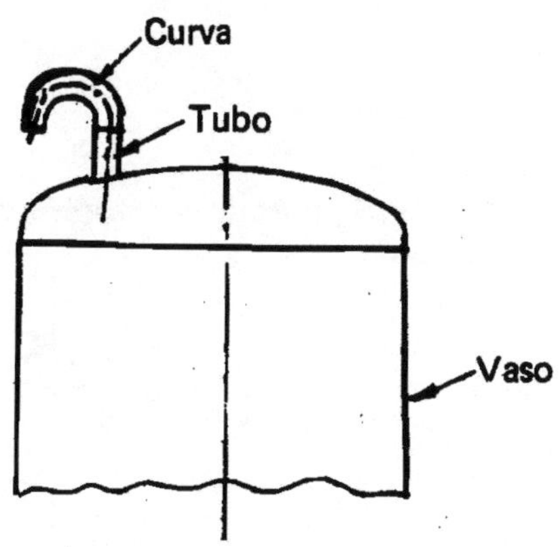

Fig. 32

Fig. 33 — Tipo de Respiro com bocal simples, adaptável a uma válvula quebra-chama para vasos com produtos inflamáveis.

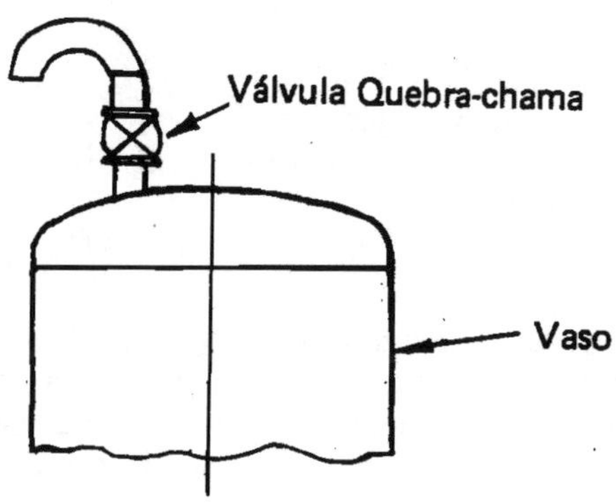

Fig. 33

Fig. 34 — Tipo de respiro com bocal simples, adaptável a uma válvula de segurança para vasos que operam em altas pressões, tipo caldeiras.

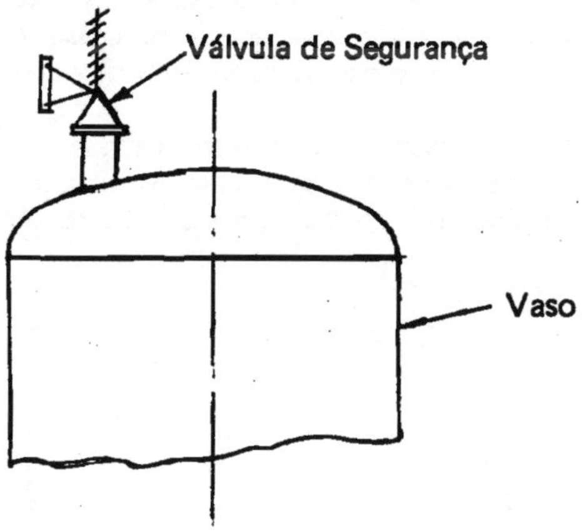

Fig. 34

CLIPS PARA OS BOCAIS:

Os vasos de pressão ou recipientes fechados ao possuírem bocais, estes atuam um certo esforço, provocando grandes tensões nas soldas e quanto maior o bocal, maior será o esforço atuado sobre a solda.
Sabemos também que em todos os bocais há sempre uma linha que interliga ao vaso, porém, algumas linhas são de pequenos diâmetros e atuam pouco esforço sobre o mesmo, porém, as linhas de grandes diâmetros, por serem de grande peso e atuando grande esforço sobre a solda, há a necessidade de clips para suportes a fim de aliviar os esforços provocados.

Vide desenho abaixo de exemplos de clips para aliviar esforços provocados.

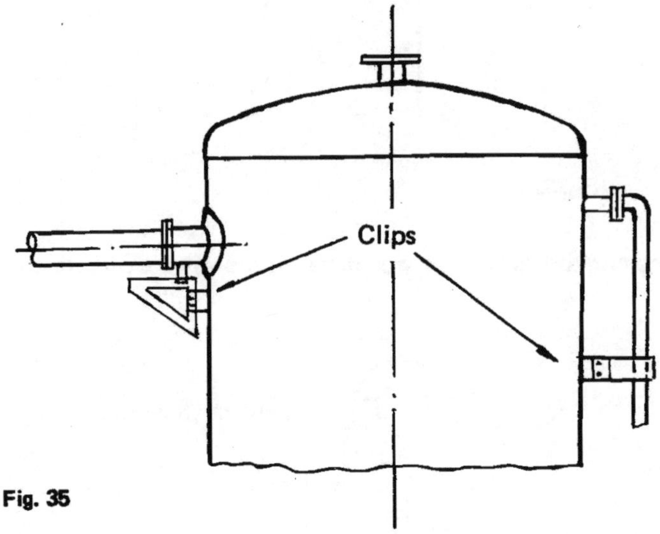

Fig. 35

Os clips têm grandes necessidades e diversas finalidades nos vasos, no caso para sustentação de suportes de tubos que atuam grandes esforços eles servem também para eliminar grandes regiões de soldas sobre o corpo do vaso, no caso de ter de soldar um suporte diretamente, então podemos fixá-lo através de clips.
Outra grande utilidade dos clips é a fixação de escadas tipo marinheiro que evitam as grandes regiões de solda do suporte diretamente no casco do vaso.

SUPORTES PARA ESCADAS:

Os vasos ao serem projetados possuem diversos tamanhos e quanto maior for o vaso, mais difícil torna-se para o serviço de manutenção e operação, por isto foi projetada a escada tipo marinheiro, que serve para conduzir o homem até o bocal desejado onde houver uma válvula ou coisa semelhante para operar.
As escadas marinheiro são fixas no casco dos vasos através de clips, como acabamos de conhecer no item anterior e fixada através de parafusos.
Como existem vários tamanhos de vasos, também existem várias alturas e para isto foi determinado que acima de três metros ou por motivo de segurança as escadas tipo marinheiro possuiriam uma guarda de proteção. Vide desenho abaixo de exemplos de escadas tipo marinheiro em vasos de pressão. Fig 36 — Sem proteção com altura até três metros.

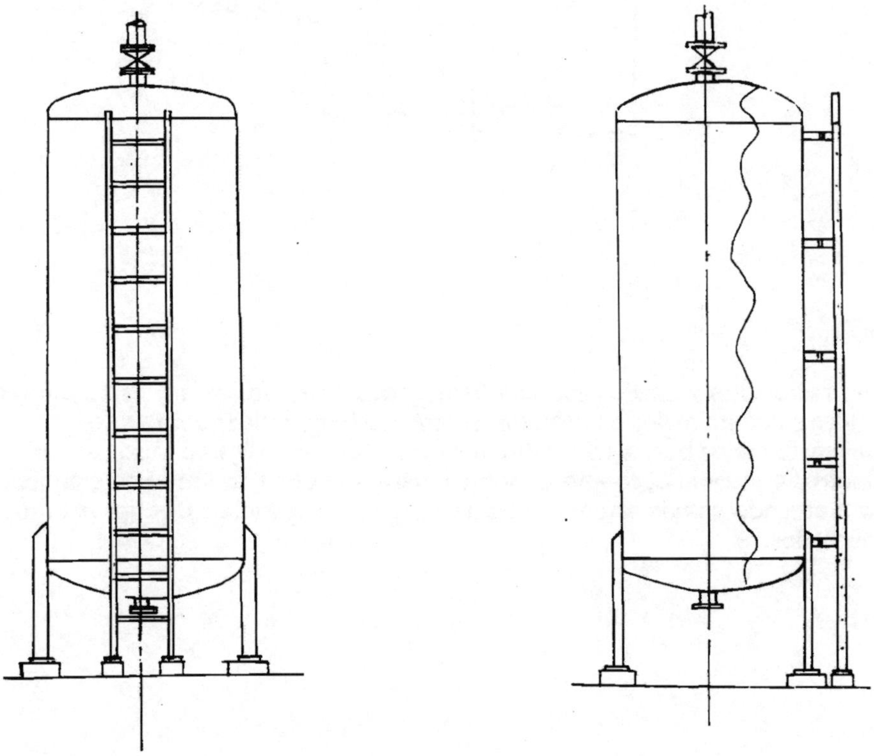

Fig. 36

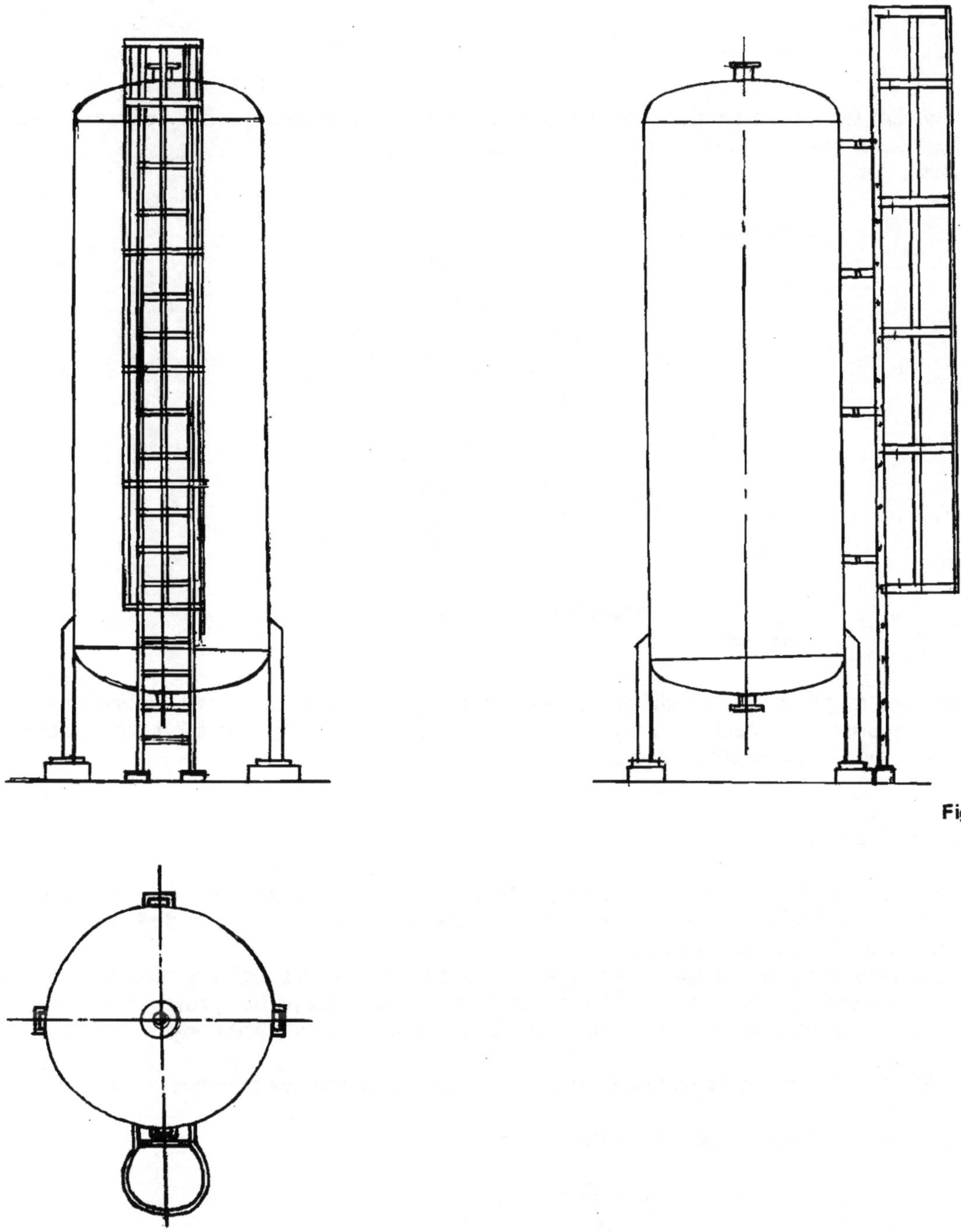

Fig. 37

Fig. 37 — Desenho típico de escadas marinheiro com proteção e presa ao casco do vaso através de parafuso sobre o clips.
Estes tipos de escadas, quando tiverem mais de dez metros, será necessário fazer um pequeno patamar para descanso, ou seja, evitar fadiga do operador e evitar acidente.

SUPORTE PARA ISOLAMENTO:

Os vasos de pressão têm diversas finalidades, como acabamos de conhecer nos itens anteriores, uns operam em temperatura ambiente, outros, porém, operam com diferente temperatura. E, para esses vasos, foi criado um certo tipo de isolamento que pode variar conforme a temperatura. Para os vasos com temperatura baixa, ou seja, temperatura abaixo de 0°, usa-se como isolamento de revestimento externo os seguintes materiais: isopor, poliuretano ou cortiça e as espessuras variam de acordo com a temperatura.
Para vasos que operam com temperatura superior, ou seja, alta temperatura, usa-se lã de rocha ou fibra de vidro e as espessuras variam de acordo com a temperatura.
Esse isolamento, tanto para a temperatura baixa ou alta, deve ser fixado ao vaso através de uma cola, mas de-

vem ser recobertos com uma placa de alumínio, a fim de protegê-lo e quando o vaso for de grande diâmetro, deverá, na fabricação, prever clips, ou seja, suporte para isolamento.
Vide desenho abaixo, Fig. 38:

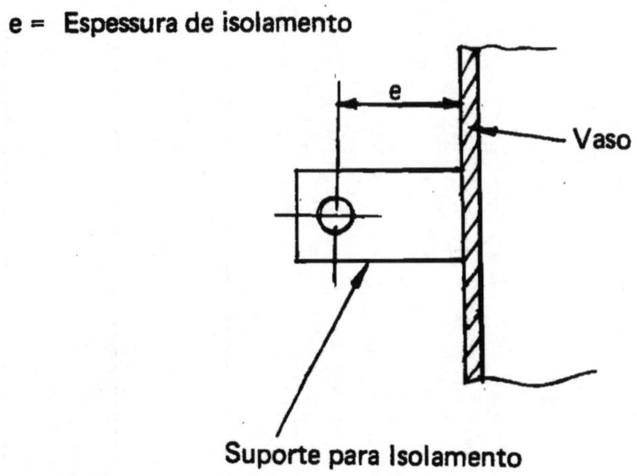

Fig. 38

Estes suportes para isolamento devem ser divididos e espaçados sobre o vaso, conforme a tabela de tamanho das placas. Também quanto ao tamanho, ou seja, altura do furo para amarrá-lo, deve ser de acordo com a espessura do isolamento tabelado pela temperatura.

SUPORTE PARA FIO TERRA:

Como sabemos, os vasos de pressão têm diversas finalidades, um serve para estocar produtos inflamáveis e outros produtos não inflamáveis. Os que operam com produtos inflamáveis são os que devemos tomar mais cuidado, ou seja, evitar o risco de faísca que poderá provocar incêndio.
Outros cuidados são para os vasos que trabalham fora da área coberta, ou seja, trabalham no campo exposto ao ar livre, e estes vasos correm sérios riscos, principalmente o de raios, que poderá provocar danos na indústrica, portanto, para esses problemas foi criado um dispositivo contra esses possíveis perigos que são os suportes para fio terra.
Os suportes para fio terra é uma chapa de ferro fixa ao pé do vaso ou Berço que prenderá o cabo de terra que se ligará ao solo.
Fig. 39 — Vide desenho típico abaixo de suporte de fio terra.

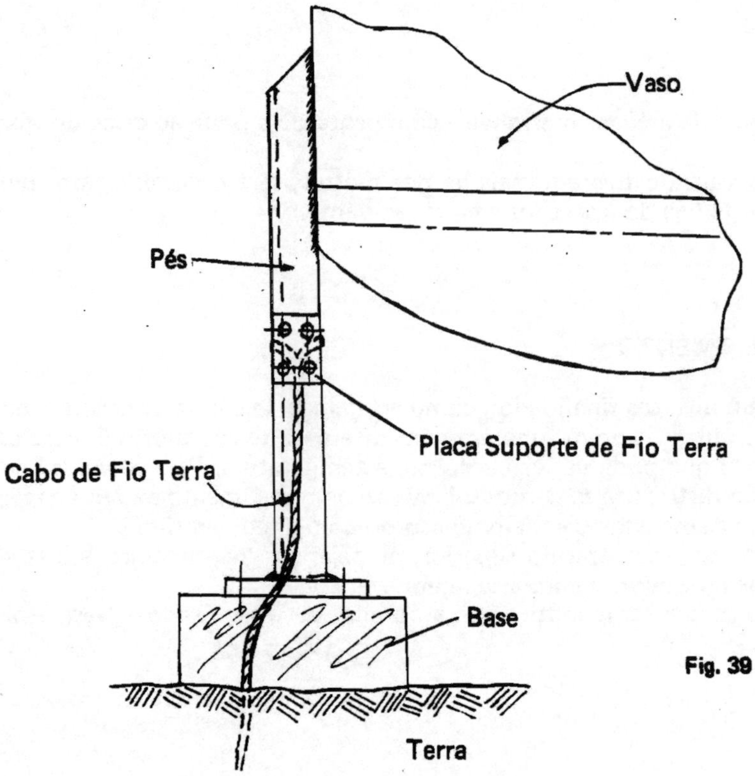

Fig. 39

Vide desenho abaixo de vasos com suporte para isolamento espaçado e vasos com isolamento afixado, ou seja, isolado. Fig. 40.

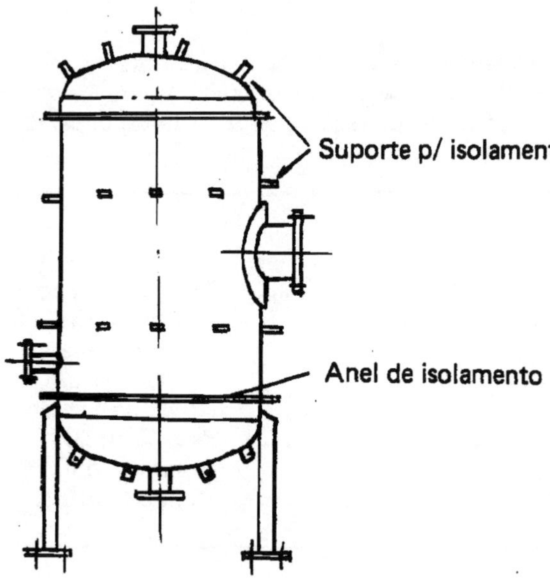

Fig. 40

Em algum caso como acima, vemos também a presença de um anel de isolamento que deve ser soldado aproximadamente 150 milímetros distante da linha de tangência e as alturas também devem ser respeitadas conforme espessura do isolamento.
Vide desenho abaixo de vasos isolados: Fig. 41.

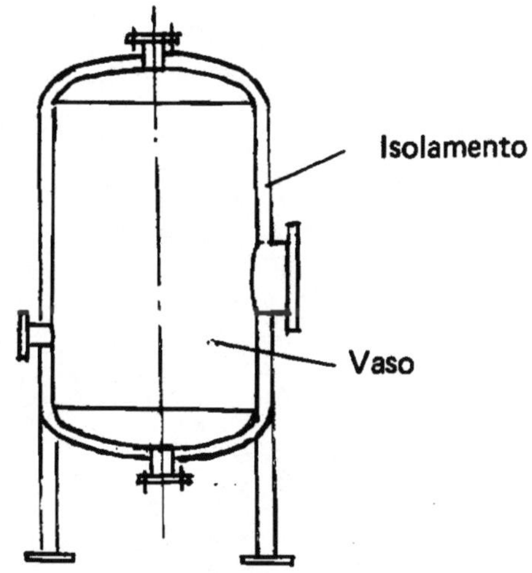

Fig. 41

Quando o vaso tiver que ser isolado, devemos fazer os bocais com pescoço mais longo para, quando isolados, haver espaço para a montagem apertar os parafusos das flanges.

PLACA DE IDENTIFICAÇÃO:

Todo vaso de pressão é construído através de um projeto, portanto, possui todas as características necessárias para fabricação.
Ao ser fabricado logo é testado e inspecionado, sendo depois, enviado ao cliente juntamente com os desenhos de fabricação.
No caso de passar muitos anos e serem perdidos os desenhos dos vasos, não teremos condições de saber suas características técnicas de projeto, portanto teremos dificuldades se tivermos que usar este vaso em um novo projeto.
Para evitar esta casualidade foi definido que todo vaso deverá levar consigo uma placa de identificação que portará todas as características técnicas de projeto do vaso.

Ao serem construídos os vasos eles são calculados para uma pressão de projeto que é cinqüenta por cento a mais que a pressão de trabalho, isto para oferecer maior segurança de serviço.
Portanto as placas de identificação oferece ao usuário todas as características técnicas necessárias para execução de um projeto e são a seguir. Exemplo:

Código: ..... Asme	Temperatura de Projeto: ....
Pressão de Projeto:	Temperatura de Trabalho: ....
Pressão de Trabalho:	Tipo de Junta: ....
Pressão de Teste Hidrostático:	Tolerâncias p/ Corrosão: ....
Eficiência de Solda:	Alívio de Tensão: ....
Radiografia:	Peso Vazio: ....
Peso Específico:	Volume Nominal: ....
Peso Cheio D'Água:	Volume Bruto: ....

Cada firma de Caldeiraria possui um tipo específico de placa, portanto, todas deverão levar gravada consigo estes dados acima que são calculados a fim de sabermos quais as características do vaso.

CAPÍTULO II

TANQUES

TANQUES API – AMER. PETROLEUM INSTITUTE (INSITUTO AMERICANO DE PETRÓLEO)

Estes tanques devem considerar e manter as exigências necessárias estabelecidas para que ele se torne um equipamento ou instalação em condições técnicas para o armazenamento do produto.

CLASSIFICAÇÃO DOS TANQUES API

Os tanques podem ser classificados pela forma do teto:
1. Tanques de teto fixo
2. Tanques de teto móvel
3. Tanques de teto com diafragma flexível
4. Tanques de teto flutuante.

Escolha do local para construção de um tanque API:
1. Natureza do solo
2. Necessidade de ampliação
3. Facilidade de operação
4. Facilidade de acesso de segurança operacional

Volume de Estocagem:
1. Produção da unidade
2. Característica do produto armazenado
3. Consumo da região
4. Tipo de transporte utilizado para abastecimento

Determinação do número de tanques:
1. Custo do barril armazenado
2. Segurança operacional
3. Manutenção e operação
4. Exigências de serviços
5. Perdas por evaporação no respiro

ASSUNTO

De acordo com norma se estabelece as exigências referentes a projeto e fabricação de tanques para armazenamento de petróleo e derivados de aço carbono, soldados, verticais, cilíndricos, não submersos de teto fixou ou flutuante.

TERMINOLOGIA

Para efeitos desta norma fica estabelecida a terminologia constante da Fig. 1.

CLASSIFICAÇÃO DOS TANQUES

Os tanques são classificados pela forma do teto, nos seguintes tipos:
a) Teto cônico: com a forma aproximada da superfície de um cone reto.
b) Teto curvo: com a forma de uma superfície esférica.
c) Teto em umbrela: variação de teto curvo, de tal forma que qualquer seção horizontal seja um polígono regular.
d) Teto auto-suportado: quando suportado unicamente pelo costado do tanque.

FUNDO

A espessura nominal mínima das chapas do fundo será de 6,4 mm (1/4"). Todas as chapas retangulares devem ter largura mínima de 1,20 m, inclusive as chapas sobre as quais descansa o costado e cujas extremidades sejam retangulares.
As chapas do fundo devem, obrigatoriamente, quando recortadas, exceder a borda externa da solda que une o fundo a chapa do costado de, no mínimo, 25 mm.

O fundo deve ser construído de acordo com um dos métodos abaixo:

a) Chapas do fundo unidas por juntas sobrepostas devem ser razoavelmente retangulares e esquadrejadas. Juntas no fundo de tanques que contenham três sobreposições devem ficar distanciadas, no mínimo, de 300 mm uma da outra e, no mínimo, de 300 mm do costado.

COSTADO

Os esforços devem ser calculados supondo-se que o tanque esteja cheio de água de peso específico de 1 t/m^3 e que o esforço em cada anel seja aplicado na linha de centro da junta horizontal inferior doa anel em questão.
As cargas radiais isoladas aplicadas aos costados dos tanques tais como as causadas pelas plataformas ou passadiços elevados entre tanques, devem ser distribuídos por meio de perfis estruturais laminados nervuras de chapa ou outros elementos perferivelmente em um plano horizontal.
A espessura nominal das chapas do costado não deve ser inferior ao seguintes valores.

Diâmetro Nominal do Tanque, em Metros	Espessura Nominal Mínima, em mm
Menor do que 15,0	4,7 mm (3/16")
de 15,0 até 35,0	6,4 mm (1/4")
de 35,0 até 60,0	8,0 mm (5/16")

A largura das chapas do costado não deverá ser inferior a 12,0 m salvo para o anel superior que poderá ter uma largura mínima de 300 mm.
As juntas verticais de topo deve ser reforçados na aresta superior do último anel com uma cantoneira de dimensões da tabela seguinte.

Diâmetro em metros	Cantoneiras
$\leqslant$ 10	2.1/2" x 2.1/2" x 1/4"
10 - 18	2.1/2" x 2.1/2" x 5/16"
> 18	3" x 3" x 3/8"

As aberturas nos costados dos tanques, quando maiores do que as necessárias para alojar uma conexão de 50 mm (2") de dimensão nominal, devem ser reforçadas. A área mínima da seção transversal do reforço não deve ser inferior ao produto do diâmetro vertical da abertura feita no costado do tanque pela espessura da chpa do costado.
A área da seção transversal do reforço deve ser medida verticalmente e deve ser coincidente com o diâmetro da abertura.
Todos os reforços exigidos devem ser feitos numa distância acima e abaixo da linha de centro da abertura do costado, igual à dimensão vertical da mesma abertura. O reforço pode ser obtido empregando-se qualquer uma das seguintes soluções ou a combinação de alguma delas:

a) O flange da conexão
b) A chapa de reforço.
c) A parte do pescoço da conexão que pode ser considerada como reforço, conforme parágrafo seguinte.
d) Qualquer espessura em excesso da chapa do costado, acima do exigido.

Podem ser consideradas como áreas parciais de reforço as seguintes partes do pescolo de uma conexão:

a) Aquela que se estende para fora da superfície externa da chapa do costado, numa distância igual a 4 vezes a espessura da parede do pescoço ou até o ponto de transição, se a espessura da parede do pescoço sofrer redução dentro dessa distância.
b) Aquela compreendida pela espessura da chapa do costado.
c) Aquela que se estende para dentro da superfície interna da chapa do costado, numa distância igual ao especificado no item A.

Quando duas ou mais aberturas estiverem localizadas tão próximas que as extremidades das duas chapas de reforço normal estejam a uma distância menor do que dez vezes a espessura da chapa de reforço mais grossa, num mínimo de 15 cm, elas devem ser consideradas da seguinte forma:

a) Todas as aberturas devem ser incluídas em uma só chapa de reforço, a qual deve ser dimensionada pela maior das aberturas do grupo.

b) Se as chapas de reforço normais para as aberturas menores do grupo, consideradas separadamente, ficarem localizadas dentro dos limites da área coberta pela chapa de reforço da abertura maior, as aberturas menores poderão ser incluídas nessa chapa de reforço normal da abertura maior, sem que sejam aumentadas as dimensões dessa chapa.

c) Se as chapas de reforço normais para as aberturas menores consideradas separadamente não ficarem localizadas dentro dos limites da área coberta pela chapa de reforço normal da abertura maior, as dimensões e a forma da chapa de reforço do grupo deverão poder incluir os limites externos das chapas de reforço normais de todas as aberturas do grupo. A modificação do contorno da chapa de reforço normal da abertura maior para cobrir os limites externos das chapas de reforço das aberturas menores mais distanciadas deve ser feitas em concordância convergente uniforme a não ser que a chapa de reforço normal de qualquer abertura intermediária esteja localizada fora dos limites fixados, caso em que a linha de concordância convergente uniforme a não ser que a chapa de reforço normal de qualquer abertura intermediária esteja localizada fora dos limites fixados, caso em que a linha de concordância deverá ligar os limites externos das diversas chapas de reforço normais.

d) Sempre que alguma das aberturas cruzar a linha vertical central da outra a largura total da chapa de reforço final referida a linha central vertical de qualquer uma das duas aberturas não deve ser inferior à soma das larguras das chapas de reforço normais para a abertura em causa.

TETO

O teto e a estrutura de suporte devem ser projetadas para resistirem a uma sobrecarga não inferior a 100 kg/m^2, correspondendo 50 kg/m^2 ⁻A carga viva e 50 kg/m^2 ao vácuo.
As chapas do teto devem ter espessura nominal mínima de 4,7 mm (3/16").

COLUNA DO TETO

Poderão ser usadas para colunas do teto perfis estruturais ou a critério do comprador , tubos de aço. Devem ser instaladas guias de fixação no fundo do tanque para evitar qualquer movimento lateral da base das colunas. As peças de ligação das vigas radiais ao costado do tanque devem ser soldadas a este, as guias de fixação da base das colunas devem ser soldadas ao fundo do tanque. Todas as outras ligações estruturais poderão ser aparafusadas, rebitadas ou soldadas.
A inclinação de um teto cônico, com estruturas de suporte deve ser de 1:15, salvo quando especificado de forma diferente.

VIGAS RADIAIS

a) A espessura da alma das vigas radiais não deve ser menor que 4,3 mm.
b) O espaçamento entre as vigas radiais não deve ser maior que 1,65 m exceto quando um dos lados do painel for suportado pela cantoneira de apoio do teto ou outro elemento transversal de apoio da chapa de teto. Neste caso, o espaçamento pode ser de 1,90 m.

DIMENSIONAMENTO DOS TETOS AUTO-SUPORTADOS

Tetos cônicos auto-suportados devem obedecer às seguintes condições:
a) O ângulo θ da geratriz do cone com a horizontal será no máximo 37°, Fig. A.

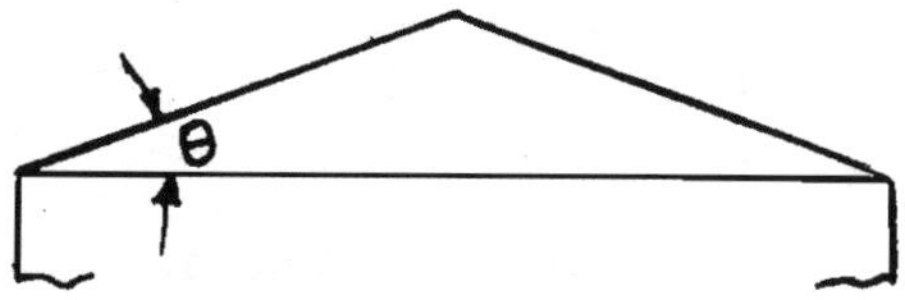

Fig. A

b) A espessura nominal das chapas do teto em mm será:

e mínimo = $\frac{D}{5 \text{ Sen. } \theta}$ e nunca inferior a 4,7 mm.
e máximo = 12,7 mm.
Onde: D = Diâmetro nominal do costado do tanque em metros.
e = Espessura nominal das chapas do teto em milímetros.

c) A área da seção transversal da cantoneira de apoio do teto em mm^2, adicionada às áreas das seções transversais das chapas do costado e do teto, compreendidas dentro de uma distância igual a 16 vezes suas respectivas espessuras, distâncias estas medidas a partir dos seus mais afastados pontos de ligação com a cantoneira de apoio do teto, deve ser igual ou maior a

$$\frac{2,3\ D^2}{\text{Sen}\ \theta}$$

Tetos curvos e em umbrela auto-suportados devem obedecer as seguintes condições.

a) O raio da curvatura deve satisfazer as seguintes equações:
R = D (salvo quando especificado em contrário)
R mínimo = 0,8 D   R máximo = 1,2 D

b) A espessura normal das chapas do teto, em mm será:

$e\ \text{mínimo} = \frac{R}{2,5}$ (nunca inferior a 4,7 mm)   e máximo = 12,7 mm

Onde: R = raio da curva do teto, em metros
D = diâmetro nominal do tanque em metros
e = espessura nominal das chapas de aço em milímetros

c) A área de secção transversal da cantoneira de apoio do teto, em mm^2, adicionada às areas das seções transversais das chapas do costado e do teto, compreendidas dentro de uma distância igual a 16 vezes suas respectivas espessuras, distâncias essas medidas a partir dos seus mais afastados pontos de ligação com a cantoneira de apoio do teto, deve ser igual ou maior a 4,6 DR.

TENSÕES ADMISSÍVEIS NO TETO COM ESTRUTURA DE SUPORTE E AUTO-SUPORTADAS

Todas as peças da estrutura devem ser dimensionadas de modo que a somatória das tensões máximas não exceda aos seguintes valores:

Tração:
a) aço laminado ASTM-A7 1350 kg/cm^2

Compressão:
a) aço laminado ASTM-A7 em peças curtas com índice de esbeltez $\lambda < 20$ 1350 kg/cm^2.
b) sempre que o índice de esbeltez de uma peça reta simples, de seção transversal constante, for maior do que 20, pode-se fazer o cálculo como se não houvesse flambagem, recaindo no caso (a) do aço laminado ASTM-A7, mas fazendo atuar a carga inicial.
   1) dividida por $(1 - 0,0055\ \lambda)$, se $20 < \lambda < 100$;
   2) dividida por $(0,45\ \lambda)$, se $100 \leqslant \lambda \leqslant 111$;
   3) multiplicada por $(0,00018\ \lambda^2)$, se $\lambda > 111$.

CIZALHAMENTO

a) no aço laminado ASTM-A7 900 kg/cm^2

FLEXÃO

a) Nas peças solicitadas por flexão simples as tensões nas bordas da seção transversal serão calculadas de acordo com as fórmulas seguintes:

$$\theta c = \frac{M}{Wc}$$

$$\theta t = \frac{M}{Wt}$$

onde: θc = tensão de compressão
θt = tensão de tração
Wc = Módulo de resistência útil à compressão
Wt = Módulo de resistência útil à tração
M = Momento fletor atuante

b) Nenhuma desstas tensões θc e θt poderá ultrapassar 1350 kg/cm^2.

c) As vigas de alma cheia com perfil I solicitadas por flexão no plano da alma devem ter sua segurança verificada à flambagem lateral. Prescinde-se dessa verificação quando a distância entre pontos de apoio lateral for igual ou menor que 40 vezes o raio de giração iy da secção transversal da mesa em relação ao eixo principal de inércia vertical ou quando a tensão máxima de compressão não ultrapassar o valor de 1540/W, onde W é. o coeficiente de segurança à flambagem para λ = c/iy.

d) Permite-se o dimensionamento adotando-se coeficiente de segurança igual a 2.

e) As flechas máximas admissíveis serão (L = vão teórico da viga):

vigas radiais com vão teórico menor que 5 m: $\frac{L}{200}$

vigas radiais com vão teórico maior que 5 m: $\frac{L}{300}$

outras vigas: $\frac{L}{300}$

vigas em balanço: $\frac{L}{250}$

ACESSÓRIOS

Os acessórios dos tanques devem ser definidos e dimensionados de acordo com desenhos e tabelas que serão indicadas como:

— escada helicoidal ou escada de dois lances em patamar a 1/2 altura;

— escada tipo marinheiro.

— Boca de visita no costado; boca de visita no teto.

— conexão flangeada no teto, conexão simples no costado, conexão dupla no costado, conexão de ventilação, conexão e bacia de drenagem, conexão de drenagem simples.

— Boca de medição, boca de limpeza.

ESPESSURAS DAS CHAPAS DO COSTADO, TETO E FUNDO DE TANQUES CILÍNDRICOS VERTICAIS DE TETO CÔNICO

ANÉIS	CAPACIDADE (m^3)						
	0 - 795	1590	2385	3180	395	4770	6000
1º	3/16"	1/4"	5/16"	3/8"	7/16"	7/16"	9/16"
2º	3/16"	1/4"	5/16"	3/8"	7/16"	7/16"	1/2"
3º	3/16"	1/4"	1/4"	5/16"	5/16"	3/8"	7/16"
4º	3/16"	3/16"	1/4"	5/16"	5/16"	5/16"	7/16"
5º	3/16"	3/16"	1/4"	1/4"	1/4"	5/16"	3/8"
6º	3/16"	3/16"	1/4"	1/4"	1/4"	1/4"	5/16"
7º	3/16"	3/16"	1/4"	1/4"	1/4"	1/4"	5/16"
7º	3/16"	3/16"	1/4"	1/4"	1/4"	1/4"	1/4"
9º	3/16"	3/16"	1/4"	1/4"	1/4"	1/4"	1/4"
10º e seguintes	3/16"	3/16"	1/4"	1/4"	1/4"	1/4"	1/4"

Todas as chapas de 1,20 metros de largura.
Espessura mínima das chapas 3/16"
Teto: espessura das chapas 3/16".
Fundo: espessura das chapas 1/4".

TANQUES DIVERSOS

Tanque — Consiste em construção destinada ao **armazenamento** de líquidos com capacidade superior a 250 litros, definindo a seguir os tipos principais como sendo:

Vertical: é o tanque de forma cilíndrica apoiado por uma das bases e horizontal é o de forma cilíndrica apoiado pelo costado.

Tanques verticais inferiores a 4100 litros de capacidade deverão ter as especificações mínimas seguintes:

Capacidade em litros	Espessura da chapa em mm
Acima de 250 até 1300	1,58
Acima de 1300 até 2100	1,98
Acima de 2100 até 4100	2,78

Os tetos deverão ser abaulados ou cônicos e construídos de aço com uma espessura mínima de 3,57 mm.

Tanques horizontais com capacidade inferior a 4100 litros deverão ser construídos como segue. As extremidades dos tanques do diâmetro superior a 1,80 m deverão ser convexas. As chapas das paredes deverão obedecer as especificações seguintes:

Capacidade em litros	Espessura da chapa em mm
Acima de 250 até 1300	1,98
Acima de 1300 até 2100	2,78
Acima de 2100 até 4100	3,57

Tanques com diâmetro não superior a 1,80 m deverão ter parede com espessura no mínimo igual a 4,8 mm.

Tanques de diâmetro superior a 1,80 m, mas não superior a 3,60 m deverão ter parede com espessura, no mínimo, igual a 6,35 mm.

Tanques enterrados ou encerrados no interior de edifícios deverão ser projetados e construídos de acordo com as especificações mínimas seguintes:

Capacidade em litros	Espessura da chapa em mm
Acima de 250 até 1000	1,98
Acima de 1000 até 2100	2,78
Acima de 2100 até 40000	3,57
Acima de 4000 até 15000	4,76
Acima de 15000 até 45000	6,35
Acima de 45000 até 75000	7,94
Acima de 75000 até 113000	9,52

RESPIRADOURO

Dispositivo a ser instalado nos tanques de líquidos inflamáveis destinado à passagem dos vapores ou do ar, motivada pelas variações de volume ou de pressão da camada gasosa acima da superfície do líquido.

DIQUES

Tanques ou grupos de tanques contendo petróleo cru devem ser circundados por diques para evitar que, na eventualidade de uma descarga do líquido, este venha alcançar locais adjacentes.

DIQUES — FINALIDADES

Fig. B

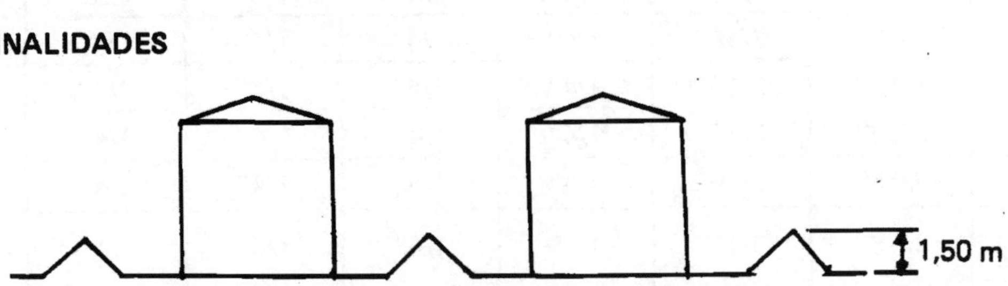

1. Conter o produto armazenado em caso de rompimento do tanque ou tubulação.
2. Conter o produto armazenado em caso de falha de operação.
3. Limitar um incêndio a uma pequena ala.

Distância mínima entre costados

d = Distância mínima entre costados.

D_1 e D_2 = Diâmetro externo do tanque

$$d = \frac{1}{6} (D_1 + D_2)$$

$$\text{Se } D_1 < \frac{1}{2} D_2 = \quad d = D_1$$

Para óleos combustíveis ou inflamáveis ou instáveis:

$$d = \frac{1}{2} (D^1 + D_2)$$

BASES DE TANQUES E FUNDAÇÕES

1. Devem ser construídas de maneira a evitar:

a) Provocar distorções no tanque, colocando em perigo sua estabilidade.
b) Provocar esforços escessivos nos bocais e tubos conectados ao tanque.
c) Introduzir erros na medição de nível.
d) Provocar o mal funcionamento de componentes do tanque.

Ex.: nos casos de tanques com tetos flutuantes.

Ex.. construção de dique para 4 tanques, sendo que o nº 1 possue o diâmetro de 6 metros e altura de 6 metros, o de nº 2 diâmetro de 5 m e altura de 7 m, o de nº 3 diâmetro de 6 metros e altura de 5 metros e o de nº 4 diâmetro e altura de 5 metros. Calcular: volume dos tanques e volume dos diques estanques. Para encontrar o volume dos tanques usa-se a fórmula:

$V = A \cdot h$

sendo $A = \pi \cdot r^2$

Onde:

A = área da superfície do tanque em m
h = altura do tanque em m
r = raio do tanque em m
y = raio do tanque em m

Portanto, temos os volumes:

Tanque nº 1: $\pi \times r^2 \times h = 3{,}1416 \times 3{,}0^2 \times 6{,}0 = 169{,}3\ m^3$
Tanque nº 2: $\pi \times r^2 \times h = 3{,}1416 \times 2{,}5^2 \times 7{,}0 = 137{,}4\ m^3$
Tanque nº 3: $\pi \times r^2 \times h = 3{,}1416 \times 3{,}0^2 \times 5{,}0 = 141{,}3\ m^3$
Tanque nº 4: $\pi \times r^2 \times h = 3{,}1416 \times 2{,}5^2 \times 5{,}0 = 98{,}1\ m^3$

Como o volume do dique é o dobro do volume do tanque, procedemos:

Volume dique nº 1 = $169{,}6 \times 2 \sim 340\ m^3$
Volume dique nº 2 = $137{,}4 \times 2 \sim 274\ m^3$
Volume dique nº 3 = $141{,}3 \times 2 \sim 282\ m^3$
Volume dique nº 4 = $98{,}1 \times 2 \sim 196\ m^3$

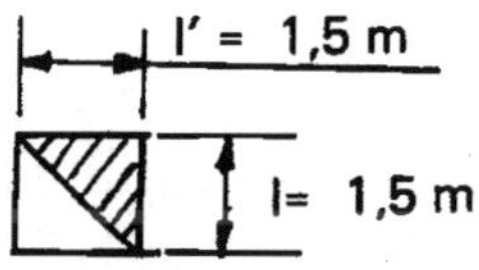

Fig. C

Como aparece na Fig. c, temos a altura do dique = l = 1,50 m e l' = 1,5 m. Disto resulta, como temos l x l'/2 = superfície da parte achuriada

Temos $\frac{1{,}5 \times 1{,}5}{2} = 1{,}125\ m^2/ml$

Partindo destes valores encontrados teremos o volume do dique estanque. Volume do dique nº 1 = 340 m^3. Altura do dique = 1,5 m.

$\frac{340}{1{,}5} = 226$ Deste valor acha-se a sua raiz quadrada $\sqrt{\ }\ 226 = 15 \sim$

A este valor 15 soma-se o valor de 1,5 teremos então 15 + 1,5 = ~ 17
Multiplica-se este valor 17 x 17 = 229. Este número, em seguida, deve ser multiplicado pelo valor de l = 1,5m. Teremos, então, 289 x 1,5 = 433. O valor encontrado de 17 x 4 x 1,125 = 77 é subtraído de 433. Teremos 433 – 77 = 356 m^3. Que é o volume do dique estanque do tanque nº 1.

Volume do dique estanque nº 2 = $\frac{274}{1{,}5} = 182$, $\sqrt{\ }\ 182 = 13{,}5$ 13,5 + 1,5 = 15
15 x 15 = 225, 225 x 1,5 = 337,5, 337 – (60 x 1,125) = 337 – 67 = 270 m^3.

Volume do dique estanque nº 3 = $\frac{282}{1{,}5} = 188$; $\sqrt{\ }\ 188 = \sim 13{,}5$; 13,5 + 1,5 = 15
15 x 15 = 225; 225 x 1,5 = 337,5; 337 – (60 x 1,125) = 337 – 67 = 270 m^3

Volume do dique estanque nº 4 = $\frac{196}{1,5}$ = 131; $\sqrt{131}$ = 11,5; 11,5 + 1,5 = 13

13 x 13 = 169; 169 x 1,5 = 253; 253 – (58 x 1,125) = 253 – 58 = 195 m³

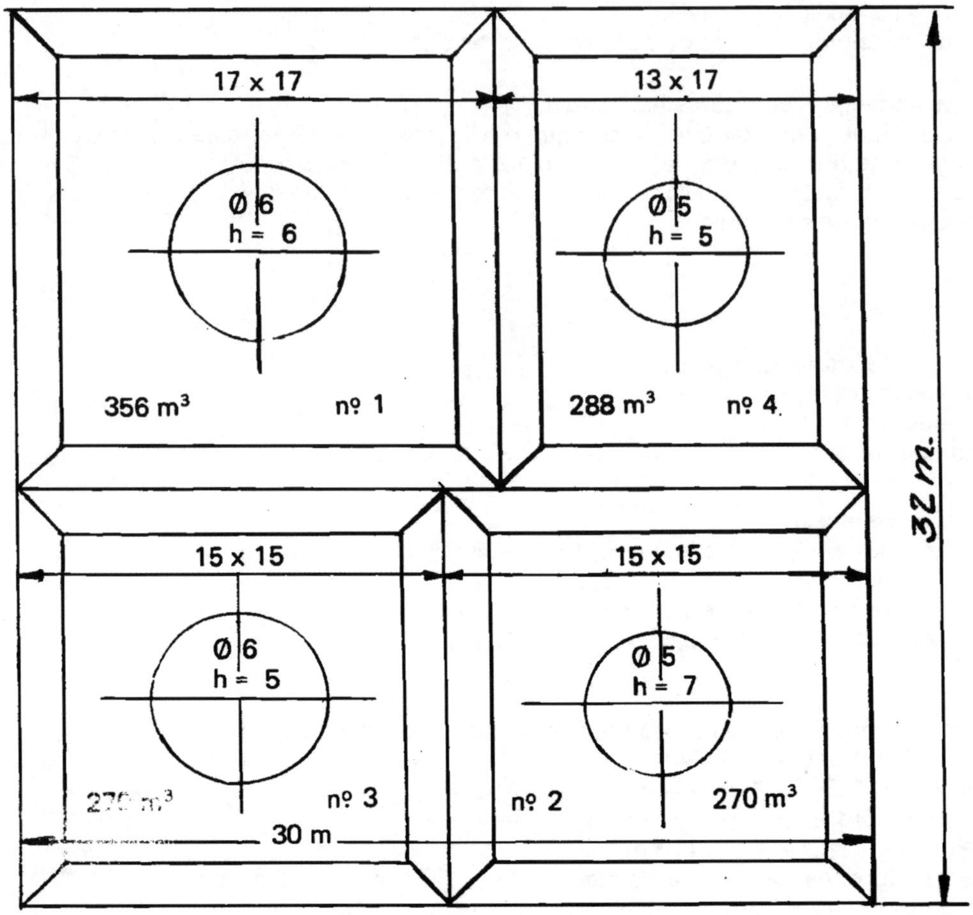

Fig. D

FUNDAÇÕES

As fundações podem ser preparadas e construídas de acordo com os sistemas mencionados abaixo:

1. Terra batida
2. Base de concreto
3. Base de concreto com estaqueamento

MATERIAIS DE CONSTRUÇÃO USADOS PARA AS FUNDAÇÕES

A-36 = SAE 1010
A-283 = SAE 1020
A-285 = SAE 1045

PROJETO DO COSTADO

Para o dimensionamento do costado do tanque de armazenamento. Temos várias alternativas que vamos mencionar a seguir
PNB 89 – Norma brasileira
API – Apêndice D
Apêndice G
Apêndice K

DIMENSIONAMENTO DO COSTADO PELA PNB 89

Conforme já estabelecido, a espessura mínima da chapa do costado, como norma é de 4,7 mm (3/16").
Considerando a fórmula da norma PNB 89, encontra-se a espessura mínima da chapa do costado.

E = 0,03983 x D x (H – 0,3) x G

Onde:

E = espessura mínima da chapa em mm

D = diâmetro nominal do tanque em m (diâmetro nominal = diâmetro interno)

H = é a distância entre a linha de centro da junta inferior do anel considerado a cantoneira de reforço da borda superior do ou a parte inferior de qualquer ladrão que limita o nível de enchimento do tanque em metros.

G = Densidade do produto armazenado (nunca menor que o número 1).

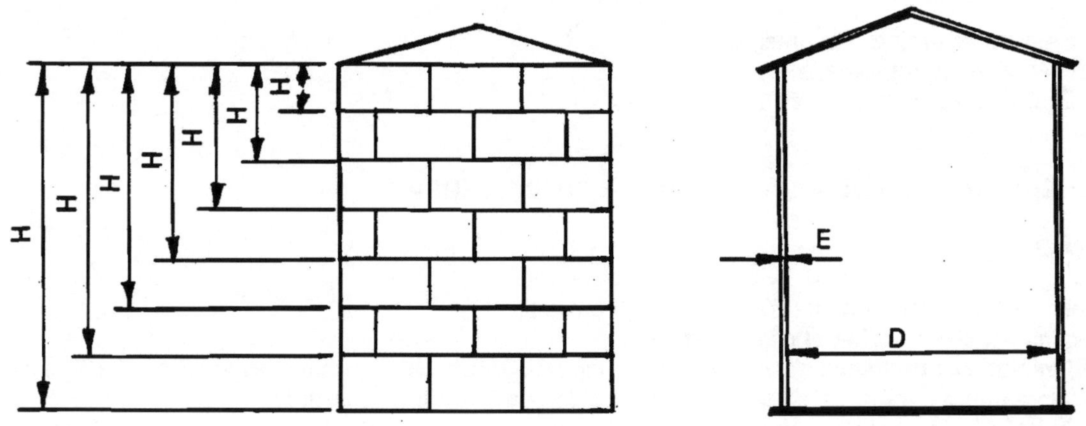

Fig. E

DIMENSIONAMENTO DO COSTADO PELO API-650 APÊNDICE "D"

De acordo com a fórmula a seguir:

$$t = \frac{2,6 \times D \times (H - 1) \times G}{21000} + C$$

Sendo:

D = diâmetro nominal do tanque em pés

t = espessura projetada em polegadas

G = densidade do produto armazenado

C = sobre espessura para corrosão em polegadas, conforme especificação do cliente.

H = é a distância entre a linha de centro da junta inferior do anel considerado à cantoneira de reforço da borda superior do costado ou à parte inferior de qualquer ladrão que limite o nível de enchimento do tanque em metros.

th = espessura do teste hidrostático em polegadas.

D; G; H, idem ao anterior, sendo H – 1.

DIMENSIONAMENTO DO COSTADO PELO API-650

t = 0,0001456 x D x (H – 1) x G

onde:

D = diâmetro nominal do tanque em pés

t = espessura mínima em polegadas

G = densidade do produto armazenado (nunca menor de 1)

H = distância entre a linha de centro da junta inferior do anel considerado à cantoneira de reforço da borda superior do costado ou à parte inferior de qualquer ladrão que limite o nível de enchimento do tanque em pés.

DIMENSIONAMENTO DO COSTADO API-650 APÊNDICE "G"

tg = espessura de projeto em polegadas.

$$tg = \frac{2,6 \times D \times (H - 1) \times G}{21000} + C$$

onde:

tg = idem anterior

D, H, G, C = idem anterior

DIMENSIONAMENTO DO COSTADO API-650 APÊNDICE "K"

$$td = \frac{2{,}6 \times D \times (H - 1) \times G}{21000 \times E} + C$$

onde:
td = espessura de projeto em polegadas
E = eficiência de junta soldada
D, H, G, C = idem anterior

DIMENSIONAMENTO DE VIGAS RADIAIS E TRANSVERSAIS

FLEXÃO

Q = carga total uniformemente distribuída sobre o teto.
Sobrecarga + peso próprio das chapas no teto.
Considerando que usaremos no teto sempre chapa de 3/16". Sendo chapa no mínimo 3/16" e o seu peso é de 38 kg/m² e como a sobrecarga nos EEUU é considerada 120 kg/m², temos:
$Q = 120\ kg/m^2 + 38\ kg/m^2 = 158\ kg/m^2$
A sobrecarga no Brasil é considerada 60 kg/m².
N = número de vigas radiais

$$N \geqslant \frac{\pi . D}{1{,}9}$$

q = carga por unidade de comprimento em kg.
L = comprimento da viga radial em m ou cm.
A = diâmetro do polígono superior em m ou cm (vide desenho).

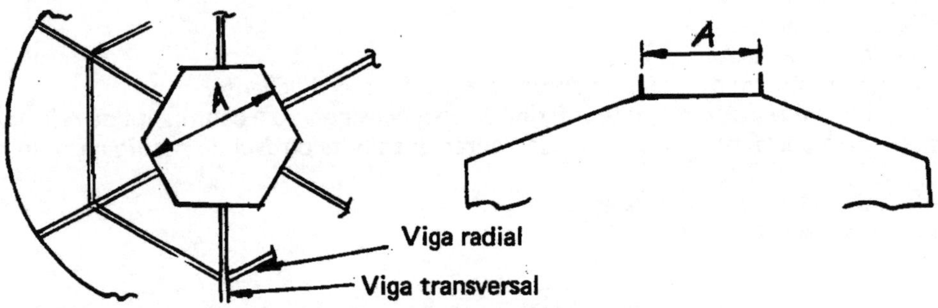

Fig. F

q = carga por unidade de comprimento $q = \dfrac{98 \times \frac{\pi}{4} \times (D^2 - A^2)}{NL}$

Momento fletor $M = \dfrac{q L^2}{8}$

W = módulo de resistência $W = \dfrac{M}{S}$

S = tensão admissível = 1350 kg/m².
Seleciona-se um perfil com módulo de resistência maior que o encontrado
W dado ⩾ do W encontrado

VIGAS TRANSVERSAIS

R = reação de cada viga radial que se apóia na viga transversal com o peso em kg.
l = comprimento da viga transversal em cm ou m.
n = número de lados do polígono formado pelas vigas transversais.
Σ = somatória

$$q = \frac{\Sigma R}{L}$$

$$l = A \times \text{sen}\ \frac{360}{2n}$$

$$M = \frac{q l^2}{8}$$

$$W = \frac{M}{S}$$

TANQUE E ACESSÓRIOS

Na Fig. 1 se estabelece uma terminologia para efeito de normas. E nas folhas seguintes aparecem desenhos acompanhados de tabelas que, desta menria, possibilitam a fabricação destes acessórios.
Pág. 14 – Fig. 2 – Escada tipo marinheiro, Fig. 3 – Boca de visita no costado do Ø 20".
Pág. 15 – Fig. 4 – Boca de visita no costado Ø 24" – Fig. 5 – Boca de visita no costado Ø 30"
Pág. 16 – Fig. 6 – Escada helicoidal – Fig. 7 – Conexão e bacia de drenagem
Pág. 17 – Fig. 18 – Boca de medição – Fig. 9 – Conexão dupla de saída
Pág. 18 – Fig. 10 – Conexão de ventilação – Fig. 11 – Boca de visita no teto
Pág. 19 – Fig. 12 – Conexão de entrada – Fig. 13 – Conexão simples de saída.

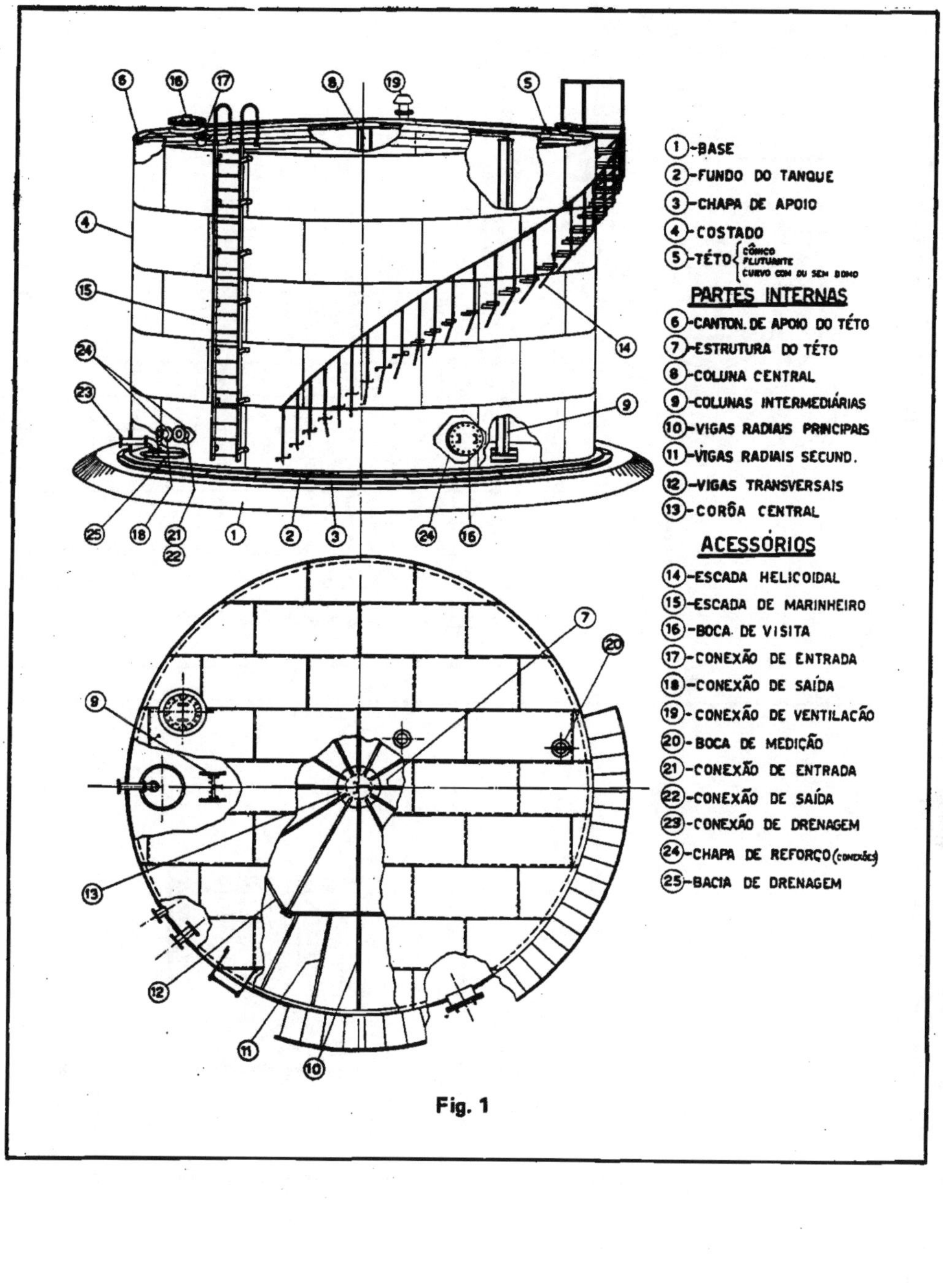

Fig. 1

TANQUE SOLDADO PARA ARMAZENAMENTO DE PETRÓLEO E DERIVADOS
ACESSÓRIO: ESCADA TIPO MARINHEIRO

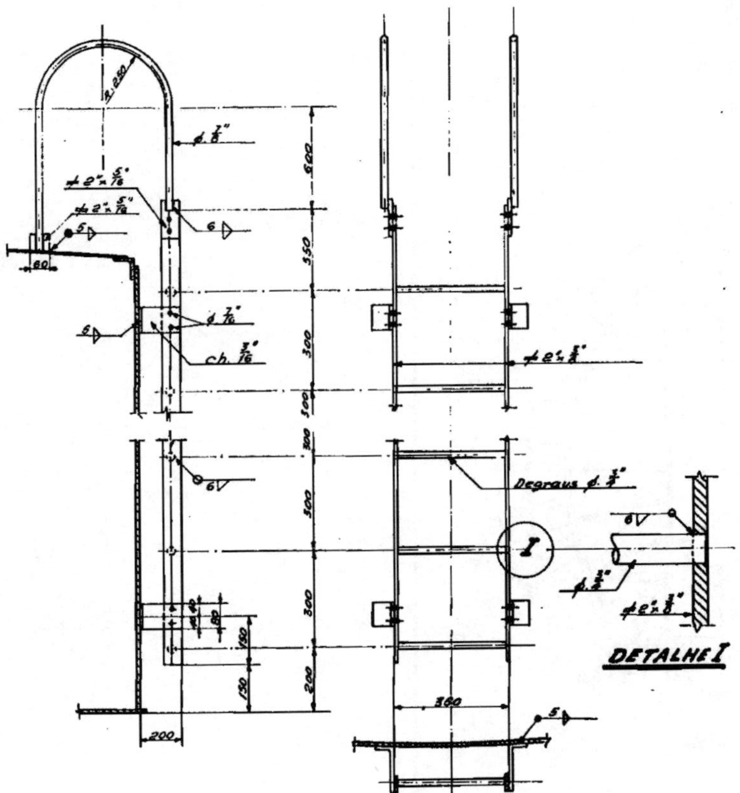

Fig. 2

TANQUE SOLDADO PARA ARMAZENAMENTO DE PETRÓLEO E DERIVADOS
ACESSÓRIO: BOCA DE VISITA NO COSTADO Ø 20"

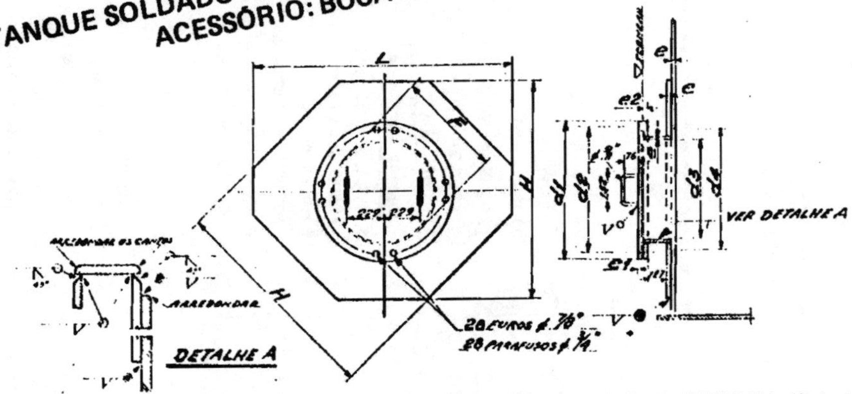

Espessura do costado e reforço (polegadas) e	d1 (mm)	d2 (mm)	d3 (mm)	d4 (mm)	Ch. reforço L (mm)	Ch. reforço H (mm)	Ch. reforço F (mm)	Altura máxima do tanque (mm)	Espessura mínima da chapa da tampa e1 (polegadas)	Espessura mínima da flange após torneada e2 (polegadas)	Gaxeta D.I (mm)	Gaxeta Esp. (mm)	Gaxeta D.E (mm)
3/16	730	667	508	550	1395	1165	518	6400	5/16	1/4	508	3	645
1/4	730	667	508	550	1395	1165	521	8230	3/8	1/4	508	3	645
5/16	730	667	508	565	1390	1160	524	9750	3/8	1/4	508	3	645
3/8	730	667	508	570	1375	1155	527	12190	7/16	5/16	508	3	645
7/16	730	667	508	575	1365	1150	530	13715	1/2	3/8	508	3	645
1/2	730	667	508	585	1355	1140	533	16460	1/2	3/8	508	3	645
9/16	730	667	508	590	1345	1135	536	19810	9/16	7/16	508	3	645
5/8	730	667	508	595	1345	1135	540	22860	5/8	1/2	508	3	645
11/16	730	667	508	600	1335	1130	543	—	—	—	508	3	645
3/4	730	667	508	610	1325	1120	546	—	—	—	508	3	645
13/16	730	667	508	615	1315	1115	549	—	—	—	508	3	645
7/8	730	667	508	620	1315	1115	552	—	—	—	508	3	645
15/16	730	667	508	625	1320	1120	556	—	—	—	508	3	645
1	730	667	508	630	1325	1130	559	—	—	—	508	3	645
1 1/16	730	667	508	640	1335	1155	562	—	—	—	508	3	645
1 1/8	730	667	508	645	1335	1135	565	—	—	—	508	3	645
1 3/16	730	667	508	650	1340	1145	568	—	—	—	508	3	645
1 1/4	730	667	508	660	1345	1145	572	—	—	—	508	3	645
1 5/16	730	667	508	665	1345	1150	575	—	—	—	508	3	645
1 3/8	730	667	508	670	1345	1150	578	—	—	—	508	3	645
1 7/16	730	667	508	675	1350	1155	581	—	—	—	508	3	645
1 1/2	730	667	508	685	1350	1155	584	—	—	—	508	3	645

Fig. 3

TANQUE SOLDADO PARA ARMAZENAMENTO DE PETRÓLEO E DERIVADO
ACESSÓRIO: BOCA DE VISITA NO COSTADO Ø 24"

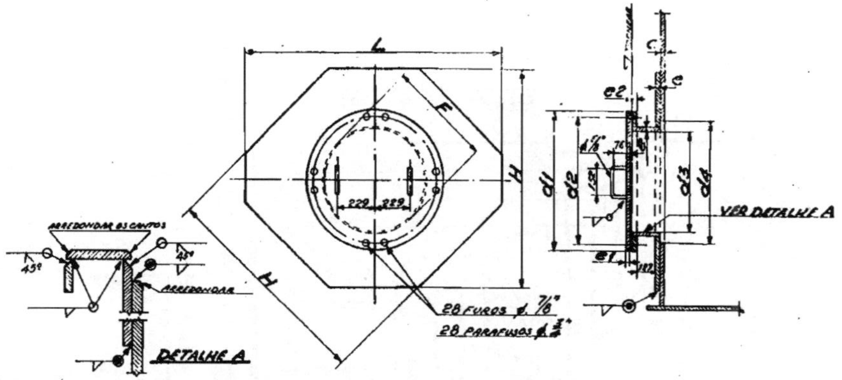

POLEGADAS	MILÍMETROS								POLEGADAS		MILÍMETROS		
ESPESSURA DA CH. DO COSTADO E REFORÇO					CH. REFORÇO			ALTURA MÁXIMA DO TANQUE	ESPESSURA MÍNIMA DA CHAPA DA TAMPA	ESPESSURA MÍNIMA DA FLANGE APÓS TORNEADA	GAXETA		
e	d1	d2	d3	d4	L	H	F		e1	e2	D.I.	ESP.	D.E.
3/16	832	768	610	654	1651	1372	620	6400	3/8	1/4	610	3	746
1/4	832	768	610	660	1645	1372	623	8230	7/16	5/16	610	3	746
5/16	832	768	610	667	1638	1365	626	9750	7/16	5/16	610	3	746
3/8	832	768	610	673	1626	1359	630	12190	1/2	3/8	610	3	746
7/16	832	768	610	679	1626	1359	633	13715	9/16	7/16	610	3	746
1/2	832	768	610	686	1613	1353	636	16460	9/16	7/16	610	3	746
9/16	832	768	610	692	1600	1346	639	19810	5/8	1/2	610	3	746
5/8	832	768	610	699	1594	1340	643	22860	11/16	9/16	610	3	746
11/16	832	768	610	705	1581	1334	646				610	3	746
3/4	832	768	610	711	1581	1334	649				610	3	746
13/16	832	768	610	718	1568	1327	652				610	3	746
7/8	832	768	610	724	1568	1327	655				610	3	746
15/16	832	768	610	730	1568	1327	658				610	3	746
1	832	768	610	737	1581	1340	661				610	3	746
1 1/16	832	768	610	743	1581	1340	664				610	3	746
1 1/8	832	768	610	749	1588	1346	667				610	3	746
1 3/16	832	768	610	756	1588	1346	670				610	3	746
1 1/4	832	768	610	762	1594	1353	674				610	3	746
1 5/16	832	768	610	768	1594	1353	677				610	3	746
1 3/8	832	768	610	775	1600	1359	680				610	3	746
1 7/16	832	768	610	784	1600	1359	683				610	3	746
1 1/2	832	768	610	787	1607	1365	686				610	3	746

Fig. 4

TANQUE SOLDADO PARA ARMAZENAMENTO DE PETRÓLEO E DERIVADOS
ACESSÓRIO: BOCA DE VISITA NO COSTADO Ø 30"

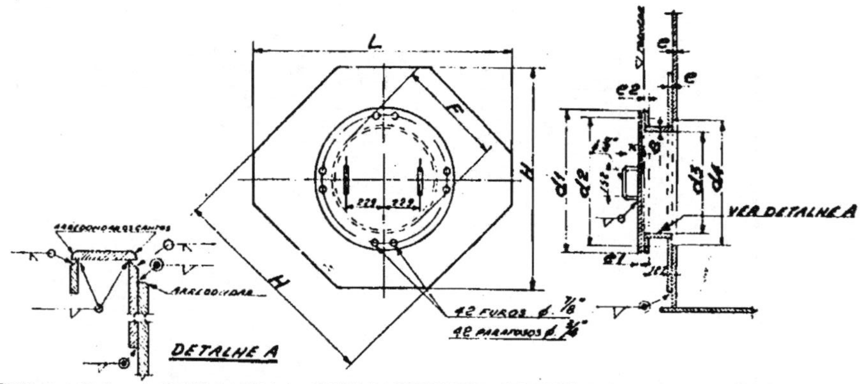

POLEGADAS	MILÍMETROS								POLEGADAS		MILÍMETROS		
ESPESSURA DA CH. DO COSTADO E REFORÇO					CH. REFORÇO			ALTURA MÁXIMA DO TANQUE	ESPESSURA MÍNIMA DA CHAPA DA TAMPA	ESPESSURA MÍNIMA DA FLANGE APÓS TORNEADA	GAXETA		
e	d1	d2	d3	d4	L	H	F		e1	e2	D.I.	ESP.	D.E.
3/16	984	921	762	806	2013	1676	772	6100	7/16	5/16	762	3	899
1/4	984	921	762	813	2013	1676	775	8230	1/2	3/8	762	3	899
5/16	984	921	762	819	2000	1670	778	9750	9/16	7/16	762	3	899
3/8	984	921	762	826	2000	1670	782	12190	5/8	1/2	762	3	899
7/16	984	921	762	832	1981	1657	785	13715	5/8	1/2	762	3	899
1/2	984	921	762	838	1981	1657	788	16460	11/16	9/16	762	3	899
9/16	984	921	762	845	1969	1651	791	19810	3/4	5/8	762	3	899
5/8	984	921	762	851	1956	1645	794	22860	13/16	11/16	762	3	899
11/16	984	921	762	857	1949	1638	797				762	3	899
3/4	984	921	762	864	1949	1638	800				762	3	899
13/16	984	921	762	870	1937	1632	803				762	3	899
7/8	984	921	762	876	1937	1632	806				762	3	899
15/16	984	921	762	883	1937	1632	809				762	3	899
1	984	921	762	889	1949	1645	813				762	3	899
1 1/16	984	921	762	895	1949	1645	816				762	3	899
1 1/8	984	921	762	902	1956	1651	819				762	3	899
1 3/16	984	921	762	908	1956	1651	822				762	3	899
1 1/4	984	921	762	914	1962	1657	825				762	3	899
1 5/16	984	921	762	921	1962	1657	828				762	3	899
1 3/8	984	921	762	927	1969	1664	832				762	3	899
1 7/16	984	921	762	933	1969	1664	835				762	3	899
1 1/2	984	921	762	940	1975	1670	838				762	3	899

Fig. 5

TANQUE SOLDADO PARA ARMAZENAMENTO DE PETRÓLEO E DERIVADOS
ACESSÓRIO: ESCADA HELICOIDAL

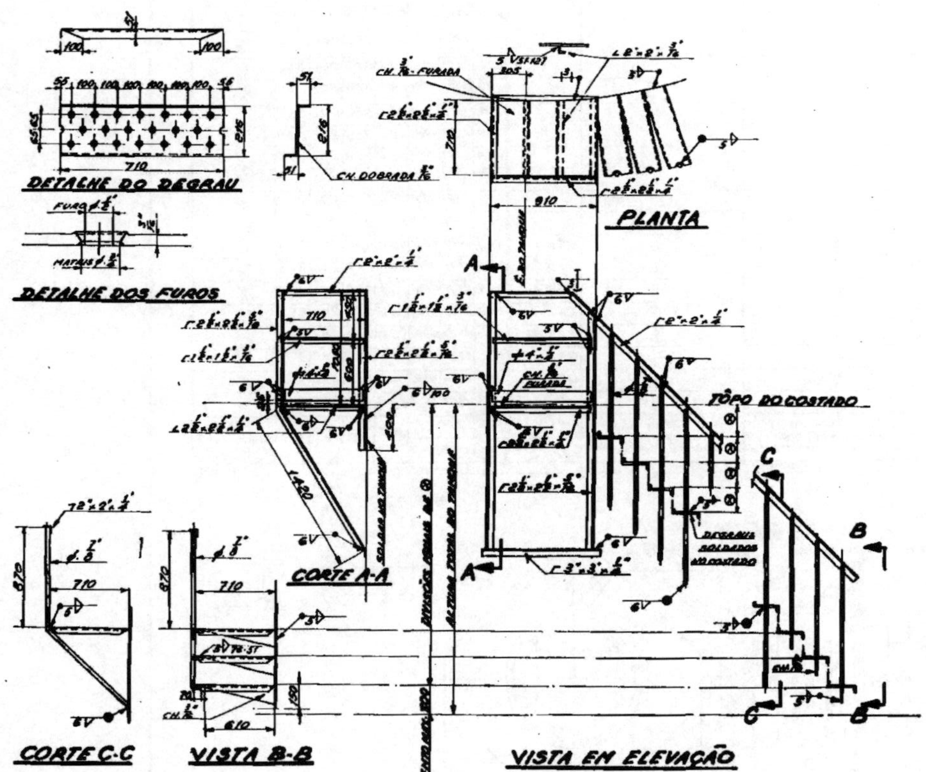

NOTA:

① AFASTAMENTO ENTRE OS DEGRAUS = 180 A 250 mm.

Fig. 6

TANQUE SOLDADO PARA ARMAZENAMENTO DE PETRÓLEO E DERIVADOS
ACESSÓRIO: CONEXÃO E BACIA DE DRENAGEM

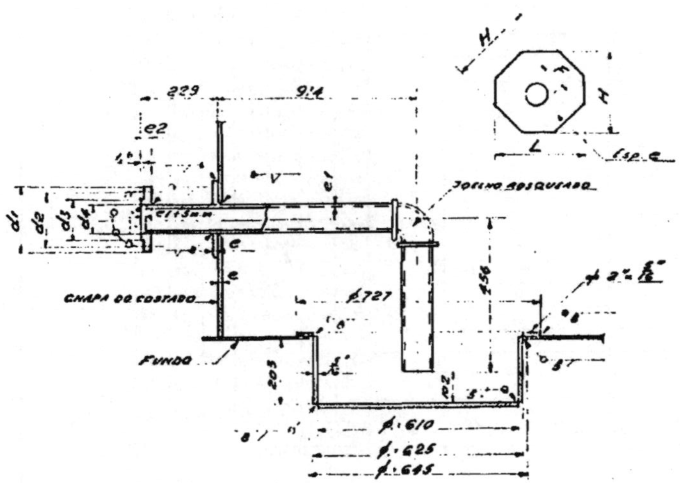

POLEGADAS	MILIMETROS											
DIMENSÕES DA CONEXÃO	e1	FLANGE								CH. DE REFORÇO		
		e2	d1	d2	d3	d4	PARAFUSOS QUANT.	PARAFUSOS ∅ FURO	PARAFUSOS ∅ PARAF.	L	H	F
3	7,6	23,8	191	152	127	89	4	19	16	343	267	92
4	8,6	23,8	229	191	157	114	8	19	16	387	305	118

Fig. 7

TANQUE SOLDADO PARA ARMAZENAMENTO DE PETRÓLEO E DERIVADOS
ACESSÓRIO: BOCA DE MEDIÇÃO

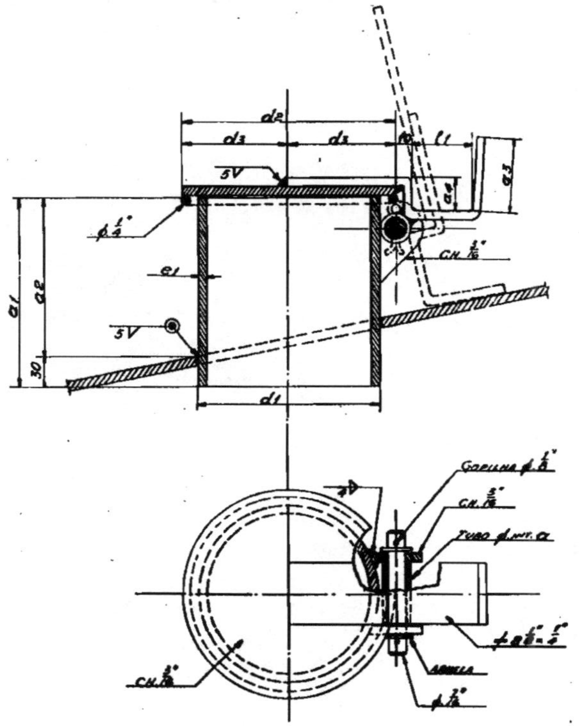

POLEGADAS		MILIMETROS								
DIMENSÕES DA BOCA DE MEDIÇÃO	TUBO Ø INT. α	a1	a2	a3	a4	e1	d1	d2	d3	l1
4	3/8	120	100	45	20	8,5	114	125	62,5	35
6	1/2	175	160	60	25	11,0	168	195	97,5	50
8	1/2	230	200	80	30	12,7	219	242	121	70

Fig. 8

TANQUE SOLDADO PARA ARMAZENAMENTO DE PETRÓLEO E DERIVADOS
ACESSÓRIO: CONEXÃO DUPLA DE SAÍDA

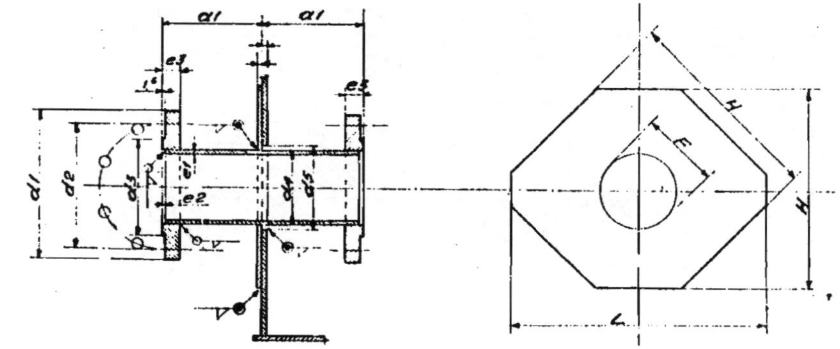

POLEGADAS	MILIMETROS														POLEGADAS	MILIMETROS
DIMENSÕES DA CONEXÃO	a1	e1	e2	FLANGE					PARAFUSOS			CHAPA DE REFORÇO			ESP. DO CHAPA DE REFORÇO	d5
				e3	d1	d2	d3	d4	QUANT.	Ø FURO	Ø PARAF.	L	H	F	e	
3	179	7,6	e1+5	23,8	191	152	127	89	4	19,0	15,9	343	267	92	3/16	105
4	179	8,6	e1+5	23,8	229	191	157	114	8	19,0	15,9	387	305	118	1/4	130
6	203	11,0	e1+5	25,4	279	241	216	168	8	22,2	19,0	495	400	178	5/16	180
8	203	12,7	e1+5	28,6	343	298	270	219	8	22,2	19,0	591	483	222	3/8	235
10	229	12,7	e1+5	30,2	406	362	324	273	12	25,4	22,2	718	584	276	7/16	285
12	229	12,7	e1+5	31,7	483	432	381	324	12	25,4	22,2	838	686	327	1/2	340
14	254	12,7	e1+5	34,9	533	476	413	356	12	28,6	25,4	914	749	359	5/8	375
16	254	12,7	e1+5	36,5	597	540	470	406	16	28,6	25,4	1035	851	410	3/4	425
18	254	12,7	e1+5	39,7	634	578	533	457	16	31,7	28,6	1162	953	460	7/8	480
20	279	12,7	e1+5	42,9	699	634	584	508	20	31,7	28,6	1283	1054	511	1	535
22	279	12,7	e1+5	46,0	749	692	641	559	20	34,9	31,7	1403	1156	562	1 1/16	585
24	305	12,7	e1+5	47,6	813	749	692	610	20	34,9	31,7	1524	1257	613	1 1/8	635
26	305	15,9	e1+5	50,8	870	806	743	660	24	34,9	31,7	1626	1340	664	1 3/16	690
28	305	15,9	e1+5	52,4	927	864	794	711	28	34,9	31,7	1746	1441	714	1 1/4	740
30	305	17,5	e1+5	54,0	984	914	857	762	28	34,9	31,7	1867	1543	765	1 5/16	795
32	330	17,5	e1+5	57,1	1060	978	908	813	28	41,3	38,1	1994	1645	816	1 3/8	845
34	330	19,1	e1+5	58,7	1111	1029	959	864	32	41,3	38,1	2127	1746	867	1 7/16	895
36	356	19,1	e1+5	60,3	1168	1086	1022	914	32	41,3	38,1	2235	1848	918	1 1/2	945

NOTA: PARA AS CONEXÕES DE 26" ATÉ 36" E ESPESSURA DO COSTADO MENOR DE 1/2" A ESPESSURA e1 = 12,7 mm.

Fig. 9

TANQUE SOLDADO PARA ARMAZENAMENTO DE PETRÓLEO E DERIVADOS
ACESSÓRIO: BOCA DE VISITA NO TETO

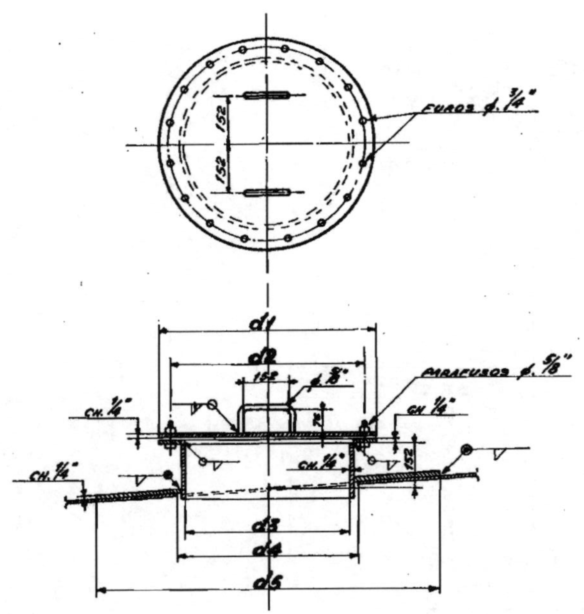

POLEGADAS	MILIMETROS						GAXETA		
DIMENSÕES	d1	d2	d3	d4	d5	QUANT. DE PARAF.	D.I	ESP.	D.E
20	660	597	508	597	1067	16	508	3	660
24	762	698	610	626	1168	20	610	3	762

Fig. 10

TANQUE SOLDADO PARA ARMAZENAMENTO DE PETRÓLEO E DERIVADOS
ACESSÓRIO: CONEXÃO DE VENTILAÇÃO

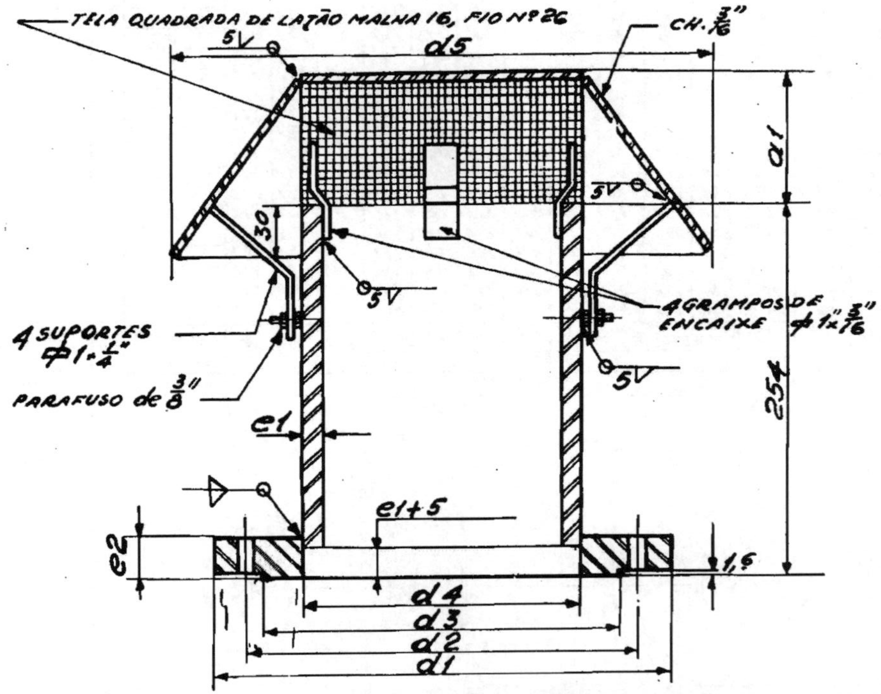

POLEGADAS	MILIMETROS								PARAFUSOS		
				FLANGE							
DIMENSÕES DA CONEXÃO	a1	e1	d5	e2	d1	d2	d3	d4	QUANT.	¢ FURO	¢ PARAF.
4	51	8,6	216	23,8	229	191	157	114	8	19	16
6	76	11,0	302	25,4	279	241	216	168	8	22,2	19
8	102	12,7	387	28,6	343	298	270	219	8	22,2	19
10	127	12,7	473	30,2	406	362	324	273	12	25,4	22,2
12	152	12,7	559	31,7	483	432	381	324	12	25,4	22,2

Fig. 11

TANQUE SOLDADO PARA ARMAZENAMENTO DE PETRÓLEO E DERIVADOS
ACESSÓRIO: CONEXÃO DE ENTRADA

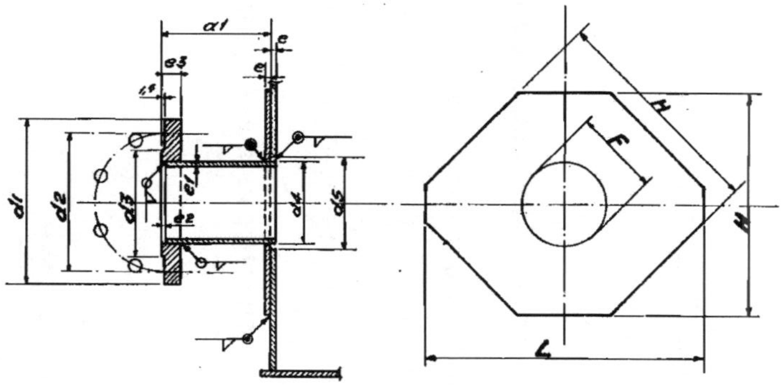

POLEGADAS	MILIMETROS														POLEGADAS	MILIMETROS
DIMENSÕES DA CONEXÃO	a1	e1	e2	FLANGE								CHAPA DE REFORÇO			ESP. DO CONJ. DO CH. DE REFORÇO e	d5
				e3	d1	d2	d3	d4	PARAFUSOS QUANT.	ø FURO	ø PARAF.	L	H	F		
3	179	7,6	e1+5	23,8	191	152	127	89	4	19,0	15,9	343	267	92	3/16	105
4	179	8,6		23,8	229	191	157	114	8	19,0	15,9	387	305	118	1/4	130
6	203	11,0		25,4	279	241	216	168	8	22,2	19,0	496	400	172	5/16	180
8	203	12,7		28,6	343	298	270	219	8	22,2	19,0	591	483	222	3/8	235
10	229	12,7		30,2	406	362	324	273	12	25,4	22,2	718	584	276	7/16	285
12	229	12,7		31,7	483	432	381	324	12	25,4	22,2	838	686	327	1/2	340
14	254	12,7		34,9	533	476	413	356	12	28,6	25,4	914	749	359	5/8	375
16	254	12,7		36,5	597	540	470	406	16	28,6	25,4	1035	851	410	3/4	425
18	254	12,7		39,7	634	578	533	457	16	31,7	28,6	1162	953	460	7/8	480
20	279	12,7		42,9	699	634	584	508	20	31,7	28,6	1283	1054	511	1	535
22	279	12,7		46,0	749	692	641	559	20	34,9	31,7	1403	1156	562	1 1/16	585
24	305	12,7		47,6	813	749	692	610	20	34,9	31,7	1524	1257	613	1 1/8	635
26	305	15,9		50,8	870	806	743	660	24	34,9	31,7	1626	1340	664	1 3/16	690
28	305	15,9		52,4	927	864	794	711	28	34,9	31,7	1746	1441	714	1 1/4	740
30	305	17,5		54,0	984	914	857	762	28	34,9	31,7	1867	1543	765	1 5/16	795
32	330	17,5		57,1	1060	978	908	813	28	41,3	38,1	1994	1645	816	1 3/8	845
34	330	19,1		58,7	1111	1029	959	864	32	41,3	38,1	2127	1746	867	1 7/16	895
36	356	19,1		60,3	1168	1086	1022	914	32	41,3	38,1	2235	1848	918	1 1/2	945

NOTA: PARA AS CONEXÕES DE 26" ATÉ 36" E ESPESSURA DO COSTADO MENOR DE 1 1/8" A ESPESSURA e1 = 12,7 mm.

Fig. 12

TANQUE SOLDADO PARA ARMAZENAMENTO DE PETRÓLEO E DERIVADOS
ACESSÓRIO: CONEXÃO SIMPLES DE SAÍDA

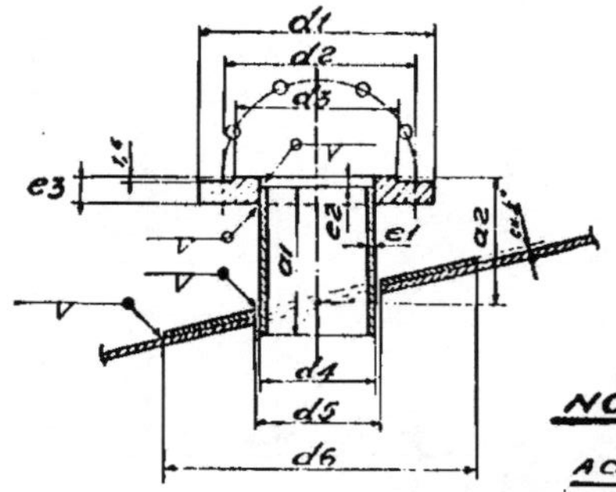

NOTA:

A CHAPA DE REFORÇO NÃO É NECESSÁRIA PARA CONEXÃO DE 6" OU MENOR

POLEGADAS	MILIMETROS												
DIMENSÕES DA CONEXÃO	a1	a2	e1	e2	FLANGE							CH. REFORÇO	
					e3	d1	d2	d3	d4	PARAFUSOS QUANT.	ø FURO	ø PARAF.	d5	d6
3	172	152	7,6	e1+5	23,8	191	152	127	89	4	19	16	92	229
4	172	152	8,6		23,8	229	191	157	114	8	19	16	118	279
6	172	152	11		25,4	279	241	216	168	8	22,2	19	172	381
8	172	152	12,7		28,6	343	298	270	219	8	22,2	19	225	457
10	228	203	12,7		30,2	406	362	324	273	12	25,4	22,2	279	559
12	228	203	12,7		31,7	483	432	361	324	12	25,4	22,2	330	610

Fig. 13

TIPO DE TAMPOS

Cônico, domo e guarda-chuva.

CÁLCULO DA ESPESSURA DA CHAPA DO TETO CÔNICO

A espessura do teto cônico pode ser calculado de acordo com a fórmula seguinte:

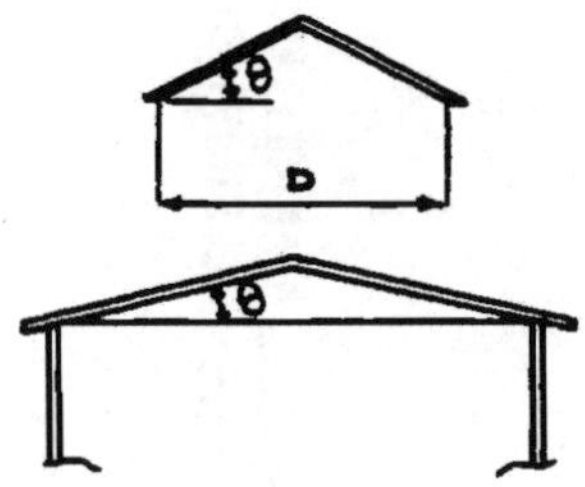

$$t = \frac{D}{400 \times (\text{sen } \theta)}$$

onde:
t = espessura em polegadas
D = diâmetro em pés do tampo
θ = ângulo de inclinação

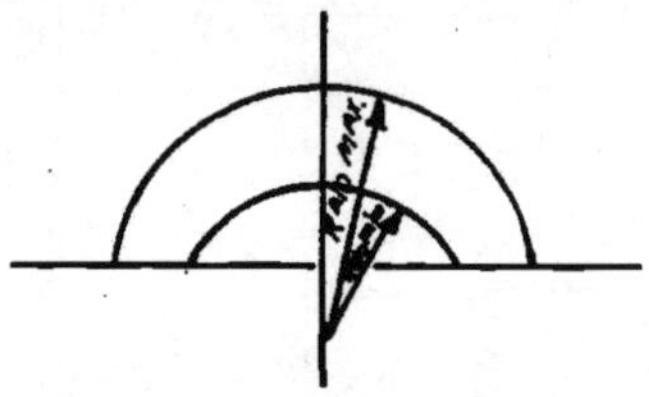

CÁLCULO DA ESPESSURA DA CHAPA DO TAMPO TIPO DOMO

A espessura da chapa de um tampo tipo domo pode ser calculada de acordo com a fórmula seguinte:

$$t = \frac{R}{200}$$

onde:
Rmínimo = 0,8 D em polegadas
Rmáximo = 1,2 D em polegadas
D = diâmetro do tanque em pés
t = espessura em polegadas

CÁLCULO DO TAMPO TIPO GUARDA-CHUVA

A espessura da chapa de um tampo tipo guarda-chuva é calculado também de acordo com a fórmula usada para o cálculo do tampo tipo domo.
Exemplo: supondo tanque com 50 pés diâmetro e ângulo de inclinação de 15°, teremos seno de 15° = 0,2588.

Solução $t = \frac{D}{400 \times (\text{sen } 15°)} = \frac{50}{400 \times 0{,}26} = 0{,}4'' \sim$

Exemplos:
Supondo um tanque para armazenamento de petróleo com um diâmetro D = 15,00 m e uma distância H = 8,40 m, qual seria a espessura mínima da chapa do costado?
Solução. conforme a fórmula da pág. , teremos:
$E = 0{,}03983 \times D \times (H - 0{,}3) \times G \;\therefore$
$E = 0{,}03983 \times 15 \times (8{,}40 - 0{,}3) \times 1 = \sim 4{,}84$ mm.
Um tanque com um diâmetro D = 10,00 m, com uma carga total uniformemente distribuída sobre o teto de 158 kg/m², pergunta-se:
Qual o número de vigas radiais? Qual a carga por unidade de comprimento? Qual o momento fletor e qual o módulo de resistência?
Solução: conforme as fórmulas da pág. , teremos:

N = Número de vigas radiais = $N \geqslant \frac{\pi \cdot D}{1{,}9}$ que, dando os valores, teremos: $N = \frac{3{,}1415 \times 10{,}00}{1{,}9} = 16$

Resposta = 16
Disto resulta que a carga por unidade de comprimento de acordo com a fórmula da página , teremos, substituindo pelos seus valores:

$$q = \frac{98 \times \frac{\pi}{4} \times (D^2 - A^2)}{NL}$$ que resulta o que segue:

$$q = \frac{98 \times \frac{3{,}1416}{4} (100^2 - 10^2)}{72} = q = \frac{98 \times 0{,}7854 \times 9900}{72} = 10583$$

Teremos o momento fletor de acordo com a fórmula da página

$M = \frac{q \cdot l^2}{8}$ que, substituindo pelos seus valores, teremos: $M = \frac{10583 \times 4{,}5^2}{8} = 26.788$

Teremos o módulo de resistência W conforme a fórmula da página

$$W = \frac{M}{S} = \frac{26{,}788}{1350} = \sim 20$$

Como se seleciona um perfil com um módulo de resistência maior, consultando tabelas encontra-se uma viga de 3" com o valor de W = 22,9 cm³.

CAPÍTULO III

TABELAS E NORMAS ANSI (AMERICAN NATIONAL STANDARDS INSTITUTE)

Escadas, rampas e passadiços metálicos normas.

TERMINOLOGIA: é o propósito desta norma.
Passadiços: plataformas de ligação ou acesso, horizontais.
Rampas: plataformas de ligação ou acesso inclinados.
Escadas normais: as que tiverem ângulo de inclinação entre 30° e 50°.
Escadas muito inclinadas: são as que tiverem um ângulo de inclinação entre 50° e 75°.
Escada de marinheiro: são as que tiverem um ângulo de inclinação acima de 75°.

CARGAS

A estrutura deve ser capaz de suportar uma carga móvel concentrada de 500 kg e o corrimão uma carga de 100 kg aplicada em qualquer direção e em qualquer ponto.

NORMAS GERAIS:

Todas as partes serão metálicas, pisos e degraus devem ser de chapa ou outra construção anti-derrapante.
Altura mínima do rodapé é de 75 mm. Espaço máximo entre o piso e o rodapé de 75 mm. Espaço máximo do sub-corrimão: aproximadamente a metade da altura do corrimão. Distância máxima entre montantes do corrimão de 2400 mm. Corrimões devem ligar-se aos das plataformas adjacentes com descontinuidade.
Vãos no piso maiores que 150 mm devem ser fechados onde não houver corrimão.
Passadiços, rampas ou escadas entre dois tanques ou estruturas independentes devem ser fixadas de modo a permitir livre movimento e mesmo colapso ou explosão de um deles sem afetar o outro.
As Figuras 1, 2 e 3 dão mais detalhes construtivos.

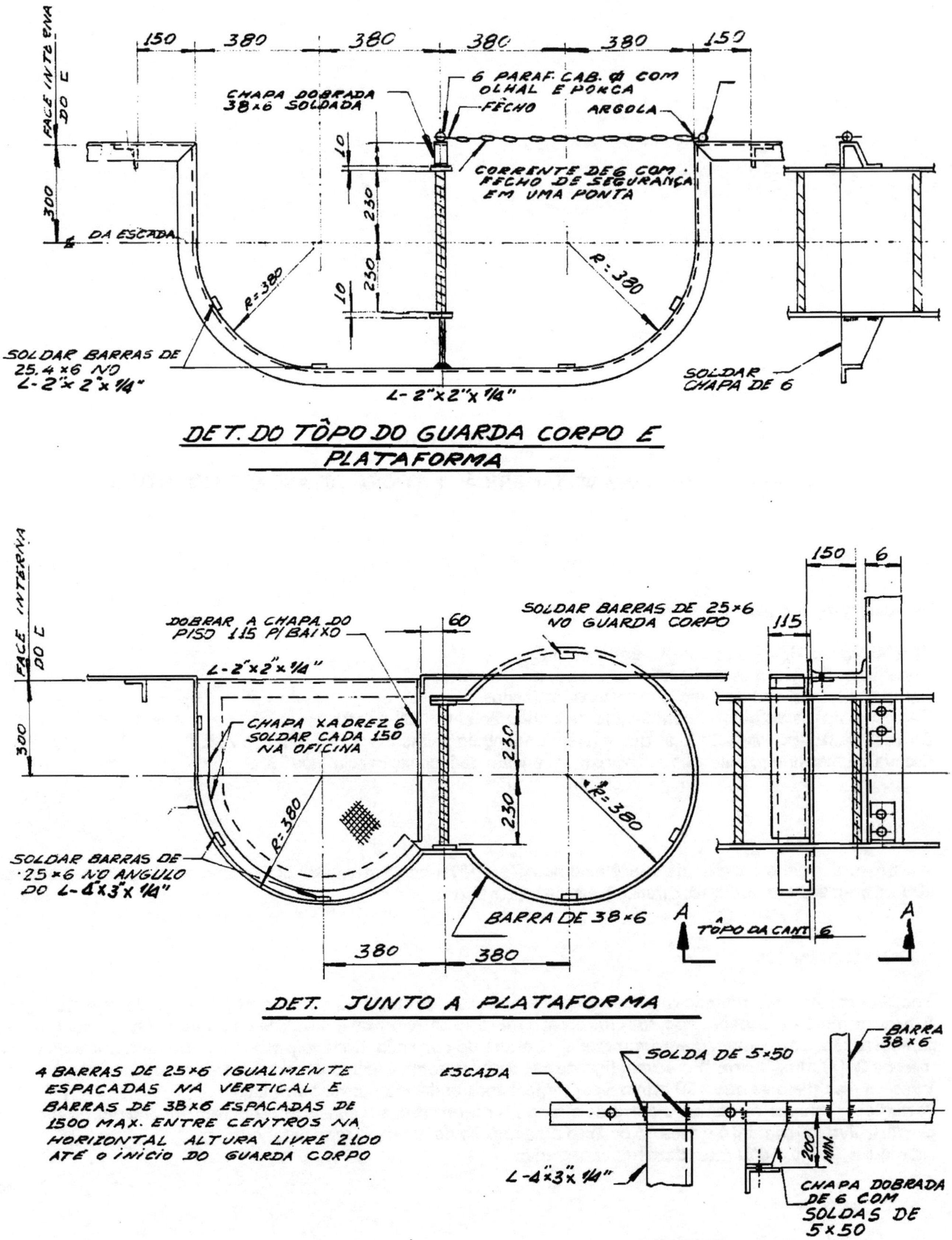
FACE INTERNA DO ℄
150 380 380 380 380 150
CHAPA DOBRADA 38×6 SOLDADA
6 PARAF. CAB. ⌀ COM OLHAL E PORCA
FÊCHO
ARGOLA
CORRENTE DE 6 COM FECHO DE SEGURANÇA EM UMA PONTA
10 230 230 10
300
℄ DA ESCADA
R=380
R:380
SOLDAR BARRAS DE 25,4×6 NO L-2"×2"×1/4"
L-2"×2"×1/4"
SOLDAR CHAPA DE 6
DET. DO TÔPO DO GUARDA CORPO E PLATAFORMA
FACE INTERNA DO ℄
DOBRAR A CHAPA DO PISO 115 P/BAIXO
60
SOLDAR BARRAS DE 25×6 NO GUARDA CORPO
L-2"×2"×1/4"
CHAPA XADREZ 6 SOLDAR CADA 150 NA OFICINA
300
230 230
R:380
SOLDAR BARRAS DE 25×6 NO ANGULO DO L-4"×3"×1/4"
BARRA DE 38×6
380 380
150 6 115
A A
TÔPO DA CANT. 6
DET. JUNTO A PLATAFORMA
4 BARRAS DE 25×6 IGUALMENTE ESPAÇADAS NA VERTICAL E BARRAS DE 38×6 ESPAÇADAS DE 1500 MAX. ENTRE CENTROS NA HORIZONTAL ALTURA LIVRE 2100 ATÉ O INÍCIO DO GUARDA CORPO
ESCADA
SOLDA DE 5×50
BARRA 38×6
200 MIN.
L-4"×3"×1/4"
CHAPA DOBRADA DE 6 COM SOLDAS DE 5×50
VISTA A-A

Fig. 1

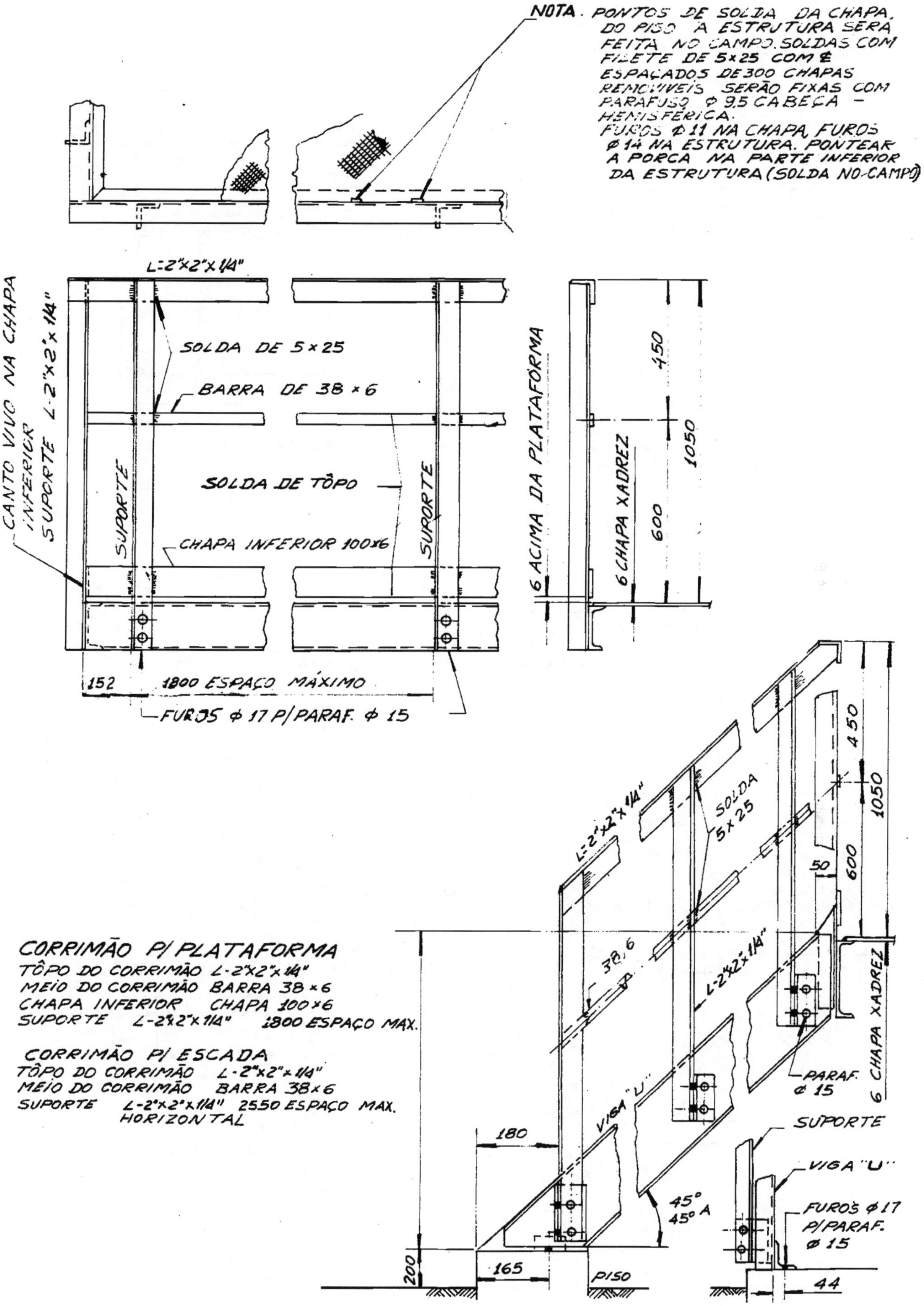

NOTA. PONTOS DE SOLDA DA CHAPA DO PISO A ESTRUTURA SERÁ FEITA NO CAMPO. SOLDAS COM FILETE DE 5×25 COM ℄ ESPAÇADOS DE 300 CHAPAS REMOVÍVEIS SERÃO FIXAS COM PARAFUSO ⌀ 9,5 CABEÇA - HEMISFÉRICA. FUROS ⌀ 11 NA CHAPA, FUROS ⌀ 14 NA ESTRUTURA. PONTEAR A PORCA NA PARTE INFERIOR DA ESTRUTURA (SOLDA NO CAMPO)
L-2"×2"×1/4"
CANTO VIVO NA CHAPA INFERIOR
SUPORTE L-2"×2"×1/4"
SOLDA DE 5×25
BARRA DE 38×6
SOLDA DE TÔPO
SUPORTE
CHAPA INFERIOR 100×6
SUPORTE
152
1800 ESPAÇO MÁXIMO
FUROS ⌀ 17 P/PARAF. ⌀ 15
6 ACIMA DA PLATAFORMA
6 CHAPA XADREZ
450
1050
600
L-2"×2"×1/4"
SOLDA 5×25
450
1050
600
50
38,6
L-2"×2"×1/4"
6 CHAPA XADREZ
PARAF. ⌀ 15
VIGA "U"
180
45°
45° A
SUPORTE
VIGA "U"
FUROS ⌀ 17 P/PARAF. ⌀ 15
200
165
PISO
44
CORRIMÃO P/ PLATAFORMA
TÔPO DO CORRIMÃO L-2"×2"×1/4"
MEIO DO CORRIMÃO BARRA 38×6
CHAPA INFERIOR CHAPA 100×6
SUPORTE L-2"×2"×1/4" 1800 ESPAÇO MAX.
CORRIMÃO P/ ESCADA
TÔPO DO CORRIMÃO L-2"×2"×1/4"
MEIO DO CORRIMÃO BARRA 38×6
SUPORTE L-2"×2"×1/4" 2550 ESPAÇO MAX. HORIZONTAL

Fig. 2

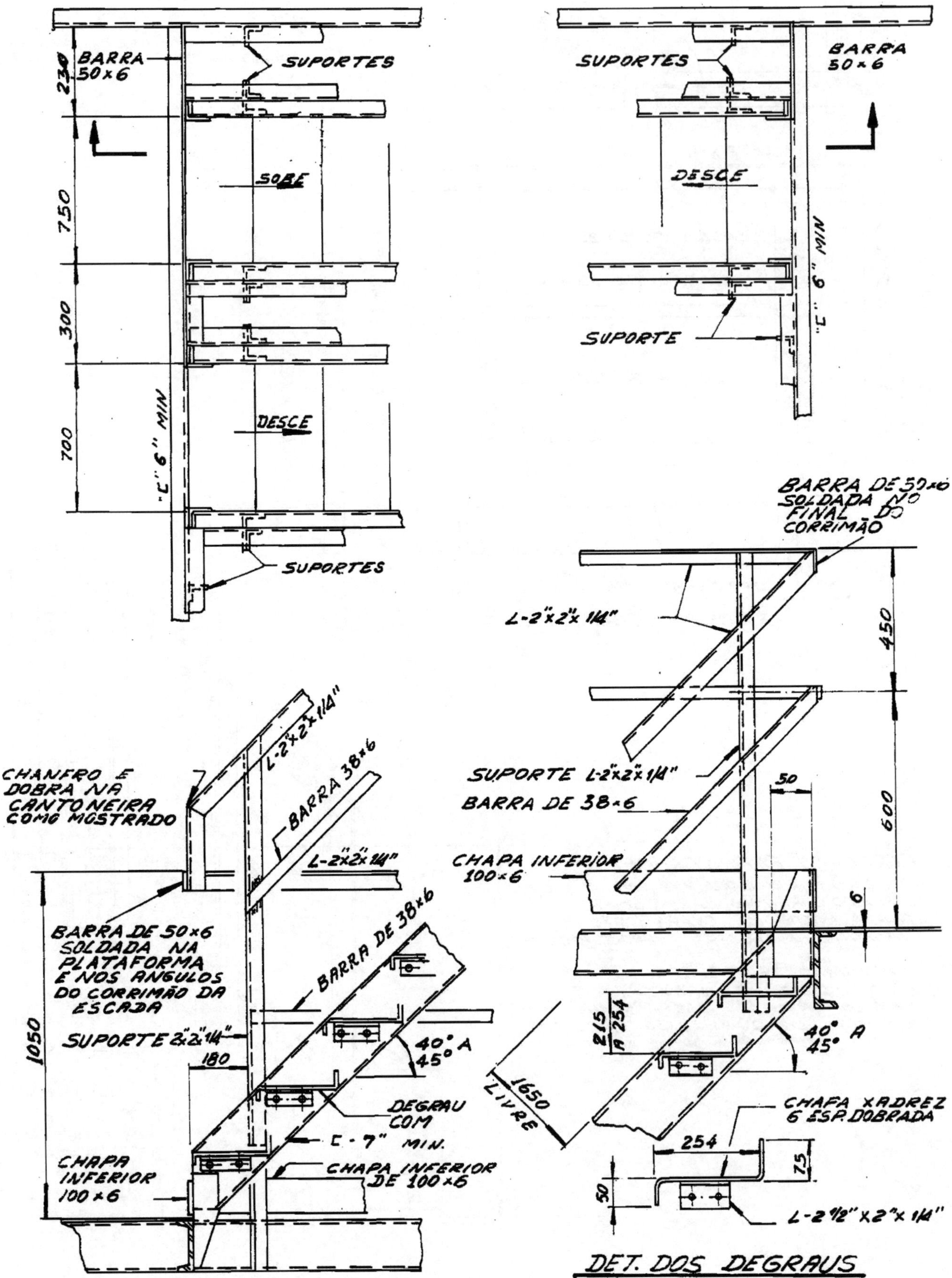
BARRA 50×6
SUPORTES
SOBE
DESCE
"C" 6" MIN
230
750
300
700
BARRA 50×6
SUPORTES
DESCE
"C" 6" MIN
SUPORTE
BARRA DE 50×6 SOLDADA NO FINAL DO CORRIMÃO
L-2"×2"× 1/4"
SUPORTE L-2"×2"× 1/4"
BARRA DE 38×6
CHAPA INFERIOR 100×6
450
600
50
6
215 A 254
40° A 45°
1650 LIVRE
CHAPA XADREZ 6 ESP. DOBRADA
254
75
50
L-2 1/2"×2"× 1/4"
DET. DOS DEGRAUS
CHANFRO E DOBRA NA CANTONEIRA COMO MOSTRADO
L-2"×2"× 1/4"
BARRA 38×6
L-2"×2"× 1/4"
BARRA DE 50×6 SOLDADA NA PLATAFORMA E NOS ÂNGULOS DO CORRIMÃO DA ESCADA
BARRA DE 38×6
SUPORTE 2"×2"× 1/4"
180
40° A 45°
1050
DEGRAU COM
C-7" MIN.
CHAPA INFERIOR 100×6
CHAPA INFERIOR DE 100×6

Fig. 3

NORMAS PARTICULARES

Passadiços e rampas

Largura mínima 610 mm.
Largura ideal 750 mm por fila de pessoas, aumentada de 25 mm para cada metro de comprimento.
Corrimãos, sub-corrimãos e rodapés devem ser previstos de ambos os lados, a menos que haja paredes laterais, sendo descontínuos apenas nos pontos de acesso.

ESCADAS NORMAIS

Largura mínima 610 mm.
Largura ideal 1000 mm por fila de pessoas.
Corrimãos, sub-corrimãos e rodapés devem ser previstos de ambos os lados a menos que haja paredes laterais.
A quantidade de degraus de cada lance deve estar entre 3 e 18, mas, preferivelmente, entre 12 e 15.
Uma vez escolhida a relação dos degraus H (altura) e P (a parte horizontal) ela deve ser mantida em toda a altura e em todos os andares permitindo-se pequena variação apenas no degrau inferior de cada andar.
Para tanques cilíndricos verticais é recomendável adotar ângulo de inclinação próximo aos 45° e adotar mesmo ângulo para um grupo de tanques dentro da mesma área.
Escadas ao redor de tanques cilíndricos verticais devem ser totalmente apoiados nestes e sem contato com o chão.

ESCADAS MUITO INCLINADAS

Devem ser previstos corrimãos de ambos os lados a menos que os degraus ou montantes sejam vazados de modo a servirem de corrimão.
Mesmo nesses casos, prever corrimão, se for possível.
Largura mínima com corrimão 530 mm.
Largura máxima com corrimão 610 mm.
Largura ideal, sem corrimão, 460 mm.

ESCADAS DE MARINHEIRO

Os degraus são basicamente de ferro redondo.
Largura mínima 380 mm.
Largura ideal 460 mm.
Se a escada estiver entre duas paredes laterais, a distância mínima entre elas deve ser 610 mm.
Em tanques cilíndricos verticais, devem ser totalmente apoiadas a estes e sem contato com o chão.
As laterais da escada devem prolongar-se cerca de 1 m acima da plataforma a ser atingida.
Salvo indicação contrária, devem ter guarda-corpo de proteção sempre que a altura for superior a 5 m.
Deixar uma folga livre sem guarda-corpo para acesso junto ao chão e demais plataformas de no mínimo 1600 mm de altura. O espaçamento dos degraus deve ser uniforme, permitindo-se pequena variação no degrau inferior.

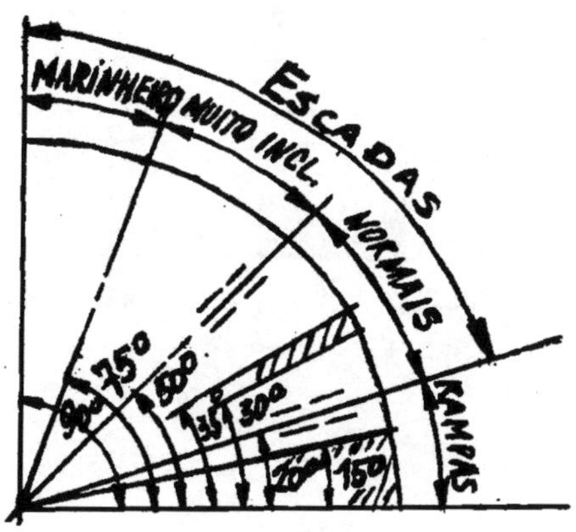

Fig. A

Fig. A — Limites ideais e máximos.
Preferência
Crítico

ESCADA MARINHEIRO

TIPO A

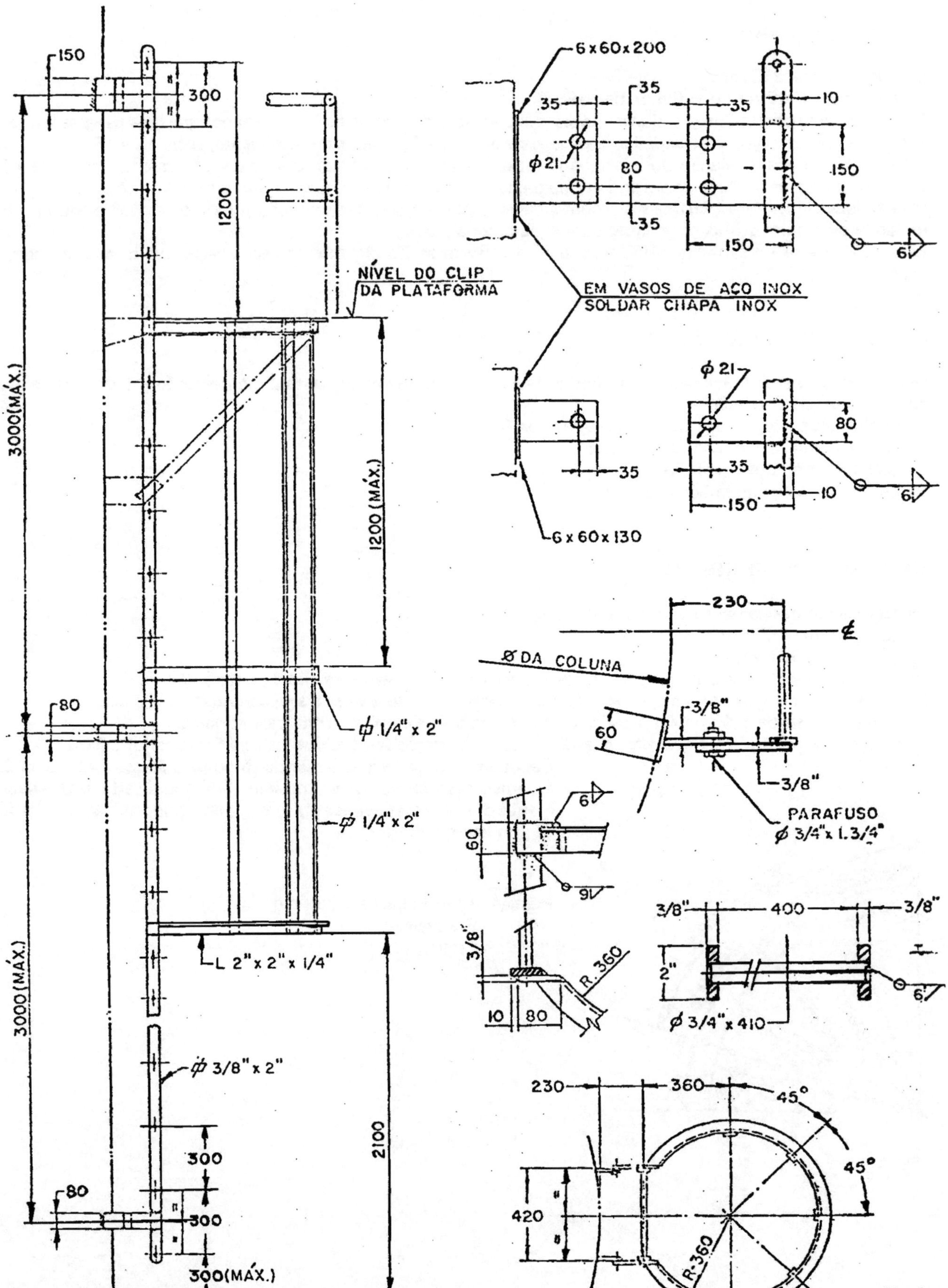

Fig. 4

ESCADA MARINHEIRO

TIPO B – UM LANCE

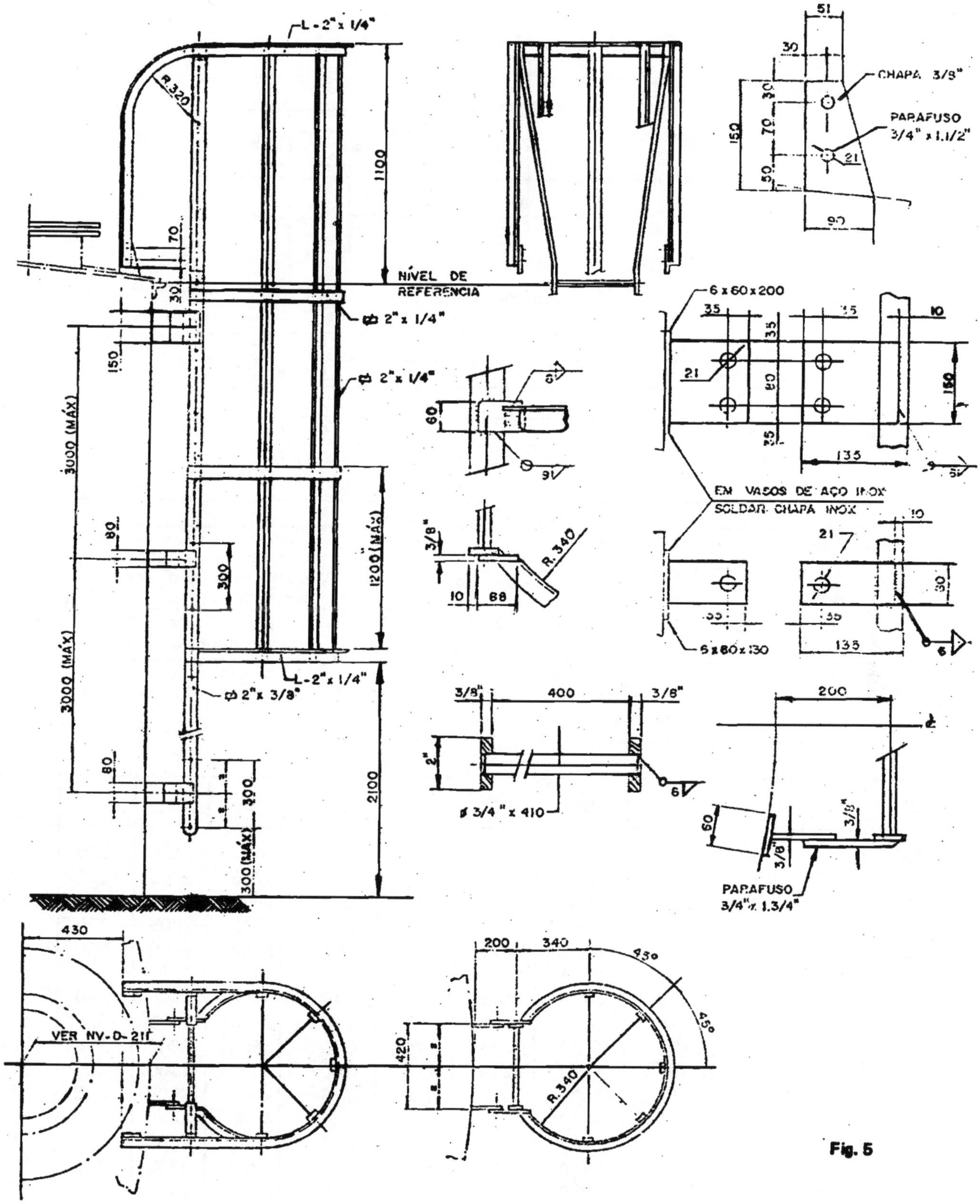

Fig. 5

Segue neste capítulo tabelas úteis na execução de vasos e tanques, junto também formulário para desenho de tampos.

TAMPOS TOROSFÉRICOS ABAULADOS E REBORDEADOS

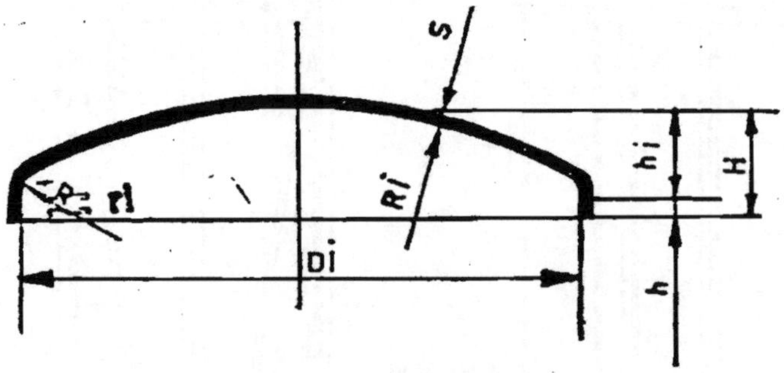

normas ASME 10%

Ri	ri	hi	Hi
Ri = Di	0.100 Di	0.194 Di	hi + h

h =	10	15	25	35	50
S =	1.9 - 2.5	1/8 - 3/16	1/4 - 5/16	3/8 - 1/2	5/8 - 1.1/2

EXECUÇÃO DOS TAMPOS		
Discos em chapa inteira ou em elementos soldados.	Calota central e setores	Calota central e setores com eventual rebordeamento individual dos setores da última carrera.
até Ø i 2500 × 7/8 até Ø i 1250 × 1 1/2	até Ø i 3000 × 1.1/2 até Ø i 4000 × 1"	até Ø 4000 × 1.1/2 até Ø 5000 × 1.1/2

NOTAS — As quantidades e o dimensionamento das calotas e setores deverão estar de acordo com as determinações do ns/depto. Técnico.

— As medidas são internas e expressas em m/m.

Di	Ri	ri	hi	Di	Ri	ri	hi	Di	Ri	ri	hi
300	300	30	58	1300	1300	130	252	2600	2600	260	504
350	350	35	68	1350	1350	135	262	2700	2700	270	524
400	400	40	78	1400	1400	140	272	2800	2800	280	543
450	450	45	88	1450	1450	145	281	2900	2900	290	563
500	500	50	97	1500	1500	150	291	3000	3000	300	581
550	550	55	107	1550	1550	155	301	3200	3200	320	621
600	600	60	116	1600	1600	160	310	3400	3400	340	660
650	650	65	126	1650	1650	165	320	3600	3600	360	698
700	700	70	136	1700	1700	170	330	3800	3800	380	737
750	750	75	146	1750	1750	175	340	4000	4000	400	776
800	800	80	155	1800	1800	180	349	4200	4200	420	815
850	850	85	165	1850	1850	185	359	4400	4400	440	854
900	900	90	175	1900	1900	190	369	4600	4600	460	892
950	950	95	184	1950	1950	195	378	4800	4800	480	931
1000	1000	100	194	2000	2000	200	388	5000	5000	500	970
1050	1050	105	204	2100	2100	210	407				
1100	1100	110	213	2200	2200	220	427				
1150	1150	115	223	2300	2300	230	446				
1200	1200	120	233	2400	2400	240	466				
1250	1250	125	243	2500	2500	250	485				

TAMPOS ELÍPTICOS
ABAULADOS E REBORDEADOS

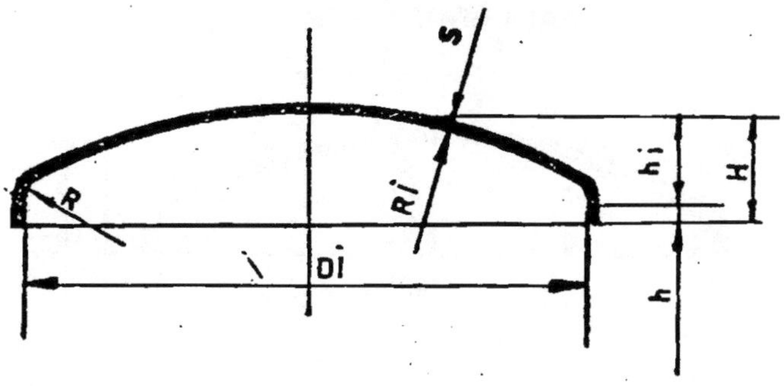

Normas ASME 2:1

Ri	ri	hi	Hi
0.904 Di	0,173 Di	0.250 Di	hi + h

h =	15	25	35	50
S =	1/8 - 3/16	1/4 - 5/16	3/8 - 1/2	5/8 - 1.1/4

EXECUÇÃO DOS TAMPOS	
Discos em chapas inteira ou em elementos soldados	Calota central e setores
até ϕ i 1800 × 3/4 até ϕ i 1300 × 1.1/4	acima de ϕ 1800 × 3/4 acima de ϕ 1300 × 1.1/4

NOTAS — As quantidades e o dimensionamento das calotas e setores deverão estar de acôrdo com as determinações do ns/depto. técnico.

— As medidas são internas e expressas em m/m.

Di	Ri	ri	hi	Di	Ri	ri	hi	Di	Ri	ri	hi
500	452	87	125	1300	1175	225	325	2400	2170	415	600
550	497	95	138	1350	1220	234	338	2500	2260	432	625
600	542	104	150	1400	1266	242	350	2600	2350	450	650
650	588	112	163	1450	1311	251	363	2700	2441	467	675
700	633	120	175	1500	1356	260	375	2800	2531	484	700
750	678	130	188	1550	1401	268	388				
800	723	138	200	1600	1446	277	400				
850	768	147	213	1650	1492	285	413				
900	814	156	225	1700	1537	294	425				
950	859	164	238	1750	1582	303	438				
1000	904	173	250	1800	1627	311	450				
1050	949	182	263	1900	1718	329	475				
1100	994	190	275	2000	1808	346	500				
1150	1040	199	288	2100	1898	363	525				
1200	1085	208	300	2200	1989	381	550				
1250	1130	216	313	2300	2079	398	575				

TAMPOS
ABAULADOS E REBORDEADOS

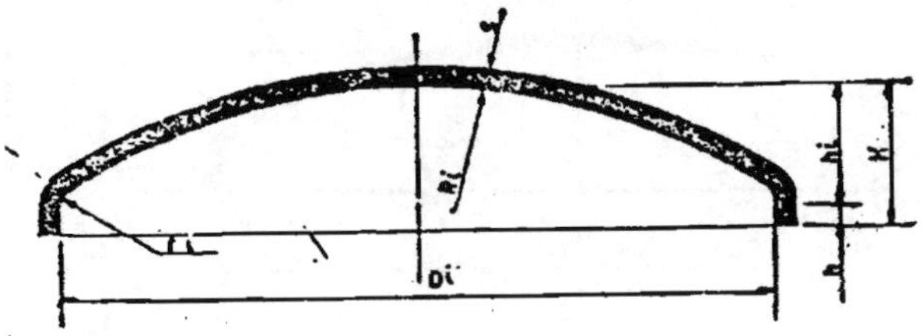

R	r	h max.
1,25 × Di	25-50-100-150	10-15-20-25-30

NOTAS:- As medidas são internas e expressas em m/m.

- Para possibilitar a recuperação em caso de ruptura e, particularmente, tratando-se de discos em elementos soldados, determinar um pequeno acréscimo ao diâmetro nominal dos discos.

Di Diam. Interno	r	h=max. parte reta	S = espessura 1/8	3/16	1/4	5/16	3/8	1/2	5/8	3/4
250- 300	25	10	o	o						
301- 400	25	10	o	o						
401- 500	25	10	o	o						
501- 600	25	15	o	o	o					
601- 700	50	15	o	o	o	o				
701- 800	50	15	o	o	o	o	o			
801- 900	50	15	o	o	o	o	o	o		
901-1000	50	15	o	o	o	o	o	o	o	
1001-1100	50	15	o	o	o	o	o	o	o	o
1101-1200	50	15	o	o	o	o	o	o	o	o
1201-1300	100	20	o	o	o	o	o	o	o	o
1301-1400	100	20	o	o	o	o	o	o	o	o
1401-1500	100	20	o	o	o	o	o	o	o	o
1501-1600	100	20	o	o	o	o	o	o	o	o
1601-1700	100	20	o	o	o	o	o	o	o	o
1701-1800	100	20	o	o	o	o	o	o	o	o
1801-1900	100	25		o	o	o	o	o	o	o
1901-2000	100	25		o	o	o	o	o	o	o
2001-2100	150	25			o	o	o	o	o	o
2101-2200	150	25			o	o	o	o	o	o
2201-2300	150	25			o	o	o	o	o	o
2301-2400	150	25			o	o	o	o	o	o
2401-2500	150	30			o	o	o	o	o	o
2501-2600	150	30				o	o	o	o	o
2601-2700	150	30				o	o	o	o	o
2701-2800	150	30				o	o	o	o	o

MATERIAIS:- ferro (Aço SAE - ASTM), Aço Inox., metais não ferrosos.

TAMPOS
SOMENTE ABAULADOS

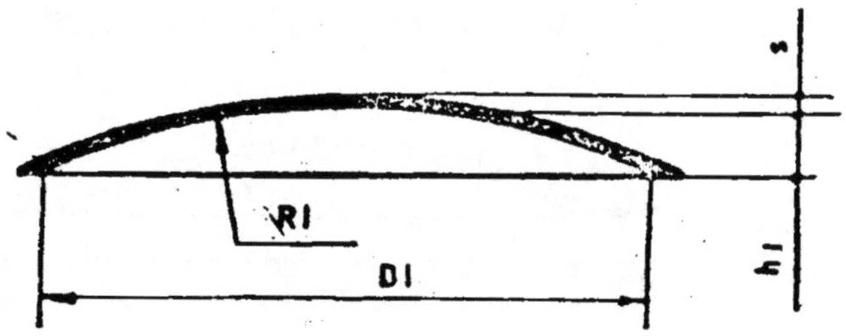

TIPO NA 8 — ABAULAMENTO PROFUNDO

Ri	hi	S	Di
0.8 Di	0.175 Di	de 1/8 a 1.1/4	de 500 a 2800

EXECUÇÃO DOS TAMPOS	
Discos em chapa inteira ou em elementos soldados.	Calota central e setores
até Ø i. 1800 × 3/4 até Ø i 1300 × 1.1/4	acima de Ø 1800 × 3/4 acima de Ø 1300 × 1.1/4

TIPO NA 1 — ABAULAMENTO NORMAL

Ri	hi	S	Di
Ri = Di	0.134 Di	de 1,9 a 1.1/2	de 300 a 5000

EXECUÇÃO DOS TAMPOS		
Discos em chapa inteira ou em elementos soldados.	Calota central e setores	Calota central e duas ou mais carreiras de setores.
até Ø i 2500 × 7/8 até Ø i 1250 × 1.1/2	até Ø i 3000 × 1.1/2 até Ø i 4000 × 1"	até Ø 4000 × 1.1/2 até Ø 5000 × 1.1/2

TIPO NA — SÉRIE BP — ABAULAMENTO RASO

Ri = 1.25 Di	MATERIAIS ESPESSURA = S
hi = 0,1044 Di	ferro = 1/8 a 5/8 aço inox. = 1/9 a 5/8 metais não ferrosos = 1/8 a 5/8

NOTAS — As medidas são internas e expressas em m/m.
— As quantidades e o dimensionamento das calotas e setores deverão estar de acordo com as determinações do ns/depto. Técnico.
— Os diâmetros dos discos indicados são teóricos.
— Para possibilitar a recuperação em caso de ruptura e particularmente tratando-se de discos em elementos soldados, determinar um pequeno acréscimo nos diâmetros dos discos.

TAMPOS ABAULADOS
COM PARTE RETA FLANJADOS

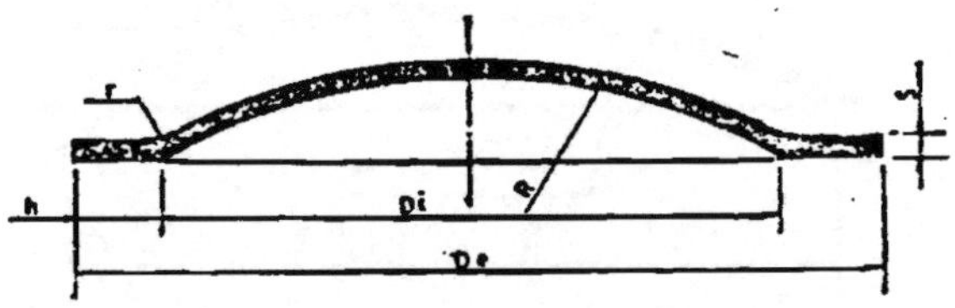

h	D. ext.	R	r
flanja	D. int. + 2 h	1,25 × D. int.	de 5 a 25 mm.

NOTAS:- As medidas são internas e expressas em m/m.
- Para possibilitar a recuperação em caso de ruptura e, particularmente, tratando-se de discos em elementos soldados, determinar um pequeno acréscimo ao diâmetro nominal dos discos.

Di interno	h flanja	De externo	R	S = espessura									
				1/8	3/16	1/4	5/16	3/8	1/2	5/8	3/4	7/8	1"
500	50	600	625,00	o	o	o							
550	50	650	687,50	o	o	o							
600	50	700	750,00	o	o	o	o						
650	50	750	812,50	o	o	o	o						
700	50	800	875,00	o	o	o	o	o					
750	50	850	937,50	o	o	o	o	o					
800	50	900	1.000,00	o	o	o	o	o	o				
850	50	950	1.062,50	o	o	o	o	o	o				
900	50	1000	1.125,00	o	o	o	o	o	o				
950	50	1050	1.187,50	o	o	o	o	o	o				
1000	50	1100	1.250,00	o	o	o	o	o	o	o			
1050	50	1150	1.312,50	o	o	o	o	o	o	o			
1100	50	1200	1.375,00	o	o	o	o	o	o	o			
1150	50	1250	1.437,50	o	o	o	o	o	o	o			
1200	50	1300	1.500,00	o	o	o	o	o	o	o			
1250	75	1400	1.562,50		o	o	o	o	o	o	o		
1300	75	1450	1.625,00		o	o	o	o	o	o	o		
1350	75	1500	1.687,50		o	o	o	o	o	o	o		
1400	75	1550	1.750,00		o	o	o	o	o	o	o		
1450	75	1600	1.812,50		o	o	o	o	o	o	o		
1500	75	1650	1.875,00		o	o	o	o	o	o	o		
1550	75	1700	1.937,50			o	o	o	o	o	o	o	
1600	75	1750	2.000,00			o	o	o	o	o	o	o	
1650	75	1800	2.062,50			o	o	o	o	o	o	o	
1700	75	1850	2.125,00			o	o	o	o	o	o	o	
1750	75	1900	2.187,50			o	o	o	o	o	o	o	
1800	75	1950	2.250,00			o	o	o	o	o	o	o	o
1850	75	2000	2.312,50				o	o	o	o	o	o	o
1900	75	2050	2.375,00				o	o	o	o	o	o	o
1950	75	2100	2.437,50				o	o	o	o	o	o	o
2000	75	2150	2.500,00				o	o	o	o	o	o	o
2100	100	2300	2.625,00					o	o	o	o	o	o
2200	100	2400	2.750,00					o	o	o	o	o	o
2300	100	2500	2.875,00					o	o	o	o	o	o
2400	100	2600	3.000,00					o	o	o	o	o	o
2500	100	2700	3.125,00					o	o	o	o	o	o

MATERIAIS:- ferro (Aço SAE - ASTM), Aço Inox., metais não ferrosos.

TAMPOS ABAULADOS
SEMIESFÉRICOS

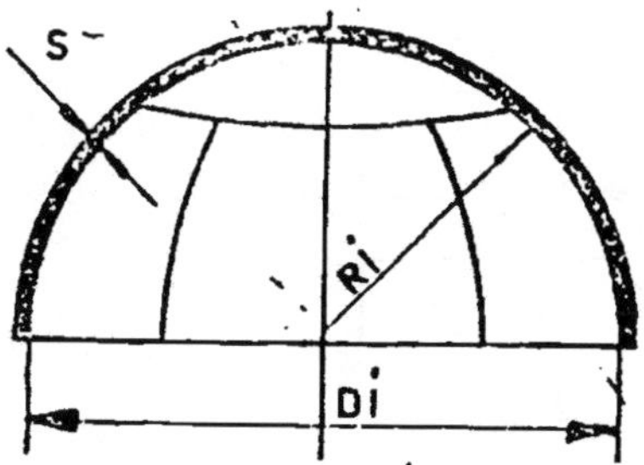

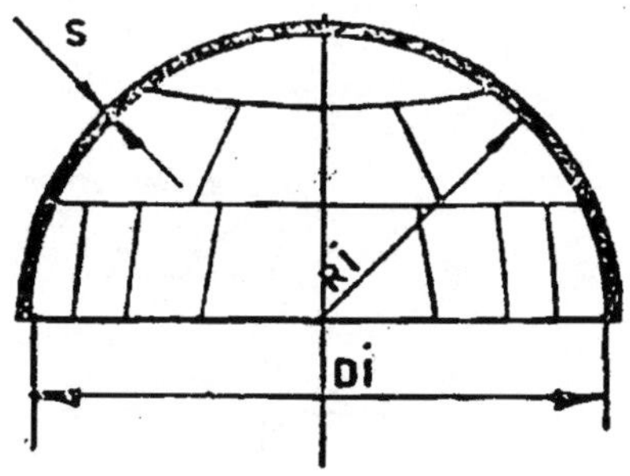

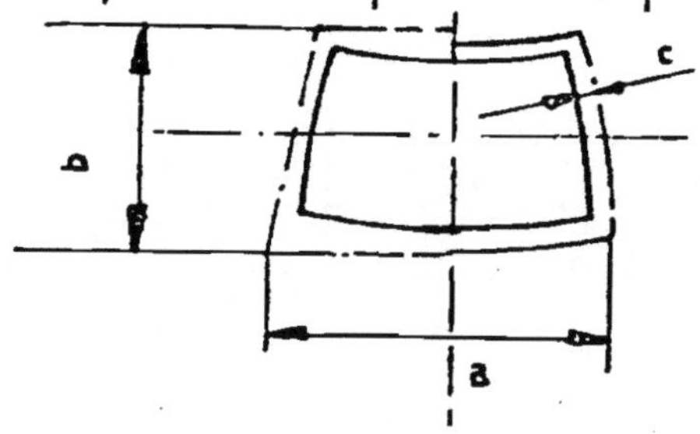

a = b Dimensionamento favorável na execução dos setores.

Setores com esp. acima de 5/8 (incl.), deverão ser furados no centro para executar a operação de abaulamento.

NOTA — As medidas são internas e expressas em m/m.

Valor máximo	Valor mínimo	C
a = 1200 m/m	b ≤ a b = 2,75 a	de 25 a 25 m/m

DI	PÊSO UNIDADE / KG. — VALÔRES TEÓRICOS													
	1/8	3/16	1/4	5/16	3/8	1/2	5/8	3/4	7/8	1"	1.1/8	1.1/4	1.3/8	1.1/2	1.5/8
500	13	19	25	32	37										
600	18	27	35	43	52										
700	25	36	46	58	70	95									
800	32	47	61	76	92	125	154								
900	41	60	78	97	117	145	195								
1000	50	75	96	120	145	193	245	290							
1200	72	105	138	175	210	276	345	420							
1400	98	143	190	235	280	375	470	565	660						
1600	130	190	250	310	370	495	620	740	870	990					
1800	164	240	315	390	468	625	780	935	1090	1250	1410	1565			
2000	205	295	390	485	580	772	965	1150	1350	1545	1645	1930			
2200			470	585	700	935	1165	1400	1630	1865	2095	2330	2570		
2400			555	690	830	1110	1385	1660	1940	2215	2490	2765	3060		
2600			615	815	978	1305	1630	1955	2280	2610	2930	3260	3600	3925	4250
2800			755	942	1130	1510	1885	2265	2640	3015	3390	2770	4145	4530	4920
3000			875	1085	1310	1735	2170	2600	3040	3470	3910	4340	4775	5210	5640
3250					1475	1970	2455	2945	3440	3930	4420	4910	5400	5890	6380
3500					1770	2360	2950	3540	4130	4715	5305	5895	6485	7075	7670
3750							3380	4060	4740	5410	6085	6770	7440	8120	8790
4000							3860	4630	5340	6170	6940	7715	8490	9260	10030
4250								5220	6830	7800	8770	9750	10740	11710	12690
4500								5850	6090	6960	7830	8700	9580	10450	11330
4750								6515	7600	8690	9765	10860	11960	13040	14125
5000								7230	8435	9640	10850	12060	13280	14500	15700
Aplic.	FERRO (SAE-ASTM) — AÇO INOX. — METAIS NÃO FERROSOS														

TAMPOS PLANOS OU RETOS
SOMENTE REBORDEADOS

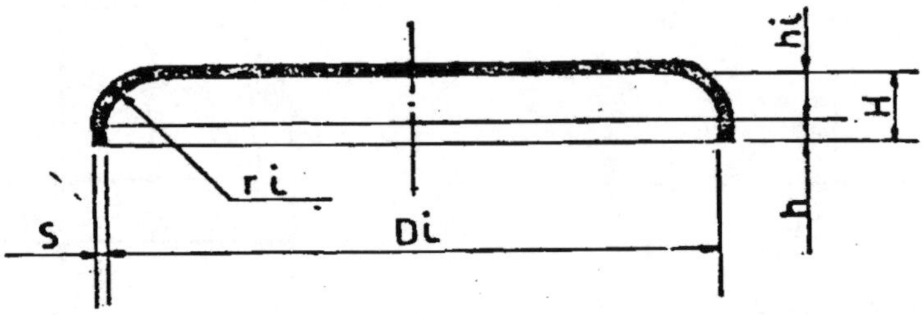

hi	H
hi = ri	hi + h

S=	1/8-3/16	1/4-5/16	3/8-1/2	5/8-3/4	7/8-1
h=	**10**	15	20	30	35

ri DE EXECUÇÃO							
20	30	40	50	60	80	100	120

NOTAS:- As medidas são internas e expressas em m/m.
- Para possibilitar a recuperação em caso de ruptura e, particularmente, tratando-se de discos em elementos soldados, determinar um pequeno acréscimo ao diâmetro nominal dos discos.

D. int.	DIÂMETRO INTERNO X ESPESSURA									
Tampos	1/8	3/16	1/4	5/16	3/8	1/2	5/8	3/4	7/8	1"
500	o	o	o							
550	o	o	o							
600	o	o	o							
650	o	o	o							
700	o	o	o	o	o					
750	o	o	o	o	o					
800	o	o	o	o	o	o				
850	o	o	o	o	o	o				
900	o	o	o	o	o	o	o			
950	o	o	o	o	o	o	o			
1000	o	o	o	o	o	o	o	o		
1050	o	o	o	o	o	o	o	o		
1100	o	o	o	o	o	o	o	o		
1150	o	o	o	o	o	o	o	o		
1200	o	o	o	o	o	o	o	o	o	o
1300		o	o	o	o	o	o	o	o	o
1400		o	o	o	o	o	o	o	o	o
1500		o	o	o	o	o	o	o	o	o
1600		o	o	o	o	o	o	o	o	o
1700			o	o	o	o	o	o	o	o
1800			o	o	o	o	o	o	o	o
1900			o	o	o	o	o	o	o	o
2000			o	o	o	o	o	o	o	o
2100					o	o	o	o	o	o
2200					o	o	o	o	o	o
2300					o	o	o	o	o	o
2400					o	o	o	o	o	o
2500					o	o	o	o	o	o
MATERIAIS:- ferro (Aço SAE - ASTM), Aço Inox., metais não ferrosos.										

TAMPOS ABAULADOS
REBORDEAMENTO REVERSO
DIFUSORES

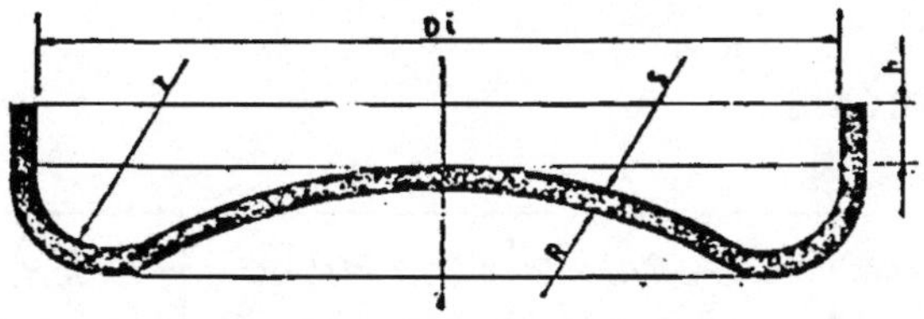

Di	R	r
Diam. interno	1.25 x Di	0.01 x Di

h	10	15	20	30
S	1/8 - 3/16	1/4 - 5/16	3/8 - 1/2	5/8 - 3/4

NOTAS:- As medidas são internas e expressas em m/m.
- Para possibilitar a recuperação em caso de ruptura e, particularmente, tratando-se de discos em elementos soldados, determinar um pequeno acréscimo ao diâmetro nominal dos discos.

Di	R	r	S = espessura							
Interno			1/8	3/16	1/4	5/16	3/8	1/2	5/8	3/4
500	625,00	50	o	o	o					
550	687,50	55	o	o	o					
600	750,00	60	o	o	o	o				
650	812,50	65	o	o	o	o				
700	875,00	70	o	o	o	o	o			
750	937,50	75	o	o	o	o	o			
800	1.000,00	80	o	o	o	o	o	o		
850	1.062,50	85	o	o	o	o	o	o		
900	1.125,00	90	o	o	o	o	o	o		
950	1.187,50	95	o	o	o	o	o	o		
1000	1.250,00	100	o	o	o	o	o	o	o	
1050	1.312,50	105	o	o	o	o	o	o	o	
1100	1.375,00	110	o	o	o	o	o	o	o	
1150	1.437,50	115	o	o	o	o	o	o	o	
1200	1.500,00	120	o	o	o	o	o	o	o	
1250	1.562,50	125		o	o	o	o	o	o	o
1300	1.625,00	130		o	o	o	o	o	o	o
1350	1.687,50	135		o	o	o	o	o	o	o
1400	1.750,00	140		o	o	o	o	o	o	o
1450	1.812,50	145		o	o	o	o	o	o	o
1500	1.875,00	150		o	o	o	o	o	o	o
1550	1.937,50	155			o	o	o	o	o	o
1600	2.000,00	160			o	o	o	o	o	o
1650	2.062,50	165			o	o	o	o	o	o
1700	2.125,00	170			o	o	o	o	o	o
1750	2.187,50	175			o	o	o	o	o	o
1800	2.250,00	180			o	o	o	o	o	o
1850	2.312,50	185				o	o	o	o	o
1900	2.375,00	190				o	o	o	o	o
1950	2.437,50	195				o	o	o	o	o
2000	2.500,00	200				o	o	o	o	o

MATERIAIS:- ferro (Aço SAE - ASTM), Aço Inox., metais não ferrosos.

RESERVATÓRIOS HORIZONTAIS

MATERIAL	TAXA TRABALHO	TEMPERATURA	CORROSÃO	EFICIÊN. SOLDA
A.CARB.-A 283 Gr.C	12 650 psi	ATÉ 340 °C	3 mm	0,6
INOX.	17000 psi	ATÉ 94 °C	1 mm	0,6

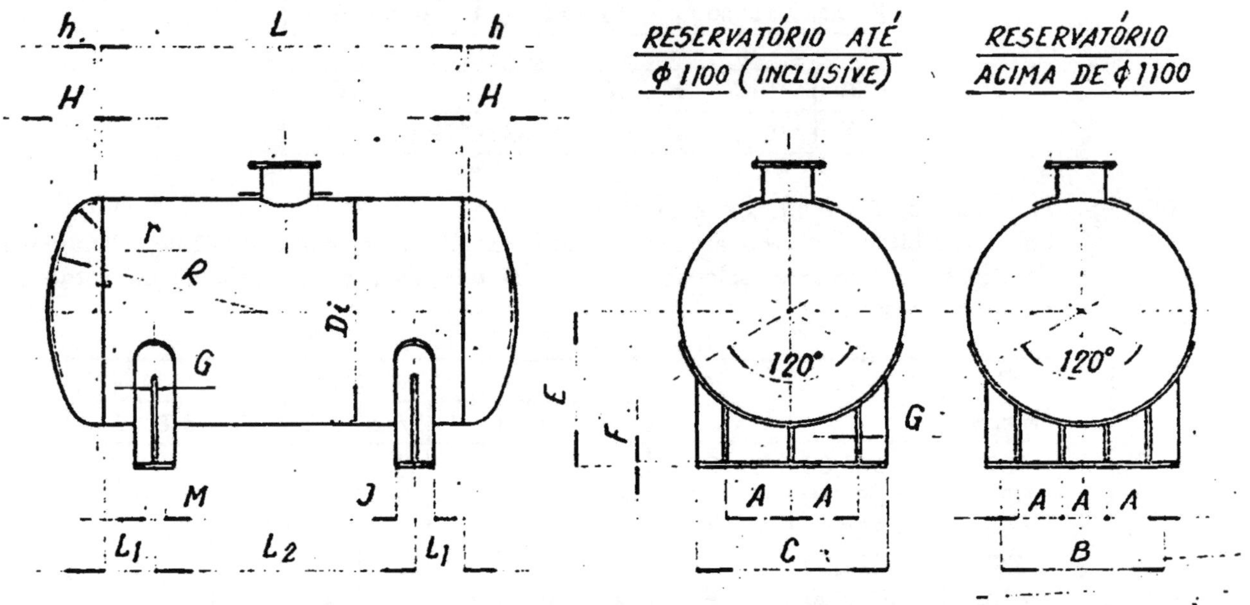

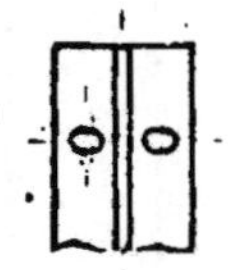

CAPAC. NOMINAL	CAPAC. REAL	Di	L	ESPESSURA CASCO e TAMPO		PRESSÃO MÁX. TRABALHO kg/cm^2		TAMPO TORISFÉRICO 10%				
				INOX.	A.C.	INOX.	A.C.	R	r	h	H	⌀ DISCO
1000	1130	900	1500	3	3/16"	2,0	1,3	900	90	25	175	1080
2000	2220	1100	2000	3	1/4"	1,7	2,0	1100	110	30	213	1300
5000	5260	1400	3000	4	1/4"	2,0	1,7	1400	140	30	272	1660
7500	7950	1700	3000	4	1/4"	1,6	1,4	1700	170	35	330	2010
10000	11360	1700	4500	4	1/4"	1,6	1,4	1700	170	35	330	2010
15000	15750	1900	5000	5	5/16"	2,0	1,7	1900	190	35	369	2230
20000	21440	2200	5000	6	5/16"	2,0	1,5	2200	220	40	427	2600

DIMENSÕES DO SUPORTE														
CAPAC. NOMINAL	Di	A	B	C	E	F	G	J	L1	L2	M	⌀ PARAF.	⌀ N	FUROS OVALIZ.
1000	900	265	660	790	630	1/2"	3/8"	150	200	1100	95	3/4"	1"	1"·1 1/2"
2000	1100	320	800	960	730	5/8"	1/2"	200	250	1500	140	7/8"	1 1/8"	1 1/8·1 3/4
5000	1400	305	1070	1220	900	5/8"	1/2"	200	300	2400	140	7/8"	1 1/8"	1 1/8·1 3/4
7500	1700	370	1300	1480	1050	5/8"	1/2"	200	400	2200	140	7/8"	1 1/8"	1 1/8-1 3/4
10000	1700	370	1300	1480	1050	5/8"	1/2"	200	400	3700	140	7/8"	1 1/8"	1 1/8·1 3/4
15000	1900	415	1455	1660	1150	5/8"	1/2"	200	450	4100	140	7/8"	1 1/8"	1 1/8·1 3/4
20000	2200	480	1680	1920	1300	3/4"	5/8"	230	500	4000	150	7/8"	1 1/8"	1 1/8·1 3/4

RESERVATÓRIOS HORIZONTAIS – VÁCUO

MATERIAL : INOX. – AISI 304, 316, 316 L
TEMPERATURA : ATÉ 180 °C
SÔBRE ESPESSURA DE CORROSÃO : 1mm

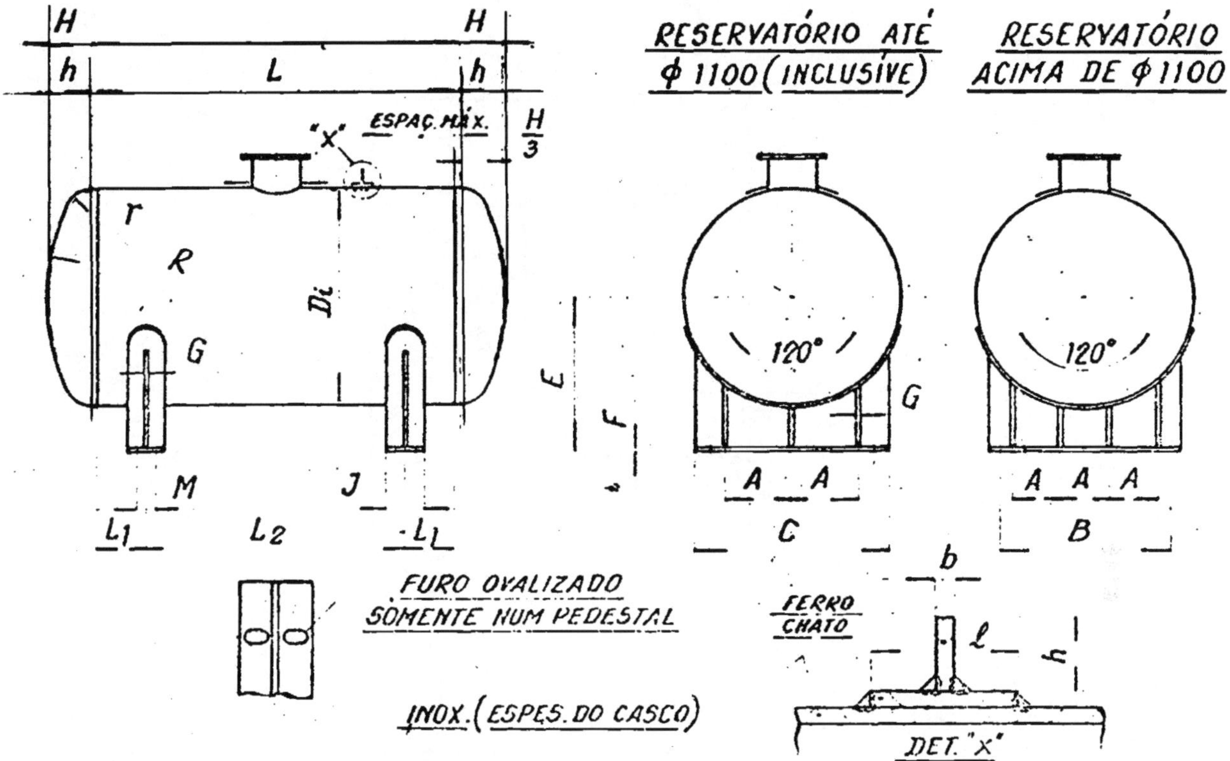

CAPAC. NOMINAL	CAPAC. REAL	Di	L	ESPESSURA		TAMPO TORISFÉRICO 10%					ANÉIS DE REFÔRÇO			
				CASCO	TAMPO	R	r	h	H	ø DISCO	Nº	ESPAÇ. MÁX.	b×h	ℓ
1000	1130	900	1500	4	4	900	90	25	175	1000	1	800	3/8·1 3/4	40
2000	2220	1100	2000	5	5	1100	110	30	213	1300	1	1100	1/2"·2 1/4	40
5000	5260	1400	3000	6	6	1400	140	30	272	1660	2	1100	5/8·2 1/2	50
7500	7950	1700	3000	6	8	1700	170	35	330	2010	2	1100	5/8·3"	50
10000	11360	1700	4500	6	8	1700	170	35	330	2010	4	1000	5/8·3"	50
15000	15750	1900	5000	8	8	1900	190	35	369	2230	3	1600	3/4"·3 1/2	60
20000	21440	2200	5000	8	8	2200	220	40	427	2600	4	1200	3/4"×3 1/2	60

DIMENSÕES DO SUPORTE														
CAPAC. NOMINAL	Di	A	B	C	E	F	G	J	L1	L2	M	ø PARAF.	ø N	FUROS OVALIZ.
1000	900	265	660	790	630	1/2"	3/8"	150	200	1100	95	3/4"	1"	1"×1 1/2
2000	1100	320	800	960	730	5/8"	1/2"	200	250	1500	140	7/8"	1 1/8'	1 1/8"×1 3/4
5000	1400	305	1070	1220	900	5/8"	1/2"	200	300	2400	140	7/8"	1 1/8"	1 1/8"×1 3/4"
7500	1700	370	1300	1480	1050	5/8"	1/2"	200	400	2200	140	7/8"	1 1/8"	1 1/8"×1 3/4"
10000	1700	370	1300	1480	1050	5/8"	1/2"	200	400	3700	140	7/8"	1 1/8"	1 1/8"×1 3/4"
15000	1900	415	1455	1650	1150	5/8"	1/2"	200	450	4100	140	7/8"	1 1/8"	1 1/8"×1 3/4"
20000	2200	480	1680	1920	1300	3/4"	5/8"	230	500	4000	150	7/8"	1 1/8"	1 1/8"×1 3/4"

RESERVATÓRIO VERTICAL COM TAMPO TOROSFÉRICO
DIMENSÕES PARA BAIXA PRESSÃO E VÁCUO

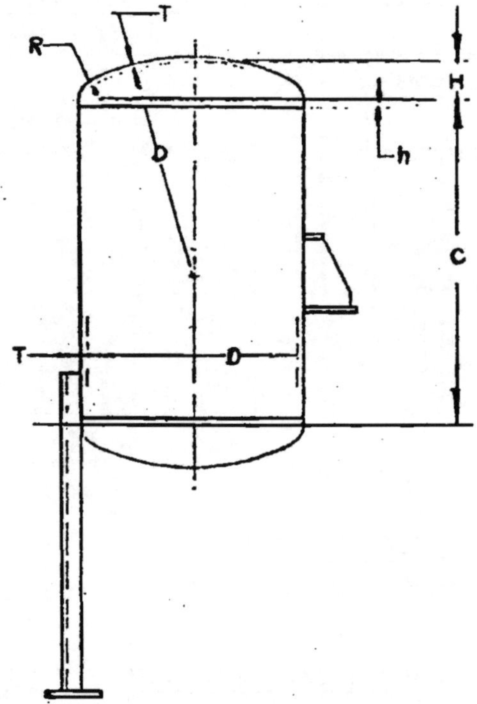

CAPACIDADE—LITROS				DIMENSÕES				TAMPO - 10 %		
NOMINAL	CILINDRO	TAMPO	TOTAL	C	D	T		R	H	h
50	55	6	67	440	400	3	3/16"	40	78	20
100	106	6	118	840	400	3	3/16"	40	78	20
250	252	22	296	890	600	3	3/16"	60	116	20
500	528	51	630	1050	800	4	3/16"	80	155	25
750	729	51	831	1450	800	4	3/16"	80	155	25
1000	986	73	1132	1550	900	4	3/16"	90	175	25
1500	1483	133	1749	1560	1100	4	3/16"	110	213	30
2000	1958	133	2224	2060	1100	4	3/16"	110	213	30
2500	2330	173	2676	2060	1200	4	3/16"	120	233	30
3000	2895	173	3241	2560	1200	4	3/16"	120	233	30
4000	3941	274	4489	2560	1400	4	1/4"	140	272	30
5000	4711	274	5259	3060	1400	4	1/4"	140	272	30
7500	6968	491	7950	3070	1700	5	1/4"	170	330	35
10000	10373	491	11355	4570	1700	5	1/4"	170	330	35
15000	14357	800	15957	4570	2000	5	1/4"	200	388	35

NOTAS GERAIS

1– AS ESPESSURAS INDICADAS CORRESPONDEM AO VALOR MÍNIMO REQUERIDO PARA ESTABILIDADE DIMENSIONAL.

2–OS DETALHES E DIMENSÕES DAS PERNAS E SAPATAS ENCONTRAM-SE NAS NORMAS CORRESPONDENTES.

3–NÃO HAVENDO OUTRA INDICAÇÃO, AS DIMENSÕES SÃO EM MILÍMETROS.

SUPORTES P/ TANQUES

TANQUES VERTICAIS — COLUNAS

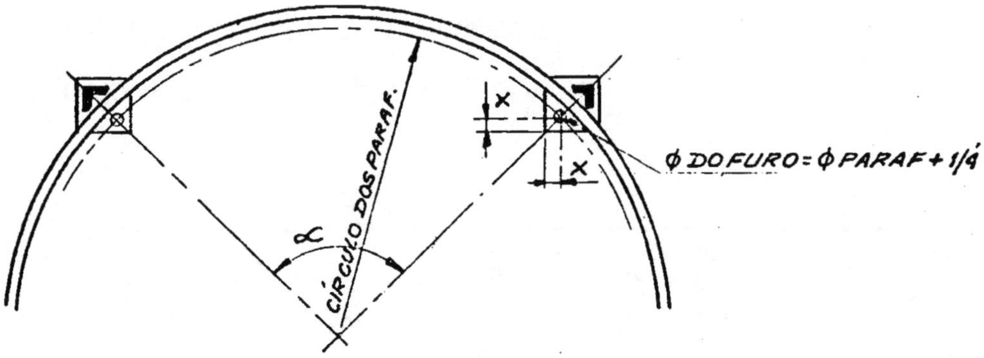

DIAMETRO INTERNO	ângulo α	SUPORTES	CHAPAS DA BASE	diâm paraf.	CÍRCULO DOS PARAF.	X	COMPRESSÃO MÁXIMA Kg.
ABAIXO DE 740	120°	3∡ 3"x 3"x 1/4"	6"x 6"x 3/8"	3/4"	DE-2"		15.400
760 A 1040	90°	4∡ 3"x 3"x 1/4"					15.400
1060 A 1350		4∡ 3"x 3"x 3/8"	6"x 6"x 1/2"				22.700
1370 A 1650		4∡ 4"x 4"x 3/8"	8"x 8"x 3/8"	1"			36.700
1670 A 1960		4∡ 4"x 4"x 1/2"	8"x 8"x 1/2"				48.200
1980 A 2260		4∡ 6"x 6"x 3/8"	10"x 10"x 1/2"				62.700
2280 A 2570		4∡ 6"x 6"x 1/2"					82.000
2590 A 2870	60°	CALCULAR			ESPECIAL		85.800
2890 A 3180		CALCULAR	12"x 12"x 1/2"				151.000
3200 P/ CIMA	O TANQUE DEVERÁ POSSUIR SAIA						

ALTURA DOS SUPORTES ACIMA DA LINHA DE TANGÊNCIA

ALTURA DO TANQUE	ALTURA DA SOLDA Y
ATÉ 1830 mm	6"
DE 1830 A 2750 mm	9"
ACIMA DE 2750 mm	12"

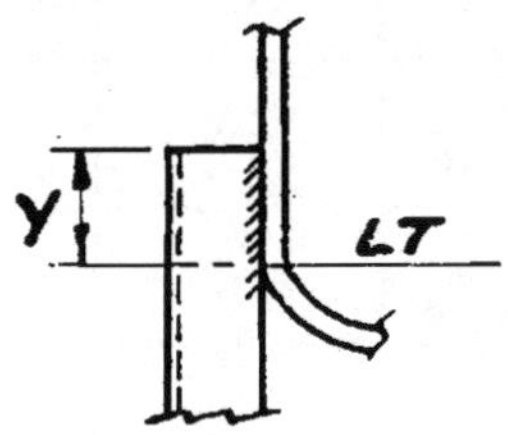

NOTAS: — OS VALORES ACIMA VALEM P/ DISTÂNCIA MÁXIMA ENTRE TANGENTES DE 6.100 mm

— QUANDO AS COMPRESSÕES FOREM MAIORES QUE AS ESPECIFICADAS, USAR SUPORTE DE UM VASO MAIOR

— FÓRMULAS : $f = 17000 - 485\left(\frac{L}{r}\right)^2$ (psi) $\therefore \frac{L}{r} \leq 120$

PARA ALTURA DOS SUPORTES MAIOR QUE 1.500 mm, ACRESCENTAR DIAGONAIS

SUPORTES P/ TANQUES

TANQUES VERTICAIS COM SÁIA

DIÂMETRO EXTERNO EM MM.	ALTURA TOTAL DO VASO (mm)																				
	ABAIXO DE 10675			10700 A 19825			19850 A 27450			27475 A 33550			33575 A 39650			39675 A 47275			47300 A 54900		
	N	X	T	N	X	T	N	X	T	N	X	T	N	X	T	N	X	T	N	X	T
305 — 890																					
915 — 1200	4	8	1																		
1220 — 1500				8	8	1½	8	8	1½												
1525 — 1810										12	8	1¾									
1830 — 2420	8	8	1										16	8	2						
2440 — 3030																			24	12	2¼
3050 — 3330	8	10	1¼	8	10	1¾	8	10	1¾	12	10	2	16	10	2¼	20	12	2¼			
3355 — 5770				10	12	1¾	12	10	1¾												
5795 — 6080										12	10	2¼	16	12	2¼						

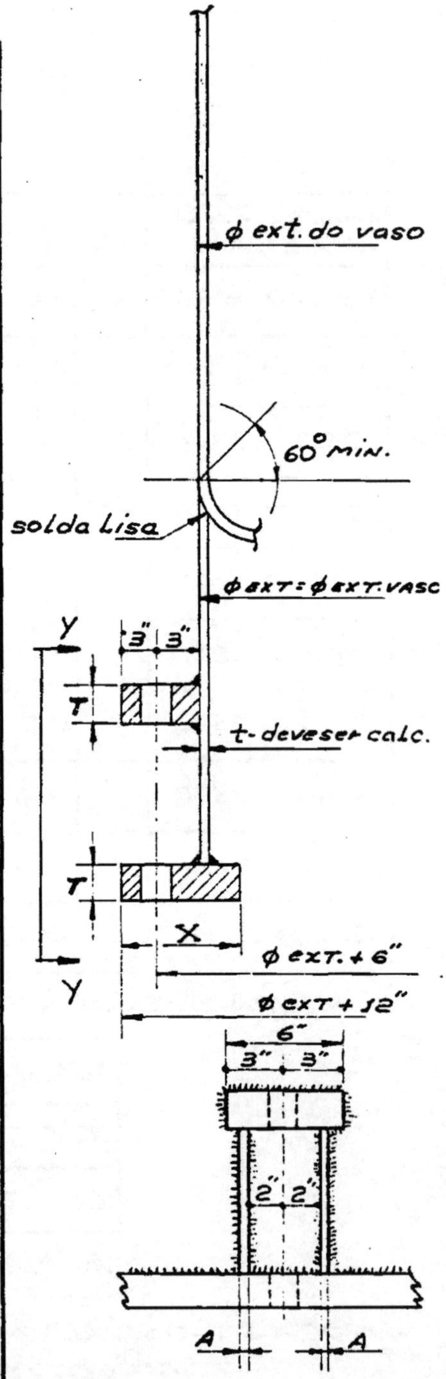

A e B = 3/8" P/CHUMBADORES ϕ 1¾"
" " = 1/2" " " " 2" < ϕ < 2½"

N – NÚMERO DE CHUMBADORES
X – LARGURA DO ANEL DO FUNDO
T – ESPESSURA " " "

X e T EM POLEGADAS

SUPORTES P/ TANQUES

TANQUES HORIZONTAIS

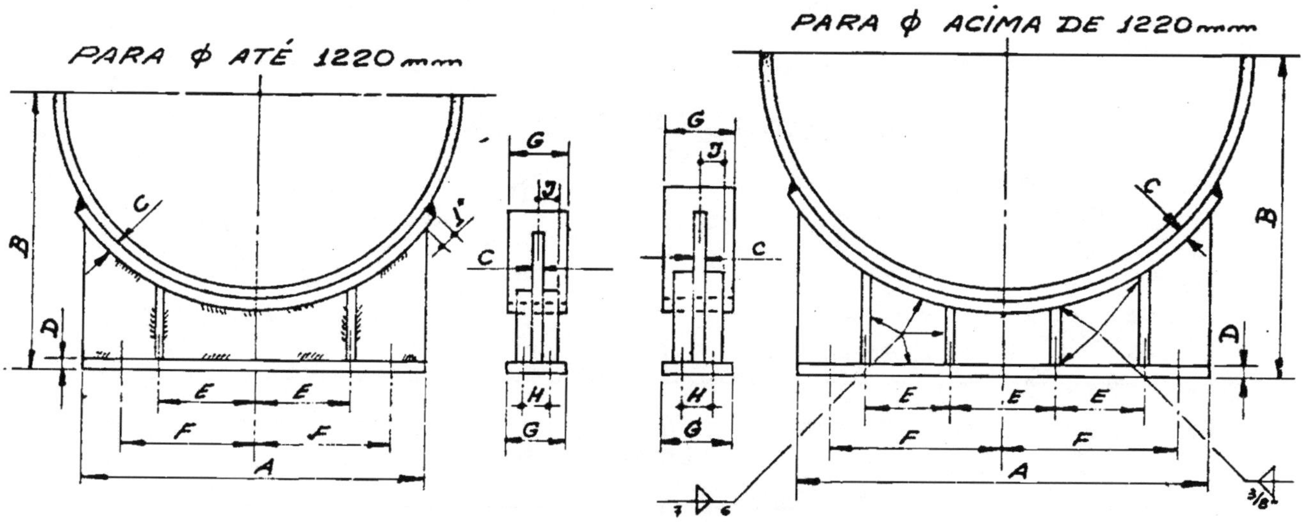

	Φ TANQUE	A	B*	C	D	E	F	G	H	J	Φ CHUMB	FURO CHUMB	PÊSO L.B.
1	610	559	483	3/8"	1/2"	190	241	152	95	70	3/4"	1"	70
2	763	682	559			229	286						90
3	915	813	635			279	343						110
4	1060	966	712			330	406						130
5	1220	1093	788	1/2"	5/8"	368	457	203	140	89	7/8"	1 1/8"	210
6	1373	1220	864			305	534						240
7	1525	1347	935			330	584						270
8	1678	1474	1017			356	635						300
9	1630	1601	1093			406	712						340
10	1983	1754	1169			432	762						380
11	2135	1881	1245	5/8"	3/4"	483	813	229	152	102			530
12	2288	2008	1322			508	890						570
13	2440	2135	1398			534	940				1"	1 1/4"	610
14	2593	2287	1474			584	991						660
15	2745	2413	1550			610	1060	254	178	114			720
16	2898	2542	1627			635	1118						770
17	3050	2669	1703			661	1170						820
18	3203	2796	1779			712	1220						870
19	3355	2948	1855			737	1296						930
20	3508	3075	1931			762	1347						980
21	3660	3202	2008			813	1397						1060

NOTAS:

- DIMENSÕES EM MILÍMETROS
- AS DIMENSÕES DA COLUNA B*, SÃO P/ TANQUES SEM INCLINAÇÃO E P/ O SUPORTE MAIS BAIXO EM TANQUES C/ INCLINAÇÃO. PARA OS OUTROS SUPORTES, SE NÃO FÔR ESPECIFICADO, DEVEM SER USADAS AS DIMENSÕES DO TANQUE MAIS LARGO SEQUINTE

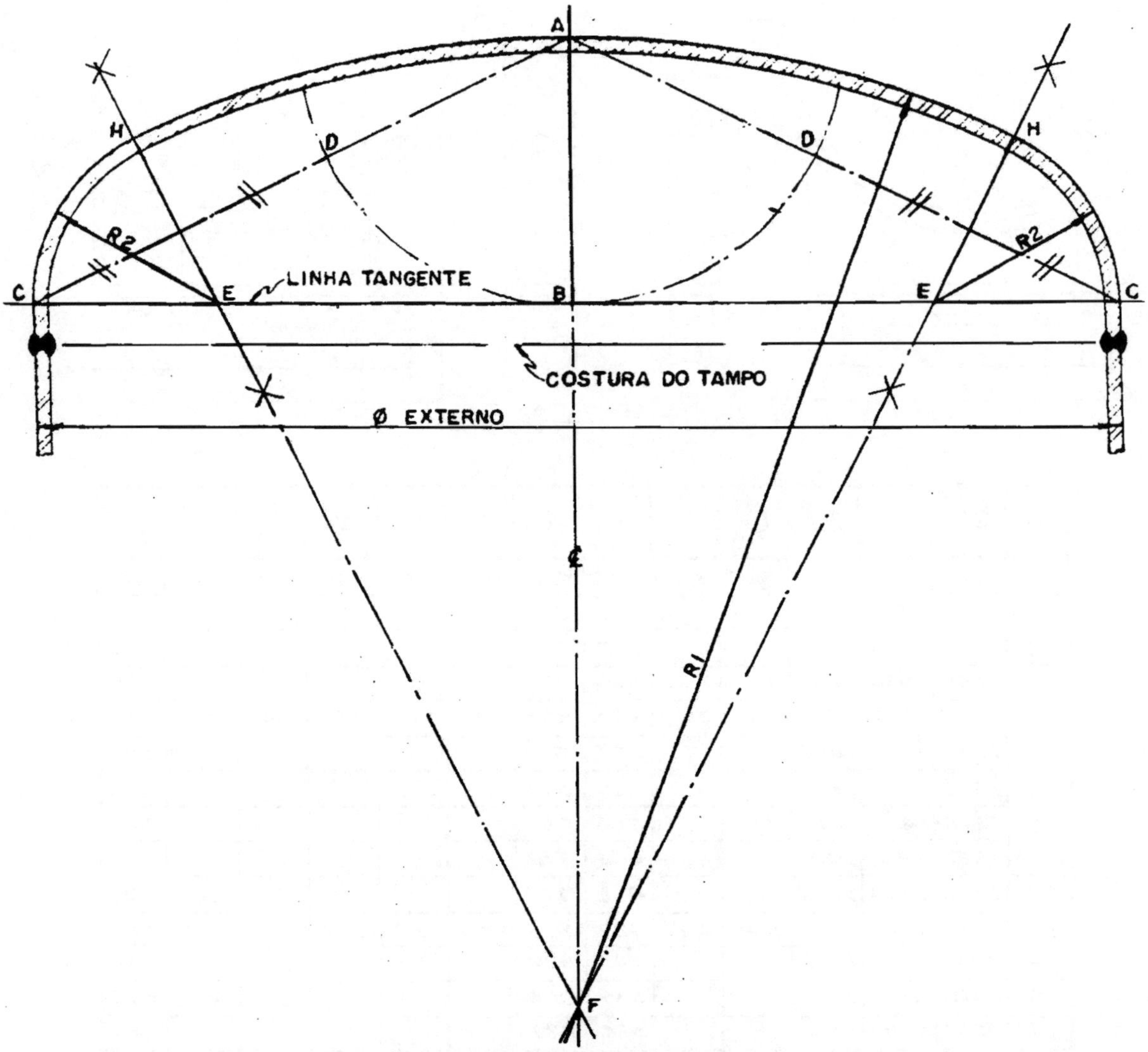

PROCEDIMENTO GRÁFICO

1) $\overline{AB}$ É SEMPRE 1/4 DO DIÂMETRO DO VASO : $\overline{AB} = \frac{\text{Ø EXT.}}{4}$
2) TRAÇAR $\overline{AC}$ e $\overline{CB}$
3) MARCAR D e D COM RAIO $\overline{AB}$
4) DIVIDIR $\overline{CD}$ AO MEIO E EXTENDER A PERPENDICULAR — ATÉ Á ℄ DO VASO (F)
5) COM RAIO R1 = $\overline{AF}$ TRAÇAR ARCO $\widehat{HAH}$
6) COM RAIO R2 = $\overline{HE}$ TRAÇAR ARCOS $\widehat{HC}$

—x—

RELAÇÕES ARITMÉTICAS

R1 = 0,9045 X Ø EXT.
R2 = 0,1727 X Ø EXT.

NOTA: ÊSTE PROCÉSSO FORNECE COM MUITO BOA APROXIMAÇÃO O FORMATO DE UM TAMPO SEMI-ELÍTICO

TÍTULO:

REPRESENTAÇÃO APROXIMADA DE TAMPA SEMI-ELÍTICA

A mais destas tabelas que aparecem da pág.   até a pág.   , temos um sem número a mais, como por exemplo, turcos para boca de visita com flange fixa e com flange solta, portas de acesso lateral e portas de acesso de topo, bases de vasos e torres, clips para anéis suporte de isolamento, berços para tanques.

CÁLCULO DA ESPESSURA DA CHAPA (t) DE FUNDO ELIPSOIDAL

Pressão interna

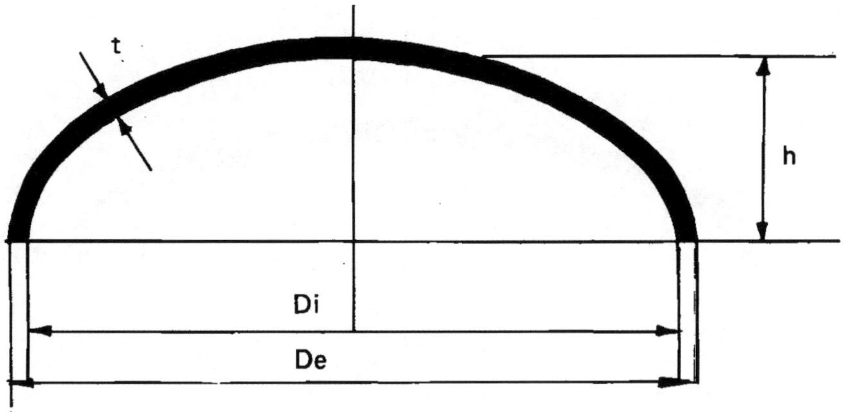

Usamos a seguinte expressão:

$$t = \frac{P \, . \, Di \, . \, K}{2SE - 0{,}2P}$$

S = aço carbono 900 kg/cm²
E = eficiência da solda
P = pressão do projeto

$$\text{Onde: } K = \frac{1}{6} \left[\oplus + \left(\frac{Di}{2h}\right)^2 \right]$$

VALORES DE "K" EM FUNÇÃO DE Di/2h

Di/2h	1,0	1,1	1,2	1,3	1,4	1,5	1,6	1,7	1,8	1,9
K	0,50	0,53	0,57	0,61	0,66	0,71	0,76	0,81	0,77	0,93
Di/2h	2,0	2,1	2,2	2,3	2,4	2,5	2,6	2,7	2,8	2,9
K	1,00	1,07	1,14	1,21	1,29	1,37	1,46	1,55	1,64	1,73

FUNDO HEMISFÉRICO — CÁLCULO DA ESPESSURA DA CHAPA (t)

Pressão interna

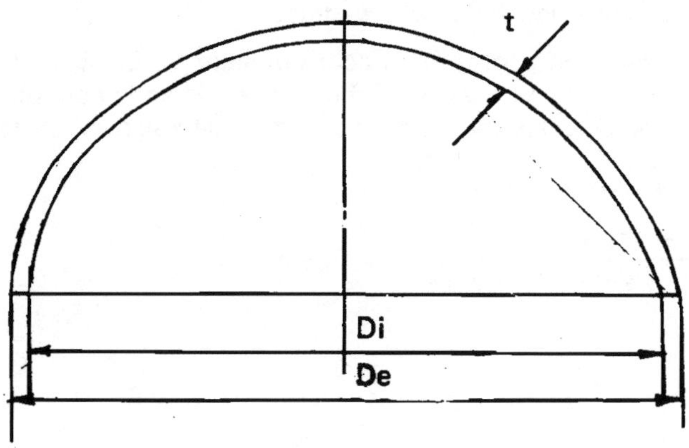

Usamos a seguinte expressão $t = \dfrac{P \, . \, D}{4SE - 0{,}4P}$

FUNDO TORISFÉRICO
CÁLCULO DA ESPESSURA DA CHAPA (t)

a) Pressão interna

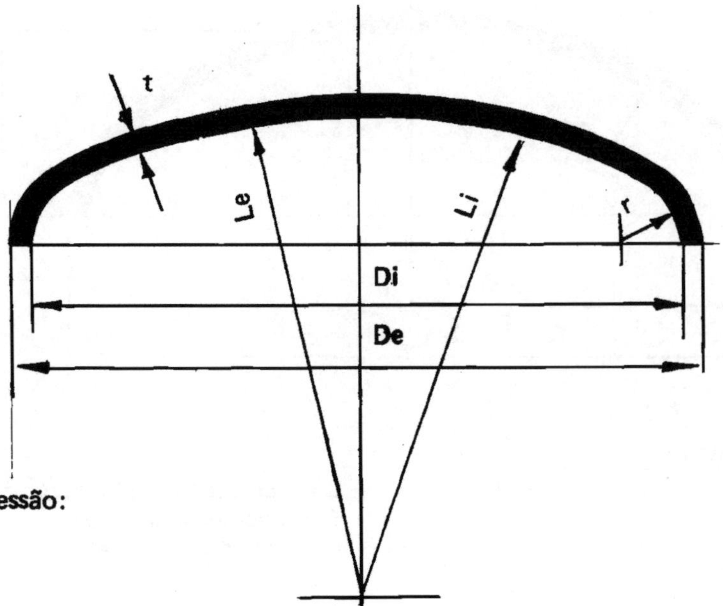

Usamos a seguinte expressão:

$$t = \frac{P \cdot Li \cdot M}{2SE - 0{,}2P}$$

onde: $M = \frac{1}{4} \left(3 + \sqrt{\frac{Li}{r}}\right)$

Li/r	1,00	1,25	1,50	1,75	2,00	2,25	2,50	2,75	3,00	3,25	3,50	4,00	4,50	5,00	5,50	6,00
M	1,00	1,03	1,06	1,08	1,10	1,13	1,15	1,17	1,18	1,20	1,22	1,25	1,28	1,31	1,34	1,36
Li/r	6,50	7,00	7,50	8,00	8,50	9,00	9,50	10,0	10,5	11,0	11,5	12,0	12,5	13,0	14,0	16.0
M	1,39	1,41	1,44	1,46	1,48	1,50	1,52	1,54	1,56	1,58	1,60	1,62	1,65	1,69	1,72	1,75

Quando $\frac{Li \cdot r}{M} = \frac{100}{6}$ o fundo torisférico é chamado padrão.

Exemplo: temos um tanque com um fundo torosférico com um valor de Li/r igual a 10,0 e com uma pressão de trabalho igual a 10 kg/cm^2. Tendo um Li igual a 1,00 m e considerando com um valor E igual á 0,8 e S igual a 900 kg/cm^2, tensão admissível do material e sento t em cm, qual a sua espessura?

Solução:

Substituindo os valores na fórmula, teremos:

$$t = \frac{P \cdot Li \cdot M}{2SE - 0{,}2P} = \frac{10 \times 100 \times 1{,}54}{2 \times 900 \times 0{,}8 - 0{,}2 \times 10} = \sim 1{,}0 \text{ cm.}$$

VAZÃO DE VAPOR EM TUBOS DE AÇO

SCHEDULE 40 E 80

Vários são os fatores que influem na determinação da vazão de vapor em tubulação. Damos a seguir uma fórmula empírica para determinação rápida da vazão aproximada, ou da queda de pressão para uma determinada vazão:

$$Q = \sqrt{\frac{\Delta p}{VK}}$$

Q = Vazão em libras por minuto. (Para obter kg/hora multiplicar por 27,24).

Δp = Queda de pressão em lbf/pol² em 100 pés (30 metros) de tubulação.

V = Volume específico do vapor saturado ou superaquecido — Ver tabela à página **26**

K = Fator numérico — Ver tabela abaixo.

Para calcular a vazão, conhecendo o diâmetro da tubulação e a queda de pressão admissível em 30 metros de tubulação:

$$Q = \sqrt{\frac{\Delta p}{VK}}$$

Para calcular a queda de pressão, em 30 metros de tubulação, conhecendo a vazão e o diâmetro da tubulação:

$$\Delta p = Q^2VK$$

Para determinar o diâmetro da tubulação, conhecendo a vazão e a queda de pressão admissível:

$$K = \frac{\Delta p}{VQ^2}$$

DIÂMETRO NOMINAL	TUBO SCHEDULE 40	TUBO SCHEDULE 80	DIÂMETRO NOMINAL	TUBO SCHEDULE 40	TUBO SCHEDULE 80
POLEGADAS	K	K	POLEGADAS	K	K
½	0,9551	2,051	6	0,000002544	0,000003354
¾	0,1847	0,3408	8	0,0000005871	0,0000007482
1	0,0457	0,07771	10	0,0000001763	0,0000002253
1.¼	0,009432	0,01467	12	0,00000007032	0,00000009052
1.½	0,003914	0,005865	14	0,00000004284	0,00000005529
2	0,0009519	0,001365	16	0,00000002139	0,00000002728
2.½	0,000351	0,0004938	18	0,00000001161	0,00000001469
3	0,0001047	0,0001432	20	0,000000006621	0,000000008469
4	0,00002346	0,00003101	24	0,000000002561	0,000000003278
5	0,000006854	0,000008866	—	—	—

VAZÃO DE VAPOR SATURADO ATRAVÉS DE TUBOS SCHEDULE 40
QUILOGRAMAS POR HORA E VELOCIDADE DE 30 METROS POR SEGUNDO

DIÂMETRO POLEGADAS	PRESSÃO DO VAPOR SATURADO — kgf/cm²												
	0,72	2,48	4,24	6,00	9,51	13,03	16,54	20,06	27,09	34,12	41,15	48,18	55,21
¼	7	14	20	26	39	51	64	76	101	126	152	178	207
⅜	13	25	37	49	71	94	117	140	186	232	281	327	379
½	21	40	59	77	114	150	187	223	296	370	447	521	604
¾	37	70	103	136	200	264	328	392	521	650	784	915	1060
1	59	114	168	221	325	428	532	636	843	1052	1271	1483	1717
1.¼	103	199	291	382	562	740	921	1100	1460	1822	2201	2568	2973
1.½	141	271	397	520	766	1008	1253	1498	1988	2481	2996	3496	4047
2	233	446	654	858	1263	1663	2066	2469	3278	4089	4939	5762	6671
2.½	332	637	933	1224	1802	2373	2949	3523	4678	5835	7047	8222	9520
3	513	984	1442	1891	2783	3664	4553	5441	7223	9010	10882	12696	14700
4	885	1695	2483	3257	4793	6309	7841	9370	12439	15516	18740	21863	25315
5	1391	2664	3902	5117	7532	9914	12322	14722	19545	24380	29445	34352	39778
6	2008	3847	5635	7390	10876	14316	17793	21259	28224	35206	42521	49608	57441
8	3479	6662	9760	12800	18838	24795	30817	36820	48883	60974	73644	85917	99484
10	5483	10501	15383	20174	29692	39081	48571	58034	77046	96104	116073	135418	156800
12	7782	14905	21834	28634	42142	55469	68938	82369	109354	136402	164745	192202	222550

PROPRIEDADES DO VAPOR SATURADO

PRESSÃO lbf/pol²		TEMPERATURA	VOLUME ESPECÍFICO	PRESSÃO lbf/pol²		TEMPERATURA	VOLUME ESPECÍFICO
ABSOLUTA	MANOMÉTRICA	°F	PÉS CÚBICOS POR LIBRA	ABSOLUTA	MANOMÉTRICA	°F	PÉS CÚBICOS POR LIBRA
15,0	0,3	213,03	26,290	140,0	125,3	353,04	3,2190
20,0	5,3	227,96	20,087	145,0	130,3	355,77	3,1130
25,0	10,3	240,07	16,301	150,0	135,3	358,43	3,0139
30,0	15,3	250,34	13,7436	160,0	145,3	363,55	2,8336
35,0	20,3	259,29	11,8959	170,0	155,3	368,42	2,6738
40,0	25,3	267,25	10,4965	180,0	165,3	373,08	2,5312
45,0	30,3	274,44	9,3988	190,0	175,3	377,53	2,4030
50,0	35,3	281,02	8,5140	200,0	185,3	381,80	2,28728
55,0	40,3	287,08	7,7850	225,0	210,3	391,80	2,04143
60,0	45,3	292,71	7,1736	250,0	235,3	400,97	1,84317
65,0	50,3	297,98	6,6533	275,0	260,3	409,45	1,67978
70,0	55,3	302,93	6,2050	300,0	285,3	417,35	1,54274
75,0	60,3	307,61	5,8144	400,0	385,3	444,60	1,16095
80,0	65,3	312,04	5,4711	440,0	425,3	454,03	1,05535
85,0	70,3	316,26	5,1669	500,0	485,3	467,01	0,92762
90,0	75,3	320,28	4,8953	540,0	525,3	475,01	0,85771
95,0	80,3	324,13	4,6514	600,0	585,3	486,20	0,76975
100,0	85,3	327,82	4,4310	640,0	625,3	493,19	0,71995
105,0	90,3	331,37	4,2309	700,0	685,3	503,08	0,65556
110,0	95,3	334,79	4,0484	740,0	725,3	509,32	0,61822
115,0	100,3	338,08	3,8813	800,0	785,3	518,21	0,56896
120,0	105,3	341,27	3,7275	840,0	825,3	523,86	0,53988
125,0	110,3	344,35	3,5857	900,0	885,3	531,95	0,50091
130,0	115,3	347,33	3,4544	940,0	925,3	537,13	0,47759
135,0	120,3	350,23	3,3325	1000,0	985,3	544,58	0,44596

PROPRIEDADES DO VAPOR SUPERAQUECIDO

PRESSÃO lbf/pol²		TEMPERATURA DO VAPOR SATURADO	VOLUME ESPECÍFICO — PÉS CÚBICOS POR LIBRA TEMPERATURA DO VAPOR SUPERAQUECIDO °F							
ABSOLUTA	MANOMÉTRICA		350°	400°	500°	600°	700°	800°	900°	1000°
15,0	0,3	213,03	31,939	33,963	37,985	41,986	45,978	49,964	53,946	57,926
30,0	15,3	250,34	15,859	16,892	18,929	20,945	22,951	24,952	26,949	28,943
50,0	35,3	281,02	9,424	10,062	11,306	12,529	13,741	14,947	16,150	17,350
70,0	55,3	302,93	6,664	7,133	8,039	8,922	9,793	10,659	11,522	12,382
90,0	75,3	320,28	5,128	5,505	6,223	6,917	7,600	8,277	8,950	9,621
120,0	105,3	341,27	3,7815	4,0786	4,6341	5,1637	5,6813	6,1928	6,7006	7,2060
160,0	145,3	363,55	—	3,0060	3,4413	3,8480	4,2420	4,6295	5,0132	5,3945
200,0	185,3	381,80	—	2,3598	2,7247	3,0583	3,3783	3,6915	4,0008	4,3077
240,0	225,3	397,39	—	1,9268	2,2462	2,5316	2,8024	3,0661	3,3259	3,5831
280,0	265,3	411,07	—	—	1,9037	2,1551	2,3909	2,6194	2,8437	3,0655
320,0	305,3	423,31	—	—	1,6462	1,8725	2,0823	2,2843	2,4821	2,6774
360,0	345,3	434,41	—	—	1,4454	1,6525	1,8421	2,0237	2,2009	2,3755
380,0	365,3	439,61	—	—	1,3606	1,5598	1,7410	1,9139	2,0825	2,2484
400,0	385,3	444,60	—	—	1,2841	1,4763	1,6499	1,8151	1,9759	2,1339
420,0	405,3	449,40	—	—	1,2148	1,4007	1,5676	1,7258	1,8795	2,0304
460,0	445,3	458,50	—	—	1,0939	1,2691	1,4242	1,5703	1,7117	1,8504
500,0	485,3	467,01	—	—	0,9919	1,1584	1,3037	1,4397	1,5708	1,6992
540,0	525,3	475,01	—	—	0,9045	1,0640	1,2010	1,3284	1,4508	1,5704
580,0	565,3	482,57	—	—	0,8287	0,9824	1,1125	1,2324	1,3473	1,4593
600,0	585,3	486,20	—	—	0,7944	0,9456	1,0726	1,1892	1,3008	1,4093
650,0	635,3	494,89	—	—	0,7173	0,8634	0,9835	1,0929	1,1969	1,2979
750,0	735,3	510,84	—	—	—	0,7313	0,8409	0,9386	1,0306	1,1195
850,0	835,3	525,24	—	—	—	0,6296	0,7315	0,8205	0,9034	0,9830
950,0	935,3	538,39	—	—	—	0,5485	0,6449	0,7272	0,8030	0,8753
1000,0	985,3	544,58	—	—	—	0,5137	0,6080	0,6875	0,7603	0,8295

CONVERSÃO DE TEMPERATURA

C = Centígrados ou Célcius F = Fahrenheit

FAHRENHEIT EM CENTÍGRADOS

°C = (°F − 32) x 5/9

F	C	F	C	F	C
−459.6	−273.1	160	71	1025	552
−425	−254	170	77	1050	566
−400	−240	180	82	1075	579
−375	−226	190	88	1100	593
−350	−212	200	93	1125	607
−325	−198	210	99	1150	621
−300	−184	220	104	1175	635
−275	−171	230	110	1200	649
−250	−157	240	116	1225	663
−225	−143	250	121	1250	677
−200	−129	260	127	1300	704
−175	−115	270	132	1350	732
−150	−101	280	138	1400	760
−125	−87	290	143	1450	788
−100	−73	300	149	1500	816
−90	−68	310	154	1550	843
−80	−62	320	160	1600	871
−70	−57	330	166	1650	899
−60	−51	340	171	1700	927
−50	−46	350	177	1750	954
−45	−43	360	182	1800	982
−40	−40	370	188	1850	1010
−35	−37	380	193	1900	1038
−30	−34	390	199	1950	1066
−25	−32	400	204	2000	1093
−20	−29	410	210	2050	1121
−15	−26	420	216	2100	1149
−10	−23	430	221	2150	1177
−5	−20.6	440	227	2200	1204
0	−17.8	450	232	2250	1232
5	−15.0	460	238	2300	1260
10	−12.2	470	243	2350	1288
15	−9.4	480	249	2400	1316
20	−6.7	490	254	2450	1343
25	−3.9	500	260	2500	1371
30	−1.1	525	274	2550	1399
35	1.7	550	288	2600	1427
40	4.4	575	302	2650	1454
45	7.2	600	316	2700	1482
50	10.0	625	329	2750	1510
55	12.8	650	343	2800	1538
60	15.6	675	357	2850	1566
65	18.3	700	371	2900	1593
70	21.1	725	385	2950	1621
75	23.9	750	399	3000	1649
80	26.7	775	413	3050	1677
85	29.4	800	427	3100	1704
90	32.2	825	441	3150	1732
95	35.0	850	454	3200	1760
100	37.8	875	468	3250	1788
110	43	900	482	3300	1816
120	49	925	496	3350	1843
130	54	950	510	3400	1871
140	60	975	524	3450	1899
150	66	1000	538	3500	1927

CENTÍGRADOS EM FAHRENHEIT

°F = (°C x 1,8) + 32

C	F	C	F	C	F
−273.1	−459.6	130	266	410	770
−250	−418	135	275	420	788
−230	−382	140	284	430	806
−210	−346	145	293	440	824
−200	−328	150	302	450	842
−190	−310	155	311	460	860
−180	−292	160	320	470	878
−170	−274	165	329	480	896
−160	−256	170	338	490	914
−150	−238	175	347	500	932
−140	−220	180	356	525	977
−130	−202	185	365	550	1022
−120	−184	190	374	575	1067
−110	−166	195	383	600	1112
−100	−148	200	392	625	1157
−90	−130	205	401	650	1202
−80	−112	210	410	675	1247
−70	−94	215	419	700	1292
−60	−76	220	428	725	1337
−50	−58	225	437	750	1382
−45	−49	230	446	775	1427
−40	−40	235	455	800	1472
−35	−31	240	464	825	1517
−30	−22	245	473	850	1562
−25	−13	250	482	875	1607
−20	−4	255	491	900	1652
−15	+5	260	500	925	1697
−10	14	265	509	950	1742
−5	23	270	518	975	1787
0	32	275	527	1000	1832
5	41	280	536	1025	1877
10	50	285	545	1050	1922
15	59	290	554	1075	1967
20	68	295	563	1100	2012
25	77	300	572	1125	2057
30	86	305	581	1150	2102
35	95	310	590	1175	2147
40	104	315	599	1200	2192
45	113	320	608	1225	2237
50	122	325	617	1250	2282
55	131	330	626	1275	2327
60	140	335	635	1300	2372
65	149	340	644	1325	2417
70	158	345	653	1350	2462
75	167	350	662	1400	2552
80	176	355	671	1450	2642
85	185	360	680	1500	2732
90	194	365	689	1550	2822
95	203	370	698	1600	2912
100	212	375	707	1650	3002
105	221	380	716	1700	3092
110	230	385	725	1750	3182
115	239	390	734	1800	3272
120	248	395	743	1850	3362
125	257	400	752	1900	3452

TABELA DE CORROSÃO

As informações seguintes facilitam a seleção primária de materiais, em função da sua compatibilidade com os fluidos. As recomendações, cuidadosamente compiladas com base em inúmeros catálogos e livros, referem-se aos fluidos à temperatura ambiente e às concentrações usuais nas indústrias. A seleção definitiva deve levar em consideração diversas condições específicas de cada aplicação, tais como temperatura, pressão, concentração, aeração, velocidade, contaminação, ambiente etc. Em aplicações críticas recomenda-se efetuar testes práticos e de laboratório.

Código:

A — Recomendado, em condições normais.

B — Recomendado, com restrições.

C — Não recomendado, sem informações adicionais.

FLUIDO	AÇO CARBONO	AISI-304	AISI-316	AISI-410	BRONZE	FERRO	BUNA "N"	NEOPRENE	TEFLON
Acetaldeído	C	A	A		B		C	C	A
Acetamina		B	B		B		A	B	A
Acetato de alumínio	C	A	A		C	C	C	C	A
Acetato de amilo	C	A	A	A	B	B	C	C	A
Acetato de amônio		B	B		C		C	C	A
Acetato de butilo		A	A	A	B	B	C	C	A
Acetato de celulose	C	B	B		B	C	C	C	A
Acetato de etilo	B	B	B		B	B	C	C	A
Acetato de metilo	B	A	A		B		C	C	A
Acetato de sódio	C	A	A	A	B	B	B	B.	A
Acetato de vinilo			B						A
Acetileno	A	A	A	A	C	A	A	B	A
Acetona	B	A	A	B	A	A	C	C	A
Acetona de metilo e etilo	A	A	A	A	B	A	C	C	A
Ácido acético - 10%	C	A	A	B	C	C	B	C	A
Ácido acético - < 50% - fervendo	C	C	A	C	C	C	C	C	A
Ácido acético - > 50% - fervendo	C	C	B	C	C	C	C		A
Ácido acético - puro	C	B	A	C	C	C	C	C	A
Ácido acético - vapores quentes	C	C	B	C	C	C	C		A
Ácido arsênico	C	B	B	C	C	C	A	A	A
Ácido benzóico	C	B	B	B	B	C	B	B	A
Ácido bórico	C	B	B	B	C	C	A	A	A
Ácido bromídrico (hydrobromic)	C	C	C	C	C	C	C		
Ácido butírico	C	B	B		C	C	C	C	A
Ácido carbólico (fenol)	C	B	B		B	B	C	C	A
Ácido carbônico	C	B	A	B	B	C	A	B	A
Ácido cianídrico (hydrocyanic)	C	A	A	C	C	B	B	B	A
Ácido cítrico	C	A	A	C	C	C	B	A	A
Ácido clorídrico (muriático) puro	C	C	C	C	C	C	B	B	A
Ácido clorídrico diluído	C	C	C	C	C	C		A	A
Ácido clorídrico seco (gás)	B	B	B	B	C	C		A	A
Ácido clorossulfônico	C	C	B	C					
Ácido crômico - 10%	C	B	B	C	C	C	C	C	A
Ácido crômico - < 50%	C	C	B	C	C	C	C	C	A
Ácido esteárico (graxo)	C	B	A	B	C	C	B	C	A

FLUIDO	AÇO CARBONO	AISI-304	AISI-316	AISI-410	BRONZE	FERRO	BUNA "N"	NEOPRENE	TEFLON
Ácido fluorídrico	C	C	C	C	C	C	C	C	C
Ácido fórmico - frio	C	C	A	C	C	C	C	B	A
Ácido fórmico - quente	C	C	B	C	C	C	C	A	A
Ácido fosfórico 10% frio	C	B	A	C	C	C	B	B	A
Ácido fosfórico 10% quente	C	B	B	C	C	C	B	A	A
Ácido fosfórico 25-50%	C	B	B	C	C	C	C	A	A
Ácido fosfórico 50% frio	C	B	B	C	C	C	C	B	A
Ácido fosfórico 50% quente	C	B	B	C	C	C	B	B	A
Ácido fosfórico 85% frio	B	B	B	B	C	C	C	C	A
Ácido fosfórico 85% quente	C	C	C	C	C	C	C	C	A
Ácido ftálico	C	B	B		B		C	C	A
Ácido gálico	C	B	A	B	B	C	A	B	A
Ácido láctico - concentrado, frio	C	B	B	C	C	C	C	A	A
Ácido láctico - concentrado, quente	C	C	B	C	C	C	C	C	A
Ácido láctico - diluído, frio	C	A	A	C	C	C	C	A	A
Ácido láctico - diluído, quente	C	B	A	C	C	C	B	B	A
Ácido linoléico	B	A	A		C	C	B	B	A
Ácido maleico	C	B	B		B	C	B	A	A
Ácido monocloroacético			C		C	C	C		
Ácido nítrico - 10%	C	A	A	A	C	C	C	B	A
Ácido nítrico - 30%	C	A	A	A	C	C	C	C	A
Ácido nítrico - 80%	C	A	A	B	C	C	C	C	A
Ácido nítrico - 100%	C	B	B	C	C	C	C	C	A
Ácido oléico	C	B	B	B	C	B	B	C	A
Ácido oxálico	C	B	B	C	C	C	C	B	A
Ácido palmítico	C	B	B		B	B	B	C	A
Ácido pícrico	C	B	B	C	C	C	C	A	A
Ácido pirogálico	C	A	A	B	B	C	A	A	A
Ácido pirolenhoso		A	A						A
Ácido sulfônico			B					C	A
Ácido sulfúrico < 10%	C	C	B	C	C	C	C	B	A
Ácido sulfúrico 10 a 75%	C	C	C	C	C	C	C	A	A
Ácido sulfúrico 80 a 95%	C	C	B	C	C	C	C		A
Ácido sulfúrico 100%	C	B	A		C	C	C	C	A
Ácido sulfuroso	C	C	B	C	C	C	C	C	A

TABELA DE CORROSÃO

FLUIDO	AÇO CARBONO	AISI-304	AISI-316	AISI-410	BRONZE	FERRO	BUNA "N"	NEOPRENE	TEFLON
Ácido tânico (tanino)	C	B	A	B	B	B	B	B	A
Ácido tartárico	C	B	A	C	C	C	C	B	A
Ácido úrico		A	A						A
Acrilato de etilo	C	A	A		B		C	C	A
Água carbonatada	C	A	A		B	C	A	A	A
Água desionizada (destilada)	C	A	A	A	B	C	A	B	A
Água desmineralizada		A	A						A
Água doce	B	A	A	A	A	A	A	A	A
Água dura	B				A		C	A	A
Água do mar	C	B	A	B	A	B	A	A	A
Água mineral ácida									
(com sais oxidantes)	C	B	A		C	C	B		A
(sem sais oxidantes)	C	C	C		B	B	B		A
Água oxigenada	C	B	B	B	C	C	B	B	A
Aguarrás	B	B	B	B	B	B	B	C	A
Alcatrão	A	A	A		A	A	C	C	A
Álcool amílico	B	A	A		A	B	C	B	A
Álcool butílico	B	A	A		A	B	B	A	A
Álcool etílico	B	A	A	A	A	B	B	B	A
Álcool metílico (metanol)	B	A	A	A	B	B	A	B	A
Aluminato de sódio	B	B	B		B	B	A	A	A
Amido	C	B	A		B	B	A	A	A
Amônia anidra	A	A	A		C	A	C	B	A
Amônia aquosa	B	A	A		C		B	B	A
Amoníaco (gás)	A	A	A		C	A	C	A	A
Anidrido acético	C	B	A	C	C	C	C	C	A
Anilina	C	B	B	B	C	C	C	C	A
Ar comprimido	A	A	A	A	A	A	A	A	A
Asfalto	B	A	A		A	B	C	C	A
Benzeno (benzol)	B	B	A	B	A	B	C	C	A
Benzina	B	A	A	A	A				A
Bicarbonato de amônio	B	B	B	B	C	B	B	A	A
Bicarbonato de potássio		A	A	A	A	B	B		A
Bicarbonato de sódio	C	B	B	B	C	B	A	A	A
Bicloreto de etileno - seco		A	A	A	B	B	C		A
Bicromato de potássio	C	B	B	B	C	B	B	A	A
Bicromato de sódio	C	A	A		C	B	C		A
Bióxido de carbono (seco)	A	A	A	A	A	A	B	B	A
Bióxido de carbono (úmido)	C	A	A	A	C	C	B	A	A
Bióxido de enxofre (seco)	B	A	A	A	C	C	C	C	A
Bióxido de enxofre (úmido)	C	B	A	C	C	C	C	C	A
Bissulfeto de carbono	B	B	A	B	C	B	C	C	A
Bissulfito de amônia			A		C	C	C		
Bissulfito de cálcio	C	C	B	C	C	C	B	A	A
Bissulfito de potássio	C	B	B		C	C	A	A	A
Bissulfito de sódio	C	B	A	C	B	C	B	A	A
Borato de sódio (borax)	C	B	A		B	C	B	A	A
Bromato de etilo			B		A		B	B	A
Bromato de sódio - 10%	C	B	B	B	B	C	B	A	A
Bromina - solução	C	C	C	C	C	C	C	C	A

FLUIDO	AÇO CARBONO	AISI-304	AISI-316	AISI-410	BRONZE	FERRO	BUNA "N"	NEOPRENE	TEFLON
Bromina - seca	C	C	C	C	B	C	C	C	A
Butadieno	B	A	A	A	A	A	C	C	A
Butano	B	A	A	B	A	B	B	B	A
Butanol	A	A	A	A	A	A	B		A
Café	C	A	A		A	C	A	A	A
Café - extrato quente	C	A	A		B	C			A
Cal	B	A	A		B	B	B	A	A
Caldo de cana	B	A	A	A	A	B	B	A	A
Carbonato de amônio	B	B	A	B	C	B	A	A	A
Carbonato de bário	B	B	B	B	B	B	A	A	A
Carbonato de cálcio	C	B	A	B	B	C	A	B	A
Carbonato de magnésio	C	A	A	A			B	B	A
Carbonato de potássio	B	A	A	A	B	B	A	A	A
Carbonato de sódio	B	A	A	A	C	B	A	A	A
Caseína		B	B				B	B	A
Ceras	A	A	A	A	A		A	B	A
Cerveja	C	A	A		A	C	B	B	A
Cetonas	B	A	A	B	A	A	C	C	A
Chumbo tetraetila	C	B	B		B				A
Clorato de potássio	B	B	A	B	B	B	B	A	A
Clorato de sódio	B	A	A	B	C	B	B	B	A
Cloreto de alumínio - solução	C	C	C		C	C			A
Cloreto de alumínio - seco	C	C	C		B	C	B	B	A
Cloreto de amônio	C	C	B	C	C	C	B	A	A
Cloreto de bário	C	B	A	B	B	C	A	A	A
Cloreto de cálcio	C	C	B	C	B	C	A	A	A
Cloreto de cobre	C	C	C	C	C	C	A	A	A
Cloreto estanhoso	C	C	A	C	C	C	B	A	A
Cloreto estânico	C	C	C	C	C	C	B	A	A
Cloreto de etileno (seco)	B	A	A	B	B	B	C	B	A
Cloreto férrico	C	C	C	C	C	C	A	A	A
Cloreto ferroso	C	C	C	C	B	C	A	A	A
Cloreto de magnésio	C	C	B	C	B	C	A	A	A
Cloreto de metilo (seco)	C	B	A		A	B	C	C	A
Cloreto de níquel	C	B	B	C	C	C	B	A	A
Cloreto de polivinila			B		B	B		C	A
Cloreto de potássio	C	C	B	C	B	C	A	A	A
Cloreto de sódio	C	B	B	C	B	B	A	A	A
Cloreto de vinilo			A		C	C	C		A
Cloreto de zinco	C	C	B	C	C	C	B	A	A
Cloro gás (úmido)	C	C	C	C	C	C	C	C	A
Cloro gás (seco)	B	B	B	B	B	B	C	C	A
Clorobenzeno (seco)	C	B	B	C	B		C	C	A
Clorofila (seca)			B		B	B			A
Clorofórmio (seco)	B	A	A	A	B	B	C	C	A
Coca-Cola - xarope		A	A				B	B	A
Cola (glue)	B	B	A		B	B	A	A	A
Condensado	C	A	A		A	B	B	B	A
Creosoto	B	B	A		B	B	C	C	A
Cromato de potássio	C	A	A	B	B	B	B	A	A

TABELA DE CORROSÃO

FLUIDO	AÇO CARBONO	AISI-304	AISI-316	AISI-410	BRONZE	FERRO	BUNA "N"	NEOPRENE	TEFLON
Cromato de sódio	B	A	A		B		A	A	A
Dextrina			B		B		B		A
Dicloretano	C	B	B			C	C	C	A
Dowtherm	B	A	A		B	B	C	C	A
Enxofre	C	B	B		C	B	C	C	A
Esmalte					A		B	B	A
Etano	B	B	B		B	B	A	B	A
Eter	B	A	A	A	A	B	C	C	A
Extrato de carne			A		C		B	B	A
Extrato de tomates	C	A	A		C	C	A	A	A
Fenol	C	A	A	C	B	B	C	C	A
Flúor (gás) - seco	B	C	A	C	B	C	C		
Fluoreto de amônio		C	C	C					
Fluoreto de sódio - 3 a 5%	C	B	B	C	B	B	A	A	A
Formaldeído - frio	B	A	A	A	A	B	B	B	A
Formaldeído - quente	C	C	C		B	C	B	B	A
Formato de metilo	C	B	B		A	B	C	B	A
Fosfato bibásico de amônio	C	B	A	B	C	C	B	A	A
Fosfato bibásico de sódio	C	B	B		B	C	A	A	A
Fosfato monobásico de amônio	C	B	A		C	C	B	A	A
Fosfato monobásico de sódio	C	A	A		C	C	B	B	A
Fosfato de potássio			A		C	C	B	A	A
Fosfato tribásico de amônio	B	B	A		C	B	B	A	A
Fosfato tribásico de sódio	C	B	B		B	B	B	B	A
Freon - gás - seco	B	A	A	A	A	B	B	C	A
Freon - gás - úmido	C	C	B		B	C	B	B	A
Furfural	B	A	A	A	B	B	C	C	A
Garapa	B	A	A	A	A	B	B	A	A
Gás liquefeito de petróleo	B	B	B	B	A	B	B	B	A
Gás natural	A	A	A	A	B	A	A	A	A
Gasolina de aviação	A	A	A	A	A	B	C	C	A
Gasolina com chumbo tetra etila	A	A	A	A	A	A	C	C	A
Gasolina refinada	B	A	A	A	B	B	C	C	A
Gelatina	C	A	A	B	B	C	A	A	A
Glicerina	B	A	A	A	B	A	A	A	A
Glicol de etileno	B	B	A	B	B	B	B	A	A
Glucose	B	A	A	A	A	B	A	A	A
Grafite			B		B		B	B	A
Graxa	A	A	A	A	C	A	A	B	A
Hélio			B		B	B	B	B	A
Heptano	B	A	A		A	B	B	B	A
Hexano	B	B	B	B	B	B	A	C	A
Hidrocarbonetos alifáticos	A	A	A	A	A	A			A
Hidrocarbonetos aromáticos	A	A	A	A	A	A	C	C	A
Hidrogênio - gás	A	A	A	A	A	A	A	B	A
Hidrogênio - gás, quente	B		B				A	A	A
Hidróxido de alumínio	B	A	A	A	B	B	A	A	A
Hidróxido de amônio - 28%	B	A	A	B	C	B	B	A	A
Hidróxido de amônio concentrado	C	B	B	C	C		C	A	A
Hidróxido de bário	C	B	A		C	B	A	A	A

FLUIDO	AÇO CARBONO	AISI-304	AISI-316	AISI-410	BRONZE	FERRO	BUNA "N"	NEOPRENE	TEFLON
Hidróxido de cálcio (leite de cal)	B	A	A	B	B	B	A	A	A
Hidróxido férrico		A	A						A
Hidróxido de magnésio	B	A	A	A	B	B	A	A	A
Hidróxido de potássio-diluído, frio	B	A	A	A	C	B	A	A	A
Hidróxido de potássio-diluído, quente	B	B	A	B	C	B	B	B	A
Hidróxido de potássio - 70% frio	A	A	A		C	C	B	A	A
Hidróxido de potássio - 70% quente	B	A	A		C	B	C	B	A
Hidróxido de sódio - 20% frio	A	A	A	A	C	A	B	A	A
Hidróxido de sódio - 20% quente	B	A	A	B	C	B	B	B	A
Hidróxido de sódio - 50% frio	A	A	A		C	B	A	A	A
Hidróxido de sódio - 50% quente	B	B	B	C	C	B	B	B	A
Hidróxido de sódio - 70% frio	B	B	B		C	C	B	C	A
Hidróxido de sódio - 70% quente	B	B	B		C	C	C	C	A
Hipoclorito de cálcio	C	C	C	C	C	C	B	B	A
Hipoclorito de sódio	C	C	C	C	C	C	C		
Iodeto de potássio	C	B	B		C	C	A	A	A
Iodo	C	C	C	C	C	C	B	C	A
Iodofórmio	B	B	A		C	C			A
Isobutano			B				B	C	A
Iso-octano	A	A	A		A		A	C	A
Isopropiloacetato			B				C	C	A
Lactato de sódio		A	A						A
Lacticínios	C	A	A	B	C	C	A	A	A
Lactose			B		C		B		A
Látex - solução	B	A	A		A	B			A
Lecitina			B				C	C	A
Leite e derivados	C	A	A	B	C	C	A	A	A
Leitelho (para alimento de gado)	C	A	A		C	C	A	A	A
Licor branco	C	B	B		C	C	C	A	A
Licor preto	B	B	B		C	B	B	A	A
Licor verde	C	B	B		C	B	C	A	A
Massa de tomates	C	A	A		C	C	A	A	A
Melaço - comestível	C	A	A	B	B	C	A	A	A
Melaço - cru	A	A	A	A	A	A	A	A	A
Melamina			B			C	B	B	A
Mentol			B		B		B	B	A
Mercúrio	A	A	A	A	C	A	A	A	A
Metano	B	B	B	B	A	B	A	B	A
Metanol	B	A	A	A	B	B	A	B	A
Metilacetona	A	A	A	A	A	A	C		A
Monoclorobenzeno (seco)			A		A	A	C	C	A
Monóxido de carbono		A	A		A	B	B	C	A
Mostarda	B	A	A	B	A	B	A	A	A
Nafta	B	A	A	B	B	B	B	C	A
Naftaleno	B	B	B		A	B	C	C	A
Nitrato de alumínio			B		C	C	B	B	A
Nitrato de amônio	C	A	A	A	C	C	A	A	A
Nitrato de bário	C	A	A		C				A
Nitrato de cálcio		A	A				A	A	A
Nitrato de cobre	C	A	A	A	C	C	A	A	A

TABELA DE CORROSÃO

FLUIDO	AÇO CARBONO	AISI-304	AISI-316	AISI-410	BRONZE	FERRO	BUNA "N"	NEOPRENE	TEFLON
Nitrato férrico	C	B	B	B	C	C	B	A	A
Nitrato de magnésio		A	A	B		C	B	A	
Nitrato de níquel	C	B	A	B	C	C	B	A	A
Nitrato de potássio	B	B	B	B	B	B	A	A	A
Nitrato de prata	C	A	A	A	C	C	C	C	A
Nitrato de sódio	B	A	A	A	C	B	B	B	A
Nitrito de sódio	A	A	A	A	B	B	B	C	A
Nitrobenzeno	B	B	B		B	B	C	C	A
Nitrogênio	A	A	A	A	A	A	A	A	A
Óleo combustível	B	A	A	A	B	B	A	C	A
Óleo lubrificante (de petróleo)	A	A	A	A	A	A	B	B	A
Óleo lubrificante (sintético)	B	B	B		B	B	C	C	A
Óleo mineral	B	A	A		B	B	A	B	A
Óleo refinado de petróleo	A	A	A		B	A	B	B	A
Óleos vegetais	C	A	A		B	C	B	B	A
Óleos vegetais ácidos	C	A	A		C	C	B	B	A
Óleo vermelho (ácido oléico)	C	B	B	B	C	B	B	C	A
Oleum	B	B	B		C	C	C	C	A
Óxido de etileno	B	B	B		C	B	C	C	A
Oxigênio - frio	B	A	A	A	A	B	B	A	A
Oxigênio - quente	B		B				C	C	C
Ozona - seco	A	A	A		A	A	C		A
Ozona - úmido	C	A	A		B	C	C		A
Parafina derretida	B	A	A	A	B	B	A	B	A
Paraformaldeído	B	B	B		B	B	B	B	A
Pentano	B	A	A	A	A	B	A	B	A
Percloroetileno	B	A	A		B	B	C	C	A
Permanganato de potássio - 10%	B	B	B	B	B	B	A	A	A
Peróxido de hidrogênio	C	B	B	B	C	C	B	B	A
Peróxido de sódio - solução	C	B	B	C	C	C	C	B	A
Potassa cáustica	B	B	A	B	C	B	B	B	B
Propano	B	A	A	A	A	C	B	B	A
PVC - resina			B		B	B		C	A
Querosene	B	A	A	A	A	A	B	C	A
Resina fenólica		A	A						
Sabão - solução	A	A	A	A	B	B	A	B	A
Sal (cloreto de sódio)	C	B	B	C	B	B	A	A	A
Salicilato de sódio	C	A	A	A					A
Salmoura	C	B	B	B	B	B	B	B	A
Silicato de cálcio			B				B	B	A
Silicato de etilo			A		A	B	B	B	A
Silicato de sódio	B	B	A	B	B	B	A	A	A
Silicato de sódio - quente	C	B	A	B	C	C			A
Soda calcinada		A	A		C	A	B		A
Soda cáustica	B	A	A	B	C	B	B	B	A
Solução de cianureto	B	B	B	B	C	C	A	A	A
Solução galvânica para cobre			A		C	C	A		
Solventes aromáticos	B	A	A		A	B	C	B	A
Solvente hidrocarboneto clorado	B	B	B		B	C	C	C	A
Suco de frutas	C	A	A	A	B	C	B	A	A
Sucos de frutas cítricas	C	B	B	B	B	C	A	A	A
Sulfato de alumínio	C	B	A	C	C	C	A	A	A
Sulfato de amônio	C	B	B	C	C	C	A	A	A
Sulfato de bário	C	B	A	B	B	C	A	A	A
Sulfato de cálcio	B	A	A	B	B	B	A	A	A
Sulfato de cobre	C	A	A	A	C	C	A	A	A
Sulfato férrico	C	B	A	B	C	C	A	A	A
Sulfato ferroso	C	B	A	B	B	C	B	A	A
Sulfato de magnésio	C	A	A	B	B	C	A	A	A
Sulfato de níquel	C	B	A	C	C	C	B	A	A
Sulfato de potássio	B	B	A	B	B	C	A	A	A
Sulfato de sódio	B	B	A	B	B	B	A	A	A
Sulfato de zinco	C	B	A	C	B	C	A	A	A
Sulfeto de bário	C	B	B		C	B	A	B	A
Sulfeto de hidrogênio - seco	C	B	A	B	B	C	C	A	A
Sulfeto de hidrogênio - úmido	C	B	A	C	C	C	C	B	A
Sulfeto de sódio	C	B	A	B	C	C	A	A	A
Sulfito de amônio	B	A	A	A	C	C	C	A	A
Sulfito de sódio	C	A	A	A	C	C	A	A	A
Tanino (ácido tânico)	C	B	A	B	B	B	B	B	A
Terebintina	B	B	A	B	B	B	B	C	A
Tetracloreto de carbono - seco	B	A	A	A	B	C	C	C	A
Tetracloreto de carbono - úmido	C	C	C	C	B	C	C	C	A
Tiocianato de amônio		A	A						
Tiosulfato de sódio (hypo)	C	A	A	A	C	C	B	A	A
Toluol ou tolueno	A	A	A	A	A	A	C	C	A
Tricloroetileno	B	B	B	B	B	B	C	C	A
Trietanolamina			A		C	B	C	B	A
Trifosfato de potássio	A		A		B	B	B	B	A
Uréia	C	B	B		B	C	A		A
Vapor de água	A	A	A	A	A	A	C	C	A
Verniz (laca)	B	A	A	B	A	B	C	B	A
Vinagre	C	A	A	B	C	C	B	C	A
Vinho	C	A	A	C	B	C	C	B	A
Viscose	A	A			A	A			
Xarope (melado)	B	A	A	A	A	B	B	B	A
Xarope de Coca-Cola		A	A				B	B	A
Xarope de milho	B	A	A	A	A	B	A	A	A
Xileno (xilol)	B	A	A	A	A	B	C	C	A
Whisky	C	A	A	C	B	C	C	B	A

DIMENSÕES DE TUBOS

AÇO CARBONO — ANSI B 36.10

DIÂMETRO POLEGADAS		SCHEDULE			ESPESSURA NOMINAL DA PAREDE ① — POLEGADAS									
					STD.	SCHEDULE		EXTRA	SCHEDULE					XX
NOMINAL	EXTERNO	10	20	30	WEIGTH	40	60	STRONG	80	100	120	140	160	STRONG
⅛	0,405	—	—	—	0,068	0,068	—	0,095	0,095	—	—	—	—	—
¼	0,540	—	—	—	0,088	0,088	—	0,119	0,119	—	—	—	—	—
⅜	0,675	—	—	—	0,091	0,091	—	0,126	0,126	—	—	—	—	—
½	0,840	—	—	—	0,109	0,109	—	0,147	0,147	—	—	—	0,187	0,294
¾	1,050	—	—	—	0,113	0,113	—	0,154	0,154	—	—	—	0,218	0,308
1	1,315	—	—	—	0,133	0,133	—	0,179	0,179	—	—	—	0,250	0,358
1.¼	1,660	—	—	—	0,140	0,140	—	0,191	0,191	—	—	—	0,250	0,382
1.½	1,900	—	—	—	0,145	0,145	—	0,200	0,200	—	—	—	0,281	0,400
2	2,375	—	—	—	0,154	0,154	—	0,218	0,218	—	—	—	0,343	0,436
2.½	2,875	—	—	—	0,203	0,203	—	0,276	0,276	—	—	—	0,375	0,552
3	3,500	—	—	—	0,216	0,216	—	0,300	0,300	—	—	—	0,438	0,600
4	4,500	—	—	—	0,237	0,237	—	0,337	0,337	—	0,438	—	0,531	0,674
5	5,563	—	—	—	0,258	0,258	—	0,375	0,375	—	0,500	—	0,625	0,750
6	6,625	—	—	—	0,280	0,280	—	0,432	0,432	—	0,562	—	0,718	0,864
8	8,625	—	0,250	0,277	0,322	0,322	0,406	0,500	0,500	0,593	0,718	0,812	0,906	0,875
10	10,750	—	0,250	0,307	0,365	0,365	0,500	0,500	0,593	0,718	0,843	1,000	1,125	—
12	12,750	—	0,250	0,330	0,375	0,406	0,562	0,500	0,687	0,843	1,000	1,125	1,312	—
14	14,000	0,250	0,312	0,375	0,375	0,438	0,593	0,500	0,750	0,937	1,093	1,250	1,406	—
16	16,000	0,250	0,312	0,375	0,375	0,500	0,656	0,500	0,843	1,031	1,218	1,438	1,593	—
18	18,000	0,250	0,312	0,438	0,375	0,562	0,750	0,500	0,937	1,156	1,375	1,562	1,781	—
20	20,000	0,250	0,375	0,500	0,375	0,593	0,812	0,500	1,031	1,281	1,500	1,750	1,968	—
24	24,000	0,250	0,375	0,562	0,375	0,687	0,968	0,500	1,218	1,531	1,812	2,062	2,343	—

AÇO INOXIDÁVEL — ANSI B 36.19

DIÂMETRO POLEGADAS		ESPESSURA NOMINAL DA PAREDE ① — POLEGADAS SCHEDULE			
NOMINAL	EXTERNO	5 S ②	10 S ②	40 S	80 S
⅛	0,405	—	0,049	0,068	0,095
¼	0,540	—	0,065	0,088	0,119
⅜	0,675	—	0,065	0,091	0,126
½	0,840	0,065	0,083	0,109	0,147
¾	1,050	0,065	0,083	0,113	0,154
1	1,315	0,065	0,109	0,133	0,179
1¼	1,660	0,065	0,109	0,140	0,191
1½	1,900	0,065	0,109	0,145	0,200
2	2,375	0,065	0,109	0,154	0,218
2½	2,875	0,083	0,120	0,203	0,276
3	3,500	0,083	0,120	0,216	0,300
4	4,500	0,083	0,120	0,237	0,337
5	5,563	0,109	0,134	0,258	0,375
6	6,625	0,109	0,134	0,280	0,432
8	8,625	0,109	0,148	0,322	0,500
10	10,750	0,134	0,165	0,365	0,500
12	12,750	0,156	0,180	0,375	0,500

① Representam dimensões nominais ou médias, estando sujeitas à tolerância de — 12½ % devido à laminação.

② De acordo com a Norma ANSI B 2.1, não são permitidas roscas nos tubos schedule 5S e 10S.

CAPÍTULO IV

VASOS, TANQUES E TROCADORES DE CALOR

TUBOS

Tubos são condutos fechados, destinados principalmente ao transporte de fluidos, exceto em alguns casos raros, todos os tubos são de secção circular, apresentando-se como cilindros ocos.
A grande maioria dos tubos funciona como condutos forçados, isto é, sem superfície livre com o fluido tomando toda a área da seção trnsversal.
A necessidade da existência dos tubos decorre principalmente do fato do ponto de geração ou de armazenagem dos fluidos estar em geral distante do ponto de utilização, usam-se tubos para o transporte de todos os fluidos conhecidos líquidos ou gasosos assim como para materiais pastosos e para fluidos como sólidos em suspensão em toda a faixa de variação de pressões e temperaturas usuais na indústria, desde o vácuo absoluto até cerca de 4.000 kg/cm^2 e desde próximo do zero absoluto até as temperaturas dos metais em fusão. Pelo século XVII começaram aparecer os tubos de ferro fundido para água. Os tubos de aço que hoje dominam largamente quase todos os campos de aplicação industrial começaram a ser fabricados comercialmente pelo fim do século XIX, devido principalmente a necessidade que se teve de materiais que resistissem às pressões cada vez mais elevadas das tubulações de vapor.
Na prática, chamam-se geralmente de tubo apenas os condutos rígidos. Os condutos flexíveis, embora às vezes chamados de tubos flexíveis são mais comumentes denominados de mangueira ou mangotes. Na nomenclatura americana, os tubos são chamados de "pipe" ou "tubing". Entre estes dois termos não há uma distinção muito rígida. De um modo geral, o termo "pipe" é usado para os tubos cuja função é propriamente a de conduzir fluidos, enquanto que o termo "tubing" emprega-se para os tubos destinados principalmente a outras funções, tais como: trocar calor (tubos de caldeiras, cambiadores, etc.), conduzir sinis (tubos de instrumentação), como vigas. O Comitê Pan-Americano de Normas Técnicas — COPANT — recomendou que se chame simplesmente de "tubos" os que se destinam a qualquer outra finalidade, embora essa nomanclatura não seja de uso corrente no Brasil.

Principais materiais para fabricação de tubos
Empregam-se, hoje em dia, uma variedade de materiais para a fabricação de tubos. A A.S.T.M. (American Society for Testing Materials) especifica mais de 150 tipos diferentes de materiais. Damos, a seguir, um resumo dos principais materiais usados:
Tubos metálicos-ferrosos — aços carbonos (carbon steel), aços ligas (low aloy — high aloy steel), aços inoxidáveis (stainless steel), ferro fundido (cast iron), ferro forjado (wrought iron).
Não ferrosos — cobre, latões (brass), bronze, metal (monel), níquel, cupro níquel, chumbo, alumínio.
Materiais plásticos — cloreto de polivinil (PVC), acetato de celulose iteflon, poliestireno, polietileno, etc.
Tubos não metálicos — vidro, cerâmica, barro vidrado, porcelana, concreto armado, borrachas e cimento amianto.
Tubos metálicos com revestimento contra corrosão — tubos de aço ou de ferro revestidos de: chumbo, materiais plásticos, vidro, porcelana, borracha, concreto, estanho.

Tubos de aço-carbono com requisitos de qualidade para condução de fluidos
Estabelece-se os requisitos que devem ser cumpridos pelos tubos com e sem costura de aço carbono com ou sem revestimento protetor de zinco para condução de fluidos.
Se designam pelo seu diâmetro nominal e série ou espessura da parede, podendo ser fabricados das classes normal (N), reforçados (R) e duplamente reforçados (DR).
Considera-se os seguintes tipos de tubos e graus de aço:
Tipo "E": soldados por resistência elétrica em aços de grau A e B.
Tipo "S": sem costura, em aços de grau A e B.
Quando os tipos "E" e "S" forem utilizados para a fabricação de serpentinas fechadas ou para curvamento a frio deverá especificar-se aço de grau "A". Esta disposição não impede que os tubos de aço grau "B" sejam submetidos a operações de curvamento a frio.
Série — É o número que indica um conjunto de tubos de diâmetro externo distinto e espessura de parede correspondente com uma mesma relação pressão/tensão prevista para condições similares de serviço. O número de série indica aproximadamente valores de expressão 10 P/S , onde:

P = pressão de trabalho em kg/cm^2

S = tensão admissível do aço em kg/cm^2 na temperatura de trabalho (aproximadamente 60% do limite do escoamento a 20° C material aço carbono).

PROPRIEDADES MECÂNICAS

Tipo de tubo	Grau do aço	Limite de resistência a tração mínima (kgf/mm^2)	Limite de escoamento mínimo (kgf/mm^2)	Alongamento mínimo em % do corpo de prova longitudinal	
				Proporcional normal Lo = 5,65 $\sqrt{So}$ (a)	50,8 mm (2)
E e S	A B	33,5 42,0	2,1 24,5	31 25	35 30

DIMENSÕES PESOS PARA TUBOS COM EXTREMIDADES LISAS E CHANFRADAS

Diâmetro Nominal mm	Diâmetro Nominal pol.	Diâmetro externo mm	Espessura da parede mm	Peso teórico kg/m	Classe	Série ou (schedule)
6	1/8	10,3 10,3	1,73 2,41	0,36 0,46	N R	40 80
8	1/4	13,7 13,7	1,24 3,02	0,63 0,80	N R	40 80
10	3/8	17,2 17,2	2,31 3,20	0,85 1,10	N R	40 80
15	1/2"	21,3 21,3 21,3	2,77 3,73 7,74	1,26 1,62 2,54	N R DR	40 80 –
20	3/4"	26,7 26,7 26,7	2,87 3,91 7,82	1,69 2,19 3,63	N R DR	40 80 –
25	1"	33,4 33,4 33,4	3,38 4,55 9,09	2,50 3,23 5,45	N R DR	40 80 –

Esta tabela segue até um diâmetro nominal de 36" norma B.36.10. É a ANSI (American National Steel Institute) que classifica os tubos em ordem de espessura de parede, apresentado em "schedules".

Os diâmetros nominais dos tubos são padronizados pela norma USAS.B. 36.10, que os estabelece em 1/8" – 1/4" · 3/8" · 1/2" – 3/4" · 1" – 1.1/4" – 1.1/2" – 2" – 2.1/2" – 3" – 3.1/2" – 4" – 5" 6" – 8" – 10" – 12" – 14" – 16" – 18" – 20" – 22" – 24" – 26" – 30" – 36".

Acima de 36" so tubos não são padronizados, sendo fabricados por encomenda e somente com costura, pelo processo de fabricação de solda.

EXEMPLO DE TUBOS DE DIFERENTES ESCALAS

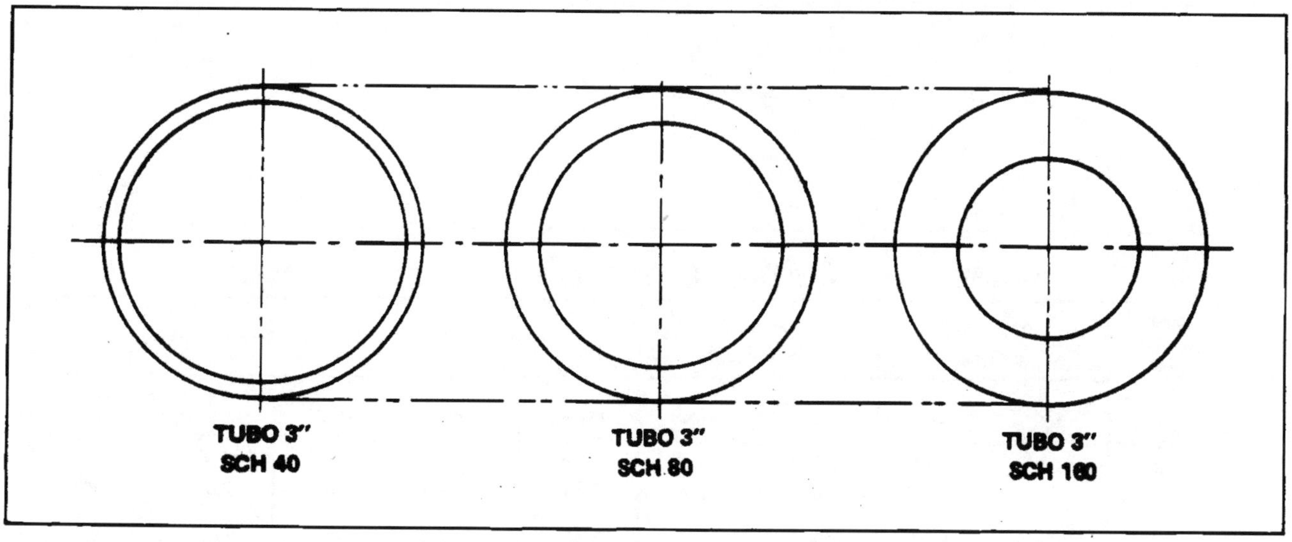

DIÂMETROS		ESPESSURA = PAREDE DO TUBO (mm.)								
		SCHEDULE = ESCALA								
Nominal	Externo	5	10	20	30	STD	40	Ext. For.	80	160
1/8"	10	–	1,24	–	–	1,73	1,73	2,41	2,41	–
1/4"	14	–	1,65	–	–	2,23	2,23	3,02	3,02	–
3/8"	17	–	1,65	–	–	2,31	2,31	3,20	3,20	–
1/2"	21	–	2,11	–	–	2,77	2,77	3,73	3,73	4,75
3/4"	27	1,65	2,11	–	–	2,87	2,87	3,91	3,91	5,54
1"	33	1,65	2,77	–	–	3,38	3,38	4,55	4,55	6,35
1 1/4"	42	1,65	2,77	–	–	3,56	3,56	4,85	4,85	6,35
1 1/2"	48	1,65	2,77	–	–	3,68	3,68	5,08	5,08	7,14
2"	60	1,65	2,77	–	–	3,91	3,91	5,54	5,54	8,71
2 1/2"	73	2,11	3,05	–	–	5,16	5,16	7,01	7,01	9,52
3"	89	2,11	3,05	–	–	5,49	5,49	7,62	7,62	11,12
3 1/2"	102	2,11	3,05	–	–	5,74	5,74	8,08	8,08	–
4"	114	2,11	3,05	–	–	6,02	6,02	8,56	8,56	13,49
5"	141	2,77	3,40	–	–	6,55	6,55	9,52	9,52	15,87
6"	168	2,77	3,40	–	–	7,11	7,11	10,97	10,97	18,24
8"	219	2,77	3,76	6,35	7,03	8,18	8,18	12,70	12,70	23,01
10"	273	3,40	4,19	6,35	7,80	9,27	9,27	12,70	15,06	28,57
12"	324	3,96	4,57	6,35	8,38	9,52	10,31	12,70	17,45	33,32
14"	356 (14")	–	6,35	7,92	9,52	9,52	11,12	12,70	19,05	35,71
16"	406 (16")	–	6,35	7,92	9,52	9,52	12,70	12,70	21,41	40,46
18"	457 (18")	–	6,35	7,92	11,12	9,52	14,27	12,70	23,80	45,24
20"	508 (20")	–	6,35	9,52	12,70	9,52	15,06	12,70	26,19	49,99
22"	559 (22")	–	6,35	–	–	9,52	–	12,70	–	–
24"	610 (24")	–	6,35	9,52	14,27	9,52	17,45	12,70	30,94	59,51
26"	660 (26")	–	–	–	–	9,52	–	12,70	–	–
30"	762 (30")	–	7,92	12,70	15,87	9,52	–	12,70	–	–
34"	864 (34")	–	–	–	–	9,52	–	12,70	–	–
36"	914 (36")	–	–	–	–	9,52	–	12,70	–	–
42"	1067 (42")	–	–	–	–	9,52	–	12,70	–	–

$$Sch = \frac{100 \times P}{3750}$$ Fórmula que nos dá o número de schedule

P = pressão em lbs.

DIMENSÕES E PESOS DOS TUBOS COM E SEM COSTURA – B36.10

Diâmetro nominal D.N.	Diâmetro externo		Espessura da parede		Peso		Identificação		
pol.	pol.	mm.	pol.	mm.	lbs. pé	kg/m	std.	std. x-s, xx-s	sched. n.o
1/8	0.405	10,3	0.068	1,7	0.24	0,357	5L	Std.	40
			0.095	2,4	0.31	0,461	5L	X-S	80
1/4	0.540	13,7	0.088	2,2	0.42	0,625	5L	Std.	40
			0.119	3,0	0.54	0,804	5L	X-S	80
3/8	0.675	17,1	0.091	2,3	0.57	0.848	5L	Std.	40
			0.126	3,2	0.74	1,100	5L	X-S	80
1/2	0.840	21,3	0.109	2,8	0.85	1,260	5L	Std.	40
			0.147	3,7	1.09	1,620	5L	X-S	80
			0.188	4,8	1.31	1,950			160
			0.294	7,5	1.71	2,540	5L	XX-S	
3/4	1.050	26,7	0.113	2,9	1.13	1,680	5L	Std.	40
			0.154	3,9	1.47	2,190	5L	X-S	80
			0.219	5,6	1.94	2,890			160
			0.308	7,8	2.44	3,630	5L	XX-S	
1	1.315	33,4	0.133	3,4	1.68	2,500	5L	Std.	40
			0.179	4,5	2.17	3,230	5L	X-S	80
			0.250	6,4	2.84	4,230			160
			0.358	9,1	3.66	5,450	5L	XX-S	
1 1/4	1.660	42,2	0.140	3,6	2.27	3,380	5L	Std.	40
			0.191	4,8	3.00	4,460	5L	X-S	80
			0.250	6,4	3.76	5,600			160
			0.382	9,7	5.21	7,750	5L	XX-S	
1 1/2	1.900	48,3	0.145	3,7	2.72	4,050	5L	Std.	40
			0.200	5,1	3.63	5,400	5L	X-S	80
			0.281	7,1	4.86	7,230			160
			0.400	10,2	6.41	9,540	5L	XX-S	
2	2.375	60,3	0.154	3,9	3.65	5,430	5L	Std.	40
			0.218	5,5	5.02	7,470	5L	X-S	80
			0.344	8,7	7.46	11,100			160
			0.436	11,1	9.03	13,400	5L	XX-S	
2 1/2	2.875	73,0	0.203	5,2	5,79	8,620	5L	Std.	40
			0.276	7,0	7.66	11,400	5L	X-S	80
			0.375	9,5	10.01	14,900			160
			0.552	14,0	13.70	20,400	5L	XX-S	
3	3.500	88,9	0.125	3,2	4.51	6,710	5L		
			0.156	4,0	5.58	8,300	5L		
			0.188	4,8	6.63	9,870	5L		
			0.216	5,5	7.58	11,300	5L	Std.	40
			0.250	6,4	8.68	12,900	5L		
			0.281	7,1	9.67	14,400	5L		
			0.300	7,6	10.25	15,300	5L	X-S	80
			0.438	11,1	14.31	21,300			160
			0.600	15,2	18.58	27,700	5L	XX-S	
3 1/2	4.000	101,6	0.125	3,2	5.17	7,690	5L		
			0.156	4,0	6.41	9,540	5L		
			0.188	4,8	7.63	11,400	5L		
			0.226	5,7	9.11	13,600	5L	Std.	40
			0.250	6,4	10.01	14,900	5L		
			0.281	7,1	11.17	16,600	5L		
			0.318	8,1	12.51	18,600	5L	X-S	80

DIMENSÕES E PESOS DOS TUBOS COM E SEM COSTURA – B36.10

Diâmetro nominal D.N.	Diâmetro externo		Espessura da parede		Peso		Identificação		
pol.	pol.	mm.	pol.	mm.	lbs/pé	kg/m	Std.	std. x-s, xx-s	sched. n.o
4	4.500	114,3	0.125	3,2	5.84	8,69	5L		
			0.156	4,0	7.25	10,80	5L		
			0.188	4,8	8.64	12,90	5L		
			0.219	5,6	10.00	14,90	5L		
			0.237	6,0	10.79	16,10	5L	Std.	40
			0.250	6,4	11.35	16,90	5L		
			0.281	7,1	12.67	18,90	5L		
			0.312	7,9	13.98	20,80	5L		
			0.337	8,6	14.98	22,30	5L	X-S	80
			0.438	11,1	18.93	28,20			120
			0.531	13,5	22.52	33,50			160
			0.674	17,1	27.54	41,00	5L	XX-S	
5	5.563	141,3	0.156	4,0	9.02	13,40	5L		
			0.183	4,8	10.76'	16,00	5L		
			0.219	5,6	12.49	18,60	5L		
			0.258	6,6	14.62	21,80	5L	Std.	40
			0.281	7,1	15.87	23,60	5L		
			0.312	7,9	17.52	26,10	5L		
			0.344	8,7	19.16	28,50	5L		
			0.375	9,5	20.78	30,90	5L	X-S	80
			0.500	12,7	27.04	40,20			120
			0.625	15,9	32.96	49,00			160
			0.750	19,0	38.55	57,40	5L	XX-S	
6	6.625	168,3	0.188	4,8	12.89	19,20	5L 5LX		
			0.219	5,6	14.97	22,30	5L 5 LX		
			0.250	6,4	17.02	25,30	5L 5 LX		
			0.280	7,1	18.97	28,20	5L 5LX	Std.	40
			0.312	7,9	21.07	31,40	5L 5LX		
			0.344	8,7	23.06	34,30	5L 5LX		
			0.375	9,5	25.03	37,20	5L 5LX		
			0.432	11,0	28.57	42,50	5L 5LX	X-S	80
			0.562	14,3	36.42	54,20			120
			0.719	18,3	45.34	67,50			160
			0.864	21,9	53.16	79,10	5L	XX-S	
8	8.625	219,1	0.188	4,8	16.90	25,10	5L 5LX		
			0.203	5,2	18.27	27,20	5LX		
			0.219	5,6	19.64	29,20	5L 5LX		
			0.250	6,4	22.36	33,30	5L 5LX		20
			0.277	7,0	24,70	36,80	5L 5LX		30
			0.312	7,9	27.74	41,30	5L 5LX		
			0.322	8,2	28.55	42,50	5L 5LX	Std.	40
			0.344	8,7	30.40	45,20	5L 5LX		
			0.375	9,5	33.04	49,20	5L 5LX		
			0.406	10,3	35.66	53,10			
			0.438	11,1	38.26	56,90	5L 5LX		
			0.500	12,7	43.39	64,60	5L 5LX	X-S	80
			0.549	15,1	50.93	75,80			100
			0.719	18,3	60.69	90,30			120
			0.812	20,6	67.79	101,00			140
			0.875	22,2	72.42	108,00	5L	XX-S	
			0.906	23,0	74.71	111,00			160

DIMENSÕES E PESOS DOS TUBOS COM E SEM COSTURA – B36.10									
Diâmetro nominal D.N.	Diâmetro externo		Espessura da parede		Peso		Identificação		
pol.	pol.	mm.	pol.	mm.	lbs./pé	kg/m	std.	std. x-s, xx-s	sched. n.o
10	10.750	273,0	0.188	4,8	21.15	31,5	5L 5LX		
			0.203	5,2	22.88	34,0	5LX		
			0.219	5,6	24.60	36,6	5L 5LX		
			0.250	6,4	28.04	41,7	5L 5LX		20
			0.279	7,1	31,20	46,4	5L 5LX		
			0.307	7,8	34.24	51,0	5L 5LX		30
			0.344	8,7	38.20	56,8	5L 5LX		
			0.365	9,3	40.48	60,2	5L 5LX	Std.	40
			0.438	11,1	48.19	71,7	5L 5LX		
			0.500	12,7	54.74	81,5	5L 5LX	X-S	60
			0.594	15,1	64.60	95,8			80
			0.719	18,3	77.00	115,0			100
			0.844	21,4	89.27	133,0			120
			1.000	25,4	104.13	155,0		XX-S	140
			1.125	28,6	115.65	172,0			160
12	12.750	323,8	0.203	5,2	27.22	40,5	5LX		
			0.219	5,6	29.28	43,6	5L 5LX		
			0.250	6,4	33.38	49,7	5L 5LX		20
			0.281	7,1	37.45	55,7	5L 5LX		
			0.312	7,9	41.45	61,8	5L 5LX		
			0.330	8,4	43.77	65,1	5L 5LX		30
			0.344	8,7	45.55	67,8	5L 5LX		
			0.375	9,5	49.56	73,8	5L 5LX	Std.	
			0.406	10,3	53.56	79,7	5LX		40
			0.438	11,1	57.53	85,6	5L 5LX		
			0.500	12,7	65.42	97,4	5L 5LX	X-S	
			0.562	14,3	73.22	109,0			60
			0.688	17,5	88.57	132,0			80
			0.844	21,4	107.29	160,0			100
			1.000	25,4	125.49	187,0		XX-S	120
			1.125	28,6	139.68	208,0			140
			1.312	33,3	160.33	239,0			160
14	14.000	355,6	0.210	5,3	30.93	46,0	5LX		
			0.219	5,6	32.20	47,9	5LX		
			0.250	6,4	36.71	54,6	5L 5LX		
			0.281	7,1	41.21	61,3	5L 5LX		
			0.312	7,9	45.68	68,0	5L 5LX		
			0.344	8,7	50.14	74,6	5L 5LX		
			0.375	9,5	54.57	81,2	5L 5LX	Std.	30
			0.438	11,1	63.37	94,3	5L 5LX		40
			0.469	11,9	67.78	101,0	5LX		
			0.500	12,7	72.09	107,0	5L 5LX	X-S	
			0.594	15,1	85.01	127,0			60
			0.750	19,0	106.13	158,0			80
			0.938	23,8	130.79	195,0			100
			1.094	27,8	150.76	224,0			120
			1.250	31,8	170.22	253,0			140
			1.406	35,7	189.15	281,0			160
			2.000	50,8	256.32	381,0			
			2.125	54,0	269.51	401,0			
			2.200	55,9	277.26	413,0			
			2.500	63,5	307.05	457,0			

DIMENSÕES E PESOS DOS TUBOS COM E SEM COSTURA – B36.10

Diâmetro nominal D.N.	Diâmetro externo		Espessura da parede		Peso		Identificação		
pol.	pol.	mm.	pol.	mm.	lbs./pé	kg/m	std.	std. x-s, xx-s	sched. n.o
16	16.000	406,4	0.219	5,6	36.87	54,9	5LX		
			0.250	6,4	42.05	62,6	5L 5LX		10
			0.281	7,1	47.22	70,3	5L 5LX		
			0.312	7,9	52.36	77,9	5L 5LX		20
			0.344	8,7	57.48	85,5	5L 5LX		
			0.375	9,5	62.58	93,1	5L 5LX	Std.	30
			0.438	11,1	72.72	108,0	5L 5LX		
			0.469	11,9	77.75	116,0	5LX		
			0.500	12,7	82.77	123,0	5L 5LX	X-S	40
			0.656	16,7	107.54	160,0			60
			0.844	21,4	136.58	203,0			80
			1.031	26,2	164.86	245,0			100
			1.219	31,0	192.40	286,0			120
			1.438	36,5	223.57	333,0			140
			1.594	40,5	245.22	365,0			160
18	18.000	457,2	0.250	6,4	47.39	70,5	5L 5LX		10
			0.281	7,1	53.22	79,2	5L 5LX		
			0.312	7,9	59.03	87,8	5L 5LX		20
			0.344	8,7	64.82	96,5	5L 5LX		
			0.375	9,5	70.59	105,0	5L 5LX	Std.	
			0.406	10,3	76.34	114,0	5LX		
			0.438	11,1	82.06	122,0	5L 5LX		30
			0.469	11,9	87.77	131,0	5LX		
			0.500	12,7	93.45	139,0	5L 5LX	X-S	
			0.562	14,3	104.76	156,0			40
			0.750	19,0	138.17	206,0			60
			0.938	23,8	170.84	254,0			80
			1.156	29,4	208.00	310,0			100
			1.375	34,9	244.14	363,0			120
			1.562	39,7	274.30	408,0			140
			1.781	45,2	308.55	459,0			160
20	20.000	508,0	0.250	6,4	52.73	78,5	5L 5LX		10
			0.281	7,1	59.23	88,1	5L 5LX		
			0.312	7,9	65.71	97,8	5L 5LX		
			0.344	8,7	72.16	107,0	5L 5LX		
			0.375	9,5	78.60	117,0	5L 5LX	Std.	20
			0.406	10,3	85.01	127,0	5LX		
			0.438	11,1	91.41	136,0	5L 5LX		
			0.469	11,9	97.78	146,0	5LX		
			0.500	12,7	104.13	155,0	5L 5LX	X-S	30
			0.594	15,1	123.06	183,0			40
			0.812	20,6	166.50	248,0			60
			1.031	26,3	208.92	311,0			80
			1.281	32,5	256.15	381,0			100
			1.500	38,1	296.37	441,0			120
			1.750	44,4	341.10	508,0			140
			1.969	50,0	379.14	564,0			160
22	22.000	558,8	0.250	6,4	58.07	86,4	5LX		10
			0.281	7,1	65.24	97,1	5LX		
			0.312	7,9	72.38	108,0	5L 5LX		

DIMENSÕES E PESOS DOS TUBOS COM E SEM COSTURA – B36.10

Diâmetro nominal D.N.	Diâmetro externo		Espessura da parede		Peso		Identificação		
pol.	pol.	mm.	pol.	mm.	lbs./pé	kg/m	std.	std. x-s, xx-s	sched. n.o
22	22.000	558,8	0.344	8,7	79.51	118,0	5L 5LX		
			0.375	9,5	86.61	129,0	5L 5LX	Std.	20
			0.406	10,3	93.69	139,0	5LX		
			0.438	11,1	100.75	150,0	5L 5LX		
			0.469	11,9	107.79	160,0	5LX		
			0.500	12,7	114.81	171,0	5L 5LX	X-S	30
			0.625	15,9	142.68	212,0			
			0.875	22,2	197.42	294,0			60
			1.125	28,6	250.82	373,0			80
			1.375	34,9	302.88	451,0			100
			1.625	41,3	353.61	526,0			120
			1.875	47,6	403.01	600,0			140
			2.125	54,0	451.07	671,0			160
24	24.000	609,6	0.250	6,4	63.41	94,4	5LX		10
			0.281	7,1	71.25	106,0	5LX		
			0.312	7,9	76.06	118,0	5L 5LX		
			0.344	8,7	86.85	129,0	5L 5LX		
			0.375	9,5	94.62	141,0	5L 5LX	Std.	20
			0.406	10,3	102.37	152,0	5LX		
			0.438	11,1	110.10	164,0	5L 5LX		
			0.469	11,9	117.81	175,0	5LX		
			0.500	12,7	125.49	187,0	5L 5LX	X-S	
			0.562	14,3	140.80	210,0			30
			0.688	17,5	171.17	255,0			40
			0.969	24,6	238.29	355,0			60
			1.219	31,0	296.53	441,0			80
			1.531	38,9	367.45	547,0			100
			1.812	46,0	429.50	639,0			120
			2.062	52,4	483.24	719,0			140
			2.344	59,5	542.09	807,0			160
26	26.000	660,4	0.250	6,4	68.75	102,0	5LX		
			0.281	7,1	77.25	115,0	5LX		
			0.312	7,9	85.73	128,0	5LX		10
			0.344	8,7	94.19	140,0	5LX		
			0.375	9,5	102.63	153,0	5LX	Std.	
			0.406	10,3	111.05	165,0	5LX		
			0.438	11,1	119.44	178,0	5LX		
			0.469	11,9	127.82	190,0	5LX		
			0.500	12,7	136.17	203,0	5LX	X-S	20
			0.562	14,3	152.82	227,0			
28	28.000	711,2	0.250	6,4	74.09	110,0	5LX		
			0.281	7,1	83.26	124,0	5LX		
			0.312	7.9	92.41	138,0	5LX		10
			0.344	8,7	101.53	151,0	5LX		
			0.375	9,5	110.64	165,0	5LX	Std.	
			0.406	10,3	119.72	178,0	5LX		
			0.438	11,1	128.79	192,0	5LX		
			0.469	11,9	137.83	205,0	5LX		
			0.500	12,7	146.85	219,0	5LX	X-S	20
			0.625	15,9	182.73	272,0			30

DIMENSÕES E PESOS DOS TUBOS COM E SEM COSTURA – B.3610

Diâmetro nominal D.N.	Diâmetro externo		Espessura da parede		Peso		Identificação		
pol.	pol.	mm.	pol.	mm.	lbs/pé	kg/m	std.	std. x-s, xx-s	sched. n.o
30	30.000	762,0	0.250	6,4	79.43	118	5LX		
			0.281	7,1	89.27	133	5LX		
			0.312	7,9	99.08	147	5LX		10
			0.344	8,7	108.88	162	5LX		
			0.375	9,5	118.65	177	5LX	Std.	
			0.406	10,3	128.40	191	5LX		
			0.438	11,1	138.13	206	5LX		
			0.469	11,9	147.84	220	5LX		
			0.500	12,7	157.53	234	5LX	X-S	20
			0.625	15,9	196.08	292			30
32	32.000	812,8	0.250	6,4	84.77	126	5LX		
			0.281	7,1	95.28	142	5LX		
			0.312	7,9	105.76	157	5LX		10
			0.344	8,7	116.22	173	5LX		
			0.375	9,5	126.66	188	5LX	Std.	
			0.406	10,3	137.08	204	5LX		
			0.438	11,1	147.48	219	5LX		
			0.469	11,9	157.86	235	5LX		
			0.500	12,7	168.21	250	5LX	X-S	20
			0.625	15,9	201.43	312			30
			0.688	17,5	229.92	342			40
34	34.000	863,6	0.250	6,4	90.11	134	5LX		
			0.281	7,1	101.28	151	5LX		
			0.312	7,9	112.43	167	5LX		10
			0.344	8,7	123.56	184	5LX		
			0.375	9,5	134.67	200	5LX	Std.	
			0.406	10,3	145.76	217	5LX		
			0.438	11,1	156.82	233	5LX		
			0.469	11,9	167.87	250	5LX		
			0.500	12,7	178.89	266	5LX	X-S	20
			0.625	15,9	222.78	332			30
			0.688	17,5	244.60	364			40
36	36.000	914,4	0.250	6,4	95.45	142	5LX		
			0.281	7,1	107.29	160	5LX		
			0.312	7,9	119.11	177	5LX		10
			0.344	8,7	130.90	195	5LX		
			0.375	9,5	142.68	212	5LX	Std.	
			0.406	10,3	154.43	230	5LX		
			0.438	11,1	166.17	247	5LX		
			0.469	11,9	177.88	265	5LX		
			0.500	12,7	189.57	282	5LX	X-S	20
			0.562	14,3	212.89	217			
			0.625	15,9	236.13	351			30
			0.750	19,0	282.36	420			40

TUBOS DIN — 2440 (PRETO SEM COSTURA)

DIÂMETRO INTERNO NOMINAL - Pol.	DIÂMETRO EXTERNO mm	ESPESSURA DA PAREDE mm	PÊSO POR METRO COM LUVAS
1/8"	10,00	2,00	0,395
1/4"	13.25	2,25	0,610
3/8"	16,75	2,25	0,805
1/2"	21,25	2,75	1,26
3/4"	26,75	2,75	1,65
1"	33,50	3,25	2,45
1 1/4"	42,25	3,25	3,18
1 1/2"	48,25	3,50	3.93
2"	60,00	3,75	5,31
2 1/2"	75,50	3,75	6,80
3"	88,25	4,00	8,54
4"	113,50	4,25	11,90
5"	139.00	4,50	15,60
6"	164,50	4,50	18,70
8"	216,00	6,50	34,60

Tabela 70

NOTA: EXÍSTE TAMBEM TUBOS DIN - 2441 (PRETO SEM COSTURA.) P/VAPOR.

TUBOS DIN — 2448 (CALDEIRA)

DIÂMETRO EXTERNO NOMINAL	DIÂMETRO EXTERNO mm	ESPESSURA DA PAREDE	PÊSO POR METRO
1"	25	3,00	1,63
1 1/4"	32	3,25	2,31
1 1/2"	38	3,25	2,79
1 3/4"	44.5	3,25	3,31
2"	51	3,25	3,82
2 1/4"	57	3,50	4.63
2 1/2"	63.5	3,50	5.19
2 3/4"	70	3,50	5,74
3"	76	3,50	6,27
3 1/4"	83	4,00	7,79
3 1/2"	89	4,00	8,38
3 3/4"	95	4,00	8,98
4"	102	4,00	9,67

Tabela 71

DADOS TECNICOS:

- AÇO COMUM (st 0029)
- PRESSÃO DE ENSAIO COM AGUA FRIA 50 kg/cm²

FABRICAÇÃO

1) **Extrusão:** Na fabricação por extrusão, um tarugo maciço do material em estado pastoso é colocado em um recipiente de aço debaixo de uma poderosa prensa. Em uma única operação que dura no total poucos segundos, dão-se as seguintes fases:
a) O êmbolo da prensa cujo diâmetro é o mesmo do tarugo, encosta-se no tarugo.
b) O mandril acionado pela prensa fura completamente o centro do tarugo.
c) Em seguida, o êmbolo empurra o tarugo obrigando o material a passar pelo furo de uma matriz calibrada e por fora do mandril formando o tubo.
Para tubos de aço a temperatura de aquecimento é da ordem de 1.200° C, as prensas são sempre verticais e o esforço da prensa pode chegar a 1500 t. Os tubos de aço saem dessa primeira operação curtos e grossos, são levados ainda quentes a um laminador de rolos para redução do diâmetro e vão finalmente para outros laminadores que desempenam e ajustam as medidas do diâmetros e da espessura das paredes.
Fabricam-se por extrusão tubos de aço de pequenos diâmetros (abaixo de 3") e também tubos de alumínio, cobre, latão, bronze, chumbo e materiais plásticos.

FABRICAÇÃO DE TUBOS POR LAMINAÇÃO

Os processos de laminação são os mais importantes para a fabricação de tubos de aço sem costura, empregam-se para a fabricação de tubos de aço carbono, aços liga e aços inoxidáveis de 3" a 26" de diâmetro. Há vários processos de fabricação por laminação, o mais importante dos quais é o processo MANNESMANN, que consiste resumidamente nas seguintes operações:
1) Um lingote cilíndrico de aço com o diâmetro externo aproximado do tubo que se vai fabricar é aquecido a cerca de 1200° C e levado ao denominado "Laminador" oblíquo.
2) O laminador ablíquo tem dois rolos de cone duplo, cujos eixos fazem entre si um pequeno ângulo, o lingote é colocado entre os dois rolos que o prensam fortemente e lhe imprimem ao mesmo tempo um movimento helicoidal de rotação e translação. Em conseqüência do movimento de translação é pressionado contra um mandril cônico que se encontra entre os rolos. O mandril abre um furo no centro do lingote, transformando-o em tubo e alisa continuamente a superfície interna recém-formada. O mandril, que é fixo, está colocado na extremidade de uma haste com um comprimento maior do que o tubo que resultará.
3) O tubo formado nessa primeira operação tem paredes muito grossas. O mandril é então retirado e o tubo ainda bastante quente é levado para um segundo laminador oblíquo com um mandril de diâmetro um pouco maior que afina as paredes do tubo, aumentando o comprimento e ajustando o diâmetro externo.
4) Depois das duas passagens pelos laminadores oblíquos, o tubo está bastante empenado. Passa, então, em uma ou duas máquinas desempenadoras de rolos.
5) o tubo sofre finalmente uma série de operações de calibragem dos diâmetros externos e internos e analisamento das superfícies externa e interna. Essas operações são feitas em várias passagens em laminadores com mancais e em laminadores calibradores.

FABRICAÇÃO DE TUBOS COM COSTURA

Todos os tubos com costura são fabricados a partir de uma chapa que é dobrada e, em seguida, soldada nas extremidades. Há dois tipos de solda de topo (BUTT-WELD) e sobreposta (LAP-WELD). Há também duas disposições usuais de costuras soldadas: longitudinal e espiral, sendo a longitudinal a empregada para a maioria dos tubos. São os seguintes processos industriais mais importantes de execução da solda:
a) Solda elétrica por arco protegido (com adição de metal do eletrodo)
b) Solda por arco submerso (submergerd arc welding)
c) Solda com proteção de gás inerter (inert gas welding)
d) Solda manual
e) Solda por pressão (pressure welding furnace welding)
f) Solda por resistência elétrica (electric resistence welding ERW)
Nos processos de solda com adição de metal a chapa é sempre dobrada a frio até o diâmetro final; a conformação pode ser conseguida pela calandragem de cada chapa ou pela dobragem contínua, por meio de rolos, em máquinas automáticas. Qualquer que seja o processo de soldagem, a solda é feita sempre a topo e com o mínimo de dois passes, um dos quais nos tubos de boa qualidade é dado pelo lado interno do tubo. Em qualquer caso, exige-se sempre que os bordos da chapa sejam previamente aparados e chanfrados para a solda. A solda por arco submerso e a solda com proteção de gás inerte, são feitas automática ou semi-automaticamente. O processo de solda manual é raramente empregado por ser antieconômico.
Todos os processos de solda por arco protegido são usados principalmente para a fabricação de tubos de aço de grande diâmetro (12" em diante) embora seja possível a fabricação de tubos desde 4". A costura de solda pode ser longitudinal ou em espiral. Nos processos de solda por pressão a tira de chapa, depois de dobrada a frio ou a quente, é aquecida ao rubro e os bordos são soldados entre si pelo efeito de fortes pressões exercidas

por rolos contra um mandril central. O tubo é ainda desempenado e calibrado em outras séries de rolos. A solda por pressão por pressão produz tubos de qualidade inferior que só podem ser usados para serviços sem responsabilidade, por essa razão esse processo, que foi muito empregado antes do desenvolvimento da solda elétrica, esta atualmente sendo abandonado. Fabricam-se pelo diversos processos acima indicados tubos de aço carbono aços liga aços inoxidáveis ferro forjado e outros metais soldáveis não ferrosos.
Os tubos com costura são quase sempre de qualidade inferior aos sem costura, mas o seu uso é bastante generalizado por serem geralmente mais baratos. No passado, foram muito usados para diâmetro grandes tubos de chapa de aço rebitada. Esses tubos já há bastante tempo estão completamente em desuso. De todos os processos de fabricação de tubos com costura os mais importantes são os de solda por resistência elétrica. São também os que produzem tubos de melhor qualidade comprováveis freqüentemente aos tubos sem costura. Por essa razão veremos esses processos com mais detalhes no item a seguir:

FABRICAÇÃO DE TUBOS SOLDADOS POR RESISTÊNCIA ELÉTRICA

Nos processos de solda por resistência elétrica, a tira de chapa, depois de cortada na largura certa, é conformada inteiramente a frio em uma máquina de fabricação contínua com rolos que comprimem a chapa de cima para baixo e depois lateralmente. Uma vez atingido o formato final do tubo, dá-se a solda pelo duplo efeito da passagem de uma corrente elétrica local de grande intensidade e da forte compressão de um bordo contra o outro pela ação de dois rolos laterais.
Há dois sistemas de condução elétrica ao tubo:
1) O processo dos discos de contato que rolam sobre o tubo com pequena pressão, próximos aos bordos a soldar. Esse processo aplica-se aos tubos de diâmetro acima de 6".
2) Processo "THERMATOOL", mais moderno e aplicável aos tubos de pequeno diâmetro, em que a corrente passa entre dois eletrodos de cobre maciço que deslizam suaveente sobre os bordos do tubo. Em qualquer dos casos a corrente elétrica usada é sempre alternada de baixa voltagem e de alta ciclagem (até 400.000 ciclos/seg.).
A corrente de alta ciclagem tem a vantagem de produzir um aquecimento mais uniforme e mais local pelo fato de caminhar pela superfície do metal. A intensidade da corrente, que é sempre elevada dependerá da espessura da chapa e da velocidade de passagem do tubo pelos eletrodos. A temperatura no local da solda é da ordem de 1400° C, devendo, por isso, tanto o tubo como os eletrodos terem uma ampla circulação de óleo de resfriamento.
Imediatamente depois da solda, a rebarba externa é removida e, em seguida, o tubo é resfriado, desempenado, calibrado e cortado no comprimento certo. Até 4 a 6" de diâmetro os tubos são soldados a topo e para diâmetros maiores (até 30") a solda é sobreposta devendo os bordos serem previamente chanfrados.
As tolerâncias de fabricação dos tubos com costura de resistência elétrica (variação da espessura, do diâmetro e ovalização) podem ser bem mais rigorosas do que as relativas aos tubos sem costura. Por essa razão os tubos com costura de resistência elétrica são preferidos para as aplicações onde há mandrilagem em espelhos, tais como tubos para caldeiras, trocadores de calor, condensadores, etc. Os tubos de boa qualidade com costura de resistência elétrica costumam ser normalizados para o refinamento da estrutura próximo a solda e para alívio de tensões resultando da solda. Os tubos fabricados por resistência elétrica apresentam quase sempre uma rebarba interna decorrente da solda difícil de ser removida.

ACABAMENTO DE TUBOS POR TREFILAÇÃO (COLD-DRAWING)

Ainda sobre o assunto de fabricação de tubos, temos que nos referir a trefilação de tubos a frio. A trefilação não é um processo de fabricação. É, sim, um processo de acabamento de tubos já fabricados. A trefilação consiste em tracionar fortemente o tubo, puxando-o por uma extremidade e obrigando-o a passar a frio, pelo furo de uma matriz calibrada (FIEIRA) que reduz ligeiramente o diâmetro externo.Faz-se a trefilação a frio de tubos de aços (aços carbono, aços liga e aços inoxidáveis) até 3" para a obtenção de tubos de precisão de alta qualidade. Podem ser trefilados tubos com ou sem costura em um ou em vários passes, todos recebem em geral tratamento térmico depois da operação.

TUBOS DE AÇO CARBONO

Os tubos de aço carbono representam a maior parte de todos os tubos fabricados e mais 2/3 de todos os usados nas indústrias de processamento. São empregados para serviço geral com água doce, ar comprimido, gás, vapor, óleos, produtos químicos pouco corrosivos em temperaturas até 590° C e a qualquer pressão.
Os tubos de aço carbono de algumas especificações são fabricados também galvanizados, isto é, com um revestimento interno e externo de zindo depositado a quente. A galvanização destina-se a dar maior resistência à corrosão, sendo os tubos galvanizados empregados principalmente para serviços com água e ar comprimido.
O aço carbono, quando exposto à atmosfera, sofre uma corrosão generalizada, que é tanto mais intensa quanto maiores forem a umidade e a poluição do ar. Resiste muito bem ao vapor e às águas neutras, sendo entretanto fortemente atacado quando em contato com o solo, principalmente em solos umidos ou ácidos. O aço carbono

é violentamente corroído pelos ácios, resistindo apenas quando esses forem altamente concentrados e frios. Os álcalis fortes são inofensivos em temperaturas abaixo de 70°C em temperatura mais elevadas há o perigo de corrosão sob tensão. Os resíduos da corosão do aço carbono não são tóxicos, mas podem afetar a cor e o gosto do líquido conduzido.
Em temperaturas abaixo de 480° o aço carbono começa a ter sua resistência mecânica fortemente reduzida e também passa a sofrer uma intensa oxidação superficial (SCALING). Por essa razão raramente emprega-se o aço carbono para serviços em temperaturas superiores a 480° embora a norma ASA.B.31 permite o seu uso até 590°C. Quando submetido durante longo tempo a temperatura acima de 400°C o aço carbono está sujeito a uma precipitação do carbono, na região das soldas (GRAFITIZAÇÃO) que torna quebradiço o material. De um modo geral, quanto mais alta for a porcentagem de carbono, maior será sua dureza e maiores serão os limites de ruptura e de escoamento. Entretanto os tubos de aço de alto carbono são difíceis de soldar e de dobrar. Os aços carbono têm freqüentemente pequenas porcentagens de Mn (Manganês) (até 0,9%) e de Si (Silício) (até 0,1%). A adição de mangês produz também um acréscimo nos limites de rupturas de escoamento. O silício tem por finalidade aumentar a resistência à oxidação em altas temperaturas e a resistência ao impacto em temperaturas abaixo de zero. Os aços carbono com silício são chamados "ACALMADOS" ou "DEOXIDADOS" (KILLED STEEL) para distinguir dos aços efervescentes (RIMED STEEL) que não têm Si. Os aços carbonos acalmados têm estrutura cristalina mais fina e uniforme, sendo de qualidade superior aos efervescentes. Recomenda-se o emprego de aços carbonos acalmados sempre que ocorrerem temperaturas acima de 480°C ainda que por pouco tempo. Geralmente não se empregam tubos de aço carbono para serviços em temperaturas inferiores a – 30°C devido ao comportamento quebradiço desses materiais em baixas temperaturas. A norma ASA.B.31 permite, entretanto, o uso de aço carbono em temperaturas desde – 50°C, exigindo, porém, que seja feito, para cada peça, o teste de impacto "CHARPY".

ESPECIFICAÇÕES PARA TUBOS DE AÇOS CARBONO

São as seguintes as principais especificações americanas para tubo de aço carbono:
1) Especificação para tubos para condução (nomenclatura da COPANT) com ou sem costura (WELDED AND SEAMLESS PIPES).
ASTM-A-106 – Especificação para tubos de aço carbono sem costura de 1/8" a 24" de diâmetro nominal de ta qualidade para uso em temperaturas elevadas. Essa especificação fixa as exigências de composição química e de propriedade mecânica que o material deve satisfazer. O aço carbono, por essa especificação, deve ser acalmado com Si (0,1% mínimo), deve ter um máximo de C de 0,25% e até 1% de manganês. A especificação abrange três graus de material A, B e C, com cargas de ruptura respectivamente de 48000, 60000 e 75000. Os tubos de grau C são fabricados apenas eventualmente sob encomenda. Para serviços em que haja encurvamento a frio devem ser empregados tubos de grau "A". Recomenda-se o uso de tubos A-106 quando ocorrerm temperaturas de trabalho acima de 480°C, ainda que por pouco tempo.
ASTM-A-53 – Especificação para tubos de aço carbono de qualidade média com ou sem costura de 1/8" a 24" de diâmetro nominal para uso geral. Essa especificação fixa também as exigências de composição química e de propriedades mecânicas que o material deve satisfazer. O aço carbono, por essa especificação, não é sempre acalmado. Os tubos podem ser pretos, isto é, sem acabamento ou galvanizados.
A especificação distingue 4 graus de material:
1) Tubos fabricados por solda de pressão, aço de conversor "BESSEMER" carga de ruptura de 3400 kg/cm^2.
2) Tubos fabricados por solda de pressão aço de forno "SIEMENS" ou forno elétrico, carga de ruptura 3100 kg/cm^2.
3) Tubos sem costura ou fabricados por solda de resistência elétrica, carga de ruptura 3300 kg/cm^2 (grau "A").
4) Idem, idem, carga de ruptura 4100 kg/cm^2 (Grau "B").
Para encuravamento a frio devem ser usados os tubos de grau "A". Todos os materiais dessa especificação só podem ser usados em serviços permanentes até 400°C. Os tubos de acordo com a ASTM-A-53 são mais baratos do que os tubos de acordo com a ASTM-A-106 e, por isso, representam a maior parte das tubulações de aço carbono das instalações industriais em geral.
ASTM-A-120 – Especificação para tubos de aço carbono com ou sem costura pretos ou galvanizados de baixa qualidade como as anterior fixa as dimensões, tolerâncias, testes de aceitação, etc.. Não prescreve exigênias de composição química nem de propriedades mecânicas e, portanto, o material não tem garantia de qualidade. A norma ASA-B-313 (PETROLEUM REFINERY PIPING) proibe o uso de tubos de acordo com a ASTM-A-120 para hidrocarbonetos e outros fluidos inflamáveis ou tóxicos. Esses tubos, mais baratos que os anteriores, são entretanto, muito usados para água, ar comprimido, vapor de baixa pressão e outros serviços de pouca rentabilidade. Os tubos de aço A-120 não devem ser dobrados a frio.
API-5L – Especificação do "AMERICAN PETROLEUM INSTITUTE" para tubos de aço carbono de qualidade média. Abrange tubos de 1/8" a 36" de diâmetro nominal, pretos, com ou sem costura. Os graus de material, os requisitos de composição química e de propriedades mecânicas são semelhantes aos da especificação ASTM-A-53.
API-5LX – Especificação para tubos com e sem costura fabricados com aço carbono de alta resistência, especiais para oleodutos. De acordo com a norma ASA-B-31, os tubos desta especificação não devem ser empregados para temperaturas acima de 200°C.

ESPECIFICAÇÕES PARA TUBOS COM COSTURA (WELDED PIPES)

ASTM-A-134 – Especificação para tubos fabricados por solda elétrica, por arco protegido, para diâmetros acima de 16" e espessuras de parede até 3/4" com solda longitudinal ou espiral.
ASTM-A-135 – Especificações para tubos fabricados por solda por resistência elétrica para diâmetros até 30". Os tubos de grau "A" têm o limite de ruptura de 3300 kg/cm² e os de grau "B" de 4100 kg/cm².
ASTM-A-155 – Especificação para tubos fabricados por solda elétrica por arco protegido, especiais para altas pressões e temperaturas em diâmetros acima de 16".
ASTM-A-211 – Especificação para tubos com solda espiral de 4" a 48" de diâmetro nominal.

ESPECIFICAÇÕES PARA "TUBING"

ASTM-A-83 – Especificação para tubos sem costura para caldeiras abrangendo diâmetros externos de 1/2" a 6".
ASTM-A-178 – Especificação para tubos fabricados por solda de resistência elétrica para caldeiras de baixa e médias pressões abrangendo diâmetros externos de 1/2" a 6".
ASTM-A-179 – Especificação para tubos sem costura trefilados a frio para condensadores e trocadores de calor abrangendo diâmetros externos de 1/2" a 2".
ASTM-A-214 – Especificação pra tubos fabricados por solda de resistência elétrica, para condensadores e trocadores de calor abrangendo diâmetros externos de 1/2" a 2".
ASTM-A-192 – Especificação para tubos sem costura para caldeiras e para altas pressões de aço carbono acalmado com Si abrangendo diâmetros externos de 1/2" a 7".

ESPECIFICAÇÕES DA ABNT

A ABNT emitiu recentemente algumas especificações relativas a tubos de aço carbono, que são as seguintes:
B-EB-182 – Tubos de aço galvanizados (especificação equivalente a ASTM-A-120).
P-EB-193 – Tubos de aço sem costura de precisão (TUBING).
P-EB-210 – Tubos de aço carbono trefilados (TUBING).
P-EB-203 – Tubos de aço carbono para condensadores (TUBING).

TUBOS DE AÇO LIGA E AÇO INOXIDÁVEL

Os aços liga dividem-se em:
Aços de baixa liga (LOW-ALLOY STEEL) até 5% de elementos adicionais.
Aços de média liga (INTERMEDIATE ALLOY STEEL) de 5% a 10% de elementos adicionais.
Aços de alta liga (HIGH ALLOY STEEL) mais de 10% de elementos adicionais.
Desses materiais, os de maior emprego para tubos e instalações industriais são os de baixa liga que são compostos ferríticos (magnéticos) com adição de Cr de Mo e, às vezes, de Ni.
Os tubos de aço liga são várias vezes mais caros do que os de aço carbono e a sua montagem e soldagem são também muito onerosas. Como todas as instalações industriais estão sujeitas a se tornarem obsoletas em relativamente pouco tempo, não é em geral econômico nem recomendável o uso de aços liga apenas para tornar muito mais longa a vida de uma tubulação. Os principais casos em que se justifica o uso de aços especiais (aços liga, inoxidáveis), são os seguintes:
a) **ALTAS TEMPERATURAS** – Temperaturas acima dos limites de uso dos aços carbonos ou mesmo abaixo desses limites quando seja exigida grande resistência mecânica, resistência a fluência (CREEP) ou resistência à corrosão.
b) **BAIXAS TEMPERATURAS** – Temperaturas inferiores a – 30°C para as quais os aços carbonos ficam quebradiços.
c) **ALTA CORROSÃO** – Serviços com fluidos corrosivos, mesmo quando dentro da faixa de emprego dos aços carbono. De um modo geral, os aços liga e inoxidáveis têm melhores qualidades de resistência à corrosão e à erosão do que os aços carbono. Existem, entretanto, numerosos casos de exceção: a água salgada, por exemplo, destrói os aços especiais tão rapidamente como os aços carbono.
d) **NECESSIDADE DE NÃO CONTAMINAÇÃO** – Serviços para os quais não se possa admitir a contaminação do fluido circulante (produtos alimentícios e farmacêuticos, por exemplo). A corrosão, ainda que só seja capaz de destruir o material do tubo depois de muito tempo, pode causar a contaminação do fluido circulante, quando os resíduos da corrosão são carregados pela corrente fluida. Por essa razão, nos casos em que não possa haver contaminação, empregam-se muitas vezes os aços especiais, embora, do ponto de vista propriamente da corrosão, não fossem necessários.
e) **SEGURANÇA** – Serviços com fluidos perigosos (muito quentes, inflamáveis, tóxicos, explosivos, etc.) quando seja exigido o máximo de segurança contra possíveis vazamentos e acidentes, também nesses casos estritamente devido à corrosão, não seriam normalmente necessários os aços especiais. No que se refere à corro-

são, convém observar que, exceto quando entram em jogo também a não contaminação ou a segurança, o problema é puramente econômico: quanto mais resistente for o material, tanto mais longa será a vida do ubo. Portanto, a decisão será tomada como resiltado da comparação do custo dos diversos materiais possíveis com o custo de opração e de paralização do sistema. Os aços liga têm, em relação ao aço carbono, melhor comportamento em altas temperaturas, tenso não só maios resistência à osidação, como também maior resistência mecânica. A resistência à oxidação é aproximadamente proporcional à quantidade de Cr. Quando o conteúdo de Cr é superior a 1%, não há ocorrência de grafitização nas soldas. A temperatura máxima admissível em serviço contínuo, dependento do tipo de liga, pode atingir a 650°C. A adição de Ni tem por finalidade aumentar a resistência à corrosão e combater a tendência dos aços de tornarem-se quebradiços em temperaturas muito baixas. O Mo é o elemento mais eficiente para melhorar a resistência mecânica em altas temperaturas. A principal especificação para os tubos de aço liga é a ASTM-A-335. Essa especificação abrange vários graus diferentes de materiais dos quais os mais usuais são os seguintes: (todos para altas temperaturas)

GRAU P-1 – So com adição de Mo.

GRAU P-5 (5% Cr e 1.1/2% Mo) – Grande dureza e grande resistência à corrosão. É o aço liga mais empregado em instalações industriais.

GRAU P-11 (1.1/4% Cr 1/2% MO) – Melhores qualidades mecânicas do que o P-5.

Para temperaturas abaixo de – 30°C usam-se aços liga com adição de Ni que apresentam boa ductilidade e resistência ao impacto mesmo em temperaturas extremamente baixas.

Casos comuns: tubos de aço ao carbono (e de maior aplicação ou em diversos tipos de instalações).

– tipos de fabricação (Fig. 2)

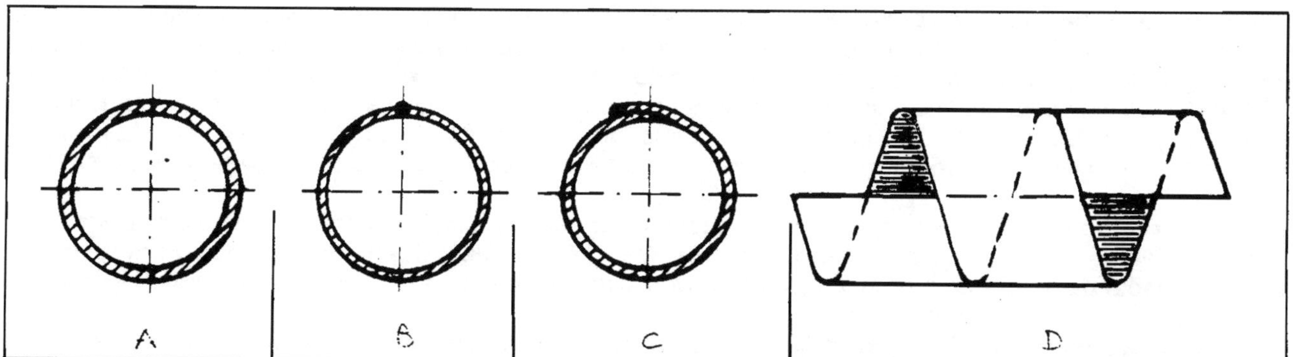

A	B	C	D
(sem costura)	(com costura de topo)	(com costura de recobrimento)	(com costura transversal em espiral)

Dimensões dos Tubos

O comprimento dos tubos varia de 6 a 10 metros, embora existam fornecedores que os comercializem em até 16 metros.

Porém, quanto ao diâmetro as variações são bem maiores. A cada diâmetro apresentado, variadas espessuras de parede surgem, pois são destinadas a suportar uma maior ou menor pressão dentro do mesmo diâmetro nominal. Um tubo independente da espessura da parede que possua, sempre terá o diâmetro interno, e o diâmetro externo, e simbolicamente até o diâmetro de 12" o diâmetro nominal, simbolicamente, porque até 12" o Ø n. não coincide com nenhuma medida física do tubo. Isto só começa a acontecer de 14" em diante, onde o diâmetro externo do tubo coincide com seu Ø n.

Isto se deve ao fato de serem os tubos de menores diâmetros destinados quase sempre a suportar grandes pressões, pois à maior pressão, maior espessura da parede, e não se poderia comprometer em muita área o espaço destinado à passagem do fluido, logo o material acrescido será do lado externo.

Dimensões dos Tubos:
d = diâmetro nominal
di = diâmetro interno
de = diâmetro externo
e = espessura da parede

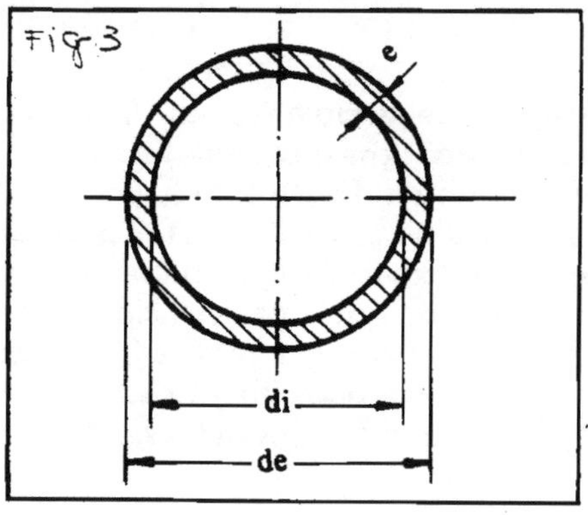

$$Sch = \frac{1000 \times P}{3750}$$

Fórmula que nos dá o número de Schedule.

P = Pressão em Lbs.

É uma entidade técnica norte americana que classifica os tubos disponíveis no mercado em ordens de espessura de parede para cada Ø n, apresentado em "Schedules" (catálogo, lista, escala, etc.), chamada ANSI (American National Steel Institute).

As Schedules apresentadas são:

SCH. 5 – 10 – 20 – 30 – 40 – 60 – 80 – 100 – 120 – 140 – 160

STANDARD (40) STRONG (80) EXTRA STRONG (160)

Obs.: A chamada SCH. 40 (a mais comumente usada na vida prática), coincide com os tubos standard até o Ø n. de 10", daí em diante as paredes dos tubos Standard permanecem com a mesma espessura, enquanto que as dos tubos SCH. 40 aumentam.

TÉCNICAS DE EXPANSÃO DE TUBOS

Do método baseado na sensibilidade que era utilizado antes da 2ª Grande Guerra, aos métodos pneumático, elétrico e progressivo-retrógrado de hoje, as ferramentas e as técnicas de expansão apresentam um quadro de constante evolução. Novos conceitos têm surgido devido às exigências na fabricação de trocadores de calor. A boa compreensão desses conceitos é uma necessidade.

Inicialmente, toda expansão era feita pela "sensibilidade". O trabalho eixgia um caldeireiro de grande habilidade. Sua senbilidade ao torque consistia de uma combinação dza sensibilidade ao som do motor juntamente com a observação da profundidade de penetração do expansor. Tal método era satisfatório apenas porque não se dispunha de um processo melhor.

Por outro lado, esse método apresentava muitas desvantagens. Uma delas era o tempo necessário para se formar um operador hábil, especialmente quando havia uma diversidade grande de trabalhos de expansão. Outra desvatagem séria era que a condição física do operador afetava a sua sensibilidade e introduzia outra variável. O trabalho de expansão muda em um período de 8 horas da mesma forma que um pacote se torna mais pesado à medida que o tempo passa. Um outro defeito desse método é o fato de existir uma tendência humana normal de sobre-expandir o tubo da mesma forma que existe uma tendência natural de apertar uma porca até espanar a rosca.

Uma variação no método acima é a utilização de um motor cuja potência máxima complete a desejada expansão, Tal método apresenta algum sucesso, uma vez que o motor adequado foi determinado. Entretanto, diferentes pressões de ar afetam a potência de um motor a ar, da mesma forma que características elétricas variáveis afetam a vida de um motor elétrico.

Um outro método antiquado de expansão é o que utilizava um mandril de dimensão fixa. Normalmente, nesse método, o expansor continuava a girar após atingir a dimensão desejada. Isto acarretava uma laminação no tubo, o que, para alguns, dava uma melhor expansão. Entretanto, os resultados dos testes não indicam nenhuma vantagem resultante deste método. Há por outro lado, uma séria desvantagem desse método de expansão dimensional controlada especificamente. Este método seria bom se todos os furos fossem igual em diâmetro e todos os tubos tivesses a mesma espessura de parede em um dado carretel. entretanto, isto não ocorre. Em um carretel normal, as tolerâncias no diâmetro externo dos tubos, bem como no diâmetro interno são tais que nenhuma medida dada é correta para todos os tubos.

EXPANSÃO COM PASSO ÚNICO

É uma variação do método acima e apresenta as mesmas vantagens e desvantagens. Nesse tipo de expansão, o mandril é regulado na dimensão desejada, onde se quer chegar e introduzido no tubo. A expansão se processa até que o colar do expansor atinge o espelho. Uma desvatagem séria desse método é o fato de deixar o espelho sob tensões de compressão mais intensas do que as inerentes às técnicas convencionais de expansão.

CONTROLE ELETRÔNICO

Hoje em dia, este controle é ainda largamente usado e faz um trabalho bastante satisfatório. Sua operação está baseada no fato de que um dado motor exige uma crescente intensidade de corrente a uma dada voltagem, para uma crescente intensidade de torque e saída. Dessa forma, pela escolha da amperagem apropriada, limitando-se o motor àquela intensidade, o torque de saída do motor pode ser controlado de perto. Este método de controle é efetivo, já que a intensidade de expansão após o contacto de metal com metal é função do torque aplicado no expansor. Já está bem estabelecido que uma intensidade de torque pequena e essencialmente constante é exigida para expandir um tubo ao ar livre e a verdadeira exigência para o torque inicia no ponto do contacto de metal com metal. Segue-se que uma dada intensidade de torque fará a expansão sem levar em consideração a expansão exigida para atingir o contacto dos metais.

CONTROLES A AR

Embora o controle elétrico seja satisfatório, ele apresenta certas desvantagens em relação ao controle pneumático tico até agora desenvolvido. Por um lado, já que o torque de saída depende da voltagem e da amperagem,

uma flutuação nesses parâmetros acarreta uma variação no torque. Um outro fato é que o controle elétrico é limitado em velocidade e, portanto, não pode ser à prova de explosão. Além disso, não é tão robusto quanto aos modelos a ar e requer maiores cuidados e mais freqüente manutenção ao mesmo tempo, tem a vantagem de poder ser usado quase que em qualquer lugar, já que requer uma saída de 110 volt.
O controle pneumático é aproximadamente duas vezes mais rápido do que o controle elétrico e normalmente mais preciso. Sua maior precisão se sustenta no fato de o dispositivo de medição de torque estar entre o motor e o expansor de modo que flutuações na pressão de ar, não afetarão o torque de saída de controle. O controle pneumático tem a vantagem adicional de ser compacto, leve e robusto, além de poder ser utilizado em qualquer atmosfera sem pregido de explosão.
Se, por um lado, todos os controles elétricos funcionam baseados nos mesmos princípios, hátantos princípios de controles a ar quanto o número de fabricantes. Em tais unidades o torque é controlado por meio de um disco de engrenagem, uma mola ou por uma combinação de força magnética permanente e o princípio do plano inclinado.

POR QUE CONTROLAR A INTENSIDADE DE EXPANSÃO?

Como o excesso de expansão é prejudicial e que seus efeitos são mais maléficos que os efeitos da falta d expansão, um tubo não expandido suficientemente pode ser re-expandido para adquirir boa aderência, mas um tubo re-expandido ou com excesso de expansão obviamente terá uma vida menor.
O propósito básico da expansão é obter uma junta de boa qualidade mecânica e hidráulica. Um outro importante propósito é obter uma selagem durável, resistente à corrosão e essencialmente livre de tensões longitudinais. Quando se expande um tubo primeiro, chega-se ao ponto de contacto dos metais, depois faz-se a expansão para atingir a selagem desejada. O trabalho a frio de expansão prossegue até que o limite de escoamento do tubo é atingido. Além desse limite, qualquer expansão adicional se converte em extrusão, com o tubo se extrudando nos dois sentidos da selagem.
Testes efetuados mostram que aproximadamente 60 a 75% dessa extrusão vai para o feixe e o restante 25% a 40% vai para fora do feixe. O resultado desde escoamento é uma tensão de cisalhamento entre o tubo e o furo do espelho. É óbvio então que a selagem ideal é aquela que produz a tensão radial desejada entre o tubo e o espelho, mas que não excede um valor suficiente para criar a referida extrusão e isto ocorre exatamente além do limite de escoamento do tubo.
Apesar da sobre-expansão no tubo no primeiro espelho não causar tensão longitudinal, já que o tubo é livre para se mover através do segundo espelho, a extrusão interna resultante da sobre-expansão no outro espelho definitivamente criará tais tensões no tubo. Essa tensão de compressão poderá conduzir o feito ao estado de tensão conhecido por "stress-corrosion" que diminui grandemente a vida do feixe. Como é impossível expandir os tubos sem que ocorra a extrusão, as tensões de compressão existem em todos os feixes tubulares, entretanto, tais tensões e seus efeitos maléficos podem ser minimizadas através do controle de expansão.

SOBRE EXPANSÃO

É responsável pela distorção nas ligações do espelho que contribuem para a perda de resistência da junta. Consideramos um grupo de tubos cujos tubos adjacentes sofreram sobre-expansão. Então, como sobre-expandimos um tubo sim, um tubo não, a distorção resultante através das ligações do espelho afrouxará as expansões feitas anteriormente. Uma outra importante consideração, embora não relacionada à sobre-expansão é o comprimento do tubo que deve ser expandido. Este deve ser tal que o tubo não seja expandido além da espessura do espelho, o que tornaria muito difícil à remoção do tubo, além de criar uma grande concentração de tensão no mesmo, no bordo do espelho. Por outro lado, a expansão deve ser feita em toda a espessura do espelho para se evitar que haja trinca que conduziria a "stress-corrosion".
Como o rolo do expansor possui a extremidade em forma cônica, o expansor deve ser introduzido tal que a porção reta do mesmo fique exatamente dentro do tubo, conf. Fig. 4.

EXPANSÃO POR PASSOS

Um outro ponto de discordância nos métodos de expansão é a escolha de expansores para expansão por passos em espelhos de grande espessura. Na verdade, a expansão por passos não é o melhor processo de expansão e o método descrito no tópico "Expansão Progressiva ou Retrógrada" é bastante melhor do ponto de vista de qualidade de expansão, selagem, acabamento, velocidade e eliminação das tensões longitudinais. Como tal processo ainda é largamento utilizado, vale à pena dizer algo a seu respeito. Assim, há quem prefira utilizar um rolo de grande comprimento enquanto que outros optam pela utilização de rolos curtos. Tal escolha, infelizmente, acaba se baseando no fator econômico do problema. Em poucas palavras, um tubo que exige três passos com um rolo de 1.1/2" pode ser expandido em dois passos com um rolo de 2.1/4". Na realidade, uma junta satisfatória maior do que 1.1/2" não pode ser obtida em uma única expansão, já que a medição em todo o comprimento da junta revela falta de uniformidade de dimensão, normalmente o tubo expandido mostrará um forma

de ampulheta com o calcanhar e o nariz do rolo expandido mais que o centro. A razão disso é facil de explicar. Teoricamente, o rolo do expansor que é inclinado em relação ao mandril para dar o ângulo de alimentação se acoplará ao mandril, para formar um rolo paralelo. Na realidade, entretanto, há suficiente rigidez no rolo para fazer com que ele pule em cada extremidade, causando uma expansão maior nesses pontos. Isto também acarreta as irregularidades de dobras notadas em qualquer tubo expandido por passo. Outra desvantagem inerente à expansão por passo, é evidente pelo que foi visto anteriormente, de fato, desde que a extrusão acontece em cada expansão, se torna claro que os passos posteriores tendem a afrouxar as expansões anteriores. Isto vai de encontro à vantagem desejada na expansão por passo, ou seja, uma selagem mais longa entre tubo e espelho. A mesma desvantagem aparece quando se tem dois espelhos, onde novamente, a segunda expansão tende afrouxar a junta no outro espelho.
Em algumas aplicações de espelhos muito espessos pe costume expandir para efeito de selagem apenas 1.1/2" sendo que o restante sofre apenas uma expansão de contacto. Quando a expansão de contacto é feita primeiro, há ainda o perigo desta ser afrouxada pela expansão de selagem. Para evitar tal fato deve-se fazer a expansão de selagem primeiro.

A INTENSIDADE DE EXPANSÃO

Um dos critérios mais utilizados é aquele que recomenda uma expansão de 10% da parede do tubo. Originalmente, foi especificado para cobrir um aumento no diâmetro interno, após o contacto de metal com metal, igual a 10% da espessura da parede. Devido a uma má interpretação, muitos acrescentam 10% para cada parede, o que corresponde a 20% da espessura da parede e alguns chegam a acrescentar alguns milésimos de unidade a esse número. A experiência mostra que 10% da espessura de parede é suficiente para uma boa selagem em qualquer tubo e em certos casos, como por exemplo ligas de alumínio e mesmo tubos de aço de grande bitola, tal aumento pode ser excessivo.
O único modo de determinar a intensidade de expansão de forma precisa é considerar as propriedades físicas e mecânicas do tubo e do espelho. Um tubo ou espelho expandido além de seu limite de escoamento assumirão uma nova dimensão. Obviamente, é desejável que o tubo adquira uma nova dimensão, maior, e que o espelho retorne à sua dimensão inicial para que um exerça força sobre o outro, formando uma junta de boa selagem. Portanto, o ideal é fazer com que o tubo entre em regime de formação plástica, ou seja, seja tracionado além de seu limite de escoamento, enquanto que o espelho deve sofrer deformação elástica, ou seja, não deve ser tracionado além do seu limite de escoamento. Após inúmeros testes e análises com tubos e espelhos chegou-se a um padrão que pode ser tomado como regra geral no cálculo da intensidade de expansão, especificamente, um tubo é propriamente expandido, quando seu diâmetro externo é teoricamente 0,004" (0,1 mm) maior que o furo do espelho, tal regra se aplica a todos os materiais de quaisquer dimensões, exceto para tubos de paredes muito finas e certas ligas de alumínio, é claro que para a aplicação dessa regra, deve-se ter conhecimento perfeito das dimensões em jogo. Quando se utiliza tal critério para se ajustar um controle de expansão, deve-se medir diversos tubos e seus furos e, em seguida, calcular o grau de expansão ao qual se deve chegar em cada caso.
Ao efetuar esses cálculos, não se deve utilizar diâmetros mais sim áreas, já que os diâmetros não levam em consideração a perda de espessura que ocorre quando o tubo é expandido. A tabela B dá um exemplo como deve ser efetuado o cálculo.

TABELA B: DIÂMETROS DOS TUBOS CONVERTIDOS EM ÁREAS

	Diâmetro pol.	Área pol.^{2}	Diâmetro pol.	Área pol.^{2}	Diâmetro pol.	Área pol.^{2}
Dimensão do tubo....	3/4"	bi-18	1	bi-18	1	bi-18
Diâmetro do furo	.758	—	1.010	—	1.008	—
D.E. do tubo	.750	.44179	1.000	.78540	1.000	.78540
D.I. do tubo	.650	.33183	.898	.63335	.780	.47784
Área do tubo (pol.^{2})..	—	.10996	—	.15205	—	.30756
Furo do espelho + .044"	.762	.45604	1.014	.80340	1.012	.80229
— Área do tubo		.10996		.15205		.30756
Diâmetro interno após a expansão..........	.664	.34608	.911	.65135	.794	.49473

AJUSTE DE CONTROLE

É óbvio que deve-se levar em consideração a relação existente entre a intensidade de expansão e o ajuste do controle exigido para atingir aquela intensidade. Os fabricantes fornecem "sugestões" para o ajuste do controle que se mostraram satisfatórias sob condições similares. Entretanto, tais ajustes não são reais e definitivos, já que muitos fatores entram no trabalho de expansão desejada, comprimento do rolo lubrificante utilizado, fica a cargo do usuário ajustar o controle da meneira que melhor se adapte. Uma boa prática é utilizar as sugestões como um guia, fazendo alterações que forem necessárias até atingir o ajuste ideal. Recomenda-se um grupo de cinco tubos seja utilizado na ajustagem do controle. Uma medição acurada deve ser feita para cada tubo e seu respectivo furo. Então, à medida que cada tubo é expandido, ele pode ser comparado com a expansão calculada e os ajustes necessários podem ser efetuados, uma vez que o controle está ajustado, deve-se repetí-lo com precisão para se obter a mesma qualidade de expansão em cada tubo.

EXPANSÃO PROGRESSIVA E RETRÓGRADA

Em espelhos com espessura suficiente para justificar uma expansão por passos, o meio mais satisfatório de se obter uma boa selagem é realizar a expansão por meio do método progressivo-retrógrado. Com efeito, tal processo é recomendado para todos os espelhos de espessura superior ou igual a duas polegadas e, em certos casos, para espessuras menores. Nesse método, o expansor se movimenta de fora para dentro ou vice-versa, donde o nome do processo. Há, entretanto, a desvantagem de exigir uma medição bastante cuidadosa, porém, resulta em uma economia de tempo considerável. No trabalho, o expansor propriamente dimensionado para dado serviço é introduzido no tubo à profundidade desejada. Em seguida, os rolos são expandidos ao tamanho especificado e o expansor "viaja" através de todo o tubo. Por causa desse tipo de expansão, a carga dada ao expansor é relativamente leve, de modo que o mandril e os rolos terão uma vida maior do que aqueles de um expansor convencional do mesmo tamanho.
Apesar da principal vantagem desse método ser a superior qualidade das juntas, a maior velocidade de expansão é outra vantagem o menor custo a utilização deste método. O tempo de expansão por tubo é logicamente função de diversos fatores, tais como velocidade do motor, intensidade de expansão, material do tubo e espelho, espessuras, etc., mas economia de tempo invariavelmente resulta desse processo. Como exemplo de aplicações típicas, temos 530 mm por 20 segundos em tubo de alumínio de parede fina, 100 mm. Por 10 segundos em tubo de metal almirantado e 300 mm por 75 segundos em tubos de aço inoxidável de bitola 18.

QUALIDADE DE EXPANSÃO

A economia de tempo mencionada no parágrafo anterior é apenas uma das diversas vantagens do processo retrógrado de expansão em espelhos espessos. Por um lado, a qualidade da expansão é bem superior. A expansão é paralela em toda a sua extensão e o acabamento é normalmente superior ao obtido na expansão por passos. Nos casos onde a lubrificação é objetável, pode-se usar esse processo sem lubrificação, não havendo perigo de danos causados ao trabalho ou ao expansor. Além disso, o processo retrógrado elimina as tensões de compressão. Pela forma com que é feita a expansão, o tubo é livre, para se mover no sentido em que está sendo expandido, de modo que neste caso, a extrusão será um fenômeno favorável. Como resultado, o tubo expandido é exatamente além do seu limite de escoamento com o material em excesso devido à extrusão se movimentando no sentido da extremidade livre. Isto fornece a selagem ideal mencionada anteriormente. Pela observação da intensidade da extrusão, obtém-se uma segunda verificação da correção do tamanho do expansor.
Qualquer espessura de espelho pode ser expandida por este método.
Dentro de certos limites, chega a ser possível a expansão em curvas utilizando-se este princípio.

PRÁTICA ACEITÁVEL

Nenhum tubo deve ser expandido além do absolutamente necessário. A sobre-expansão conduz mais ao afrouxamento ou vazamento do que a falta de expansão. Os tubos de condensadores de superfície, normalmente feitos com metal almirantado são expandidos de 0,07 a 0,1 mm. Após o contacto de metal com metal entre a superfície externa do tubo e a parede do furo. Em furos sem ranhuras, isto dá uma junta de no mínimo 2000 libras e uma pressão hidráulica de 600 libras. Tubos de trocadores de calor para 350 psi ou pressões inferiores e temperatura de 350F são expandidos de 0,15 a 0,17 mm após o contacto de metal com metal. Para tubos de alumínio e ligas de cobre, a expansão deve ser de 0,20 a 0,25 mm para tubos de aço 0,15 mm após o contacto de metal com metal.

Para um trabalho preciso é necessário medir acuradamente o furo do espelho e o diâmetro interno do tubo. A diferença é a expansão do tubo necessário antes de atingir o contacto.

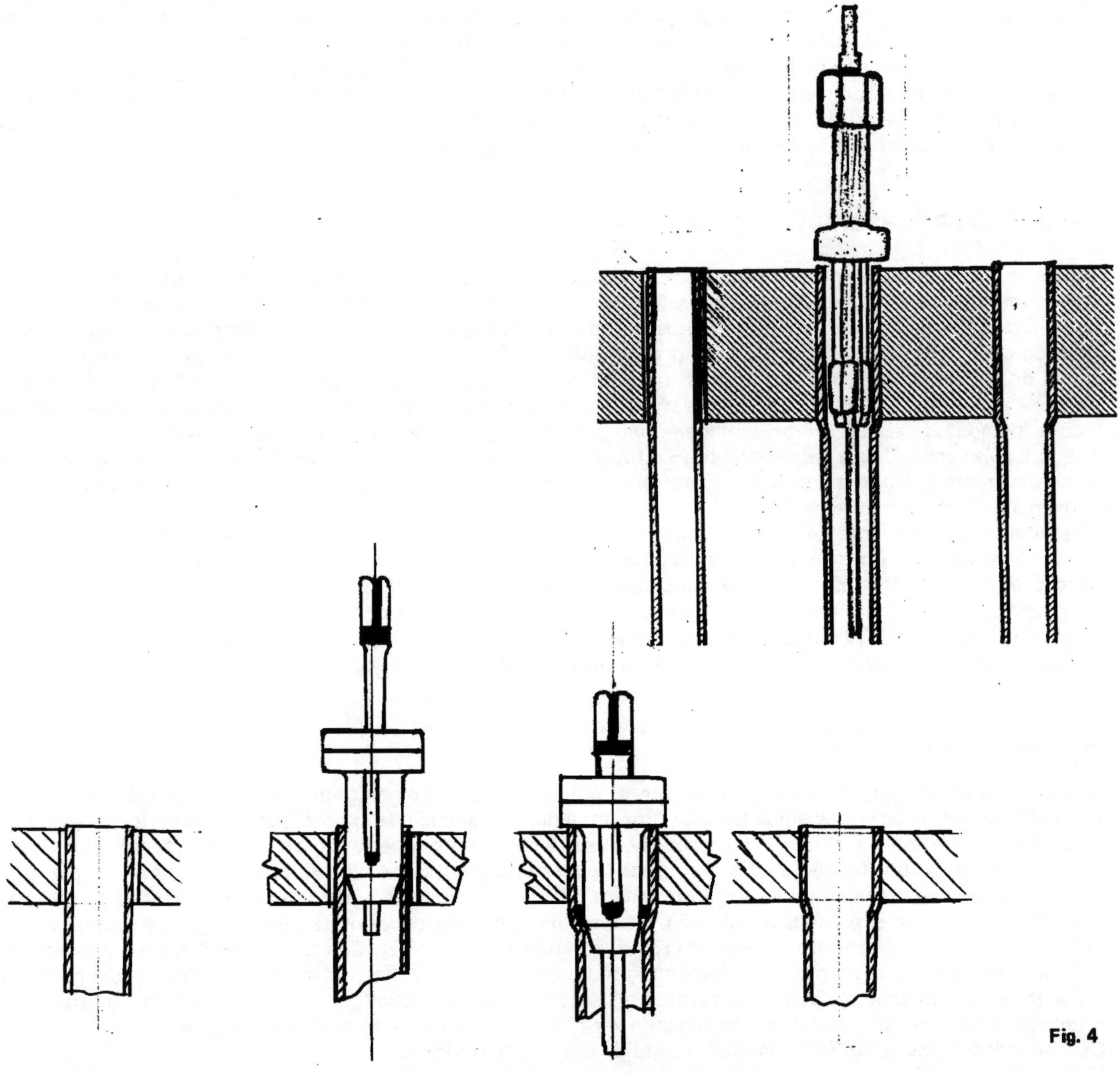

Fig. 4

PROCESSO DE MANDRILAGEM

Para operar com modelos por exemplo Airetrol 100 e 1050 e se ter um controle de expansão dos tubos operados pneumaticamente, o seu processamento consiste em trabalhar como segue.

PRESSÃO DE AR RECOMENDADA

90 psi – mínimo.
125 psi – máxima.
Variações na pressão do ar não têm efeito na unidade de controle de torque, já que a seção de torque do controle é independente na seção do motor.
Uma baixa pressão de ar, de aproximadamente 75 psi resultará num baixo ciclo de mandrilagem. Alta pressão de ar, 90 psi ou maior, resultará em rápida mandrilagem do tubo.

LUBRIFICAÇÃO DO AIRETROL

Um lubrificador é recomendado (por exemplo o Wilkerson) seja acoplado à linha de ar, a uma distância dentro de 15 pés (4.572 mm) do motor. Um bom óleo lubrificante SAE-10 é recomendado. Ajuste o lubrificador para fornecer de 25 a 30 gotas de óleo por minuto.

O PROCESSO DE MANDRILAGEM

Posiciona-se corretamente o anel de ajuste de torque para os tubos a serem mandrilados. Em seguida, coloca-se o expansor do tubo com o rolamento de empuxo de tamanho correto, dentro do mordente da unidade de controle. Introduz-se o expansor dentro do tubo e inicia-se o ciclo de mandrilagem, girando-se o regulador de rotação no sentido horário e para a frente. Mantenha-o nesta posição até que o controle de torque desligue o motor automaticamente. O tubo deve estar apropriadamente expandido se foi feito um perfeito ajuste de torque. Para retirar a mandriladeira do tubo, faz-se a reversão do motor girando-se o regulador de rotação para a posição completamente contrária. A mandriladeira sairá automaticamente do tubo. Em seguida introduz-se a mesma no proximo tubo a ser expandido.
Não é necessário desligar o motor durante esse período, já que o mandril pode ser introduzido no tubo seguinte, enquanto o motor estiver girando no sentido contrário e, em seguida, segue-se o ciclo de mandrilagem descrito acima. Economiza-se bastante tempo deixando o motor ligado ao passar de um tubo para outro.

LUBRIFICAÇÃO DA MANDRILADEIRA

Um óleo lubrificante de boa qualidade, SAE-10, é comum para mandrilagem em tamanhos médios normais de tubos, para operações severas em tubos de grandes diâmetros, um óleo pesado e viscoso, tipo SAE-60, é recomendado. Às vezes um lubrificante solúvel em água é exigido, pode-se recomendar o "Lubea KS Compound" da "G. Whitfield Richards Co.".

O CONTROLE DA EXPANSÃO DE TUBOS

A expansão adequada de tubos em espelhos por meio de mandriladeiras, envolve considerável informável do caráter técnico muito maior do que pode parecer necessário devido a simplicidade da ferramenta e de sua operação e com a exigência sempre crescente de maiores vidas para os tubos e maior resistência à corrosão, melhores equipamentos para expansão e maiores esclarecimentos são exigidos.
Pois a mandrilagem correta que assegura longa vida e evita danos aos espelhos necessita que se leve em consideração um certo número de fatores.
Ao expandir o tubo no espelho, o diâmetro externo é aumentado até haver o contacto com o furo da chapa. Este aumento no diâmetro do tubo, é resultado de uma compressão radial e uma tração axial na parede do mesmo. Daí, resulta uma leve diminuição na espessura da parede do tubo.
Assim que o contato do metal com metal é feito entre todo o diâmetro externo do tubo e o furo, o metal da parede do tubo é fortemente comprimido entre o rolo do mandril e o espelho. Um leve aumento do diâmetro externo do tubo ocorre e forças de compressão são transmitidas ao material do espelho, Uma apreciável redução na espessura da parede do tubo ocorre e oferece um meio pelo qual a expansão exigida é verificada.
Com efeito, após liberar a mandrilagem há um deslocamento relativo entre o tubo e o espelho onde este contrai rigidamente ao redor daquele para formar uma junta a prova de vazamento. Uma alta compressão na parede do tubo desloca o metal axialmente, o que é indicado pela apreciável redução em área e acarreta apenas um leve aumento no diâmetro externo do tubo, o deslocamento axial do metal alonga o tubo nos dois sentidos:
– Entre as chapas, causa flexão devido às tensões de compressão criadas no tubo (flambagem);
– Fora da chapa, a extremidade do tubo é aumentada.
A expansão efetiva correta em dimensões diferentes de tubos, é prontamente obtida, através do conhecimento da redução da espessura do tubo. A expansão efetiva não é obtida medindo-se o aumento no diâmetro interno do tubo, já que a folga inicial entre o tubo e o espelho não será levada em consideração.
Para obter a correta redução de parede, supondo-se que ela seja de 5%, determina-se o diâmetro interno ao qual o tubo deve ser expandido da seguinte maneira:
– Mede-se a folga inicial entre o tubo e o furo do espelho.
– Soma-se esta folga ao diâmetro interno original do tubo e mais 5% da espessura das duas paredes (para visualisar mais facilmente, toma-se 10% de uma só parede).
O resultado dá o diâmetro interno final ao qual o tubo deve ser expandido para atingir 5% da redução em cada parede.
Exemplo: seja o caso de um tubo 14 BWG de 3/4" de diâmetro nominal.
– Furo do espelho. . . . . 0,757"
– Diâmetro externo do Tubo . . . . 0,750"
– Folga entre o tubo e o espelho. . . . . 0,007"
– Diâmetro interno do tubo . . . . 0,584"
– Somando-se a folga . . . . 0,007"
– Somando-se 5% da espessura das duas paredes (2 x 0,083 = 1,66) ou 10% da espessura de uma delas (10% de 0,083) 0,008
– Diâmetro interno final do tubo para dar **5$** de redução de parede . . . . 0,599"

A intensidade de expansão exigida para uma junta rígida, para tubos não ferrosos, reduz a espessura da parede de aproximadamente 5% em espelhos até 1.3/4" de espessura. Para espelhos com espessuras maiores de 1.3/4", a redução pode ser reduzida gradualmente, de acordo com a espessura da chapa. Menor redução de parede é exigida à medida que as chapas mais espessas são encontradas, de outra forma, juntas muito mais resistentes que a própria resistência do tubo é geralmente desnecessária e resulta em alongamento excessivo do tubo e do furo do espelho.

Os tubos de aço exigem menor redução de parede do que os tubos não ferrosos, já que para aqueles há um menor deslocamento do metal. Para um mesmo grau de alongamento no diâmetro interno de um tubo de aço é num tubo não ferroso, o diâmetro externo seria aumentado numa razão maior no tubo de aço. Assuma-se que a expansão é suficiente para produzir deslocamento axial ou alongamento em outras palavras, nos tubos de aço a expansão do diâmetro interno é traduzida em aumento do diâmetro externo e compressão do metal do espelho.

O torque utilizado para dirigir o expansor determina a razão de expansão dada ao tubo. Duversos fatores afetam o torque exigido para dar expansão suficiente em uma junta rígida. A dimensão do tubo condiciona o torque. Quanto maior aquela, maior este.

Os materiais dos tubos são classificados como segue, em ordem crescente de exigência de torque: cobre, ligas cobre-zinco, monel, aço carbono e aço inoxidável.

Bitolas maiores exigem maior expansão, já que a percentagem de redução de parede permanece fixa e a maior espessura sofre redução maior. O material do tubo deve ser levado em consideração na expansão. Chapas de aço oferecem grande resistência à expansão onde ligas cobre-níquel oferecem menor resistência. Maiores alongamentos nos furos das chapas resultam se o mesmo torque é usado em ligas cobre-níquel e bronze do que em aço. Um furo áspero comparado com um liso requer maior expansão para obter uma junta rígida. Um furo cuja superfície seja lisa, produz melhor selagem enquanto que um furo de superfície áspera produz uma junta mecanicamente mais resistente. O comprimento do tubo a ser expandido ou o efetivo comprimento do rolo determinado pela espessura do espelho condiciona diretamente a exigência do torque. Os tubos devem ser expandidos num comprimento de aproximadamente 90% da espessura do espelho para espessuras até 2". Em hipótese alguma devem os tubos ser expandidos além da superfície de contato com o espelho. Se os rolos são ajustados de forma que suas extremidades projetam metade do chanfro além da superfície interna do espelho o comprimento efetivo dos rolos, exclusive o chanfro geralmente será suficiente para expandir um comprimento satisfatório do tubo dentro do espelho.

QUADRO DE AJUSTE DE CONTROLE

Uma tabela de ajuste determinando o torque necessário para uma junta rígida depende das especificações do tubo e do espelho. Tais ajustes só podem ser obtidos através da mandrilagem de uma amostra de tubo em um espelho específico. Porém, existem inúmeras especificações diferentes que determinam a expansão adequada dos tubos, torna impraticável a elaboração de quadros que satisfaçam todas as exigências.

EXPANSÃO RECOMENDADA PARA ÓTIMA RESISTÊNCIA DE JUNTA

Deve-se expandir os tubos como segue:

1/2" D.E. x 16 bit. – expandir de 0,005" a 0,007" mais folga tubo-espelho.
1/2" D.E. x 17 bit. – expandir de 0,004" a 0,006" mais folga tubo-espelho.
1/2" D.E. x 18 bit. – expandir de 0,004" a 0,006" mais folga tubo-espelho.
1/2" D.E. x 19 bit. – expandir de 0,004" a 0,006" mais folga tubo-espelho.
1/2" D.E. x 20 bit. – expandir de 0,004" a 0,005" mais folga tubo-espelho.
1/2" D.E. x 20 bit. – expandir de 0,003" a 0,005" mais folga tubo-espelho.
5/8" D.E. x 16 bit. – expandir de 0,005" a 0,007" mais folga tubo-espelho.
5/8" D.E. x 17 bit. – expandir de 0,004" a 0,006" mais folga tubo-espelho.
5/8" D.E. x 18 bit. – expandir de 0,004" a 0,006" mais folga tubo-espelho.
5/8" D.E. x 19 bit. – expandir de 0,004" a 0,006" mais folga tubo-espelho.
5/8" D.E. x 20 bit. – expandir de 0,004" a 0,005" mais folga tubo-espelho.
5/8" D.E. x 21 bit. – expandir de 0,003" a 0,005" mais folga tubo-espelho.
3/4" D.E. x 14 bit. – expandir de 0,006" a 0,008" mais folga tubo-espelho.
3/4" D.E. x 15 bit. – expandir de 0,006" a 0,008" mais folga tubo espelho.
3/4" D.E. x 16 bit. – expandir de 0,005" a 0,007" mais folga tubo-espelho.
3/4" D.E. x 17 bit. – expandir de 0,004" a 0,006" mais folga tubo-espelho.
3/4" D.E. x 18 bit. – expandir de 0,004" a 0,006" mais folga tubo-espelho.
3/4" D.E. x 19 bit. – expandir de 0,004" a 0,006" mais folga tubo-espelho.
3/4" D.E. x 20 bit. – expandir de 0,004" a 0,005" mais folga tubo-espelho.
3/4" D.E. x 21 bit. – expandir de 0,003" a 0,005" mais folga tubo-espelho.

1" D.E. x 10 bit. – expandir de 0,009" a 0,011" mais folga tubo-espelho.
1" D.E. x 12 bit. – expandir de 0,008" a 0,010" mais folga tubo-espelho.
1" D.E. x 13 bit. – expandir de 0,008" a 0,010" mais folga tubo-espelho.
1" D.E. x 14 bit. – expandir de 0,006" a 0,008" mais folga tubo-espelho.
1" D.E. x 15 bit. – expandir de 0,005" a 0,007" mais folga tubo-espelho.
1" D.E. x 16 bit. – expandir de 0,005" a 0,007" mais folga tubo-espelho.
1" D.E. x 11 bit. – expandir de 0,004" a 0,006" mais folga tubo-espelho.
1" D.E. x 18 bit. – expandir de 0,004" a 0,006" mais folga tubo-espelho.

Exemplo: Tubo de 3/4" D.E. x 14 bit. – 0,750" D.E. x 0,584" D.I.
Expansão recomendada .... 0,006"
Furo do espelho .... 0,760"
Portanto, deve-se expandir:
D.I. do tubo antes da expansão .... 0,584"
Expansão recomendada .... 0,006"
Folga entre tubo e espelho .... 0,010"
D.I. final .... 0,600"

FUNCIONAMENTO DO EXPANSOR

Tipos tubulares de trocadores de calor são construídos com uma série de tubos arranjados em vários padrões. Esses tubos são localizados entre terminais pelos quais passam tais como espelhos. Esse tipo de construção permite a distribuição do calor durante a separação de gases quentes da água ou de líquidos diversos um do outro. Portanto, uma junta rígida é da absoluta necessidade entre o tubo e seu encaixe. Até que uma forma mecânica aprimorada fosse encontrada para se conseguir isto, defrontava-se constantemente com problemas de vazamento. Tal fato de certa forma impunha restrições com relação à quantidade de pressão de vapor que podia ser generada ou aplicada.

Foi por essa razão que o expansor com rolo foi projetado. O expansor mais comumente conhecido consiste de 3 rolos montados em 3 entalhes longitudinais de um corpo cilíndrico. Os rolos são montados livre de modo que podem ser colocados ou retiradados conforme a ocasião. São mon tados de tal forma que não caiam dos entalhes. Um fino mandril rosqueado ou pino se ajusta através do centro do corpo cilíndrico e exerce força contra os rolos. Quando o expansor é introduzido na extremidado do tubo, o mandril força os rolos para força e provoca simultaneamente a rotação dos mesmos. Essa rotação e a movimentação automática do mandril para frente, vagarosamente expande o tubo contra seu encaixe. Além da expansão do tubo, há outro fato importante. Simultaneamente com a expansão, a espessura da parede do tubo sofre redução e ocorre uma deformação longitudinal ou extrusão. A expansão de tubos é basicamente uma operação de formagem a frio da extremidade dos mesmos com o objetivo de obter uma junta rígida.

Durante a expansão são criadas tensões na extremidade do tubo, bem como no encaixe do mesmo. Essas tensões ou a perda de espessura da parede do tubo determinam a resistência ou poder de aderência da junta. A intensidade de aderência é estabelecida pela pressão especificada que o equipamento deve resistir. Metais diferentes, espessuras e diâmetros de tubos, bem como espessuras dos espelhos exigem específicos graus de expansão a fim de se obter a máxima resistência da junta.

Variações nesses fatores afetarão o grau de expansão e a estabilidade da junta expandida. Em qualquer caso, o excesso de expansão deve ser evitado.

O excesso de expansão pode formar formagem a frio do metal, a ponto de haver destruição do ponto de vista de aderência. Este tipo de junta provavelmente fracassará em serviço. Conseqüentemente, deve-se determinar empiricamente o melhor tipo de junta para a finalidade determinada. Vários testes de arrancamento e ensaios hidrostáticos dos componentes montados auxiliarão na determinação da expansão correta ou rigidez necessária. Uma rigidez uniforme só pode ser obtida através do controle do torque. O aparelho de ar automático de torque possibilita controle preciso do torque necessário para criar juntas de consistente grau de rigidez.

Os códigos existentes exigem que as extremidades dos tubos de caldeiras com tubos de água sejam revirados na extremidade. Isso é conseguido através de uma ferramenta especial manual de formagem ou por meios pneumáticos. A maioria dos tubos de trocadores de calor é deixada reta na extremidade, com projeções aproximadas de 1/16". Conseqüentemente, os expansores para trocadores são normalmente do tipo comum, ou seja, que não reviram os tubos.

Os expansores são disponíveis em diversos tipos, para se adaptarem às exigências específicas de cada condição de operação. Tubos podem ser expandidos em flanges. Superfícies lisas e de fino acabamento podem ser obtidas em furos cilíndricos através de um polimento com a ferramenta de expansão. De um começo simples e grosseio os expansores de tubo são hoje utilizados em uma diversidade de indústrias e são de grande importância.

LUBRIFICAÇÃO, CUIDADO E MANUTENÇÃO DE EXPANSORES

O serviço exigido de expansores de tubo severo é portanto, essa ferramenta de precisão deve ter um tratamento adequado. Para um serviço longo, econômico e sem problemas sugere-se:
1. Remover toda a ferrugem, incrustações e qualquer outra matéria que esteja por dentro e por fora do tubo. Matéria estranha no interior do tubo pode causar danos ao rolo e ao mandril. Incrustações ou areia na superfície externa pode causar dano ao espelho e impedir uma boa rigidez na junta. A limpeza da extremidade do tubo é melhor obtida com uma escova de aço ou com polimento. A remoção da camada protetora deve ser feita com um óleo leve ou querosene.
2. Antes de usar o expansor, deve-se lavá-lo com qualquer solvente comercial para remover ferrugem, sujeira, graxa e qualquer outra matéria estranha. Deve-se inspecionar o expansor para certificar-se de que os rolos e o mandril estão livres e em boa condição.
3. Antes de usar o expansor deve-se lubrificá-lo com um lubrificante resistente à pressão. Para diâmetros pequenos e tubos de pequena bitola, deve-se imergir o expansor num óleo leve, SAE-10 ou SAE-20. Para grandes diâmetros e tubos de grande bitola, deve-se esfregar o expansor com o lubrificante solúvel em água fabricado para expansão de tubos ou uma mistura de óleo SAE-40 e grafite.
4. Os expansores devem ter velocidade de rotação proporcional às dimensões do tubo e à espessura do espelho. O metal do tubo também deve ser levado em consideração a velocidade apropriada fornecerá uma boa formagem a frio do metal do tubo sem que haja cristalização. Assegurará também, máxima vida ao expansor sem causar dano aos rolos ou estrago ao mandril bem como seu aquecimento e dos rolos.
5. Após a mandrilagem de cada tubo, deve-se limpar e resfriar o expansor em um solvente ou óleo leve e lubrificá-lo. É bom utilizar dois expansores se possível, de forma que um pode ser resfriado enquanto o limpo é utilizado.
6. Deve-se inspecionar os rolos e o mandril após a expansão de cada tubo e substituir qualquer rolo ou mandril danificado.

EXPANDORES PARA CONDENSADORES TROCADORES DE CALOR

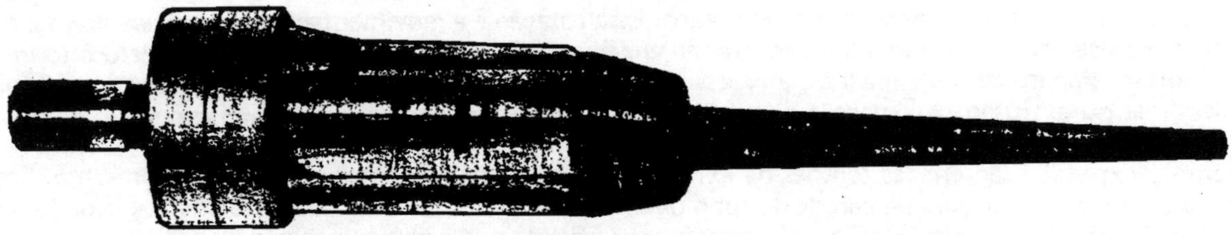

DIÂMETRO		EXPANSÃO	ESPELHO	ROLO CÔNICO	QUAD. DA HASTE
TUBO POL.	CORPO m/m	MÁXIMA			
1/4	6,2	6,9	20		3/16
17/64	6,7	7,5	20		
19/64	7,4	8,3	25		
5/16	7,8	8,7	25		
11/32	8,5	9,5	25		
23/64	9	10,1	27		
3/8	9,4	10,5	27		
13/32	10	11,2	27		
7/16	11	12,3	27		1/4
31/64	12	13,3	27		
1/2	12,4	13,8	27		
25/32	13,2	14,8	27		
13/16	14	15,8	27		
27/32	14,6	16,4	27		5/16
7/8	15,5	17,5	32		
15/16	17	19,2	32		
1	18,5	20,8	25-35	10	
1.1/16	20	22,5	25-35	10	
1.1/8	21,6	24,3	30-40	10	3/8
1.3/16	23,2	26,2	30-40	10	
1.1/4	24,8	27,9	30-40	10	

CAPÍTULO V

VASOS, TANQUES, TROCADORES DE CALOR

FLANGES E BOCAIS

FLANGES

GENERALIDADES

As flanges são peças de formato circular (quase geralmente) com uma superfície plana e construídas de tal modo que possam ser rosqueadas, soldadas, etc. nas extremidades dos tubos, bocais etc. dos aparelhos.

LIGAÇÕES POR FLANGES

Suportam grandes pressões e, bem instaladas, não apresentam vazamentos, embora existam possibilidades. Um meio de ligação muito difundido nos equipamentos é o flange. São ligações compostas por dois flanges, um jogo de parafusos ou estojos com porcas e uma junta a cada ponto de união. São de fácil desmontagem e permitem manutenção rápida. Porém, possuem um alto custo, necessitam pessoal especializado para montagem, aumentam o peso e dificultam o isolamento dos equipamentos.
Muito diversos equipamentos empregados principalmente para tubos de Øn. 2" acima, embora existam flanges com diâmetros menores. São soluções satisfatórias para os casos em que não se possa aplicar solda, pois com o flange o fechamento final não seria com trecho soldado.
São dois os tipos básicos de flanges encontrados; integrais ou independentes.
Os integrais são as flanges fundidas ou forjadas junto com o tubo.

TIPOS DE FLANGES PARA TUBOS
CLASSIFICAÇÃO PELO TIPO DAS FACES

COM PESCOÇO

Fig. 1

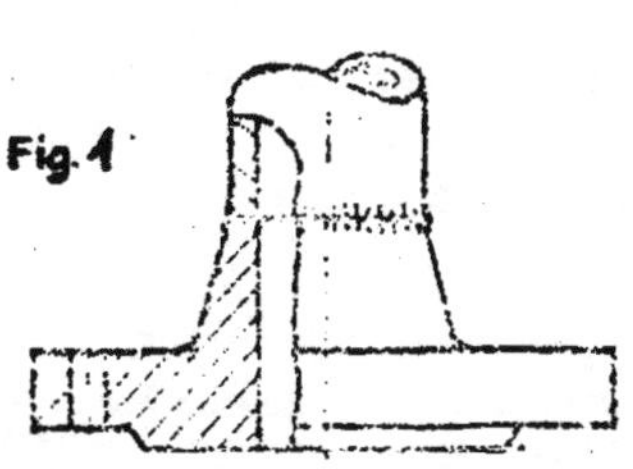

SOBREPOSTO

Fig. 1A

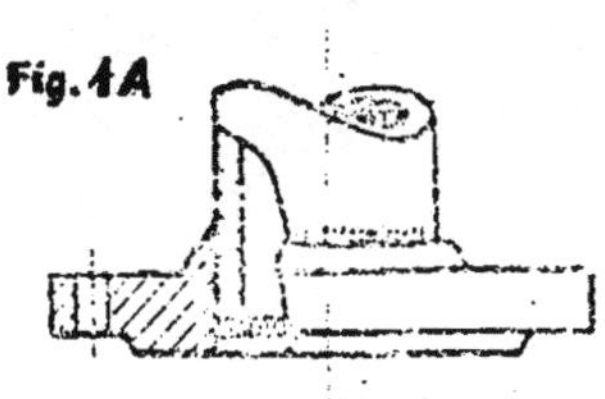

ROSQUEADO

Fig. 1B

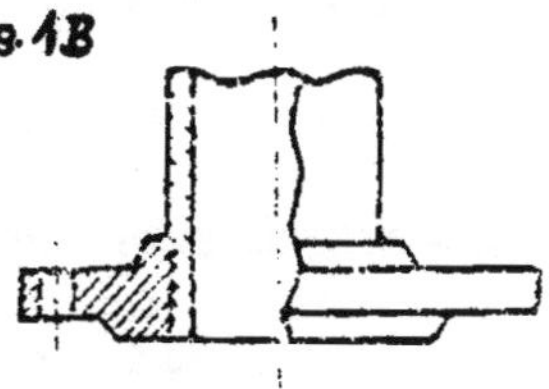

1 - Flange de pescoço: é o tipo mais usado em tubulação industrial para qualquer pressão e temperatura.
De todas as flanges não integrais é o mais resistente que permite melhor aperto e que dá origem a menores tensões resíduais em conseqüência da soldagem e das diferenças de temperaturas.
Consta de uma gola bastante alta que afasta a solda da flange e dá uma resistência considerável ao flange, tornando-o integrante ao tubo, Fig. 1.
Permite aperto consideráveis e resiste bem aos esforços mecânicos a que está sujeito. Para serviços severos (alta pressão e temperatura).

2 - Flange sobreposto: é um flange mais barato e mais fácil de se instalar do que o anterior, porque, a ponta do tubo encaixa no flange, facilitando o alinhamento e evitando a necessidade de corte do tubo na medida exata. O flange é ligado ao tubo por duas soldas em ângulo uma externa e outra interna. Esta flange é usada em tubulações não críticas (até 20 kg/cm^2 e 400° C) porque o aperto permissível é bem menor, as tensões residuais são elevadas, e descontinuidades de secção dão origem à concentração de esforços e facilitam a erosão e a corrosão. Com respeito à resistência e vida, apresenta índice inferior ao flange de pescoço, Fig. 1A. São para serviço moderado (150 e 300 lb).

3 - Flange rosqueado: em tubulações estes flanges são usados apenas para os tubos de metais não soldáveis (ferro fundido) atarrachado no extremo do tubo. Serviço de pressão e temperatura moderada. Fig. 1B. Não são recomendadas para linhas aonde aparecem tensões para dilatação ou flexão.

LAP-JOINT
(Terminal Flangeado)

Fig. 1C

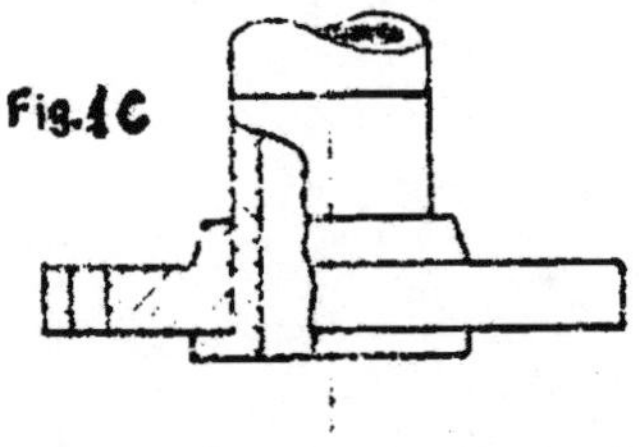

4 - Flange "lap joint": estes flanges não ficam como os demais presos à tubulação e sim soltos capazes de deslizar livremente sobre o tubo. Quando se empregam esses flanges, solda-se o topo na extremidade, a flange é solta independente do pescoço que tem uma virola. Esse pescoço é que será ligado à tubulação. O flange não entra em contato com os fluídos transportados. Usados em serviços que requeiram constantes desvantagens para inspeção e limpeza, Fig. 10.
Deve ser evitado nas montagens onde existem esforços de flexão severos e seu uso em indústrias e instalações com aço inoxidável é para diminuir seus custos totais.

CEGO (Blind)

Fig. 2

5 - Flange cego: são flanges fechados, usados para extremidades de linhas ou fechamento de bocais flangeados ou válvulas sem uso nos equiapamentos. Não tem o furo central. Fig. 2. Acompanha as características dos flanges ao qual se acopla.

SOLDA DE ENCAIXE

Fig. 2A

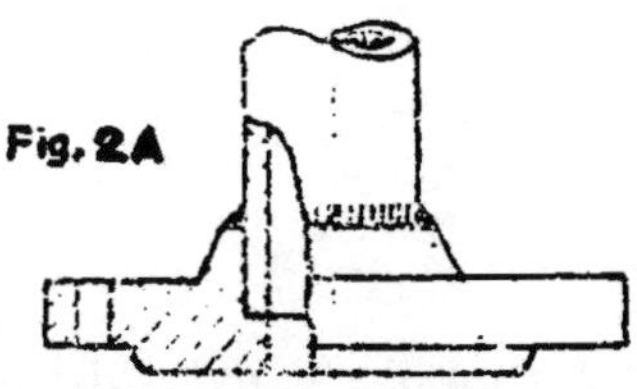

6 - Solda de encaixe: são mais vantajosos que os sobrepostos por só terem um cordão de solda e não necessitarem de refaceamento após a solda. Pode aparecer uma fenda entre o batente do flange e o tubo surgindo com isso uma excessiva corrosão sob certas condições, mas um cordão de solda interna pode eliminar este risco, bom para tubos de pequenos diâmetros, onde os acessórios com soquete soldado são mais próprios do que os acessórios rosqueados. Fig. 2A.

A cada finalidade do flange em paralelo surge a necessidade de uma vedação de maior ou menor eficiência que outra, para isto, existem os flanges que possuem a face com ressalto, encaixe (macho e fêmea), etc., resolvendo o problema de vedação em linhas de grandes pressões de fluidos tóxicos, inflamáveis, etc. Fig. 2B.

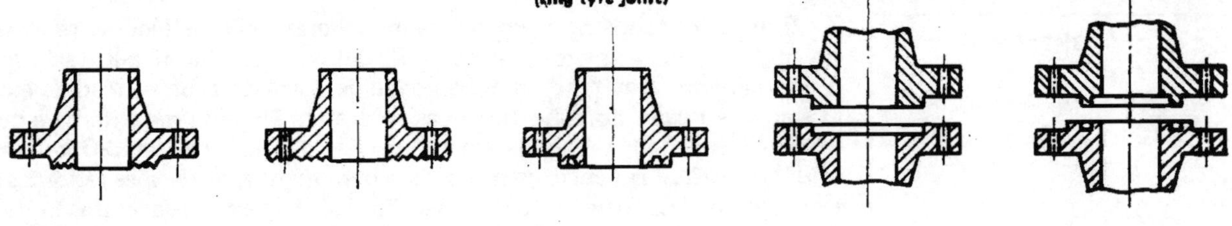

Fig. 2B

Face com ressalto — Mais comum — ambos os flanges do par são idênticos. O ressalto terá 1/16" para e 300 lb e 1/4" para pressões acima.
A face onde irá assentar a junta pode ser lisa ou ranhurada. Na ranhurada, a ranhura tem 0,5 mm de profundidade. Preferido para condições de serviços moderados.
Face plana — idêntico anterior exceto o ressalto que foi retirado. Usado para acoplamento em flanges de equipamento de ferro fundido (para 125 e 250 lb.).
Face com ranhura para anel — mais caro porém mais eficiente quando montado, a pressão aumentando, aumenta a vedação também. Usados para altas pressões e temperaturas.
Macho e fêmea — a face do macho tem 1/4" de altura e a fêmea 3/16" de rebaixo. As faces são usinadas. Usado para serviços onde se requer a retenção da junta.
Lingüeta e ranhura — é do tipo macho e fêmea, mas os encaixes não chegam ao furo dos flanges. A lingüeta e o rasgo são usinados e a junta não entra em contacto direto com o fluido e o processo mais eficientes com junta plana. Uso quando se requer a retenção da junta. E o não contacto da mesma com o fluido do processo.

Porém, para que se dê a especificação exata à requisição dos flanges, leva-se em consideração os seguintes itens: Material, tipo, diâmetro nominal, pressão nominal, espessura da parede dos tubos (em caso dos flanges de pescoço e encaixe), faceamento e acabamento da face, especificação da rosca (para o caso dos flanges roscados).
Quanto ao material, os flanges podem ser de:
aço forjado, aço liga, aço fundido, ferro fundido, aço inoxidável, latão, bronze, alumínio, plástico (P.V.C.).
O formato dos flanges nem sempre é circular, podendo ser ainda oval e quadrado (ver Figs. 3, 3A e 3B).

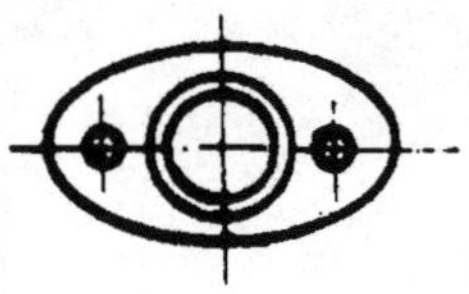

Fig. 3

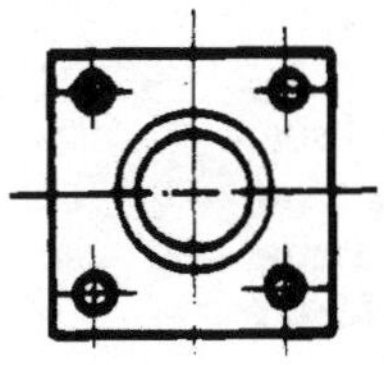

Fig. 3A

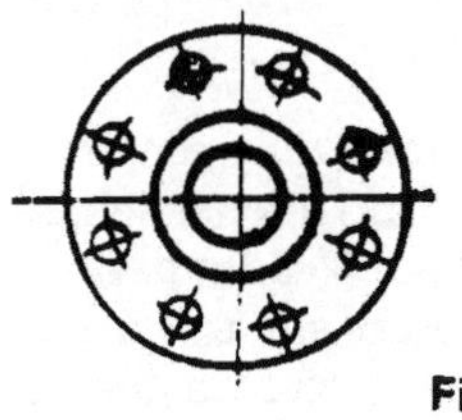

Fig. 3B

Ovais — Para tubos até 3/4" (2 parafusos).
Quadrado — para tubos de 1" a 2.1/2" (4 parafusos).
Circular — para tubos de 2.1/2" em diante (4 a 32 parafusos).
Esses tipos são usados em fluidos para refrigeração (amônia e freon).

JUNTAS

Elementos que garantem a vedação quando do uso das flanges, podendo ser apresentadas em diferentes materiais.
Dividem-se em:
a) Planas — material: borracha, papel, amianto, papelão, pano, cobre e alumínio. Espessura: de 0,4 a 3 mm (Fig. 4).
b) Dente de Serra — material: metálicas, reduzida a área de contato a força nos parafusos é mínima para se obter boa vedação (Fig. 4A).
c) Laminados — material(metal com enchimento ou em espiral. O enchimento em geral é asbesto (Fig. 4B).

Fig. 4

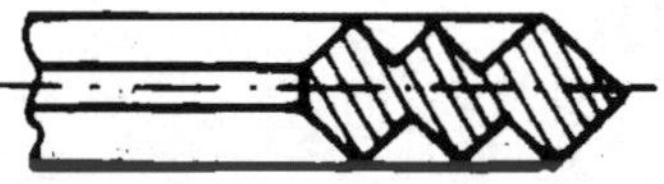

Fig. 4A

Fig. 4B

d) Anel — comumente fornecido de ferro macio com baixo teor de carbono, aço inoxidável, níquel cobre. Para temperaturas e condições de serviço muito severos.

A junção das flanges a outras são feitas por parafusos tipo máquina e estojos. Os parafusos se apresentam com cabeça sextavada e quadrada, com parte da haste rosqueada.

TIPO DE BOCAIS

Como nos vasos de pressão se apresentam bocais de projeto, porém, alguns são necessários à fabricação. Conforme os que seguem mencionados, tipos de bocais como entrada de produto, saída de produto, dreno, boca de visita, indicador de nível, respiro.
Bocal de entrada e bocal de saída podem aparecer um ou mais, dependendo do tipo de serviço que se vai fazer com o vaso. Nas Figs. 5, 5A e 5B aparecem alguns exemplos dos inúmeros que podem ser construídos e instalados em vasos. O mesmo pode-se dizer com o que acontece com referência aos bocais de dreno em que um exemplo demonstrativo é apresentado na Fig. 7A dos vários que se consegue montar em vasos com esta finalidade.
Bocas de visita, bocais que seão entradas de homem que possibilita executar limpeza e trabalhos na parte interna dos vasos e tanques. Exemplos de fabricação aparecem nas Figs. 6 e 6A.
Indicador de nível que nos vasos de pressão na posição vertical ou horizontal que serve para acusar em que ponto está dentro uma vez que o vaso não é transparente. Aparece na Fig. 8 e 8A indicador de nível de construção simples usados em vasos que operam em mínimas pressões. Bocal tipo de respiro que tem a finalidade de permitir a entrada e saída de ar do interior do vaso. Na Fig. 7 aparece um tipo para produtos líquidos ou granulados não inflamáveis.

INDICADOR DE NIVEL

Para bocais de diâmetro até duas polegadas se fixará no corpo apenas soldado e os de diâmetro acima de duas polegadas haverá necessidade de uma chapa de reforço em torno do bocal, devido ao esforço que este apresenta quanto ao peso.
Nas páginas seguintes se demonstram tabelas de projeção de bocais e de parafusos tipo máquina e parafuso prisioneiro, rosca inglesa BSP (British Standard Pipe Thread), rosca americana NPT (National Pipe Thread), tabelas de flangeado cego, de pescoço e sobreposto, flanges soltos, flanges roscados, flanges cegos, flanges de encaixe, flanges de juntas de anel referente até 600 lb. Existem tabelas para estes flanges de pressão mais elevadas alcançando até 1500 lb.

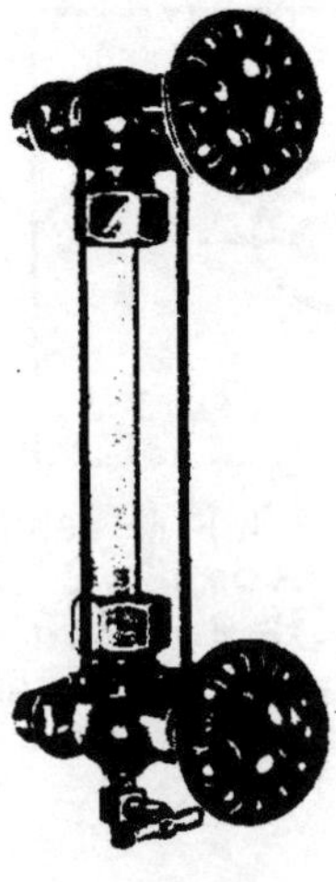

FIG. 8
BRONZE

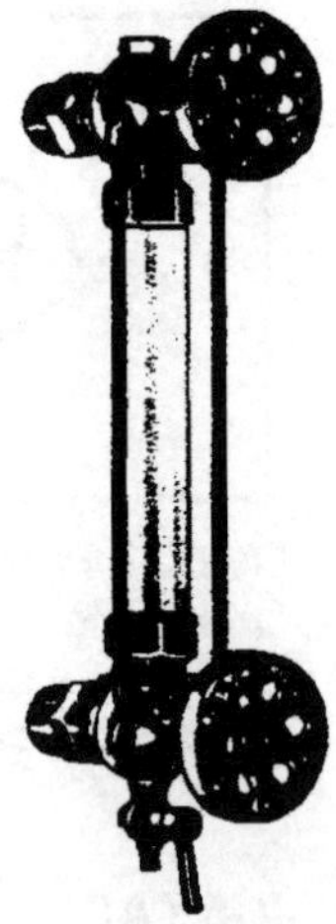

FIG. 8A
LATÃO FORJADO

BOCAIS COM FLANGE SOBREPOSTO (150 lb) ANSI B-16.9

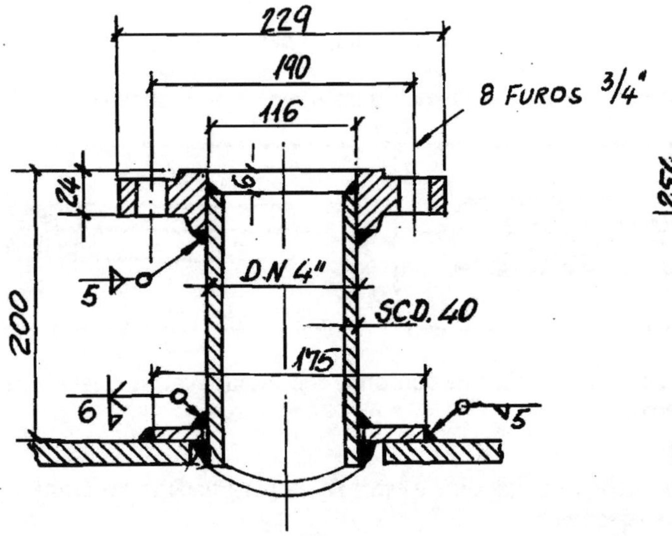

Conexão 5

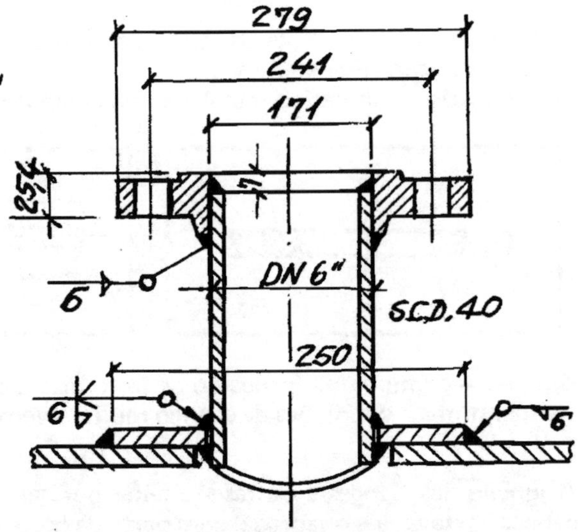

Conexão 5A

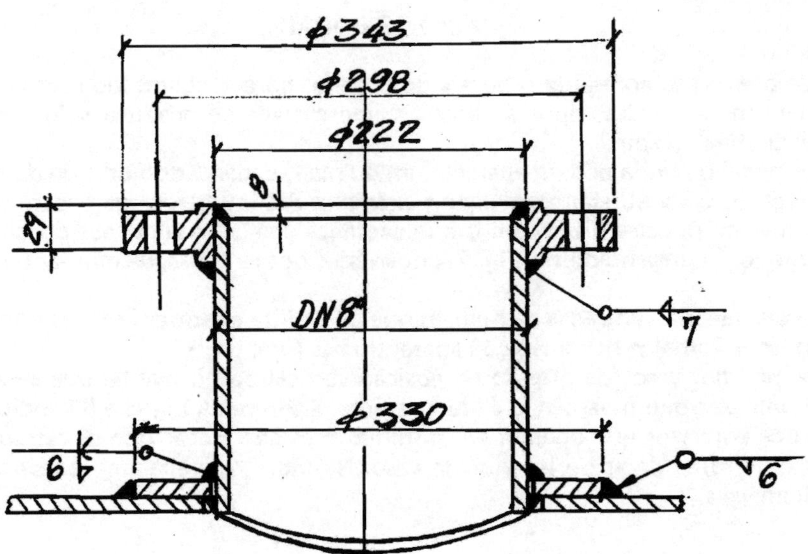

Conexão 5B

BOCAS DE VISITA DE 18" E 20"

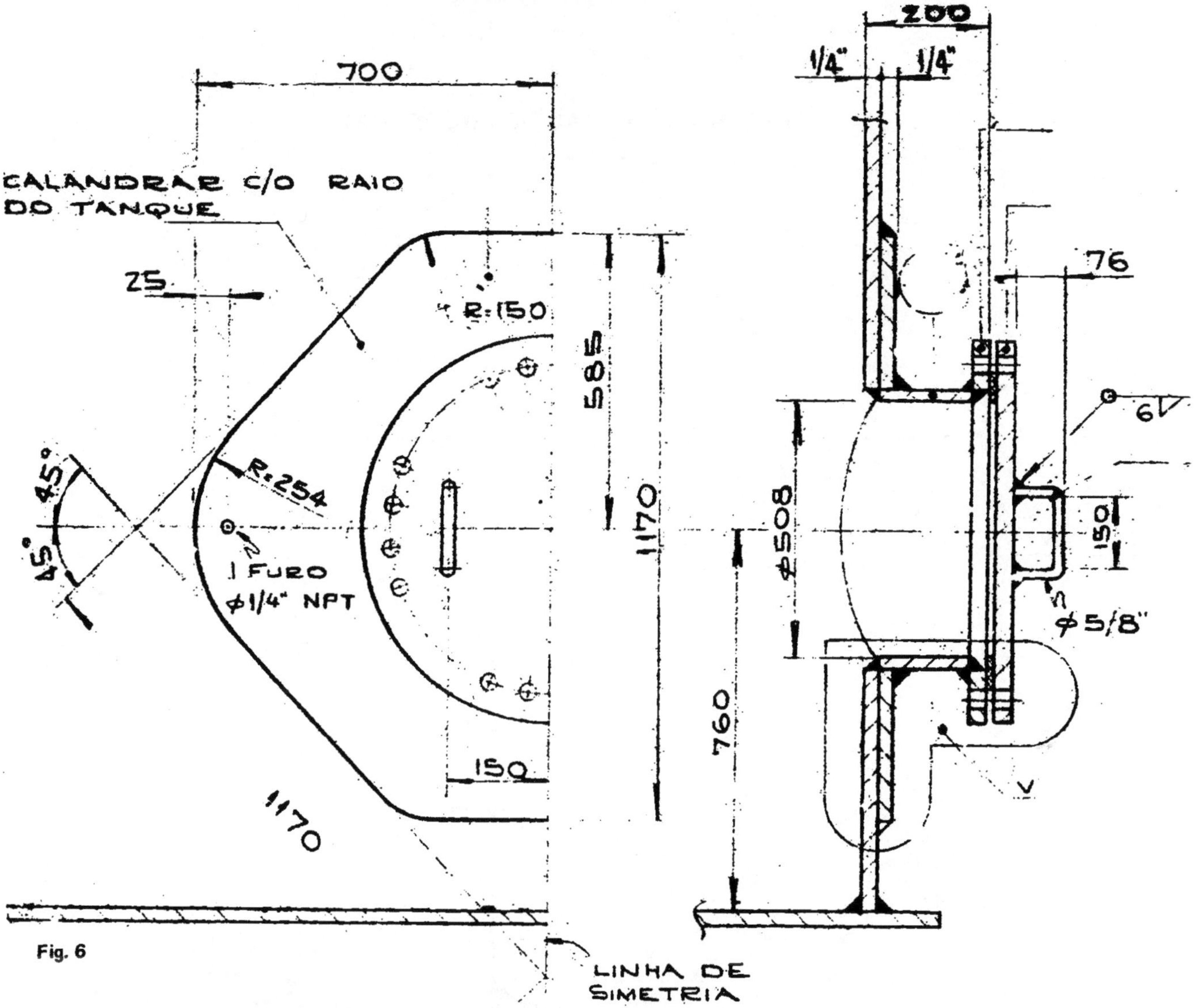

Fig. 6

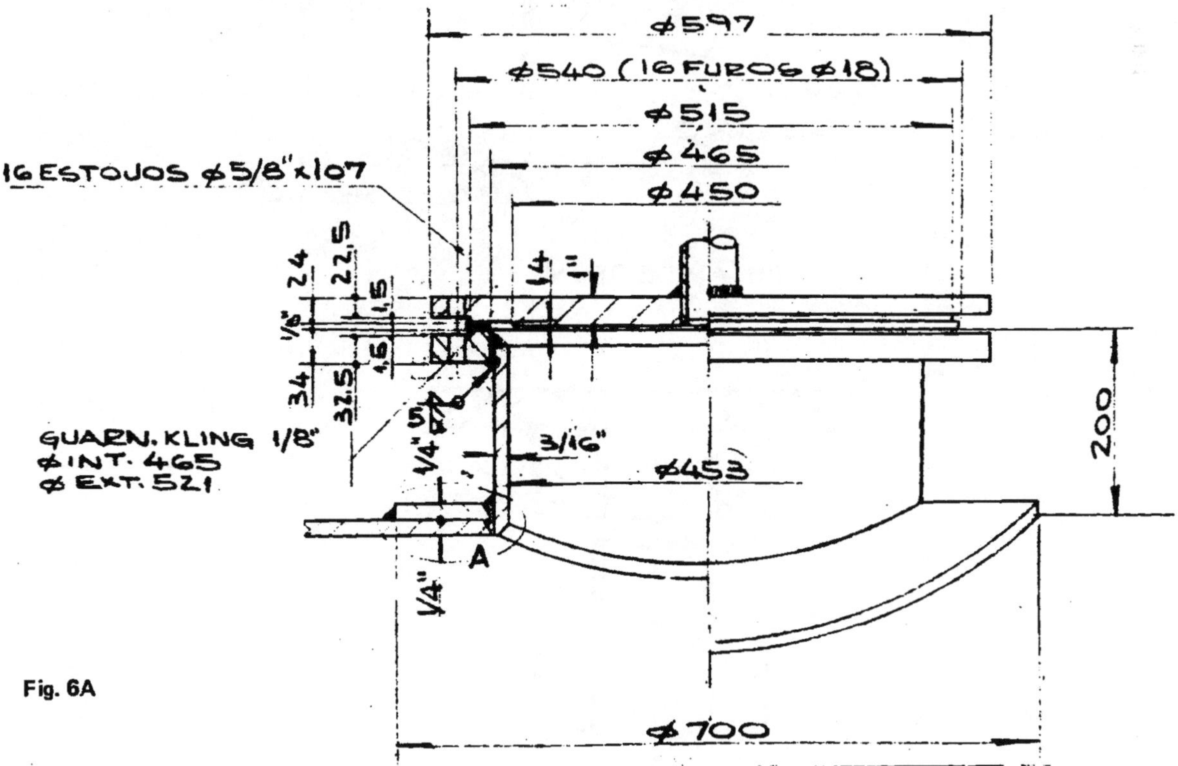

Fig. 6A

DETALHES DE BOCAL TIPO DE RESPIRO

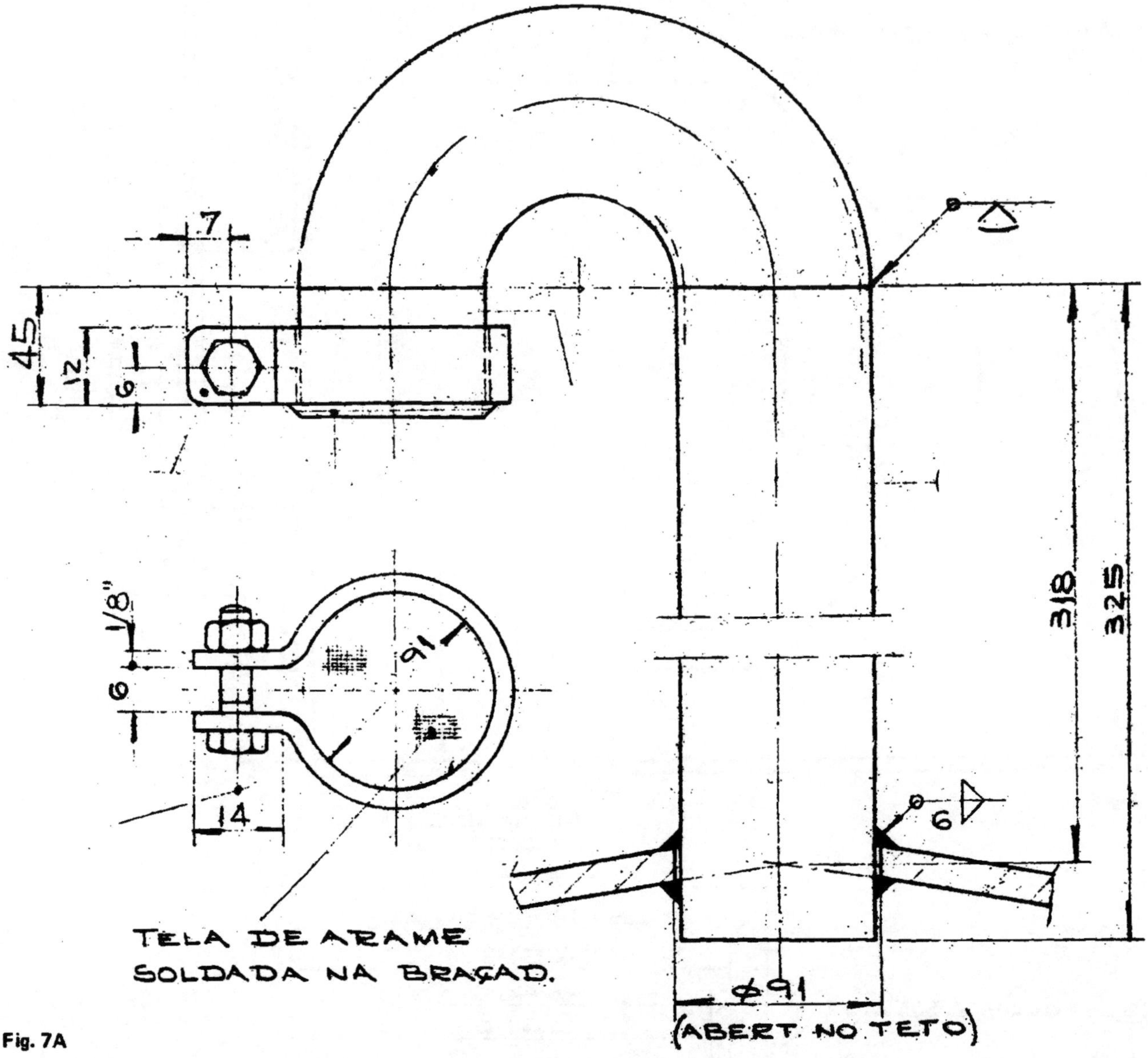

Fig. 7A

BOCAIS DE DRENO

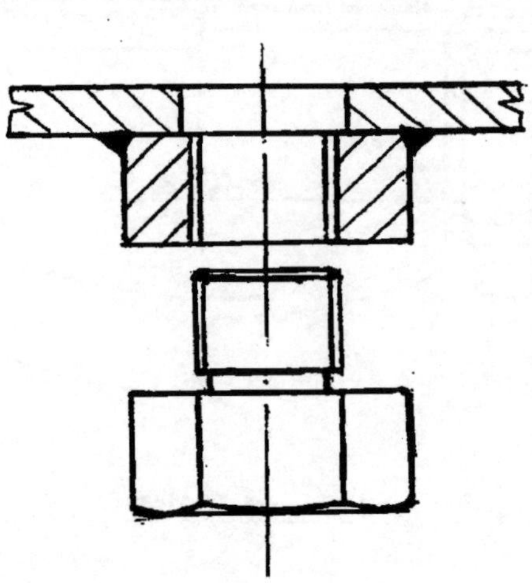

Fig. 7

PROJEÇÃO DE BOCAIS EM POLEGADAS

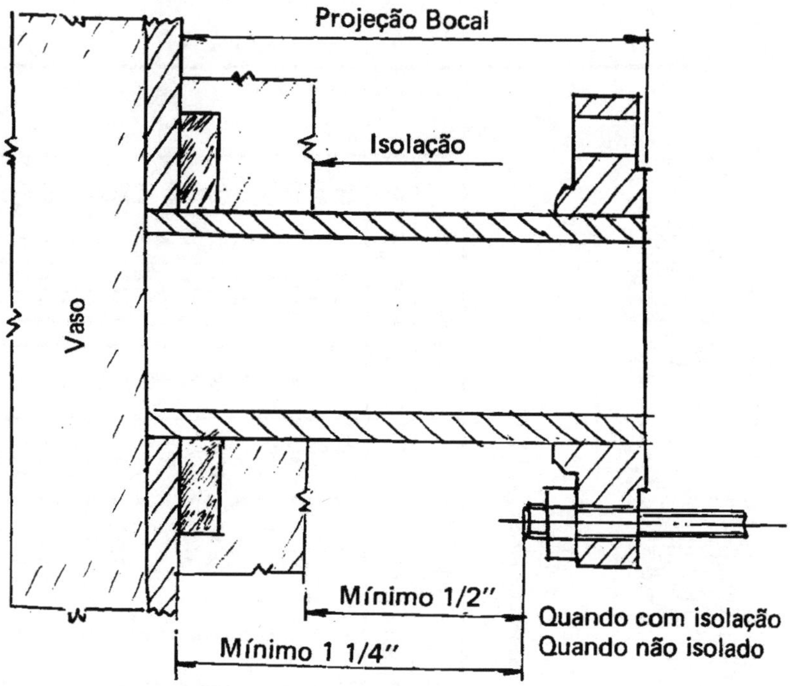

PROJEÇÃO DO BOCAL EM POLEGADAS

Tamanho nominal do bocal em pol.	150 # Flange			300 # Flange			400 # Flange			600 # Flange		
	Isolação			Isolação			Isolação			Isolação		
	0"	2"	3"	0"	2"	3"	0"	2"	3"	0"	2"	3"
1	6	6	6	6	6	6	6	6	6	6	6	6
1.1/2	6	6	6	6	6	6	6	6	6	6	6	6
2	6	6	6	6	6	6	6	6	6	6	6	6
3	8	8	8	8	8	8	8	8	8	8	8	8
4	8	8	8	8	8	8	8	8	8	8	8	8
6	8	8	8	8	8	8	8	8	8	8	8	8
8	8	8	8	8	8	8	8	8	8	8	8	8
10	8	8	8	8	8	8	8	8	8	8	8	8
12	8	8	8	8	8	8	8	8	8	8	8	8
14	8	8	8	8	8	8	8	9	10	8	9	10
16	8	8	8	8	8	8	8	9	10	8	9	10
18	8	8	8	8	8	8	8	9	10	8	9	10
20	10	10	10	10	10	10	10	11	12	10	11	12
24	10	10	10	10	10	10	10	11	12	10	11	12

Nota: # Indica libras

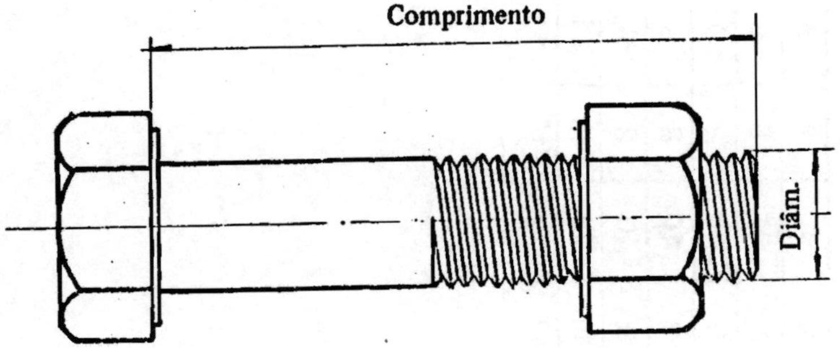

RÔSCA — ANSI — B - 1.1

Diâm. do Flange	150# FF e RF		300# FF e RF	
	Quant.	Diâm. x Compr. (mm.)	Quant.	Diâm. x Compr.(mm.)
3"	4	5/8" x 75	8	3/4" x 95
4"	8	5/8" x 75	8	3/4" x 95
6"	8	3/4" x 85	12	3/4" x 105
8"	8	3/4" x 85	12	7/8" x 120
10"	12	7/8" x 100	16	1" x 130
12"	12	7/8" x 100	16	1 1/8" x 150
14"	12	1" x 110	20	1 1/8" x 150
16"	16	1" x 110	20	1 1/4" x 170
18"	16	1 1/8" x 130	24	1 1/4" x 170
20"	20	1 1/8" x 130	24	1 1/4" x 170
24"	20	1 1/4" x 145	24	1 1/2" x 195

TÍTULO:

PARAFUSO TIPO MÁQUINA
150# 300# (MACHINE BOLT)

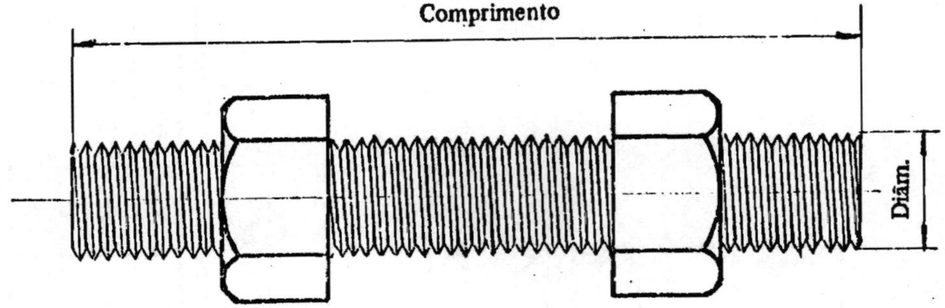

ROSCA CONFORME ANSI — B 1.1

Diâm. do Flange	150# RF / 125# FF		300# RF / 250# FF		600# RTJ	
	Quant.	Diâm. x Compr. (mm.)	Quant.	Diâm. x Compr. (mm.)	Quant.	Diâm. x Compr. (mm.)
3/4"	4	1/2" x 70	4	5/8" x 80	4	5/8" x 90
1"	4	1/2" x 70	4	5/8" x 80	4	5/8" x 90
1 1/4"	4	1/2" x 70	4	5/8" x 80	4	5/8" x 90
1 1/2"	4	1/2" x 70	4	3/4" x 100	4	3/4" x 100
2"	4	5/8" x 80	8	5/8" x 90	8	3/4" x 110
2 1/2"	4	5/8" x 90	8	3/4" x 100	8	3/4" x 120
3"	4	5/8" x 90	8	3/4" x 100	8	3/4" x 130
4"	8	5/8" x 90	8	3/4" x 120	8	7/8" x 150
6"	8	3/4" x 100	12	3/4" x 120	12	1" x 170
8"	8	3/4" x 100	12	7/8" x 140	12	1 1/8" x 200
10"	12	7/8" x 120	16	1" x 150	16	1 1/4" x 220
12"	12	7/8" x 120	16	1 1/8" x 170	20	1 1/4" x 220
14"	12	1" x 140	20	1 1/8" x 170	20	1 3/8" x 240
16"	16	1" x 140	20	1 1/4" x 190	20	1 1/2" x 260
18"	16	1 1/8" x 150	24	1 1/4" x 190	20	1 5/8" x 280
20"	20	1 1/8" x 150	24	1 1/4" x 220	24	1 3/4" x 300
24"	20	1 1/4" x 190	24	1 1/2" x 235	24	1 7/8" x 340

TÍTULO:

PARAFUSO PRISIONEIRO (STUD BOLT)
125# 150# 250# 300# 600#

ROSCA INGLESA – BSP (BRITISH STANDARD PIPE THREAD)

B.S. n.o 21 – 1957 WHITWORTH = 55°

n = n.o de fios p.pol. $S = \frac{25,4}{n}$ H = 0,960495		h = 0,640335 dm = d - h di = d - 2h	
n	**s**	**h**	**r**
28	0,907	0,581	0,125
19	1,337	0,856	0,184
14	1,814	1,162	0,249
11	2,309	1,479	0,317
10	2,540	1,626	0,349
8	3,175	2,033	0,436

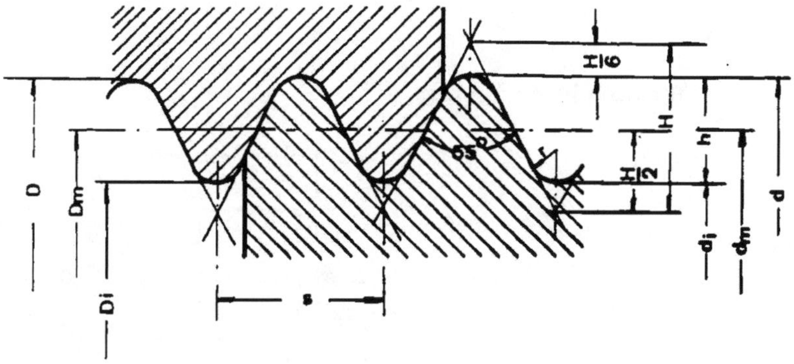

NOMINAL	1/8"	1/4"	3/8"	1/2"	3/4"	1"	1.1/4"	1.1/2"	2"	2.1/2"	3"	4"	5"	6"
d D	9,728	13,157	16,662	20,955	26,441	33,249	41,910	47,803	59,614	75,184	87,884	113,030	138,430	163,83
n	28	19	19	14	14	11	11	11	11	11	11	11	11	11
dm Dm	9,147	12,301	15,806	19,793	25,279	31,770	40,431	46,324	58,135	73,705	86,405	111,551	136,951	162,351
di Di	8,566	11,445	14,950	18,631	24,117	30,291	38,952	44,845	56,656	72,226	84,926	110,072	135,472	160,872
DIMENSÕES EM MILÍMETROS														

OBS. SENDO ESPECIFICADO, PODEMOS FORNECER NOSSO MATERIAL COM ROSCA CÔNICA INGLESA 1 : 16 B S T P T (BRITISH STANDARD TAPER PIPE THREAD).

ALGUNS TIPOS DE VÁLVULAS DE BRONZE SÃO NORMALMENTE FABRICADOS COM ESSA ROSCA.

ROSCA AMERICANA – NPT (NATIONAL PIPE THREAD)

ANSI – B 2.1 – 1945 BRIGGS = 60°

Nominal	Fios P/ Poleg.	Profundidade	A	B	E	F	P
1/8	27	0.02963	0.36351	0.37476	0.2639	0.180	0.03704
1/4	18	0.04444	0.47739	0.48989	0.4018	0.200	0.05556
3/8	18	0.04444	0.61201	0.62701	0.4078	0.240	0.05556
1/2	14	0.05714	0.75843	0.77843	0.5337	0.320	0.07143
3/4	14	0.05714	0.96768	0.98887	0.5457	0.339	0.07143
1	11.1/2	0.06957	1.21363	1.23863	0.6828	0.400	0.08696
1.1/4	11.1/2	0.06957	1.55713	1.58338	0.7068	0.420	0.08696
1.1/2	11.1/2	0.06957	1.79609	1.82234	0.7235	0.420	0.08696
2	11.1/2	0.06957	2.26902	2.29627	0.7565	0.436	0.08696
2.1/2	8	0.10000	2.71953	2.76216	1.1375	0.682	0.12500
3	8	0.10000	3.34062	3.38850	1.2000	0.766	0.12500
4	8	0.10000	4.33438	4.38712	1.3000	0.844	0.12500
5	8	0.10000	5.39073	5.44929	1.4063	0.937	0.12500
6	8	0.10000	6.44609	6.50597	1.5125	0.958	0.12500
8	8	0.10000	8.43359	8.50003	1.7125	1.063	0.12500
DIMENSÕES EM POLEGADAS							

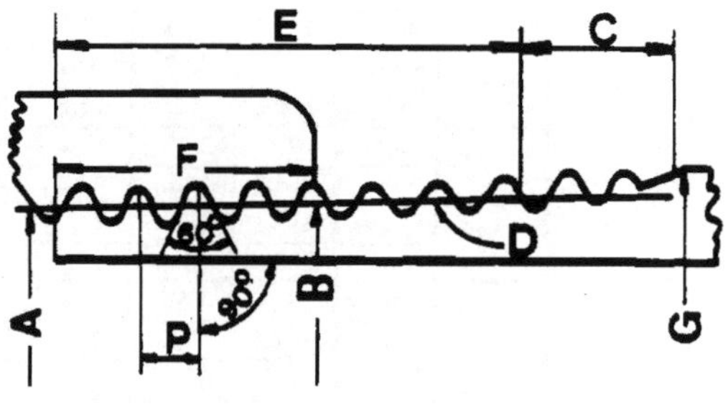

A = Diâmetro menor de centro a centro dos fios.
B = Diâmetro de centro a centro dos fios no ponto de calibração.
C = Fios imperfeitos.
D = Conicidade 1 : 16
E = Comprimento efetivo da rosca.
F = Comprimento de calibração.
G = Diâmetro externo do cano.
P = Passo.

Welding Neck Flanges | **Flanges de pescoço**

150 Lb.

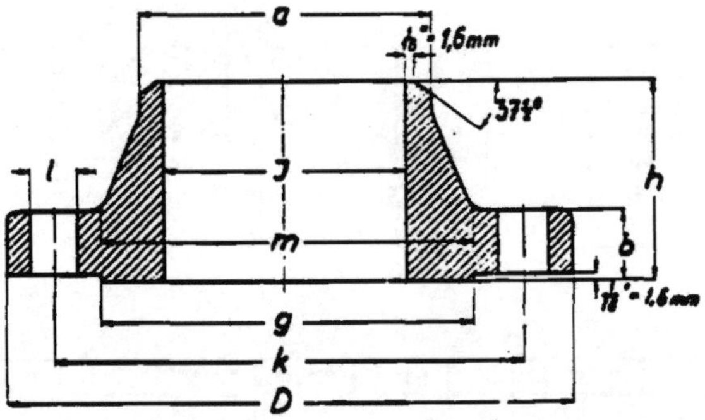

150 Lb.

ANSI B 16.9 | ASTM A 181 - Gr. I

Nominal Pipe Size / Diâmetro nominal		Flange D	Flange J	Flange b	Flange h	Hub / Pescoço a	Hub / Pescoço m	Raised Face / Face ressaltada g	Drilling Template / Furação: Number / Numero	Drilling Template / Furação: l	Drilling Template / Furação: k	Approx. Weight Pounds / Peso Aprox. Quilos
½"	Polegadas	3 1/2	0.62	7/16	1 7/8	0.84	1 3/16	1 3/8	4	5/8	2 3/8	2
	mm	88.9	15.75	11.1.	47.6	21.3	30.2	34.9		15.9	60.3	0.9
¾"	Polegadas	3 7/8	0.82	1/2	2 1/16	1.05	1 1/2	1 11/16	4	5/8	2 3/4	2
	mm	98.4	20.8	12.7	52.4	26.7	38.1	42.9		15.9	69.8	1
1"	Polegadas	4 1/4	1.05	9/16	2 3/16	1.32	1 15/16	2	4	5/8	3 1/8	2
	mm	107.9	26.7	14.3	55.6	33.5	49.2	50.8		15.9	79.4	1.1·
1¼"	Polegadas	4 5/8	1.38	5/8	2 1/4	1.66	2 5/16	2 1/2	4	5/8	3 1/2	3
	mm	117.5	35.05	15.9	57.1	42.2	58.7	63.5		15.9	88.9	1.4
1½"	Polegadas	5	1.61	11/16	2 7/16	1.9	2 9/16	2 7/8	4	5/8	3 7/8	4
	mm	127.0	40.9	17.5	61.9	48.3	65.1	73.0		15.9	98.4	1.8
2"	Polegadas	6	2.07	3/4	2 1/2	2.38	3 1/16	3 5/8	4	3/4	4 3/4	6
	mm	152.4	52.6	19.1	63.5	60.4	77.8	92.1		19.0	120.6	2.7
2½"	Polegadas	7	2.47	7/8	2 3/4	2.88	3 9/16	4 1/8	4	3/4	5 1/2	8
	mm	177.8	62.7	22.2	69.8	73.1	90.5	104.8		19.0	139.7	4
3"	Polegadas	7 1/2	3.07	15/16	2 3/4	3.50	4 1/4	5	4	3/4	6	10
	mm	190.5	78.0	23.8	69.8	88.9	107.9	127.0		19.5	152.4	4.5
3½"	Polegadas	8 1/2	3.55	15/16	2 13/16	4.00	4 13/16	5 1/2	8	3/4	7	12
	mm	215.9	90.2	23.8	71.4	101.6	122.2	139.7		19.5	177.8	5.4
× 4"	Polegadas	9	4.03	15/16	3	4.50	5 5/16	6 3/16	8	3/4	7 1/2	15
	mm	228.6	102.4	23.8	76.2	114.3	134.9	157.2		19.5	190.5	7
5"	Polegadas	10	5.05	15/16	3 1/2	5.56	6 7/16	7 5/16	8	7/8	8 1/2	19
	mm	254.0	128.3	23.8	88.9	141.2	163.5	185.7		22.2	215.9	8.6
6"	Polegadas	11	6.07	1	3 1/2	6.63	7 9/16	8 1/2	8	7/8	9 1/2	24
	mm	279.4	154.2	25.4	88.9	168.4	192.1	215.9		22.2	241.3	10.8
8"	Polegadas	13 1/2	7.98	1 1/8	4	8.63	9 11/16	10 5/8	8	7/8	11 3/4	39
	mm	342.9	202.7	28.6	101.6	219.2	246.1	269.9		22.2	298.4	18
10"	Polegadas	16	10.02	1 3/16	4	10.75	12	12 3/4	12	1	14 1/4	52
	mm	406.4	254.5	30.2	101.6	273.0	304.8	323.8		25.4	361.9	24
12"	Polegadas	19	12.00	1 1/4	4 1/2	12.75	14 3/8	15	12	1	17	80
	mm	482.6	304.8	31.8	114.3	323.8	365.1	381.0		25.4	431.8	37
14"	Polegadas	21	13.25	1 3/8	5	14.00	15 1/4	16 1/4	12	1 1/8	18 3/4	102
	mm	533.4	336.5	34.9	127.0	355.6	400.0	412.7		20.6	476.2	47
16"	Polegadas	23 1/2	15.25	1 7/16	5	16.00	18	18 1/2	16	1 1/8	21 1/4	127
	mm	596.9	387.3	36.5	127.0	406.4	457.2	469.9		23.6	539.7	58
18"	Polegadas	25	17.25	1 9/16	5 1/2	18.00	19 7/8	21	16	1 1/4	22 3/4	140
	mm	635.0	438.1	39.7	139,7	457.2	504.8	533.4		31.7	577.8	64
20"	Polegadas	27 1/2	19.25	1 11/16	5 11/16	20.00	22	23	20	1 1/4	25	170
	mm	698.5	488.9	42.9	144.5	508.0	558,8	584.2		31.7	635.0	77
24"	Polegadas	32	23.25	1 7/8	6	24.00	26 1/8	27 1/4	20	1 3/8	29 1/2	260
	mm	812.8	590,5	47.6	152.4	600.6	663.6	692.1		34.9	749.3	110

300 Lb.

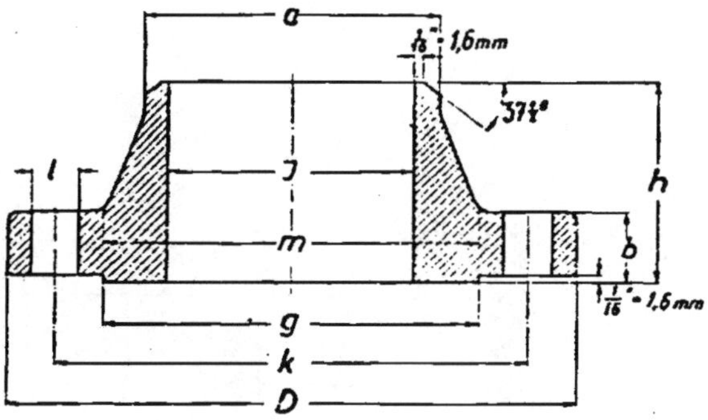

300 Lb.

ANSI B 16.5

ASTM A 181 - Gr. I

Nominal Pipe Size / Diâmetro nominal		Flange D	Flange l	Flange b	Flange h	Hub / Pescoço a	Hub / Pescoço m	Raised Face / Face ressaltada g	Drilling Template / Furação Number / Número	Drilling Template / Furação l	Drilling Template / Furação k	Approx. Weight Pounds / Peso Aprox. Quilos
1/2"	Polegadas	3 3/4	0.62	9/16	2 1/16	0.84	1 1/2	1 3/8	4	5/8	2 5/8	4
	mm	95.2	15.75	14.3	52.4	21.3	38.1	34.9		15.9	66.7	1.5
3/4"	Polegadas	4 5/8	0.82	5/8	2 1/4	1.05	1 7/8	1 11/16	4	3/4	3 1/4	4
	mm	117.5	20.8	15.9	57.1	26.7	47.6	42.9		19.05	82.5	1.8
1"	Polegadas	4 7/8	1.05	11/16	2 7/16	1.32	2 1/8	2	4	3/4	3 1/2	4
	mm	123.8	26.7	17.5	61.9	33.5	54.0	50.8		19.05	88.9	2
1 1/4"	Polegadas	5 1/4	1.38	3/4	2 9/16	1.66	2 1/2	2 1/2	4	3/4	3 7/8	6
	mm	133.35	35.05	19.05	65.1	42.2	63.5	63.5		19.05	98.4	2.5
1 1/2"	Polegadas	6 1/8	1.61	13/16	2 11/16	1.90	2 3/4	2 7/8	4	7/8	4 1/2	8
	mm	155.6	40.9	20.6	68.3	48.3	69.8	73.0		22.2	114.3	3.5
2"	Polegadas	6 1/2	2.07	7/8	2 3/4	2.38	3 5/16	3 5/8	8	3/4	5	9
	mm	165.1	52.6	22.2	69.8	60.45	84.1	92.1		19.05	127.0	4
2 1/2"	Polegadas	7 1/2	2.47	1	3	2.88	3 15/16	4 1/8	8	7/8	5 7/8	12
	mm	190.5	62.7	25.4	76.2	73.15	100.0	104.8		22.2	149.2	5.5
3"	Polegadas	8 1/4	3.07	1 1/8	3 1/8	3.50	4 5/8	5	8	7/8	6 5/8	15
	mm	209.55	78.0	28.6	79.4	88.9	117.5	127.0		22.2	168.3	7
3 1/2"	Polegadas	9	3.55	1 3/16	3 3/16	4.00	5 1/4	5 1/2	8	7/8	7 1/4	18
	mm	228.6	90.2	30.2	81.0	101.6	133.35	139.7		22.2	184.15	8.5
4"	Polegadas	10	4.03	1 1/4	3 3/8	4.50	5 3/4	6 3/16	8	7/8	7 7/8	25
	mm	254.0	102.4	31.8	85.7	114.3	146.05	157.2		22.2	200.0	11.5
5"	Polegadas	11	5.05	1 3/8	3 7/8	5.56	7	7 5/16	8	7/8	9 1/4	32
	mm	279.4	128.3	34.9	98.4	141.2	177.8	185.7		22.2	234.95	14.5
6"	Polegadas	12 1/2	6.07	1 7/16	3 7/8	6.63	8 1/8	8 1/2	12	7/8	10 5/8	42
	mm	317.5	154.2	36.5	98.4	168.4	206.4	215.9		22.2	269.9	19
8"	Polegadas	15	7.98	1 5/8	4 3/8	8.63	10 1/4	10 5/8	12	1	13	67
	mm	381.0	202.7	41.3	111.1	219.2	260.35	269.9		25.4	330.2	30.5
10"	Polegadas	17 1/2	10.02	1 7/8	4 5/8	10.75	12 5/8	12 3/4	16	1 1/8	15 1/4	91
	mm	444.5	254.5	47.6	117.5	273.05	320.7	323.8		28.6	387.3	41.5
12"	Polegadas	20 1/2	12.00	2	5 1/8	12.75	14 3/4	15	16	1 1/4	17 3/4	138
	mm	520.7	304.8	50.8	130.2	323.85	374.6	381.0		31.7	450.8	62.5
14"	Polegadas	23	13.25	2 1/8	5 5/8	14.00	16 3/4	16 1/4	20	1 1/4	20 1/4	186
	mm	584.2	336.55	54.0	142.9	355.6	425.4	412.7		31.7	514.3	84.5
16"	Polegadas	25 1/2	15.25	2 1/4	5 3/4	16.00	19	18 1/2	20	1 3/8	22 1/2	246
	mm	647.7	387.35	57.2	146.05	406.4	482.6	469.9		34.9	571.5	111.5
18"	Polegadas	28	17.25	2 3/8	6 1/4	18.00	21	21	24	1 3/8	24 3/4	305
	mm	711.2	438.15	60.3	158.75	457.2	533.4	533.4		34.9	628.6	138
20"	Polegadas	30 1/2	19.25	2 1/2	6 3/8	20.00	23 1/8	23	24	1 3/8	27	387
	mm	774.7	488.95	63.5	161.9	508.0	587.4	584.2		34.9	685.8	171
24"	Polegadas	36	23.25	2 3/4	6 5/8	24.00	27 5/8	27 1/4	24	1 5/8	32	545
	mm	914.4	590.55	69.8	168.3	609.5	701.7	692.1		41.3	812.8	247

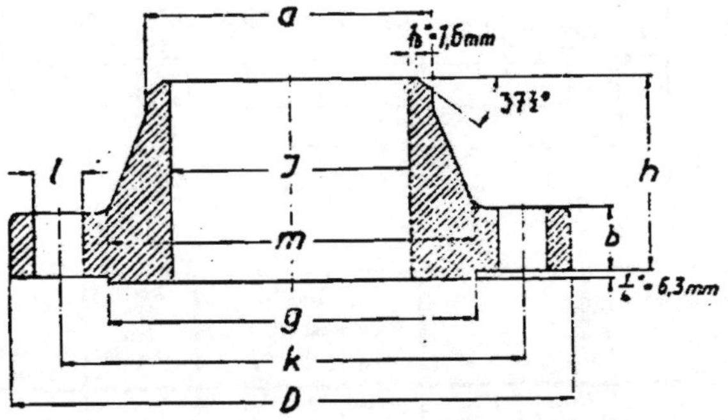

400 Lb. | 400 Lb.

ANSI B 16.5 | ASTM A 105 - Gr. I

Nominal Pipe Size / Diâmetro nominal		Flange D	Flange J	Flange b	Flange h	Hub / Pescoço a	Hub / Pescoço m	Raised Face / Face ressaltada S	Drilling Template / Furação: Number / Número	Drilling Template / Furação: l	Drilling Template / Furação: k	Approx. Weight Pounds / Peso Aprox. Quilos
1/2"	Polegadas	3 3/4	0.55	9/16	2 1/16	0.84	1 1/2	1 3/8	4	5/8	2 5/8	6
	mm	95.2	14.0	14.3	52.4	21.3	38.1	34.9		15.9	66.7	1.5
3/4"	Polegadas	4 5/8	0.74	5/8	2 1/4	1.05	1 7/8	1 11/16	4	3/4	3 1/4	6
	mm	117.5	18.5	15.9	57.1	26.7	47.6	42.9		19.05	82.5	2
1"	Polegadas	4 7/8	0.96	11/16	2 7/16	1.32	2 1/8	2	4	3/4	3 1/2	6
	mm	123.8	24.4	17.5	61.9	33.5	54.0	50.8		19.05	88.9	2.5
1 1/4"	Polegadas	5 1/4	1.28	13/16	2 5/8	1.66	2 1/2	2 1/2	4	3/4	3 7/8	7
	mm	133.35	32.5	20.6	66.7	42.2	63.5	63.5		19.05	98.4	3.2
1 1/2"	Polegadas	6 1/8	1.50	7/8	2 3/4	1.90	2 3/4	2 7/8	4	7/8	4 1/2	10
	mm	155.6	38.1	22.2	69.8	48.3	69.8	73.0		22.2	114.3	4.5
2"	Polegadas	6 1/2	1.94	1	2 7/8	2.38	3 5/16	3 5/8	8	3/4	5	12
	mm	165.1	49.3	25.4	73.0	60.45	84.1	92.1		19.05	127.0	[illegible]
2 1/2"	Polegadas	7 1/2	2.32	1 1/8	3 1/8	2.88	3 15/16	4 1/8	8	7/8	5 7/8	[illegible]
	mm	190.5	58.9	28.6	79.4	73.15	100.0	104.8		22.2	149.2	[illegible]
3"	Polegadas	8 1/4	2.90	1 1/4	3 1/4	3.50	4 5/8	5	8	7/8	6 5/8	23
	mm	209.55	73.7	31.8	82.5	88.9	117.5	127.0		22.2	168.3	10.5
3 1/2"	Polegadas	9	3.36	1 3/8	3 3/8	4.00	5 1/4	5 1/2	8	1	7 1/4	26
	mm	228.6	85.3	34.9	85.7	101.6	133.35	139.7		25.4	184.15	12
4"	Polegadas	10	3.83	1 3/8	3 1/2	4.50	5 3/4	6 3/16	8	1	7 7/8	35
	mm	254.0	97.3	34.9	88.9	114.3	146.05	157.2		25.4	200.0	16
5"	Polegadas	11	4.81	1 1/2	4	5.56	7	7 5/16	8	1	9 1/4	43
	mm	279.4	122.2	38.1	101.6	141.2	177.8	185.7		25.4	234.95	19.5
6"	Polegadas	12 1/2	5.76	1 5/8	4 1/16	6.63	8 1/8	8 1/2	12	1	10 5/8	57
	mm	317.5	146.3	41.3	103.2	168.4	206.4	215.9		25.4	269.9	26
8"	Polegadas	15	7.63	1 7/8	4 5/8	8.63	10 1/4	10 5/8	12	1 1/8	13	89
	mm	381.0	193.8	47.6	117.5	219.2	260.35	269.9		28.6	330.2	40.5
10"	Polegadas	17 1/2	9.75	2 1/8	4 7/8	10.75	12 5/8	12 3/4	16	1 1/4	15 1/4	126
	mm	444.5	247.65	54.0	123.8	273.05	320.7	323.8		31.7	387.3	57
12"	Polegadas	20 1/2	11.75	2 1/4	5 3/8	12.75	14 3/4	15	16	1 3/8	17 3/4	177
	mm	520.7	298.45	57.2	136.5	323.85	374.6	381.0		34.9	450.8	80
14"	Polegadas	23	13.00	2 3/8	5 7/8	14.00	16 3/4	16 1/4	20	1 3/8	20 1/4	233
	mm	584.2	330.2	60.3	149.2	355.6	425.4	412.7		34.9	514.3	106
16"	Polegadas	25 1/2	15.00	2 1/2	6	16.00	19	18 1/2	20	1 1/2	22 1/2	294
	mm	647.7	381.0	63.5	152.4	406.4	482.6	469.9		38.1	571.5	133
18"	Polegadas	28	17.00	2 5/8	6 1/2	18.00	21	21	24	1 1/2	24 3/4	360
	mm	711.2	431.8	66.7	165.1	457.2	533.4	533.4		38.1	628.6	163
20"	Polegadas	30 1/2	19.00	2 3/4	6 5/8	20.00	23 1/8	23	24	1 5/8	27	445
	mm	774.7	482.6	69.9	168.3	508.0	587.4	584.2		41.3	685.8	202
24"	Polegadas	36	23.00	3	6 7/8	24.00	27 5/8	27 1/4	24	1 7/8	32	640
	mm	914.4	584.2	76.2	174.6	609.6	701.7	692.1		47.6	812.8	290

Welding Neck Flanges

Flanges de pescoço

600 Lb.

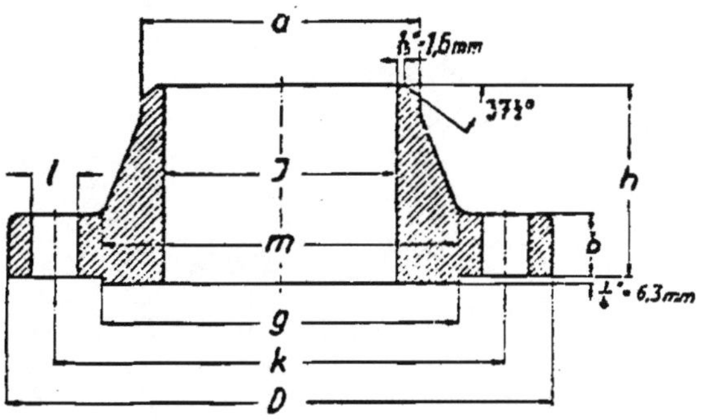

600 Lb.

ANSI B 16.5

ASTM A 105 - Gr. I

Nominal Pipe Size / Diâmetro nominal		Flange D	Flange J	Flange b	Flange h	Hub / Pescoço a	Hub / Pescoço m	Raised Face / Face ressaltada g	Drilling Template / Furação Number / Número	Drilling Template / Furação l	Drilling Template / Furação k	Approx. Weight Pounds / Peso Aprox. Quilos
1/2"	Polegadas	3 3/4	0.55	9/16	2 1/16	0.84	1 1/2	1 3/8	4	5/8	2 5/8	6
	mm	95.2	14.0	14.3	52.4	21.3	38.1	34.9		15.9	66.7	1.5
3/4"	Polegadas	4 5/8	0.74	5/8	2 1/4	1.05	1 7/8	1 11/16	4	3/4	3 1/4	6
	mm	117.5	18.8	15.9	57.1	26.7	47.6	42.9		19.05	82.5	2
1"	Polegadas	4 7/8	0.96	11/16	2 7/16	1.32	2 1/8	2	4	3/4	3 1/2	6
	mm	123.8	24.4	17.5	61.9	33.5	54.0	50.8		19.05	88.9	2.5
1 1/4"	Polegadas	5 1/4	1.28	13/16	2 5/8	1.66	2 1/2	2 1/2	4	3/4	3 7/8	7
	mm	133.35	32.5	20.6	66.7	42.2	63.5	63.5		19.05	98.4	3.2
1 1/2"	Polegadas	6 1/8	1.50	7/8	2 3/4	1.90	2 3/4	2 7/8	4	7/8	4 1/2	10
	mm	155.6	38.1	22.2	69.8	48.3	69.8	73.0		22.2	114.3	4.5
2"	Polegadas	6 1/2	1.94	1	2 7/8	2.38	3 5/16	3 5/8	8	3/4	5	12
	mm	165.1	49.3	25.4	73.0	60.45	84.1	92.1		19.05	127.0	5.5
2 1/2"	Polegadas	7 1/2	2.32	1 1/8	3 1/8	2.88	3 15/16	4 1/8	8	7/8	5 7/8	18
	mm	190.5	58.9	28.6	79.4	73.15	100.0	104.8		22.2	149.2	8
3"	Polegadas	8 1/4	2.90	1 1/4	3 1/4	3.50	4 5/8	5	8	7/8	6 5/8	23
	mm	209.55	73.7	31.8	82.5	88.9	117.5	127.0		22.2	168.3	10.5
3 1/2"	Polegadas	9	3.36	1 3/8	3 3/8	4.00	5 1/4	5 1/2	8	1	7 1/4	26
	mm	228.6	85.3	34.9	85.7	101.6	133.35	139.7		25.4	184.15	12
4"	Polegadas	10 3/4	3.83	1 1/2	4	4.50	6	6 3/16	8	1	8 1/2	42
	mm	273.05	97.3	38.1	101.6	114.3	152.4	157.2		25.4	215.9	17
5"	Polegadas	13	4.81	1 3/4	4 1/2	5.56	7 7/16	7 5/16	8	1 1/8	10 1/2	68
	mm	330.2	122.2	44.4	114.3	141.2	188.9	185.7		28.6	266.7	31
6"	Polegadas	14	5.76	1 7/8	4 5/8	6.63	8 3/4	8 1/2	12	1 1/8	11 1/2	81
	mm	355.6	146.3	47.6	117.5	168.4	222.25	215.9		28.6	292.1	37
8"	Polegadas	16 1/2	7.63	2 3/16	5 1/4	8.63	10 3/4	10 5/8	12	1 1/4	13 3/4	117
	mm	419.1	193.8	55.6	133.35	219.2	273.05	269.9		31.7	349.2	53
10"	Polegadas	20	9.75	2 1/2	6	10.75	13 1/2	12 3/4	16	1 3/8	17	189
	mm	508.0	247.65	63.5	152.4	273.05	342.9	323.8		34.9	431.8	86
12"	Polegadas	22	11.75	2 5/8	6 1/8	12.75	15 3/4	15	20	1 3/8	19 1/4	226
	mm	558.8	298.45	66.7	155.6	323.85	400.0	381.0		34.9	488.9	102
14"	Polegadas	23 3/4	As specified by Purchaser / Especificações sob encomenda	2 3/4	6 1/2	14.00	17	16 1/4	20	1 1/2	20 3/4	347
	mm	603.2		69.9	165.1	355.6	431.8	412.7		38.1	527.0	157
16"	Polegadas	27		3	7	16.00	19 1/2	18 1/2	20	1 5/8	23 3/4	431
	mm	685.8		76.2	177.8	406.4	495.3	469.9		41.3	603.2	218
18"	Polegadas	29 1/4		3 1/4	7 1/4	18.00	21 1/2	21	20	1 3/4	25 3/4	555
	mm	742.9		82.6	184.15	457.2	546.1	533.4		44.4	654.0	251
20"	Polegadas	32		3 1/2	7 1/2	20.00	24	23	24	1 3/4	28 1/2	690
	mm	812.8		88.9	190.5	508.0	609.6	584.2		44.4	723.9	313
24"	Polegadas	37		4	8	24	28 1/4	27 1/4	24	2	33	977
	mm	939.8		101.6	203.2	609.6	717.5	692.1		50.8	838.2	443

Welding Neck Flanges Flanges de pescoço

900 Lb.

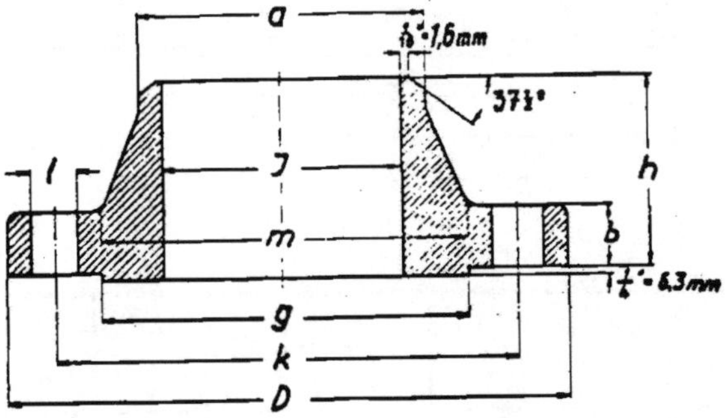

900 Lb.

(ANSI B 16.5) ASTM A 105 - Gr. II

Nominal Pipe Size / Diâmetro nominal		Flange D	Flange J	Flange b	Flange h	Hub / Pescoço a	Hub / Pescoço m	Raised Face / Face ressaltada g	Drilling Template / Furação: Number / Número	Drilling Template / Furação: l	Drilling Template / Furação: k	Approx. Weight Pounds / Peso Aprox. Quilos
1/2"	Polegadas	4 3/4	As Specified by Purchaser / Especificações sob encomenda	7/8	2 3/8	0.84	1 1/2	1 3/8	4	7/8	3 1/4	9
	mm	120.65		22.2	60.3	21.3	38.1	34.9		22.2	82.5	2
3/4"	Polegadas	5 1/8		1	2 3/4	1.05	1 3/4	1 11/16	4	7/8	3 1/2	9
	mm	130.2		25.4	69.8	26.7	44.4	42.9		22.2	88.9	3
1"	Polegadas	5 7/8		1 1/8	2 7/8	1.32	2 1/16	2	4	1	4	9
	mm	149.2		28.6	73.0	33.5	52.4	50.8		25.4	101.6	4
1 1/4"	Polegadas	6 1/4		1 1/8	2 7/8	1.66	2 1/2	2 1/2	4	1	4 3/8	10
	mm	158.75		28.6	73.0	42.2	63.5	63.5		25.4	111.1	4.5
1 1/2"	Polegadas	7		1 1/4	3 1/4	1.90	2 3/4	2 7/8	4	1 1/8	4 7/8	14
	mm	177.8		31.8	82.5	48.3	69.8	73.0		28.6	123.8	6.5
2"	Polegadas	8 1/2		1 1/2	4	2.38	4 1/8	3 5/8	8	1	6 1/2	25
	mm	215.9		38.1	101.6	60.45	104.8	92.1		25.4	165.1	11.5
2 1/2"	Polegadas	9 5/8		1 5/8	4 1/8	2.88	4 7/8	4 1/8	8	1 1/8	7 1/2	36
	mm	244.5		41.3	104.8	73.15	123.8	104.8		28.6	190.5	16.5
3"	Polegadas	9 1/2		1 1/2	4	3.50	5	5	8	1	7 1/2	32
	mm	241.3		38.1	101.6	88.9	127.0	127.0		25.4	190.5	14.5
4"	Polegadas	11 1/2		1 3/4	4 1/2	4.50	6 1/4	6 3/16	8	1 1/4	9 1/4	51
	mm	292.1		44.5	114.3	114.3	158.75	157.2		31.7	234.95	23
5"	Polegadas	13 3/4		2	5	5.56	7 1/2	7 5/16	8	1 3/8	11	86
	mm	349.2		50.8	127.0	141.2	190.5	185.7		34.9	279.4	39
6"	Polegadas	15		2 3/16	5 1/2	6.63	9 1/4	8 1/2	12	1 1/4	12 1/2	110
	mm	381.0		55.6	139.7	168.4	234.95	215.9		31.7	317.5	50
8"	Polegadas	18 1/2		2 1/2	6 3/8	8.63	11 3/4	10 5/8	12	1 1/2	15 1/2	187
	mm	469.9		63.5	161.9	219.2	298.4	269.9		38.1	393.7	85
10"	Polegadas	21 1/2		2 3/4	7 1/4	10.75	14 1/2	12 3/4	16	1 1/2	18 1/2	268
	mm	546.1		69.9	184.15	273.05	368.3	323.9		38.1	469.9	121
12"	Polegadas	24		3 1/8	7 7/8	12.75	16 1/2	15	20	1 1/2	21	372
	mm	609.6		79.4	200.0	323.85	419.1	381.0		38.1	533.4	168
14"	Polegadas	25 1/4		3 3/8	8 3/8	14.00	17 3/4	16 1/4	20	1 5/8	22	562
	mm	641.3		85.7	212.7	355.6	450.8	412.7		41.3	558.8	255
16"	Polegadas	27 3/4		3 1/2	8 1/2	16.00	20	18 1/2	20	1 3/4	24 1/4	685
	mm	704.8		88.9	215.9	406.4	508.0	469.9		44.4	615.9	310
18"	Polegadas	31		4	9	18.00	22 1/4	21	20	2	27	924
	mm	787.4		101.6	228.6	457.2	565.1	533.4		50.8	685.8	418
20"	Polegadas	33 3/4		4 1/4	9 3/4	20.00	24 1/2	23	20	2 1/8	29 1/2	1164
	mm	857.2		107.95	247.65	508.0	622.3	584.2		54.0	749.3	527
24"	Polegadas	41		5 1/2	11 1/2	24.00	29 1/2	27 1/4	20	2 5/8	35 1/2	2107
	mm	1041.4		139.7	292.1	609.6	[illegible]	692.1		66.7	901.7	954

150 Lb. 150 Lb.

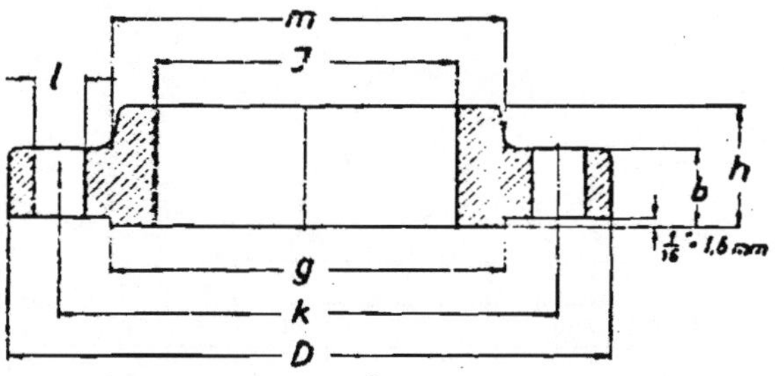

ANSI B 16.5 ASTM A 181 - Gr. I

Nominal Pipe Size / Diâmetro nominal		Flange D	Flange J	Flange b	Flange h	Hub / Pescoço m	Raised Face / Face ressaltada g	Drilling Template / Furação Number / Número	Drilling Template / Furação l	Drilling Template / Furação k	Approx. Weight Pounds / Peso Aprox. Quilos
1/2"	Polegadas	3 1/2	0.88	7/16	5/8	1 3/16	1 3/8	4	5/8	2 3/8	2
	mm	88.9	22.3	11.1	15.9	30.2	34.9		15.9	60.3	0.8
3/4"	Polegadas	3 7/8	1.09	1/2	5/8	1 1/2	1 11/16	4	5/8	2 3/4	2
	mm	98.4	27.7	12.7	15.9	38.1	42.9		15.9	69.8	0.9
1"	Polegadas	4 1/4	1.38	9/16	11/16	1 15/16	2	4	5/8	3 1/8	2
	mm	107.9	35.0	14.3	17.5	49.2	50.8		15.9	79.4	1
1 1/4"	Polegadas	4 5/8	1.72	5/8	13/16	2 5/16	2 1/2	4	5/8	3 1/2	3
	mm	117.5	43.7	15.9	20.6	58.7	63.5		15.9	88.9	1.3
1 1/2"	Polegadas	5	1.97	11/16	7/8	2 9/16	2 7/8	4	5/8	3 7/8	3
	mm	127.0	50.3	17.5	22.2	65.1	73.0		15.9	98.4	1.4
2"	Polegadas	6	2.44	3/4	1	3 1/16	3 5/8	4	3/4	4 3/4	5
	mm	152.4	62.0	19.1	25.4	77.8	92.1		19.0	120.6	2.3
2 1/2"	Polegadas	7	2.94	7/8	1 1/8	3 9/16	4 1/8	4	3/4	5 1/2	7
	mm	177.8	74.7	22.2	28.6	90.5	104.8		19.0	139.7	3
3"	Polegadas	7 1/2	3.56	15/16	1 3/16	4 1/4	5	4	3/4	6	8
	mm	190.5	90.4	23.8	30.2	107.9	127.0		19.0	152.4	3.5
3 1/2"	Polegadas	8 1/2	4.06	15/16	1 1/4	4 13/16	5 1/2	8	3/4	7	11
	mm	215.9	103.1	23.8	31.7	122.2	139.7		19.0	177.8	5
4"	Polegadas	9	4.56	15/16	1 5/16	5 5/16	6 3/16	8	3/4	7 1/2	13
	mm	228.6	115.8	23.8	33.3	134.9	157.2		19.0	190.5	6
5"	Polegadas	10	5.66	15/16	1 7/16	6 7/16	7 5/16	8	7/8	8 1/2	15
	mm	254	143.8	23.8	36.5	163.5	185.7		22.2	215.9	7
6"	Polegadas	11	6.72	1	1 9/16	7 9/16	8 1/2	8	7/8	9 1/2	19
	mm	279.4	170.7	25.4	39.7	192.1	215.9		22.2	241.3	8.5
8"	Polegadas	13 1/2	8.72	1 1/8	1 3/4	9 11/16	10 5/8	8	7/8	11 3/4	30
	mm	342.9	221.5	28.6	44.4	246.1	269.9		22.2	298.4	13.5
10"	Polegadas	16	10.88	1 3/16	1 15/16	12	12 3/4	12	1	14 1/4	43
	mm	406.4	276.3	30.2	49.2	304.8	323.8		25.4	361.9	19.5
12"	Polegadas	19	12.88	1 1/4	2 3/16	14 3/8	15	12	1	17	64
	mm	482.6	327.1	31.8	55.6	365.1	381.0		25.4	431.8	29
14"	Polegadas	21	14.19	1 3/8	2 1/4	15 3/4	16 1/4	12	1 1/8	18 3/4	85
	mm	533.4	360.4	34.9	57.1	400.0	412.7		28.6	476.2	33.5
16"	Polegadas	23 1/2	16.19	1 7/16	2 1/2	18	18 1/2	16	1 1/8	21 1/4	93
	mm	596.9	411.2	36.5	63.5	457.2	469.9		28.6	539.7	42
18"	Polegadas	25	18.19	1 9/16	2 11/16	19 7/8	21	16	1 1/4	22 3/4	120
	mm	635.0	462.0	39.7	68.3	504.8	533.4		31.7	577.8	54
20"	Polegadas	27 1/2	20.19	1 11/16	2 7/8	22	23	20	1 1/4	25	155
	mm	698.5	512.8	42.9	73.0	558.8	584.2		31.7	635.0	70
24"	Polegadas	32	24.19	1 7/8	3 1/4	26 1/8	27 1/4	20	1 3/8	29 1/2	210
	mm	812.8	614.4	47.6	82.5	663.6	692.1		34.9	749.3	95

Slip-on Flanges

Flanges sobrepostos

300 Lb.

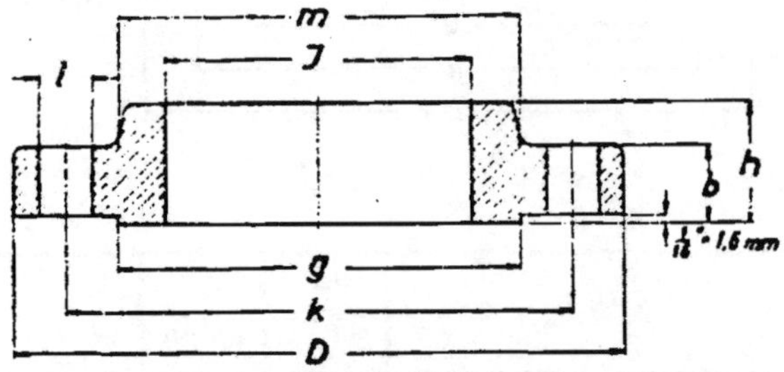

300 Lb.

ANSI B 16.5

ASTM A 181 - Gr. I

Nominal Pipe Size / Diametro nominal		Flange D	Flange J	Flange b	Flange h	Hub / Pescoço m	Raised Face / Face ressaltada g	Drilling Template / Furação: Number / Número	Drilling Template / Furação: l	Drilling Template / Furação: k	Approx. Weight Pounds / Peso Aprox. Quilos
1/2"	Polegadas	3 3/4	0.88	9/16	7/8	1 1/2	1 3/8	4	5/8	2 5/8	3
	mm	95.2	22.3	14.3	22.2	38.1	34.9		15.9	66.7	1.2
3/4"	Polegadas	4 5/8	1.09	5/8	1	1 7/8	1 11/16	4	3/4	3 1/4	3
	mm	117.5	27.7	15.9	25.4	47.6	42.9		19.0	82.5	1.3
1"	Polegadas	4 7/8	1.38	11/16	1 1/16	2 1/8	2	4	3/4	3 1/2	3
	mm	123.8	35.0	17.5	27.0	54.0	50.8		19.0	88.9	1.4
1 1/4"	Polegadas	5 1/4	1.72	3/4	1 1/16	2 1/2	2 1/2	4	3/4	3 7/8	4
	mm	133.3	43.7	19.0	27.0	63.5	63.5		19.0	98.4	1.8
1 1/2"	Polegadas	6 1/8	1.97	13/16	1 3/16	2 3/4	2 7/8	4	7/8	4 1/2	6
	mm	155.6	50.3	20.6	30.2	69.8	73.0		22.2	114.3	2.5
2"	Polegadas	6 1/2	2.44	7/8	1 5/16	3 5/16	3 5/8	8	3/4	5	7
	mm	165.1	62.0	22.2	33.3	84.1	92.1		19.0	127.0	3
2 1/2"	Polegadas	7 1/2	2.94	1	1 1/2	3 15/16	4 1/8	8	7/8	5 7/8	10
	mm	190.5	74.7	25.4	38.1	100.0	104.8		22.2	149.2	4.5
3"	Polegadas	8 1/4	3.56	1 1/8	1 11/16	4 5/8	5	8	7/8	6 5/8	13
	mm	209.5	90.4	28.6	42.9	117.5	127.0		22.2	168.3	6
3 1/2"	Polegadas	9	4.06	1 3/16	1 3/4	5 1/4	5 1/2	8	7/8	7 1/4	17
	mm	228.5	103.1	30.2	44.4	133.4	139.7		22.2	184.1	7.5
4"	Polegadas	10	4.56	1 1/4	1 7/8	5 3/4	6 3/16	8	7/8	7 7/8	22
	mm	254.0	115.8	31.8	47.6	146.0	157.2		22.2	200.0	10
5"	Polegadas	11	5.66	1 3/8	2	7	7 5/16	8	7/8	9 1/4	28
	mm	279.4	143.8	34.9	50.8	177.8	185.7		22.2	234.9	12.5
6"	Polegadas	12 1/2	6.72	1 7/16	2 1/16	8 1/8	8 1/2	12	7/8	10 5/8	39
	mm	317.5	170.7	36.5	52.4	206.4	215.9		22.2	269.9	17.5
8"	Polegadas	15	8.72	1 5/8	2 7/16	10 1/4	10 5/8	12	1	13	58
	mm	381.0	221.5	41.3	61.9	260.3	269.9		25.4	330.2	26
10"	Polegadas	17 1/2	10.88	1 7/8	2 5/8	12 5/8	12 3/4	16	1 1/8	15 1/4	81
	mm	444.5	276.3	47.6	66.7	320.7	323.8		28.6	387.3	36.5
12"	Polegadas	20 1/2	12.88	2	2 7/8	14 3/4	15	16	1 1/4	17 3/4	115
	mm	520.7	327.1	50.8	73.0	374.6	381.0		31.7	450.8	52
14"	Polegadas	23	14.19	2 1/8	3	16 3/4	16 1/4	20	1 1/4	20 1/4	164
	mm	584.2	360.4	54.0	76.2	425.4	412.7		31.7	514.3	74
16"	Polegadas	25 1/2	16.19	2 1/4	3 1/4	19	18 1/2	20	1 3/8	22 1/2	220
	mm	647.7	411.2	57.2	82.5	482.6	469.9		34.9	571.5	100
18"	Polegadas	28	18.19	2 3/8	3 1/2	21	21	24	1 3/8	24 3/4	280
	mm	711.2	462.0	60.3	88.9	533.4	533.4		34.9	628.5	127
20"	Polegadas	30 1/2	20.19	2 1/2	3 3/4	23 1/8	23	24	1 3/8	27	325
	mm	774.7	512.8	63.5	95.2	587.4	584.2		34.9	685.8	147
24"	Polegadas	36	24.19	2 3/4	4 3/16	27 5/8	27 1/4	24	1 5/8	32	470
	mm	914.4	614.4	69.9	106.4	701.7	692.1		41.3	812.8	212

400 Lb. | 400 Lb.

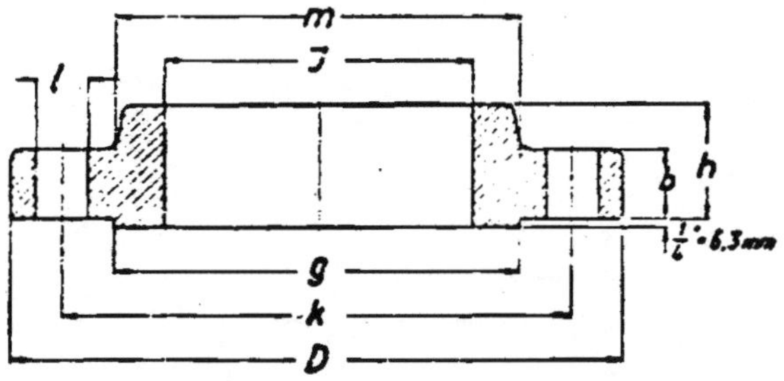

ANSI B 16.5 | ASTM A 105 - Gr. I

Nominal Pipe Size / Diâmetro nominal		Flange D	Flange J	Flange b	Flange h	Hub / Fescoço m	Raised Face / Face ressaltada g	Drilling Template / Furação Number / Número	Drilling Template / Furação l	Drilling Template / Furação k	Approx. Weight Pounds / Peso Aprox. Quilos
1/2"	Polegadas	3 3/4	0.88	9/16	7/8	1 1/2	1 3/8	4	5/8	2 5/8	3
	mm	95.2	22.3	14.3	22.2	38.1	34.9		15.9	66.7	1.3
3/4"	Polegadas	4 5/8	1.09	5/8	1	1 7/8	1 11/16	4	3/4	3 1/4	3
	mm	117.5	27.7	15.9	25.4	47.6	42.9		19.0	82.5	1.4
1"	Polegadas	4 7/8	1.38	11/16	1 1/16	2 1/8	2	4	3/4	3 1/2	4
	mm	123.8	35.0	17.5	27.0	54.0	50.8		19.0	88.9	1.8
1 1/4"	Polegadas	5 1/4	1.72	13/16	1 1/8	2 1/2	2 1/2	4	3/4	3 7/8	6
	mm	133.3	43.7	20.6	23.6	63.5	63.5		19.0	98.4	2.8
1 1/2"	Polegadas	6 1/8	1.97	7/8	1 1/4	2 3/4	2 7/8	4	7/8	4 1/2	7
	mm	155.6	50.3	22.2	31.7	69.8	73.0		22.2	114.3	3.1
2"	Polegadas	6 1/2	2.44	1	1 7/16	3 5/16	3 5/8	8	3/4	5	9
	mm	165.1	62.0	25.4	36.5	84.1	92.1		19.0	127.0	4
2 1/2"	Polegadas	7 1/2	2.94	1 1/8	1 5/8	3 15/16	4 1/8	8	7/8	5 7/8	13
	mm	190.5	74.7	28.6	41.3	100.0	104.8		22.2	149.2	6
3"	Polegadas	8 1/4	3.56	1 1/4	1 13/16	4 5/8	5	8	7/8	6 5/8	16
	mm	209.5	90.4	31.8	46.0	117.5	127.0		22.2	168.3	7
3 1/2"	Polegadas	9	4.06	1 3/8	1 15/16	5 1/4	5 1/2	8	1	7 1/4	21
	mm	228.6	103.1	34.9	49.2	133.3	139.7		25.4	184.1	9.5
4"	Polegadas	10	4.56	1 3/8	2	5 3/4	6 3/16	8	1	7 7/8	26
	mm	254.0	115.8	34.9	50.8	146.0	157.2		25.4	200.0	12
5"	Polegadas	11	5.66	1 1/2	2 1/8	7	7 5/16	8	1	9 1/4	31
	mm	279.4	143.8	38.1	54.0	177.8	185.7		25.4	234.9	14
6"	Polegadas	12 1/2	6.72	1 5/8	2 1/4	8 1/8	8 1/2	12	1	10 5/8	44
	mm	317.5	170.7	41.3	57.1	206.4	215.9		25.4	269.9	20
8"	Polegadas	15	8.72	1 7/8	2 11/16	10 1/4	10 5/8	12	1 1/8	13	67
	mm	381.0	221.5	47.6	68.3	260.3	269.9		28.6	330.2	30
10"	Polegadas	17 1/2	10.88	2 1/8	2 7/8	12 5/8	12 3/4	16	1 1/4	15 1/4	91
	mm	444.5	276.3	54.0	73.0	320.7	323.8		31.7	387.3	41
12"	Polegadas	20 1/2	12.88	2 1/4	3 1/8	14 3/4	15	16	1 3/8	17 3/4	129
	mm	520.7	327.1	57.2	79.4	374.6	381.0		34.9	450.8	58
14"	Polegadas	23	14.19	2 3/8	3 5/16	16 3/4	16 1/4	20	1 3/8	20 1/4	191
	mm	584.2	360.4	60.3	84.1	425.4	412.7		34.9	514.3	87
16"	Polegadas	25 1/2	16.19	2 1/2	3 11/16	19	18 1/2	20	1 1/2	22 1/2	253
	mm	647.7	411.2	63.5	93.7	482.6	469.9		38.1	571.5	115
18"	Polegadas	28	18.19	2 5/8	3 7/8	21	21	24	1 1/2	24 3/4	310
	mm	711.2	462.0	66.7	98.4	533.4	533.4		38.1	628.6	140
20"	Polegadas	30 1/2	20.19	2 3/4	4	23 1/8	23	24	1 5/8	27	378
	mm	774.7	512.8	69.9	101.6	587.4	584.2		41.3	685.8	171
24"	Polegadas	36	24.19	3	4 1/2	27 5/8	27 1/4	24	1 7/8	32	539
	mm	914.4	614.4	76.2	114.3	701.7	692.1		47.6	812.8	244

Slip-on Flanges Flanges sobrepostos

600 Lb. 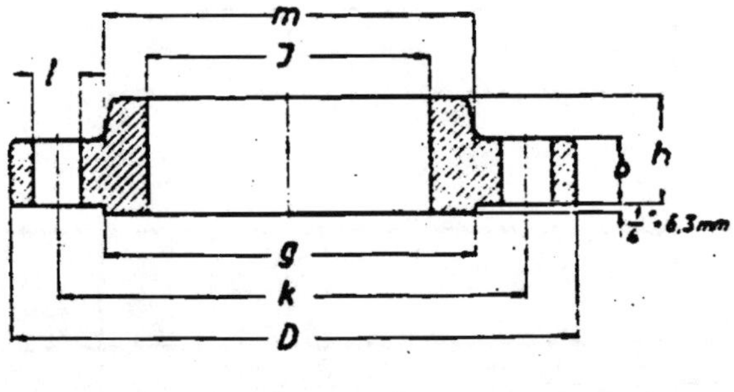 600 Lb.

ANSI B 16.5 ASTM A 105 - Gr. I

Nominal Pipe Size / Diâmetro nominal		Flange D	Flange J	Flange b	Flange h	Hub / Pescoço m	Raised Face / Face ressaltada g	Drilling Template / Furação Number / Número	Drilling Template / Furação l	Drilling Template / Furação k	Approx. Weight Pounds / Peso Aprox. Quilos
1/2"	Polegadas	3 3/4	0.88	9/16	7/8	1 1/2	1 3/8	4	5/8	2 5/8	3
	mm	95.2	22.3	14.3	22.2	38.1	34.9		15.9	66.7	1.3
3/4"	Polegadas	4 5/8	1.09	5/8	1	1 7/8	1 11/16	4	3/4	3 1/4	3
	mm	117.5	27.7	15.9	25.4	47.6	42.9		19.0	82.5	1.4
1"	Polegadas	4 7/8	1.38	11/16	1 1/16	2 1/8	2	4	3/4	3 1/2	4
	mm	123.8	35.0	17.5	27.0	54.0	50.8		19.0	88.9	1.8
1 1/4"	Polegadas	5 1/4	1.72	13/16	1 1/8	2 1/2	2 1/2	4	3/4	3 7/8	6
	mm	133.3	43.7	20.6	28.6	63.5	63.5		19.0	98.4	2.8
1 1/2"	Polegadas	6 1/8	1.97	7/8	1 1/4	2 3/4	2 7/8	4	7/8	4 1/2	7
	mm	155.6	50.3	22.2	31.7	69.8	73.0		22.2	114.3	3.1
2"	Polegadas	6 1/2	2.44	1	1 7/16	3 5/16	3 5/8	8	3/4	5	9
	mm	165.1	62.0	25.4	36.5	84.1	92.1		19.0	127.0	4
2 1/2"	Polegadas	7 1/2	2.94	1 1/8	1 5/8	3 15/16	4 1/8	8	7/8	5 7/8	13
	mm	190.5	74.7	28.6	41.3	100.0	104.8		22.2	149.2	6
3"	Polegadas	8 1/4	3.56	1 1/4	1 13/16	4 5/8	5	8	7/8	6 5/8	16
	mm	209.5	90.4	31.8	46.0	117.5	127.0		22.2	165.3	7
3 1/2"	Polegadas	9	4.06	1 3/8	1 15/16	5 1/4	5 1/2	8	1	7 1/4	21
	mm	228.6	103.1	34.9	49.2	133.3	139.7		25.4	184.1	9.5
4"	Polegadas	10 3/4	4.56	1 1/2	2 1/8	6	6 3/16	8	1	8 1/2	37
	mm	273.0	115.8	38.1	54.0	152.4	157.2		25.4	215.9	18
5"	Polegadas	13	5.66	1 3/4	2 3/8	7 7/16	7 5/16	8	1 1/8	10 1/2	63
	mm	330.2	143.8	44.4	60.3	189.9	185.7		28.6	266.7	28
6"	Polegadas	14	6.72	1 7/8	2 5/8	8 3/4	8 1/2	12	1 1/8	11 1/2	80
	mm	355.6	170.7	47.6	66.7	222.2	215.9		28.6	292.1	36
8"	Polegadas	16 1/2	8.72	2 3/16	3	10 3/4	10 5/8	12	1 1/4	13 3/4	115
	mm	419.1	221.5	55.6	76.2	273.0	269.9		31.7	349.2	52
10"	Polegadas	20	10.88	2 1/2	3 3/8	13 1/2	12 3/4	16	1 3/8	17	177
	mm	508.0	276.3	63.5	85.7	342.9	323.8		34.9	431.8	80
12"	Polegadas	22	12.88	2 5/8	3 5/8	15 3/4	15	20	1 3/8	19 1/4	215
	mm	558.8	327.1	66.7	92.1	400.0	381.0		34.9	483.9	97
14"	Polegadas	23 3/4	14.19	2 3/4	3 11/16	17	16 1/4	20	1 1/2	20 3/4	259
	mm	603.2	360.4	69.9	93.7	431.8	412.7		38.1	527.0	117
16"	Polegadas	27	16.19	3	4 3/16	19 1/2	18 1/2	20	1 5/8	23 3/4	366
	mm	685.8	411.2	76.2	106.4	495.3	469.9		41.3	603.2	166
18"	Polegadas	29 1/4	18.19	3 1/4	4 5/8	21 1/2	21	20	1 3/4	25 3/4	476
	mm	742.9	462.0	82.6	117.5	546.1	533.4		44.4	654.0	216
20"	Polegadas	32	20.19	3 1/2	5	24	23	24	1 3/4	28 1/2	612
	mm	812.8	512.8	88.9	127.0	609.6	584.2		44.4	723.9	277
24"	Polegadas	37	24.19	4	5 1/2	28 1/4	27 1/4	24	2	33	876
	mm	939.8	614.4	101.6	139.7	717.5	692.1		50.8	838.2	397

150 Lb.

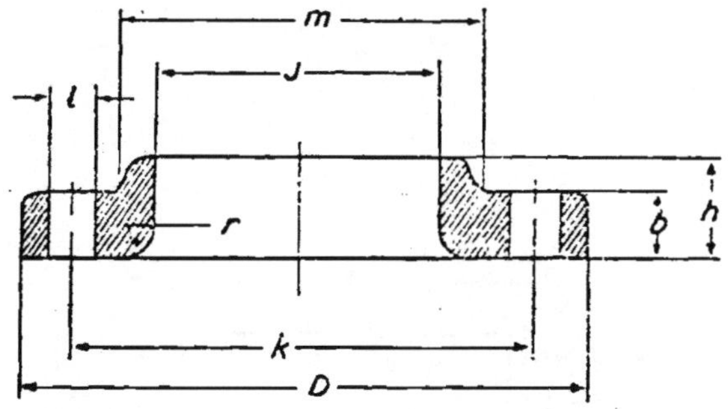

150 Lb.

ANSI B 16.5 | ASTM A 181 - Gr. I

Nominal Pipe Size / Diâmetro nominal		Flange D	Flange J	Flange b	Flange h	Hub / Pescoço m	RADIUS r	Drilling Template / Furação — Number / Número	Drilling Template / Furação l	Drilling Template / Furação k	Approx. Weight Pounds / Peso Aprox. Quilos
1/2"	Polegadas	3 1/2	0.90	7/16	5/8	1 3/16	1/8	4	5/8	2 3/8	2
	mm	88.9	22.9	11.1	15.9	30.2	3.2		15.9	60.3	0.8
3/4"	Polegadas	3 7/8	1.11	1/2	5/8	1 1/2	1/8	4	5/8	2 3/4	2
	mm	98.4	28.2	12.7	15.9	38.1	3.2		15.9	69.8	0.9
1"	Polegadas	4 1/4	1.38	9/16	11/16	1 15/16	1/8	4	5/8	3 1/8	2
	mm	107.9	35.1	14.3	17.5	49.2	3.2		15.9	79.4	1
1 1/4"	Polegadas	4 5/8	1.72	5/8	13/16	2 5/16	3/16	4	5/8	3 1/2	3
	mm	117.5	43.7	15.9	20.6	58.7	4.8		15.9	88.9	1.3
1 1/2"	Polegadas	5	1.97	11/16	7/8	2 9/16	1/4	4	5/8	3 7/8	3
	mm	127.0	50.0	17.5	22.2	65.1	6.4		15.9	98.4	1.4
2"	Polegadas	6	2.46	3/4	1	3 1/16	5/16	4	3/4	4 3/4	5
	mm	152.4	62.5	19.1	25.4	77.8	7.9		19.0	120.6	2.3
2 1/2"	Polegadas	7	2.97	7/8	1 1/8	3 9/16	5/16	4	3/4	5 1/2	7
	mm	177.8	75.4	22.3	28.6	90.5	7.9		19.0	139.7	3
3"	Polegadas	7 1/2	3.60	15/16	1 3/16	4 1/4	3/8	4	3/4	6	8
	mm	190.5	91.4	23.8	30.2	107.9	9.5		19.0	152.4	3.5
3 1/2"	Polegadas	8 1/2	4.10	15/16	1 1/4	4 13/16	3/8	8	3/4	7	11
	mm	215.9	104.1	23.8	31.7	122.2	9.5		19.0	177.8	5
4"	Polegadas	9	4.60	15/16	1 5/16	5 5/16	7/16	8	3/4	7 1/2	13
	mm	228.6	116.8	23.8	33.3	134.9	11.1		19.0	190.5	6
5"	Polegadas	10	5.69	15/16	1 7/16	6 7/16	7/16	8	7/8	8 1/2	15
	mm	254.0	144.5	23.8	36.5	163.5	11.1		22.2	215.9	7
6"	Polegadas	11	6.75	1	1 9/16	7 9/16	1/2	8	7/8	9 1/2	19
	mm	279.4	171.4	25.4	39.7	192.1	12.7		22.2	241.3	8.5
8"	Polegadas	13 1/2	8.75	1 1/8	1 3/4	9 11/16	1/2	8	7/8	11 3/4	30
	mm	342.9	222.2	28.6	44.4	246.1	12.7		22.2	298.4	13.5
10"	Polegadas	16	10.92	1 3/16	1 15/16	12	1/2	12	1	14 1/4	43
	mm	406.4	277.4	30.2	49.2	304.8	12.7		25.4	361.9	19.5
12"	Polegadas	19	12.92	1 1/4	2 3/16	14 3/8	1/2	12	1	17	64
	mm	482.6	32.82	31.8	55.6	365.1	12.7		25.4	431.8	29
14"	Polegadas	21	14.18	1 3/8	3 1/8	15 3/4	1/2	12	1 1/8	18 3/4	85
	mm	533.4	360.2	34.9	79.4	400.0	12.7		28.6	476.2	38.5
16"	Polegadas	23 1/2	16.19	1 7/16	3 7/16	18	1/2	16	1 1/8	21 1/4	93
	mm	596.9	411.2	36.5	87.3	457.2	12.7		28.6	539.7	42
18"	Polegadas	25	18.20	1 9/16	3 13/16	19 7/8	1/2	16	1 1/4	22 3/4	120
	mm	635.0	462.3	39.7	96.8	504.8	12.7		31.7	577.8	54
20"	Polegadas	27 1/2	20.25	1 11/16	4 1/16	22	1/2	20	1 1/4	25	155
	mm	698.5	514.3	42.9	103.2	558.8	12.7		31.7	635.0	70
24"	Polegadas	32	24.25	1 7/8	4 3/8	26 1/8	1/2	20	1 3/8	29 1/2	210
	mm	812.8	615.9	47.6	111.1	663.6	12.7		34.9	749.3	95

Lap Joint Flanges **Flanges soltos**

300 Lb. 300 Lb.

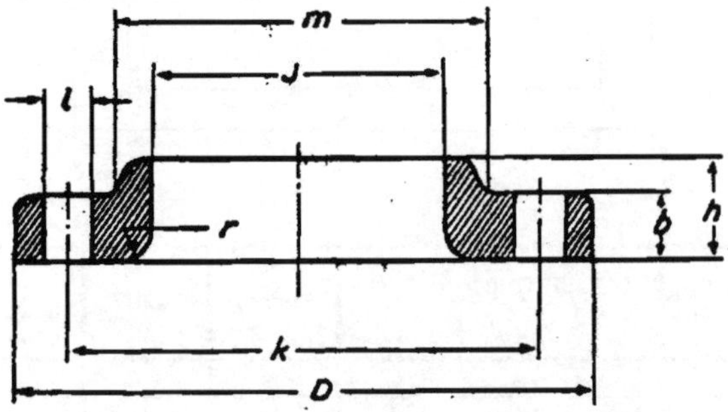

ANSI B 16.5 ASTM A 181 - Gr. I

Nominal Pipe Size / Diâmetro nominal		Flange D	Flange J	Flange b	Flange h	Hub / Pescoço m	RADIUS r	Drilling Template / Furação: Number / Numero	Drilling Template / Furação: l	Drilling Template / Furação: k	Approx. Weight Pounds / Peso Aprox. Quilos
1/2"	Polegadas	3 3/4	0.90	9/16	7/8	1 1/2	1/8	4	5/8	2 5/8	3
	mm	95.2	22.9	14.3	22.2	38.1	3.2		15.9	66.7	1.2
3/4"	Polegadas	4 5/8	1.11	5/8	1	1 7/8	1/8	4	3/4	3 1/4	3
	mm	117.5	28.2	15.9	25.4	47.6	3.2		19.5	82.5	1.3
1"	Polegadas	4 7/8	1.38	11/16	1 1/16	2 1/8	1/8	4	3/4	3 1/2	3
	mm	123.8	35.1	17.5	27.0	54.0	3.2		19.5	88.9	1.4
1 1/4"	Polegadas	5 1/4	1.72	3/4	1 1/16	2 1/2	3/16	4	3/4	3 7/8	4
	mm	133.35	43.7	19.05	27.0	63.5	4.8		19.5	98.4	1.8
1 1/2"	Polegadas	6 1/8	1.97	13/16	1 3/16	2 3/4	1/4	4	7/8	4 1/2	6
	mm	155.6	50.0	20.6	30.2	69.8	6.4		22.2	114.3	2.5
2"	Polegadas	6 1/2	2.46	7/8	1 5/16	3 5/16	5/16	8	3/4	5	7
	mm	165.1	62.5	22.2	33.3	84.1	7.9		19.05	127	3
2 1/2"	Polegadas	7 1/2	2.97	1	1 1/2	3 15/16	5/16	8	7/8	5 7/8	10
	mm	190.5	75.4	25.4	38.1	100.0	7.9		22.2	149.2	4.5
3"	Polegadas	8 1/4	3.60	1 1/8	1 11/16	4 5/8	3/8	8	7/8	6 5/8	13
	mm	209.55	91.4	28.6	42.9	117.5	9.5		22.2	168.3	6
3 1/2"	Polegadas	9	4.10	1 3/16	1 3/4	5 1/4	3/8	8	7/8	7 1/4	17
	mm	228.6	104.1	30.2	44.4	133.35	9.5		22.2	184.15	7.5
4"	Polegadas	10	4.60	1 1/4	1 7/8	5 3/4	7/16	8	7/8	7 7/8	22
	mm	254	116.8	31.8	47.6	146.05	11.1		22.2	200.0	10
5"	Polegadas	11	5.69	1 3/8	2	7	7/16	8	7/8	9 1/4	28
	mm	279.4	144.5	34.9	50.8	177.8	11.1		22.2	234.95	12.5
6"	Polegadas	12 1/2	6.75	1 7/16	2 1/16	8 1/8	1/2	12	7/8	10 5/8	39
	mm	317.5	171.4	36.5	52.4	206.4	12.7		22.2	269.9	17.5
8"	Polegadas	15	8.75	1 5/8	2 7/16	10 1/4	1/2	12	1	13	58
	mm	381.0	222.2	41.3	61.9	260.35	12.7		25.4	330.2	26
10"	Polegadas	17 1/2	10.92	1 7/8	3 3/4	12 5/8	1/2	16	1 1/8	15 1/4	81
	mm	444.5	277.4	47.6	95.2	320.7	12.7		28.6	387.3	36.5
12"	Polegadas	20 1/2	12.92	2	4	14 3/4	1/2	16	1 1/4	17 3/4	115
	mm	520.7	328.2	50.8	101.6	374.6	12.7		31.7	450.8	52
14"	Polegadas	23	14.18	2 1/8	4 3/8	16 3/4	1/2	20	1 1/4	20 1/4	164
	mm	584.2	360.2	54.0	111.1	425.4	12.7		31.7	514.3	74
16"	Polegadas	25 1/2	16.19	2 1/4	4 3/4	19	1/2	20	1 3/8	22 1/2	220
	mm	647.7	411.2	57.2	120.6	482.6	12.7		34.9	571.5	100
18"	Polegadas	28	18.20	2 3/8	5 1/8	21	1/2	24	1 3/8	24 3/4	280
	mm	711.2	462.3	60.3	130.2	533.4	12.7		34.9	628.6	127
20"	Polegadas	30 1/2	20.25	2 1/2	5 1/2	23 1/8	1/2	24	1 3/8	27	325
	mm	774.7	514.3	63.5	139.7	587.4	12.7		34.9	685.8	147
24"	Polegadas	36	24.25	2 3/4	6	27 [illegible]	1/2	24	1 5/8	32	490
	mm	914.4	615.9	69.9	152.4	701.7	12.7		41.3	812.8	222

Threaded Flanges

Flanges roscados

150 Lb.

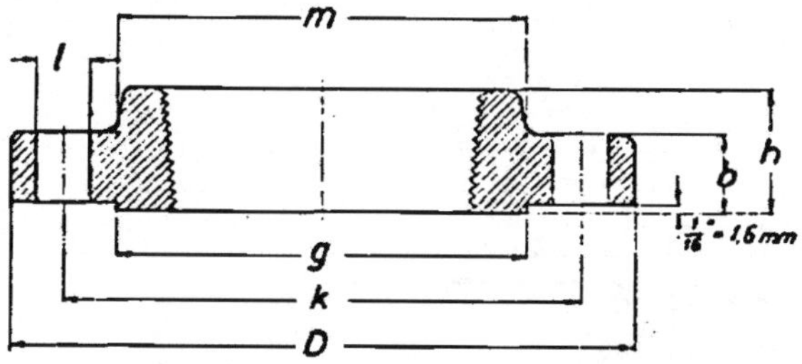

150 Lb.

ANSI B 16.5

ASTM A 181 - Gr. I

Nominal Pipe Size / Diâmetro nominal		Flange D	Flange J	Flange o	Flange h	Hub / Pescoço m	Raised Face / Face ressaltada s	Drilling Template / Furação: Number / Número	Drilling Template / Furação: l	Drilling Template / Furação: k	Approx. Weight Pounds / Peso Aprox. Quilos
1/2"	Polegadas	3 1/2		7/16	5/8	1 3/16	1 3/8	4	5/8	2 3/8	2
	mm	88.9		11.1	15.9	30.2	34.9		15.9	60.3	0.8
3/4"	Polegadas	3 7/8		1/2	5/8	1 1/2	1 11/16	4	5/8	2 3/4	2
	mm	98.4		12.7	15.9	38.1	42.9		15.9	69.8	0.9
1"	Polegadas	4 1/4		9/16	11/16	1 15/16	2	4	5/8	3 1/8	2
	mm	107.9		14.3	17.5	49.2	50.8		15.9	79.4	1
1 1/4"	Polegadas	4 5/8		5/8	13/16	2 5/16	2 1/2	4	5/8	3 1/2	3
	mm	117.5		15.9	20.6	58.7	63.5		15.9	88.9	1.3
1 1/2"	Polegadas	5		11/16	7/8	2 9/16	2 7/8	4	5/8	3 7/8	3
	mm	127.0		17.5	22.2	65.1	73.0		15.9	98.4	1.4
2"	Polegadas	6		3/4	1	3 1/16	3 5/8	4	3/4	4 3/4	5
	mm	152.4		19.1	25.4	77.8	92.1		19.0	120.6	2.3
2 1/2"	Polegadas	7		7/8	1 1/8	3 7/16	4 1/8	4	3/4	5 1/2	7
	mm	177.8		22.3	28.6	90.5	104.8		19.0	139.7	3
3"	Polegadas	7 1/2		15/16	1 3/16	4 1/4	5	4	3/4	6	8
	mm	190.5		23.8	30.2	107.9	127.0		19.0	152.4	3.5
3 1/2"	Polegadas	8 1/2		15/16	1 1/4	4 13/16	5 1/2	8	3/4	7	11
	mm	215.9		23.8	31.7	122.2	139.7		19.0	177.8	5
4"	Polegadas	9		15/16	1 5/16	5 5/16	6 3/16	8	3/4	7 1/2	13
	mm	228.6		23.8	33.3	134.9	157.2		19.0	190.5	6
5"	Polegadas	10		15/16	1 7/16	6 7/16	7 5/16	8	7/8	8 1/2	15
	mm	254.0		23.8	36.5	163.5	185.7		22.2	215.9	7
6"	Polegadas	11		1	1 9/16	7 9/16	8 1/2	8	7/8	9 1/2	19
	mm	279.4		25.4	39.7	192.1	215.9		22.2	241.3	8.5
8"	Polegadas	13 1/2		1 1/8	1 3/4	9 11/16	10 5/8	8	7/8	11 3/4	30
	mm	342.9		28.6	44.4	246.1	269.9		22.2	298.4	13.5
10"	Polegadas	16		1 3/16	1 15/16	12	12 3/4	12	1	14 1/4	43
	mm	406.4		30.2	49.2	304.8	323.8		25.4	361.9	19.5
12"	Polegadas	19		1 1/4	2 3/16	14 3/8	15	12	1	17	64
	mm	482.6		31.8	55.6	365.1	381.0		25.4	431.8	29
14"	Polegadas	21		1 3/8	2 1/4	15 3/4	16 1/4	12	1 1/8	18 3/4	85
	mm	533.4		34.9	57.1	400.0	412.7		28.6	476.2	38.5
16"	Polegadas	23 1/2		1 7/16	2 1/2	18	18 1/2	16	1 1/8	21 1/4	93
	mm	596.9		36.5	63.5	457.2	469.9		28.6	539.7	42
18"	Polegadas	25		1 9/16	2 11/16	19 7/8	21	16	1 1/4	22 3/4	120
	mm	635.0		39.7	68.3	504.8	533.4		31.7	577.8	54
20"	Polegadas	27 1/2		1 11/16	2 7/8	22	23	20	1 1/4	25	155
	mm	698.5		42.9	73.0	558.8	584.2		31.7	635.0	70
24"	Polegadas	32		1 7/8	3 1/4	26 1/8	27 1/4	20	1 3/8	29 1/2	210
	mm	812.8		47.6	82.5	663.6	692.1		34.9	749.3	95

Threaded Flanges Flanges roscados

300 Lb.

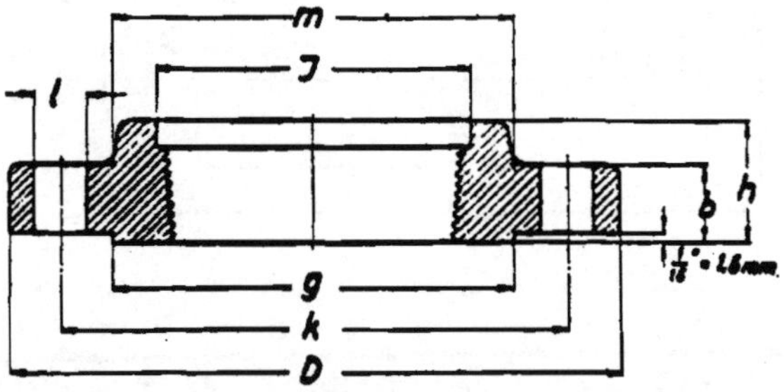

300 Lb.

ANSI B 16.5 ASTM A 181 - Gr. I

Nominal Pipe Size / Diâmetro nominal		Flange D	Flange J	Flange b	Flange h	Hub / Pescoço m	Raised Face / Face ressaltada g	Drilling Template / Furação: Number / Número	Drilling Template / Furação: l	Drilling Template / Furação: k	Approx. Weight Pounds / Peso Aprox. Quilos
1/2"	Polegadas	3 3/4	0.93	9/16	7/8	1 1/2	1 3/8	4	5/8	2 5/8	3
	mm	95.2	23.6	14.3	22.2	38.1	34.9		15.9	66.7	1.2
3/4"	Polegadas	4 5/8	1.14	5/8	1	1 7/8	1 11/16	4	3/4	3 1/4	3
	mm	117.5	28.95	15.9	25.4	47.6	42.9		19.05	82.5	1.3
1"	Polegadas	4 7/8	1.41	11/16	1 1/16	2 1/8	2	4	3/4	3 1/2	3
	mm	123.8	35.8	17.5	27.0	54.0	50.8		19.05	88.9	1.4
1 1/4"	Polegadas	5 1/4	1.75	3/4	1 1/16	2 1/2	2 1/2	4	3/4	3 7/8	4
	mm	133.35	44.45	19.05	27.0	63.5	63.5		19.05	98.4	1.8
1 1/2"	Polegadas	6 1/8	1.99	13/16	1 3/16	2 3/4	2 7/8	4	7/8	4 1/2	6
	mm	155.6	50.5	20.6	30.2	69.8	73.0		22.2	114.3	2.5
2"	Polegadas	6 1/2	2.50	7/8	1 5/16	3 5/16	3 5/8	8	3/4	5	7
	mm	165.1	63.5	22.2	33.3	84.1	92.1		19.05	127	3
2 1/2"	Polegadas	7 1/2	3.00	1	1 1/2	3 15/16	4 1/8	8	7/8	5 7/8	10
	mm	190.5	76.2	25.4	38.1	100.0	104.8		22.2	149.2	4.5
3"	Polegadas	8 1/4	3.63	1 1/8	1 11/16	4 5/8	5	8	7/8	6 5/8	13
	mm	209.55	92.2	28.6	42.9	117.5	127		22.2	168.3	6
3 1/2"	Polegadas	9	4.13	1 3/16	1 3/4	5 1/4	5 1/2	8	7/8	7 1/4	17
	mm	228.6	104.9	30.2	44.4	133.35	139.7		22.2	184.15	7.5
4"	Polegadas	10	4.63	1 1/4	1 7/8	5 3/4	6 3/16	8	7/8	7 7/8	22
	mm	254	117.6	31.8	47.6	146.05	157.2		22.2	200.0	10
5"	Polegadas	11	5.69	1 3/8	2	7	7 5/16	8	7/8	9 1/4	28
	mm	279.4	144.5	34.9	50.8	177.8	185.7		22.2	234.95	12.5
6"	Polegadas	12 1/2	6.75	1 7/16	2 1/16	8 1/8	8 1/2	12	7/8	10 5/8	39
	mm	317.5	171.45	36.5	52.4	206.4	215.9		22.2	269.9	17.5
8"	Polegadas	15	8.75	1 5/8	2 7/16	10 1/4	10 5/8	12	1	13	58
	mm	381.0	222.25	41.3	61.9	260.35	269.9		25.4	330.2	26
10"	Polegadas	17 1/2	10.88	1 7/8	2 5/8	12 5/8	12 3/4	16	1 1/8	15 1/4	81
	mm	444.5	276.35	47.6	66.7	320.7	323.8		28.6	387.3	36.5
12"	Polegadas	20 1/2	12.94	2	2 7/8	14 3/4	15	16	1 1/4	17 3/4	115
	mm	520.7	328.7	50.8	73.0	374.6	381.0		31.7	450.8	52
14"	Polegadas	23	14.19	2 1/8	3	16 3/4	16 1/4	20	1 1/4	20 1/4	164
	mm	584.2	360.4	54.0	76.2	425.4	412.7		31.7	514.3	74
16"	Polegadas	25 1/2	16.19	2 1/4	3 1/4	19	18 1/2	20	1 3/8	22 1/2	220
	mm	647.7	411.2	57.2	82.5	482.6	469.9		34.9	571.5	100
18"	Polegadas	28	18.19	2 3/8	3 1/2	21	21	24	1 3/8	24 3/4	280
	mm	711.2	462.0	60.3	88.9	533.4	533.4		34.9	628.6	127
20"	Polegadas	30 1/2	20.19	2 1/2	3 3/4	23 1/8	23	24	1 3/8	27	325
	mm	774.7	512.8	63.5	95.2	587.4	584.2		34.9	685.8	147
24"	Polegadas	36	24.19	2 3/4	4 3/16	27 5/8	27 1/4	24	1 5/8	32	490
	mm	914.4	614.4	69.9	106.4	701.7	692.1		41.3	812.8	222

Blind Flanges | **Flanges cegos**

150 Lb.

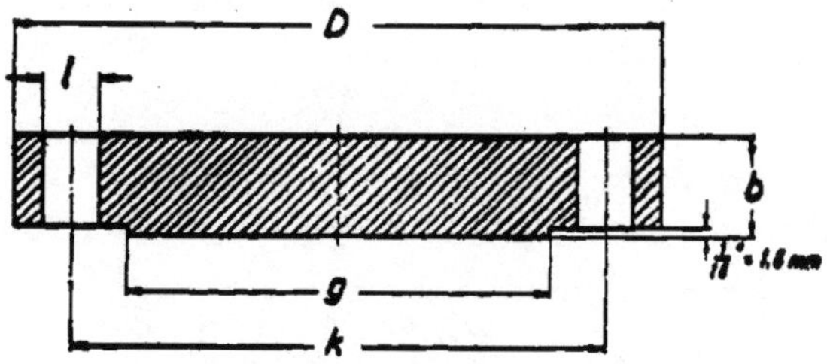

150 Lb.

ANSI B 16.5 | ASTM A 181 - Gr. I

Nominal Pipe Size / Diâmetro nominal		Flange D	Flange b	Raised Face / Face ressaltada g	Drilling Template / Furação Number / Número	l	k	Approx. Weight Pounds / Peso Aproximado Quilos
1/2"	Polegadas	3 1/2	7/16	1 3/8	4	5/8	2 3/8	2
	mm	88.9	11.1	34.9		15.9	60.3	0.8
3/4"	Polegadas	3 7/8	1/2	1 11/16	4	5/8	2 3/4	2
	mm	98.4	12.7	42.9		15.9	69.8	0.9
1"	Polegadas	4 1/4	9/16	2	4	5/8	3 1/8	2
	mm	108.0	14.3	50.8		15.9	79.4	1
1 1/4"	Polegadas	4 5/8	5/8	2 1/2	4	5/8	3 1/2	3
	mm	117.5	15.9	63.5		15.9	88.9	1.3
1 1/2"	Polegadas	5	11/16	2 7/8	4	5/8	3 7/8	3
	mm	127.0	17.5	73.0		15.9	98.4	1.4
2"	Polegadas	6	3/4	3 5/8	4	3/4	4 3/4	4
	mm	152.4	19.1	92.1		19.0	120.6	1.8
2 1/2"	Polegadas	7	7/8	4 1/8	4	3/4	5 1/2	7
	mm	177.8	22.2	104.8		19.0	139.7	3.2
3"	Polegadas	7 1/2	15/16	5	4	3/4	6	9
	mm	190.5	23.8	127.0		19.0	152.4	4
3 1/2"	Polegadas	8 1/2	15/16	5 1/2	8	3/4	7	13
	mm	215.9	23.8	139.7		19.0	177.8	6
4"	Polegadas	9	15/16	6 3/16	8	3/4	7 1/2	17
	mm	228.6	23.8	157.2		19.0	190.5	8
5"	Polegadas	10	15/16	7 5/16	8	7/8	8 1/2	20
	mm	254.0	23.8	185.7		22.2	215.9	9
6"	Polegadas	11	1	8 1/2	8	7/8	9 1/2	26
	mm	279.4	25.4	215.9		22.2	241.3	12
8"	Polegadas	13 1/2	1 1/8	10 5/8	8	7/8	11 3/4	45
	mm	342.9	28.6	269.9		22.2	298.4	20
10"	Polegadas	16	1 3/16	12 3/4	12	1	14 1/4	70
	mm	406.4	30.2	323.8		25.4	361.9	32
12"	Polegadas	19	1 1/4	15	12	1	17	110
	mm	482.6	31.8	381.0		25.4	431.8	50
14"	Polegadas	21	1 3/8	16 1/4	12	1 1/8	18 3/4	131
	mm	533.4	34.9	412.7		28.6	476.2	59
16"	Polegadas	23 1/2	1 7/16	18 1/2	16	1 1/8	21 1/4	170
	mm	596.9	36.5	469.9		28.6	539.7	77
18"	Polegadas	25	1 9/16	21	16	1 1/4	22 3/4	209
	mm	635.0	39.7	533.4		31.7	577.8	95
20"	Polegadas	27 1/2	1 11/16	23	20	1 1/4	25	272
	mm	698.5	42.9	[illegible]		31.7	635.0	123
24"	Polegadas	32	1 7/8	27 1/4	20	[illegible]	29 1/2	411
	mm	812.8	47.6	[illegible]		34.9	749.3	186

Blind Flanges | Flanges cegos

300 Lb. | 300 Lb.

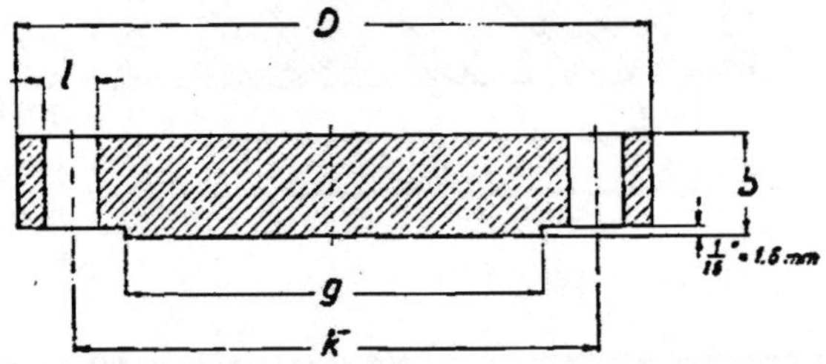

ANSI B 16.5 | ASTM A 181 - Gr. I

Nominal Pipe Size / Diâmetro nominal		Flange D	Flange b	Raised Face / Face ressaltaca g	Number / Numero	Drilling Template / Furação l	Drilling Template / Furação k	Approx. Weight Pounds / Peso Aproximado Quilos
1/2"	Polegadas	3 3/4	9/16	1 3/8	4	5/8	2 5/8	2
	mm	95.2	14.3	34.9		15.9	66.7	1
3/4"	Polegadas	4 5/8	5/8	1 11/16	4	3/4	3 1/4	3
	mm	117.5	15.9	42.9		19.0	82.5	1.5
1"	Polegadas	4 7/8	11/16	2	4	3/4	3 1/2	4
	mm	123.8	17.5	50.8		19.0	88.9	2
1 1/4"	Polegadas	5 1/4	3/4	2 1/2	4	3/4	3 7/8	6
	mm	133.3	19.0	63.5		19.0	98.4	2.5
1 1/2"	Polegadas	6 1/8	13/16	2 7/8	4	7/8	4 1/2	7
	mm	155.6	20.6	73.0		22.2	114.3	3
2"	Polegadas	6 1/2	7/8	3 5/8	8	3/4	5	8
	mm	165.1	22.2	92.1		19.0	127.0	3.5
2 1/2"	Polegadas	7 1/2	1	4 1/8	8	7/8	5 7/8	12
	mm	190.5	25.4	104.6		22.2	149.2	5.5
3"	Polegadas	8 1/4	1 1/8	5	8	7/8	6 5/8	16
	mm	209.5	28.6	127.0		22.2	168.3	7
3 1/2"	Polegadas	9	1 3/16	5 1/2	8	7/8	7 1/4	21
	mm	228.6	30.2	139.7		22.2	184.1	9.5
4"	Polegadas	10	1 1/4	6 3/16	8	7/8	7 7/8	27
	mm	254.0	31.8	157.2		22.2	200.0	12
5"	Polegadas	11	1 3/8	7 5/16	8	7/8	9 1/4	35
	mm	279.4	34.9	185.7		22.2	234.9	16
6"	Polegadas	12 1/2	1 7/16	8 1/2	12	7/8	10 5/8	50
	mm	317.5	36.5	215.9		22.2	269.9	23
8"	Polegadas	15	1 5/8	10 5/8	12	1	13	81
	mm	381.0	41.3	269.9		25.4	330.2	36.5
10"	Polegadas	17 1/2	1 7/8	12 3/4	16	1 1/8	15 1/4	127
	mm	444.5	47.6	323.8		28.6	387.3	57.5
12"	Polegadas	20 1/2	2	15	16	1 1/4	17 3/4	184
	mm	520.7	50.8	381.0		31.7	450.8	83
14"	Polegadas	23	2 1/8	16 1/4	20	1 1/4	20 1/4	236
	mm	584.2	54.0	412.7		31.7	514.3	107
16"	Polegadas	25 1/2	2 1/4	18 1/2	20	1 3/8	22 1/2	307
	mm	647.7	57.2	469.9		34.9	571.5	139
18"	Polegadas	28	2 3/8	21	24	1 3/8	24 3/4	390
	mm	711.2	60.3	533.4		34.9	628.6	177
20"	Polegadas	30 1/2	2 1/2	23	24	1 3/8	27	492
	mm	774.7	63.5	584.2		34.9	685.8	223
24"	Polegadas	36	2 3/4	27 1/4	24	1 5/8	32	754
	mm	914.4	69.8	692.1		41.3	812.8	342

Socket Type Flanges

Flanges de encaixe

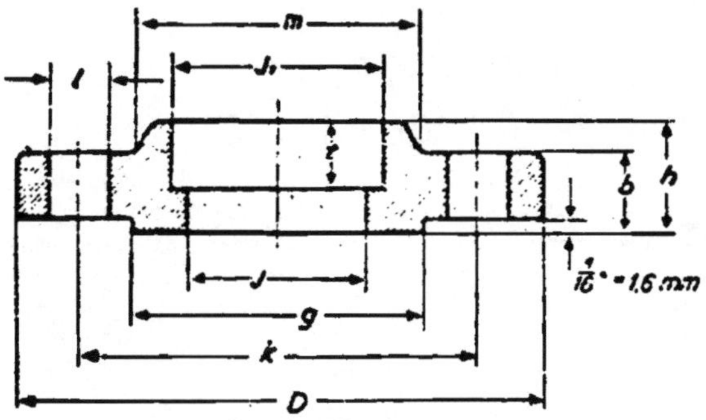

ANSI B 16.5 — 150 Lb. Standard — ASTM A 181 Gr. I

Nominal Pipe Size / Diametro nominal		Flange D	Flange J	Flange J_1	Flange b	Flange h	Hub / Pescoço m	Raised Face / Face ressaltada r	Depth of Socket / Profundidade do encaixe l	Drilling Template / Furação: Number / Número	Drilling Template / Furação: l	Drilling Template / Furação: k	Approx. Weight Pounds / Peso Aprox. Quilos
1/4"	Polegadas	3 1/2	0.36	0.58	7/16	5/8	1 3/16	1 3/8	3/8	4	5/8	2 3/8	1
	mm	88.9	9.1	14.7	11.1	15.9	30.2	34.9	9.5		15.9	60.3	0.45
3/8"	Polegadas	3 1/2	0.49	0.72	7/16	5/8	1 3/16	1 3/8	3/8	4	5/8	2 3/8	1
	mm	88.9	12.4	18.3	11.1	15.9	30.2	34.9	9.5		15.9	60.3	0.45
1/2"	Polegadas	3 1/2	0.62	0.83	7/16	5/8	1 3/16	1 3/8	3/8	4	5/8	2 3/8	2
	mm	86.9	15.75	22.3	11.1	15.9	30.2	34.9	9.5		15.9	60.3	0.8
3/4"	Polegadas	3 7/8	0.82	1.09	1/2	5/8	1 1/2	1 11/16	7/16	4	5/8	2 3/4	2
	mm	98.4	20.8	27.7	12.7	15.9	38.1	42.9	11.1		15.9	69.8	0.9
1"	Polegadas	4 1/4	1.05	1.38	9/16	11/16	1 15/16	2	1/2	4	5/8	3 1/8	2
	mm	107.9	26.7	35.0	14.3	17.5	49.2	50.8	12.7		15.9	79.4	1
1 1/4"	Polegadas	4 5/8	1.38	1.72	5/8	13/16	2 5/16	2 1/2	9/16	4	5/8	3 1/2	3
	mm	117.5	35.05	43.7	15.9	20.6	58.7	63.5	14.3		15.9	88.9	1.3
1 1/2"	Polegadas	5	1.61	1.97	11/16	7/8	2 9/16	2 7/8	5/8	4	5/8	3 7/8	3
	mm	127.0	40.9	50.3	17.5	22.2	65.1	73.0	15.9		15.9	98.4	1.4
2"	Polegadas	6	2.07	2.44	3/4	1	3 1/16	3 5/8	11/16	4	3/4	4 3/4	5
	mm	152.4	52.6	62.0	19.1	25.4	77.3	92.1	17.5		19.0	120.6	2.3
2 1/2"	Polegadas	7	2.47	2.94	7/8	1 1/8	3 9/16	4 1/8	3/4	4	3/4	5 1/2	7
	mm	177.8	62.7	74.7	22.2	28.6	90.5	104.8	19.0		19.0	139.7	3
3"	Polegadas	7 1/2	3.07	3.56	15/16	1 3/16	4 1/4	5	13/16	4	3/4	6	8
	mm	190.5	78.0	90.4	23.8	30.2	107.9	127.0	20.6		19.5	152.4	3.5
3 1/2"	Polegadas	8 1/2	3.55	4.06	15/16	1 1/4	4 13/16	5 1/2	7/8	8	3/4	7	11
	mm	215.9	90.2	103.1	23.8	31.7	122.2	139.7	22.2		19.5	177.8	5
4"	Polegadas	9	4.03	4.56	15/16	1 5/16	5 5/16	6 3/16	15/16	8	3/4	7 1/2	13
	mm	228.6	102.4	115.8	23.8	33.3	134.9	157.2	23.8		19.5	190.5	6
5"	Polegadas	10	5.05	5.66	15/16	1 7/16	6 7/16	7 5/16	15/16	8	7/8	8 1/2	15
	mm	254.0	128.3	143.8	23.8	36.5	163.5	185.7	23.8		22.2	215.9	7
6"	Polegadas	11	6.07	6.72	1	1 9/16	7 9/16	8 1/2	1 1/16	8	7/8	9 1/2	19
	mm	279.4	154.2	170.7	25.4	39.7	192.1	215.9	27.0		22.2	241.3	8.5
8"	Polegadas	13 1/2	7.98	8.72	1 1/8	1 3/4	9 11/16	10 5/8	1 1/4	8	7/8	11 3/4	30
	mm	342.9	202.7	221.5	28.6	44.4	246.1	269.9	31.7		2.22	298.4	13.5
10"	Polegadas	16	10.02	10.68	1 3/16	1 15/16	12	12 3/4	1 5/16	12	1	14 1/4	43
	mm	406.4	254.5	276.3	30.2	49.2	304.8	323.8	33.3		25.4	361.9	19.5
12"	Polegadas	19	12.00	12.88	1 1/4	2 3/16	14 3/8	15	1 9/16	12	1	17	64
	mm	482.6	304.8	327.1	31.8	55.6	365.1	381.0	39.7		25.4	431.8	29
14"	Polegadas	21	13.25	14.19	1 3/8	2 1/4	15 3/4	16 1/4	1 5/8	12	1 1/8	18 3/4	85
	mm	533.4	336.5	360.4	34.9	57.1	400.0	412.7	41.3		28.6	476.2	38.5
16"	Polegadas	23 1/2	15.25	16.19	1 7/16	2 1/2	18	18 1/2	1 3/4	16	1 1/8	21 1/4	93
	mm	596.9	387.3	411.2	36.5	63.5	457.2	469.9	44.4		28.6	539.7	42
18"	Polegadas	25	17.25	18.19	1 9/16	2 11/16	19 7/8	21	1 15/16	16	1 1/4	22 3/4	120
	mm	635.0	438.1	462.0	39.7	68.3	504.8	533.4	49.2		31.7	577.8	54
20"	Polegadas	27 1/2	19.25	20.19	1 11/16	2 7/8	22	23	2 1/8	20	1 1/4	25	155
	mm	698.5	488.9	512.8	42.9	73.0	558.8	584.2	54.0		31.7	635.0	70
24"	Polegadas	32	23.25	24.19	1 7/8	3 1/4	26 1/8	27 1/4	2 1/2	20	1 3/8	29 1/2	210
	mm	812.8	590.5	614.4	47.6	82.5	663.6	692.2	63.5		34.9	749.3	95

AMERICAN STANDARD FLANGE FACINGS
PADRÃO AMERICANO PARA FACEAMENTOS

Large and Small Male/ Female Facings
Large and Small Tongue/ Groove Facings

Faceamento de macho e femea, grande e pequeno
Faceamento de macho duplo e canal, grande e pequeno

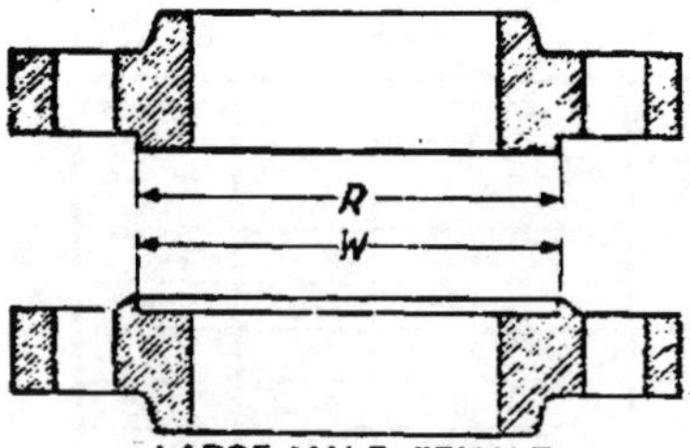

LARGE MALE-FEMALE
MACHO E FEMEA GRANDE

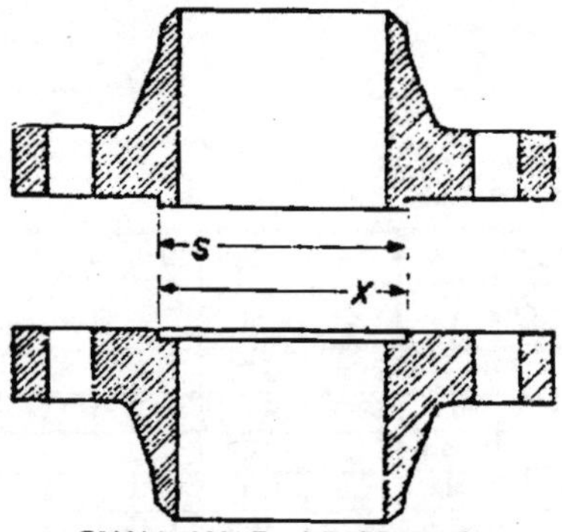

SMALL MALE AND FEMALE
MACHO E FEMEA PEQUENO

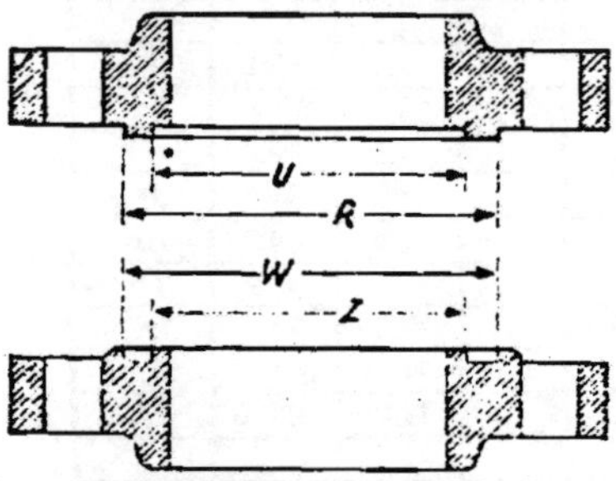

LARGE TONGUE AND GROOVE
MACHO DUPLO E CANAL GRANDF

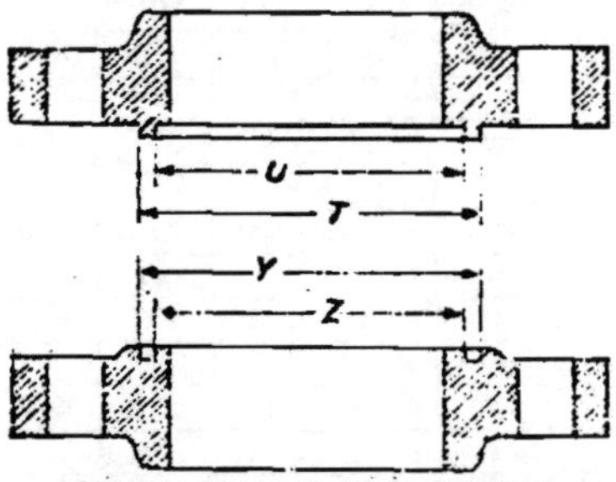

SMALL TONGUE AND GROOVE
MACHO DUPLO E CANAL PEQUENO

ANSI 150 — 1500 Lb.

Nominal Pipe Size / Diametro nominal		Outside Diameter: Large Male and Large Tongue / Diâmetro externo: Macho e macho duplo grande R	Outside Diameter: Small Male / Diâmetro externo: Macho pequeno S	Outside Diameter: Small Tongue / Diâmetro externo: Macho duplo pequeno T	Inside Diameter of Large and Small Tongue / Diametro interno do macho duplo pequeno e grande U	Outside Diameter: Large Female and Large Groove / Diametro externo: Femea e canal grande W	Outside Diameter: Small Female / Diametro externo: Femea pequena X	Outside Diameter: Small Groove / Diametro externo: Canal pequeno Y	Inside Diameter of Large and Small Groove / Diametro interno do canal pequeno e grande Z	Height of Large and Small Male and Tongue / Altura do macho e do macho duplo grande e pequeno	Depth of Female or Groove / Profundidade da femea e do canal
1/2"	Polegadas	1 3/8	23/32	1 3/8	1	1 7/16	25/32	1 7/16	15/16	1/4	3/16
	mm	34.9	18.3	34.9	25.4	36.5	19.8	36.5	23.8	6.4	4.8
3/4"	Polegadas	1 11/16	15/16	1 11/16	1 5/16	1 3/4	1	1 3/4	1 1/4	[illegible]	[illegible]
	mm	42.9	23.8	42.9	33.3	44.4	25.4	44.4	31.7	6.4	4.8
1"	Polegadas	2	1 3/16	1 7/8	1 1/2	2 1/16	1 1/4	1 15/16	1 7/16	[illegible]	[illegible]
	mm	50.8	30.2	47.6	38.1	52.4	31.7	49.2	36.5	6.4	4.8
1 1/4"	Polegadas	2 1/2	1 1/2	2 1/4	1 7/8	2 9/16	1 9/16	2 5/16	1 13/16	[illegible]	[illegible]
	mm	63.5	38.1	57.1	47.6	65.1	39.7	58.6	46.0	6.4	4.8
1 1/2"	Polegadas	2 7/8	1 3/4	2 1/2	2 1/8	2 15/16	1 13/16	2 9/16	2 1/16	[illegible]	[illegible]
	mm	73.0	44.4	63.5	54.0	74.6	46.0	65.1	52.4	6.4	4.8
2"	Polegadas	3 5/8	2 1/4	3 1/4	2 7/8	3 11/16	2 5/16	3 5/16	2 13/16	[illegible]	[illegible]
	mm	92.1	57.1	82.5	73.0	93.7	58.8	84.1	71.4	6.4	4.8
2 1/2"	Polegadas	4 1/8	2 11/16	3 3/4	3 3/8	4 3/16	2 3/4	3 13/16	3 5/16	[illegible]	[illegible]
	mm	104.8	68.3	95.2	85.7	105.4	69.8	96.8	84.1	6.4	4.8
3"	Polegadas	5	3 5/16	4 5/8	4 1/4	5 1/16	3 3/8	4 11/16	4 3/16	1/4	3/16
	mm	127.0	84.1	117.5	108.0	128.6	85.7	119.1	106.4	6.4	4.8
3 1/2"	Polegadas	5 1/2	3 13/16	5 1/8	4 3/4	5 9/16	3 7/8	5 3/16	4 11/16	1/4	3/16
	mm	139.7	96.8	130.2	120.7	141.3	98.4	131.8	119.1	6.4	4.8
4"	Polegadas	6 3/16	4 5/16	5 11/16	5 3/16	6 1/4	4 3/8	5 1/4	5 1/8	1/4	3/16
	mm	157.2	109.5	144.5	131.8	158.8	111.1	116.1	130.2	6.4	4.8

AMERICAN STANDARD FLANGE FACINGS
PADRÃO AMERICANO PARA FACEAMENTOS

Large and Small Male/ Female Facings
Large and Small Tongue/ Groove Facings

Faceamento de macho e femea, grande e pequeno
Faceamento de macho duplo e canal, grande e pequeno.

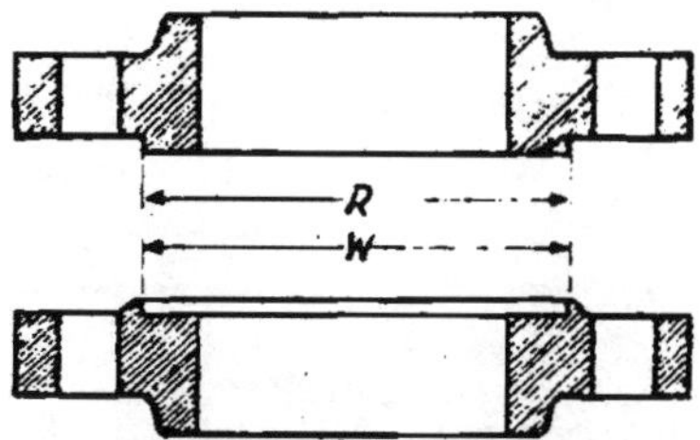

LARGE MALE-FEMALE
MACHO E FEMEA GRANDE

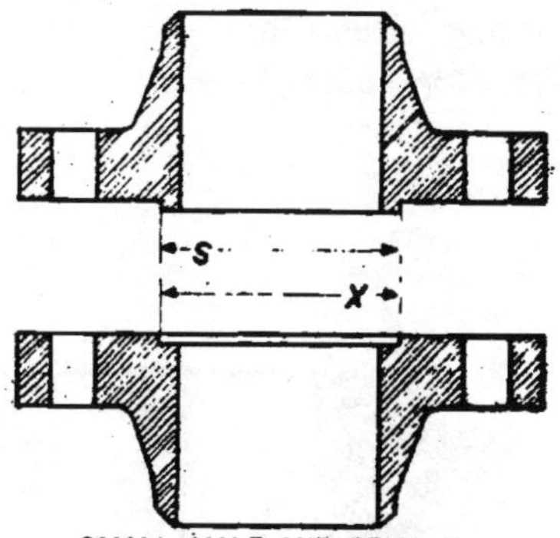

SMALL MALE AND FEMALE
MACHO E FEMEA PEQUENO

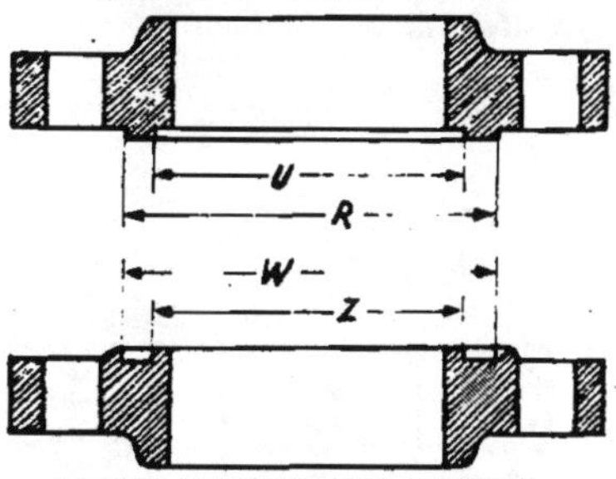

LARGE TONGUE AND GROOVE
MACHO DUPLO E CANAL GRANDE

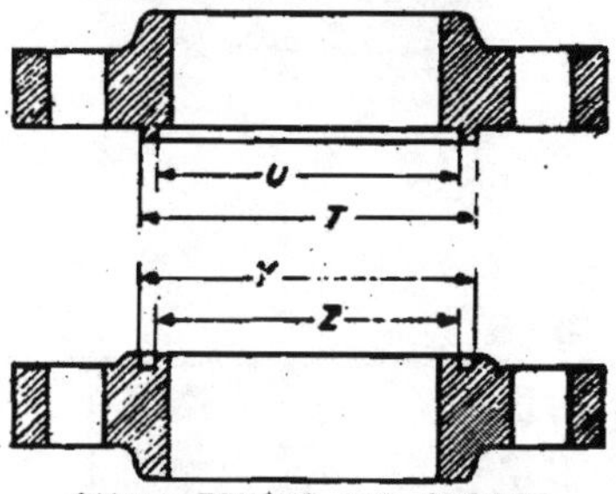

SMALL TONGUE AND GROOVE
MACHO DUPLO E CANAL PEQUENO

ANSI 150 - 1500 Lb.

Nominal Pipe Size Diâmetro nominal		Outside Diameter — Large Male and Large Tongue Diâmetro externo — Macho e macho duplo grande R	Outside Diameter — Small Male Diâmetro externo — Macho pequeno S	Outside Diameter — Small Tongue Diâmetro externo — Macho duplo pequeno T	Inside Diameter of Large and Small Tongue Diâmetro interno do macho duplo pequeno e grande U	Outside Diameter — Large Female and Large Groove Diâmetro externo — Femea e canal grande W	Outside Diameter — Small Female Diâmetro externo — Femea pequena X	Outside Diameter — Small Groove Diâmetro externo — Canal pequeno Y	Inside Diameter of Large and Small Groove Diâmetro interno do canal pequeno e grande Z	Height of Large and Small Male and Tongue Altura do macho e de macho duplo grande e pequeno	Depth of Female or Groove Profundidade da femea e do canal
5"	Polegadas	7 5/16	5 3/8	6 13/16	6 5/16	7 3/8	5 7/16	6 7/8	6 1/4	1/4	3/16
	mm	185.7	136.5	173.0	160.3	187.3	138.1	174.6	158.8	6.4	4.8
6"	Polegadas	8 1/2	6 3/8	8	7 1/2	8 9/16	6 7/16	8 1/16	7 7/16	1/4	3/16
	mm	215.9	161.9	203.2	190.5	217.5	163.5	204.8	188.9	6.4	4.8
8"	Polegadas	10 5/8	8 3/8	10	9 3/8	10 11/16	8 7/16	10 1/16	9 5/16	1/4	3/16
	mm	269.9	212.7	254.0	238.1	271.5	214.3	255.6	236.5	6.4	4.8
10"	Polegadas	12 3/4	10 1/2	12	11 1/4	12 13/16	10 9/16	12 1/16	11 3/16	1/4	3/16
	mm	323.8	266.7	304.8	285.7	325.4	268.3	306.4	284.2	6.4	4.8
12"	Polegadas	15	12 1/2	14 1/4	13 1/2	15 1/16	12 9/16	14 5/16	13 7/16	1/4	3/16
	mm	381.0	317.5	361.9	342.9	382,6	319.1	363.5	341.3	6.4	4.8
14"	Polegadas	16 1/4	13 3/4	15 1/2	14 3/4	16 5/16	13 13/16	15 9/16	14 11/16	1/4	3/16
	mm	412.7	349.2	393.7	374.6	414.3	350.8	395.3	373.1	6.4	4.8
16"	Polegadas	18 1/2	15 3/4	17 5/8	16 3/4	18 9/16	15 13/16	17 11/16	16 11/16	1/4	3/16
	mm	469.9	400.0	447.7	425.4	471.5	401.6	449.3	423.9	6.4	4.8
18"	Polegadas	21	17 3/4	20 1/8	19 1/4	21 1/16	17 13/16	20 3/16	19 3/16	1/4	3/16
	mm	533.4	450.8	511.2	488.9	535.0	452.4	512.8	487.4	6.4	4.8
20"	Polegadas	23	19 3/4	22	21	23 1/16	19 13/16	22 1/16	20 15/16	1/4	3/16
	mm	584.2	501.5	558.8	533.4	585.8	503.2	560.4	531.8	6.4	4.8
24"	Polegadas	27 1/4	23 3/4	26 1/4	25 1/4	27 5/16	23 13/16	26 5/16	25 3/16	1/4	3/16
	mm	692.1	603.2	666.7	641.2	693.7	604.8	658.3	639.8	6.4	4.8

Facing Dimensions for Ring Joint Flanges

Dimensões das faces dos flanges de juntas de anel

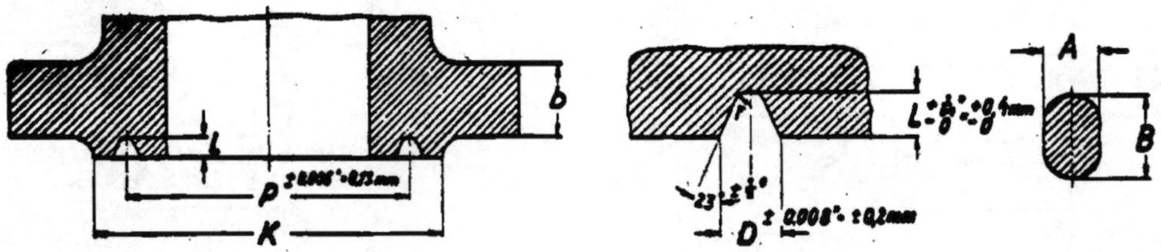

150 Lb. **ANSI B 16.5**

Nominal Pipe Size / Diâmetro nominal		Raised Face for Ring Joint / Face ressaltada K	Pitch Diameter of Groove / Diâmetro médio do canal P	Depth of Groove / Profundidade do canal L*	Width of Groove / Largura do canal D	Width of Ring / Largura do anel A	Height of Oval Ring / Altura do anel oval B	Ring Numbers / Números do anel
1"	Polegadas	2 1/2	1 7/8	1/4	11/32	5/16	9/16	R 15
	mm	63.5	47.62	6.35	8.7	7.9	14.3	
1 1/4"	Polegadas	2 7/8	2 1/4	1/4	11/32	5/16	9/16	R 17
	mm	73.0	57.15	6.35	8.7	7.9	14.3	
1 1/2"	Polegadas	3 1/4	2 9/16	1/4	11/32	5/16	9/16	R 19
	mm	82.6	65.09	6.35	8.7	7.9	14.3	
2"	Polegadas	4	3 1/4	1/4	11/32	5/16	9/16	R 22
	mm	101.6	82.55	6.35	8.7	7.9	14.3	
2 1/2"	Polegadas	4 3/4	4	1/4	11/32	5/16	9/16	R 25
	mm	120.7	101.60	6.35	8.7	7.9	14.3	
3"	Polegadas	5 1/4	4 1/2	1/4	11/32	5/16	9/16	R 29
	mm	133.4	114.30	6.35	8.7	7.9	14.3	
3 1/2"	Polegadas	6 1/16	5 3/16	1/4	11/32	5/16	9/16	R 33
	mm	154	131.76	6.35	8.7	7.9	14.3	
4"	Polegadas	6 3/4	5 7/8	1/4	11/32	5/16	9/16	R 36
	mm	171.5	149.22	6.35	8.7	7.9	14.3	
5"	Polegadas	7 5/8	6 3/4	1/4	11/32	5/16	9/16	R 40
	mm	193.7	171.45	6.35	8.7	7.9	14.3	
6"	Polegadas	8 5/8	7 5/8	1/4	11/32	5/16	9/16	R 43
	mm	219.1	193.68	6.35	8.7	7.9	14.3	
8"	Polegadas	10 3/4	9 3/4	1/4	11/32	5/16	9/16	R 48
	mm	273.1	247.65	6.35	8.7	7.9	14.3	
10"	Polegadas	13	12	1/4	11/32	5/16	9/16	R 52
	mm	330.2	304.80	6.35	8.7	7.9	14.3	
12"	Polegadas	16	15	1/4	11/32	5/16	9/16	R 56
	mm	406.4	381.00	6.35	8.7	7.9	14.3	
14"	Polegadas	16 3/4	15 5/8	1/4	11/32	5/16	9/16	R 59
	mm	425.5	396.88	6.35	8.7	7.9	14.3	
16"	Polegadas	19	17 7/8	1/4	11/32	5/16	9/16	R 64
	mm	482.6	454.02	6.35	8.7	7.9	14.3	
18"	Polegadas	21 1/2	20 3/8	1/4	11/32	5/16	9/16	R 68
	mm	546.1	517.52	6.35	8.7	7.9	14.3	
20"	Polegadas	23 1/2	22	1/4	11/32	5/16	9/16	R 72
	mm	596.9	558.80	6.35	8.7	7.9	14.3	
24"	Polegadas	28	26 1/2	1/4	11/32	5/16	9/16	R 76
	mm	711.2	673.10	6.35	8.7	7.9	14.3	

Facing Dimensions for Ring Joint Flanges

Dimensões das faces dos flanges de juntas de anel

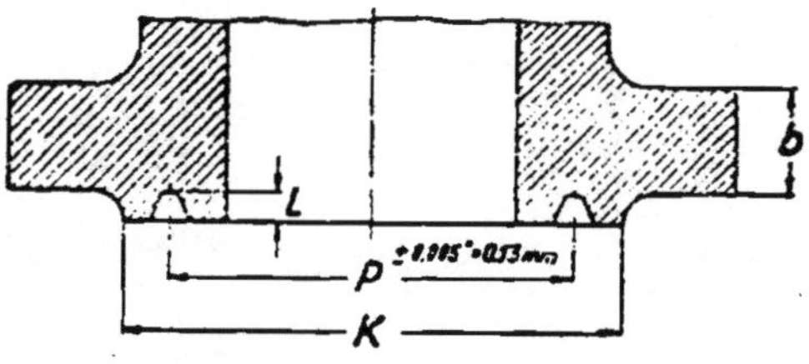

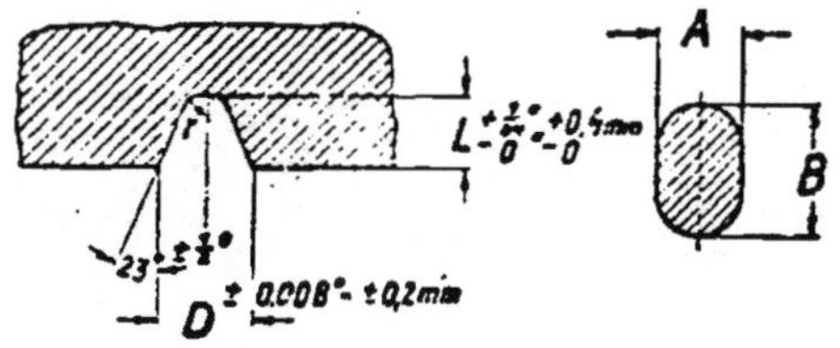

300, 400, 600 Lb. — ANSI B 16.5

Nominal Pipe Size / Diâmetro nominal		Raised Face for Ring Joint / Face ressaltada K	Pitch Diameter of Groove / Diâmetro medio do canal P	Depth of Groove / Profundidade do canal L*	Width of Groove / Largura do canal D	Width of Ring / Largura do anel A	Height of Oval Ring / Altura do anel oval B	Ring Numbers / Numeros do anel
1/2"	Polegadas	2	$1^{11}/_{32}$	$^{7}/_{32}$	$^{9}/_{32}$	$^{1}/_{4}$	$^{7}/_{16}$	R 11
	mm	50.8	34.13	5.55	7.1	6.35	11.1	
3/4"	Polegadas	$2^{1}/_{2}$	$1^{11}/_{16}$	$^{1}/_{4}$	$^{11}/_{32}$	$^{5}/_{16}$	$^{9}/_{16}$	R 13
	mm	63.5	42.86	6.35	8.7	7.9	14.3	
1"	Polegadas	$2^{3}/_{4}$	2	$^{1}/_{4}$	$^{11}/_{32}$	$^{5}/_{16}$	$^{9}/_{16}$	R 16
	mm	69.9	50.80	6.35	8.7	7.9	14.3	
1 1/4"	Polegadas	$3^{1}/_{8}$	$2^{3}/_{8}$	$^{1}/_{4}$	$^{11}/_{32}$	$^{5}/_{16}$	$^{9}/_{16}$	R 18
	mm	79.4	60.32	6.35	8.7	7.9	14.3	
1 1/2"	Polegadas	$3^{9}/_{16}$	$2^{11}/_{16}$	$^{1}/_{4}$	$^{11}/_{32}$	$^{5}/_{16}$	$^{9}/_{16}$	R 20
	mm	90.5	68.26	6.35	8.7	7.9	14.3	
2"	Polegadas	$4^{1}/_{4}$	$3^{1}/_{4}$	$^{5}/_{16}$	$^{15}/_{32}$	$^{7}/_{16}$	$^{11}/_{16}$	R 23
	mm	107.9	82.55	7.9	11.9	11.1	17.5	
2 1/2"	Polegadas	5	4	$^{5}/_{16}$	$^{15}/_{32}$	$^{7}/_{16}$	$^{11}/_{16}$	R 26
	mm	127.0	101.60	7.9	11.9	11.1	17.5	
3"	Polegadas	$5^{3}/_{4}$	$4^{7}/_{8}$	$^{5}/_{16}$	$^{15}/_{32}$	$^{7}/_{16}$	$^{11}/_{16}$	R 31
	mm	146.1	123.82	7.9	11.9	11.1	17.5	
3 1/2"	Polegadas	$6^{1}/_{4}$	$5^{3}/_{16}$	$^{5}/_{16}$	$^{15}/_{32}$	$^{7}/_{16}$	$^{11}/_{16}$	R 34
	mm	158.8	131.76	7.9	11.9	11.1	17.5	
4"	Polegadas	$6^{7}/_{8}$	$5^{7}/_{8}$	$^{5}/_{16}$	$^{15}/_{32}$	$^{7}/_{16}$	$^{11}/_{16}$	R 37
	mm	174.6	149.22	7.9	11.9	11.1	17.5	
5"	Polegadas	$8^{1}/_{4}$	$7^{1}/_{8}$	$^{5}/_{16}$	$^{15}/_{32}$	$^{7}/_{16}$	$^{11}/_{16}$	R 41
	mm	209.6	180.98	7.9	11.9	11.1	17.5	
6"	Polegadas	$9^{1}/_{2}$	$8^{5}/_{16}$	$^{5}/_{16}$	$^{15}/_{32}$	$^{7}/_{16}$	$^{11}/_{16}$	R 45
	mm	241.3	211.14	7.9	11.9	11.1	17.5	
8"	Polegadas	$11^{7}/_{8}$	$10^{5}/_{8}$	$^{5}/_{16}$	$^{15}/_{32}$	$^{7}/_{16}$	$^{11}/_{16}$	R 49
	mm	301.6	269.88	7.9	11.9	11.1	17.5	
10"	Polegadas	14	$12^{3}/_{4}$	$^{5}/_{16}$	$^{15}/_{32}$	$^{7}/_{16}$	$^{11}/_{16}$	R 53
	mm	355.6	323.85	7.9	11.9	11.1	17.5	
12"	Polegadas	$16^{1}/_{4}$	15	$^{5}/_{16}$	$^{15}/_{32}$	$^{7}/_{16}$	$^{11}/_{16}$	R 57
	mm	412.8	381.00	7.9	11.9	11.1	17.5	
14"	Polegadas	18	$16^{1}/_{2}$	$^{5}/_{16}$	$^{15}/_{32}$	$^{7}/_{16}$	$^{11}/_{16}$	R 61
	mm	457.2	419.10	7.9	11.9	11.1	17.5	
16"	Polegadas	20	$18^{1}/_{2}$	$^{5}/_{16}$	$^{15}/_{32}$	$^{7}/_{16}$	$^{11}/_{16}$	R 65
	mm	508	269.90	7.9	11.9	11.1	17.5	
18"	Polegadas	$22^{5}/_{8}$	21	$^{5}/_{16}$	$^{15}/_{32}$	$^{7}/_{16}$	$^{11}/_{16}$	R 69
	mm	574.7	533.40	7.9	11.9	11.1	17.5	
20"	Polegadas	25	23	$^{3}/_{8}$	$^{17}/_{32}$	$^{1}/_{2}$	$^{3}/_{4}$	R 73
	mm	635.0	584.20	9.5	13.5	12.7	19.0	
24"	Polegadas	$29^{1}/_{2}$	$27^{1}/_{4}$	$^{7}/_{16}$	$^{21}/_{32}$	$^{5}/_{8}$	$^{7}/_{8}$	R 77
	mm	749.3	692.15	11.1	16.7	15.9	22.2	

FLANGE PARA 150# 300# 400# 600#

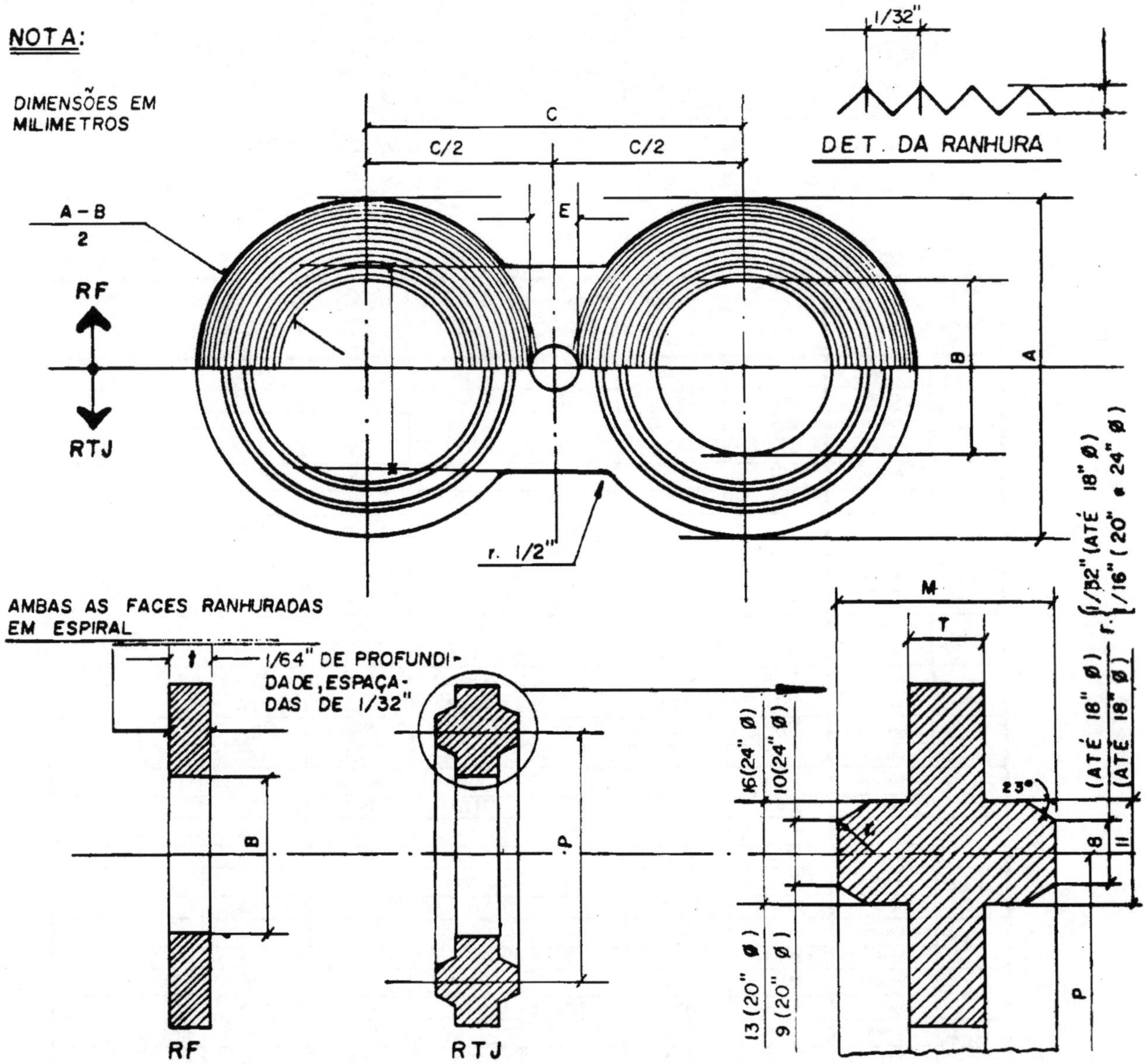

Ø POL.	150# RF					300# RF					300# 400# 600# RTJ						300# 400# RTJ	600# RTJ
	A	B	C	E	t	A	B	C	E	t	A	B	P	M	T	E	C	C
2"	102	51	120	20	10	108	51	128	20	10	108	51	81	31	15	20	127	127
3"	134	76	152	20	10	146	76	168	23	10	146	76	124	39	23	23	168	168
4"	172	102	190	20	10	178	102	200	23	12	172	102	149	42	26	26	200	216
6"	219	152	242	23	12	248	152	270	23	18	241	152	211	53	37	29	270	292
8	276	203	298	23	16	305	203	330	26	23	302	203	270	63	47	32	330	349
10	336	254	362	26	20	359	254	388	29	30	356	254	324	72	56	35	387	432
12	406	305	432	26	25	419	305	452	32	37	413	305	381	82	66	35	451	489
14	448	356	476	29	30	483	356	514	32	43	457	356	419	88	72	39	519	527
16	511	406	540	29	33	537	406	572	35	50	508	406	470	99	80	42	572	603
18	546	457	578	32	37	594	457	628	35	54	575	457	534	109	93	45	629	654
20	603	508	636	32	40	651	508	686	35	60	635	508	584	118	100	45	686	724
24	714	610	750	35	50	772	610	812	41	72	749	610	692	140	120	51	813	838

CAPÍTULO VI

VASOS, TANQUES, TROCADORES DE CALOR

SOLDA

DEFINIÇÃO

Soldagem é a técnica de reunir duas ou mais partes consitutivas de um todo, assegurando entre elas a continuidade do material e, em conseqüência, suas características mecânicas e químicas.
Esta técnica aplica-se nos metais e suas ligas e, mais especificamente, nos metais e suas ligas de ferro e no ferro. Nesse sentido, a soldagem se classifica entre os métodos de conformação dos metais.

SOLDAGEM A ARCO SUBMERSO

DEFINIÇÃO: Na solda por arco submerso um eletrodo é contuamente alimentado até a zona de solda. A ponta do eletrodo em fusão não fica em contato com o metal base, estando sempre submersa em um fluxo granulado, condutor de alta resistência elétrica. Toda a ação de solda se dá abaixo dessa ponta do eletrodo.
O calor necessário à fusão do eletrodo e do metal de base é originado pela passagem de alta amperagem em corrente contínua ou alternada do eletrodo para a peça. Devido à presença do fluxo que age como fundente e também como isolante térmico na forma sólida, o intenso calor gerado fica concentrado, fundindo o eletrodo e o metal base e formando a chamada bolha de fusão. A parte do fluxo fundida flutua sobre essa bolha absorvendo impurezas, refinando o metal pela formação de liga quando desejado e isolando da presença da atmosfera e outros gases.
Quando o metal esfria, a parte fundida do fluxo endurece, adquirindo consistência vítrea e se destaca, revelando um cordão de solda liso e brilhante. Obtém-se metal na zona de solda com alta densidade e ótimas propriedades físicas.
Somente o movimento relativo de constante alimentação de eletrodo sobre a peça indica que está se dando a solda, não há arco visível, agulhas, faíscas, espirros de material ou fumaça. Pelo visto, pode-se entender o processo como uma automatização da solda manual convencional tendo-se resolvido o problema mecânico de alimentar eletrodo revestido (quebra-se o revestimento), substituindo-o por eletrodo nu e fluxo alimentado separadamente.

SOLDA ELÉTRICA OU AO ARCO VOLTÂICO

É a corrente elétrica que se transforma em calor mediante um curto circuito que se estabelece entre a peça e o eletrodo, alcançando rapidamente o ponto de fusão ou incandescência mantida, algumas vezes, com a aparência de um arco, que se forma em certas condições, quando se interrompe um circuito elétrico.
As superfícies a serem unidas são fundidas pelo calor originado da corrente elétrica em forma de arco metálico ou arco de carvão (eletrodos de carvão ou de grafite). O arco metálico é formado quando os eletrodos são de metal, revestidos ou sem revestimento, servem para soldar ou para enchimento.
No arco de carbono ou de carvão, o material que transfere o calor às peças que devem ser unidas, chama-se eletrodo e é constituído de carbono (carvão ou grafite). A voltagem deve ser suficiente para vencer a resistência do contacto entre os terminais e a camada gasosa intermediária.
Se a corrente do circuito for bastante intensa e se mantivermos uma distância razoável entre os dois contactos, depois de aberto o circuito, saltam as faíscas. Notar-se-á que a passagem das faíscas ou centelhas se tornará contínua, havendo assim passagem da corrente elétrica, com grande desprendimento de calor e luz. Acontece que estando em temperatura elevada, fundem-se partículas dos metais dos contatos, as quais passam para o contacto oposto, onde se deposita o material, formando a solda propriamente dita.

TÉCNICA DE SOLDAGEM

Quando o arco é formado entre a peça-trabalho e o eletrodo, aparece, imediatamente, um ponto em fusão na base; uma cratera é feita pela força do arco e serve como uma indicação da profundidade de penetração. Voltagem excessiva e corrente no circuito de soldagem produzirá uma cratera funda, formando-se buracos.

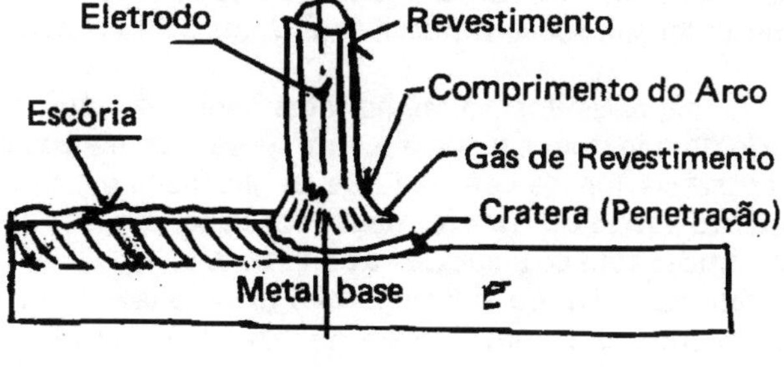

CLASSIFICAÇÃO DOS ELETRODOS

Pelas normas da A.B.N.T. (Associação Brasileira de Normas Técnicas) São Paulo.

Esta norma foi elaborada com 4 algarismos básicos, identificadores de eletrodo, tem o seguinte significado:

a) os 2 primeiros representam o limite de resistência à tração da solda em kg/força por mm^2. Estes dois algarismos, de acordo com os tipos de aço conhecidos, deverão ser os seguintes: 41, 44, 48, 58, 69, 70, 80 e 90.

b) o terceiro algarismo representa as posições que o eletrodo pode soldar, significando:
   1 - soldagem em todas as posições.
   2 - soldagem em todas as posições (menos vertical descendente)
   3 - soldagem em posição plana e horizontal
   4 - soldagem em posição plana.

c) o quarto algarismo representa ao mesmo tempo a natureza da corrente com a qual o eletrodo pode ser utilizado e o grau de penetração da solda, significando, respectivamente:
   0 - corrente contínua e grande penetração.
   1 - corrente contínua ou alternada e grande penetração.
   2 - corrente contínua e média penetração.
   3 - corrente contínua e alternada e média penetração.
   4 - corrente contínua e pequena penetração.
   5 - corrente contínua ou alternada e pequena penetração.

As letras a serem utilizadas para identificação do revestimento são: A, B, C, O, R, T, V e F, sendo aplicadas cada uma dessas aos seguintes eletrodos.

A - eletrodo do tipo ÁCIDO, revestimento médio ou espesso, contendo óxido de ferro e/ou de manganês, além de ferro e/ou de outros desoxidantes. Velocidade de fusão elevada. Intensidade de corrente suporta grandes intensidades de corrente. Penetração boa. Posição de soldagem recomendada na plana, sendo, porém, permitido em outras posições, menos a vertical descendente. Propriedades mecânicas são boas. Tipo de corrente C.C. ou C.A. são recomendadas onde se exige controle radiográfico.

B - eletrodos de tipo básico, com as seguintes características: revestimentos geralmente espessos, contendo carbonatos de cálcio ou outros carbonatos básicos e fluor, para evitar porosidade na solda. O revestimento que é higroscópico deverá estar muito seco. Os eletrodos deverão ser armazenados em local seco ou colocados em estufas antes de serem usados. A escória é compacta, pouco abundante. Durante a soldagem, a escória flutua, não havendo perigo de inclusões e é facilmente destacável. Penetração média, solda em todas as posições, menos a vertical descendente. Tipo de corrente eletrica C.C. + ou C.A., possui pouca tendência a trincas tanto a quente como a frio. São recomendados para a soldagem de aços de baixa liga e para aços com teor de carbono superior ao mencionado para os eletrodos do tipo ácido. Material depositado apresenta baixo teor de hidrogênio. Excelentes propriedades mecânicas do material depositado, apresentando elevada resistência ao choque mesmo em temperaturas inferiores a zero grau Celsius. Estes eletrodos são recomendados no caso de haver controle radiográfico muito rígido das juntas soldadas.

C - Eletrodo do tipo CELULÓSICO com as seguintes características: revestimentos geralmente médio, contudo materiais orgânicos combustíveis cuja decomposição por ocasião do arco elétrico produz uma cauda espessa de gás protetor, pouca escória e de fácil remoção. Elevada velocidade de fusão. O arco é intenso e há grande perda por salpicos, tendo a superfície de solda mal acabamento com cordões irregulares e grosos. Penetração é maxima. Pode ser usado em todas as posições C.C.+ ou C.A.. Propriedade mecânica do material depositado bastante boa.

O - Eletrodo do tipo OXIDANTE. Revestimento espesso, contendo óxido de ferro com ou sem óxido de manganês. Escória pesada e compacta, auto destacável. Penetração medíocre. Estes eletrodos são restritos à solda de ângulo nas posições horizontais, verticais e planas. Propriedade mecânica do metal depositado bastante fraca, sendo estes eletrodos usados essencialmente para soldagens nas quais a estética for mais importante que a resistência mecânica da junta, C.C. ou C.A.

R - Eletrodo de RUTÍLICO, revestimento médio ou espesso, contendo rútilo ou composto derivado de óxido de titânio. Escória densa e bastante viscosa. As características de arco são boas, além de normalmente apresentar respingos. Pode ser usado em todas as posições C.C. ou C.A. Propriedades mecânicas do material são boas.

T - Eletrodo tipo TITÂNICO, com revestimento médio semelhante ao rutílico, escória mais fluida e densa que a do tipo rutílico. Posição de soldagem é especialmente na vertical e a sua cabeça dando nestas posições de solda em ângulo com aparência menos convexa que os eletrodos do tipo rutílico. C.C. ou C.A., mesmo quando a tensão em circuito aberto do transformador for baixa. Boas propriedades mecânicas, sendo algumas delas superiores nas obtidas com os eletrodos tipo rutílicos.

V - Esta letra é usada para qualquer tipo de eletrodos não mencionados nos tipos anteriores. Convém notar que eletrodos com revestimentos que contenha pó de ferro (F) ou outros materiais que não afetam as características específicas para os tipos de revestimentos acima definidos, devem ser classificados dentro daqueles tipos e não no tipo "V".

F - Sufixo acrescentado à direita das letras identificadoras A, B, C, R, T, V, o que significa adição de ferro em pó ao revestimento, provando aumento de revestimento (cerca de 115% do peso da vareta metálica).

TERMINOLOGIA (SOLDA ELÉTRICA)

ALMA DO ELETRODO – Núcleo metálico de um eletrodo revestido.

ALÍVIO DE TENSÕES – Tratamento térmico que consiste em aquecer a junta soldada até uma temperatura conveniente abaixo de 720° C e esfriá-la novamente, com a finalidade de eliminar as tensões residuais provenientes das altas temperaturas de soldagens.

BOLHA – Vazio encontrado no metal depositado causado pela inclusão de gases.

CHANFRO – Corte efetuado nas bordas das peças a soldar, com a finalidade de proporcionar uma solda com boas qualidades. O chanfro poderá ter os seguintes formatos: V, U, X, etc.

COBRE-JUNTA – Material usado como apoio, atrás da junta, durante a soldagem e que tem a finalidade principal de evitar o vazamento descontrolado da solda através da fresta. O cobre-junta poderá ser retirado ou não, após a soldagem.

COMPRIMENTO NOMINAL DO ARCO – É o comprimento medido na direção do eixo do eletrodo, como para o comprimento real do arco e é igual ao diâmetro da alma do eletrodo.

COMPRIMENTO REAL DO ARCO – Distância medida no eixo do eletrodo, desde a extremidade da alma até a superfície do material liquefeito depositado.

CORDÃO DE SOLDA – Material depositado em um ou mais passos do eletrodo.

CORRENTE DE SOLDAGEM – Intensidade da corrente que circula pelo eletrodo, na realização de uma soldagem.

CRATERA – Cavidade no metal de base formada pelo arco voltaico no momento de sua extinção.

DIÂMETRO DO ELETRODO – Diâmetro da alama do eletrodo revestido ou da barra metálica, quando o eletrodo é nú.

EIXO DE SOLDA – Lugar geométrico dos centros de gravidade das secções transversais da solda.

SOLDA ELÉTRICA MANUAL (ARCO BLINDADO) ESPECIFICAÇÃO E UTILIZAÇÃO NORMAL DOS ELETRODOS

SOLDA DE PENETRAÇÃO PARCIAL		SOLDA DE PENETRAÇÃO TOTAL	
SOLDA TIPO	ESPECIFICAÇÃO DOS ELETRODOS	SOLDA TIPO	ESPECIFICAÇÃO DOS ELETRODOS
1–	E– 6010 conforme AWS ou os equivalentes (FW-5-5P), (OK-22-45), (W21-21-F) de fabricantes nacionais.	1, 2 e 9	E–6010 (AWS) ou equivalentes (FW-5-5P) (OK-22-45), (W-21F) de Fabricação Nacional. Também podem ser utilizados E–6012 ou (FW-35) e (W-10) nos casos de juntas de ângulo.
2–	E– 6010 ou equivalente (FW-5-5P) e (OK-22-45) para chapas até 1/4". Para chapas de 3/16" e 1/4" também pode ser usado E-6012, equivalente (FW-35).	3, 4, 5, 6, 7, 8, 10, 11, 12, 13, e 14	E–6010 ou equivalentes (FW-5-5P), (W-21F) para todas as espessuras em estruturas normais. Para estruturas de grande responsabilidade em chapas grossas utilizar E–6016 e E–7016, ou E–6018 e E–7018, para solda de campo ou os equivalentes nacionais (OK-48) e (W40-FH)
3–	Mesmos eletrodos usados para tipo 2.		
4–	E–6010 ou equivalentes (FW-5-5P) (W21F) e também E–601C e 7016 ou equivalentes (OK-48) para ch. de 3/8" e 1/2".		
5–	Mesmos eletrodos usados para tipo 4.		
6–7	E–6012 ou equivalentes (FW-35) e (W-1C) em obras comuns, acima de 12mm. Usar E-7018 ou (OK-48), (W-40-FN) em obras de grande responsabilidade.		
11–12	E–6012 ou equivalente (FW-35), (W-10) para cordões até 1/4". Em geral usar E–6010 ou (FW-5-5P), (OK-22-45) e W2F). No caso de cordões grossos (além de 5/16") também E–6016 e E–7016 e ainda E–6018 e E–7018 para soldas de campo, ou os equivalentes (OK-48) e (W-40-FH)		

Os elétrodos da classe E–6010 e E–6011 são utilizados em Estruturas Metálicas em geral do tipo leve em acessórios onde os materiais usados são de qualidade comercial (Q.C.).

Ainda: tubulações e reservatórios.
(Em chapas galvanizadas usar E-6011)

Os de classe E–6012, usam-se em estruturas semi-pesadas ou em quelas normais onde os materiais são de qualidade A-36. Tubos de caldeira e recipientes para líquidos em geral.

Também são usados em recipientes de gáz para pressões normais, super-estruturas de navios e similares.

Os E–6016, E–7016, E–6018 e E–7018, são usados em obras pesadas, principalmente em chapas grossas e cordões de grande comprimento em que é exigido uma boa Soldagem na raiz da solda. Em geral, em todas as estruturas sumetidas a vibrações ou impactos, tais como edifícios para instalações industriais com pisos ou plataformas onde operam maquinários e outros similares.

Os eletrodos da classe E–60...., são mais usados na pré-fabricação em si, enquanto que os eletrodos E–70.... são apropriados para ligações soldadas, principalmente no campo.

ELETRODO DE CARVÃO – Eletrodo usado na soldagem ou no corte a arco a carvão.

ELETRODO DE ENCOSTO – Também chamado "semi-automático" é aquele que poupa ao soldador o esforço de manter o arco constante, sendo o seu comprimento determinado pela altura do revestimento que encosta na obra. Este eletrodo não deve ser confundido com os eletrodos do encosto "sem arco" usados no processo de fusão por resistência elétrica.

ELETRODO METÁLICO – Vareta ou rolo do fio de metal revestido ou não utilizado na soldagem.

ELETRODO NÚ – Eletrodo não revestido.

ELETRODO PARA SOLDAGEM A ARCO ELÉTRICO – Eletrodo metálico ou de carvão (ou outro material adequado), usado com o propósito de produzir um arco elétrico.

ELETRODO REVESTIDO – Eletrodo metálico, possuindo revestimento aplicado por meio de banho ou extrusão.

ESCÓRIA – Resíduo proveniente principalmente do revestimento de eletrodo (ou do fluxo protetor dos eletrodos nús).

FLUXO – Substância gasosa ou sólida fusível que tem por finalidade melhorar as condições elétricas, metalúrgicas e protetoras da soldagem.

FRESTA – Espaço deixado entre peças a serem soldadas.

INCLUSÃO – Corpo estranho, tal como resto de escória, encontrado no interior de uma solda.

JUNTA – Tipo de união entre peças classificadas de acordo com a posição relativa das meas em: "de topo", "sobreposta", "T", "quina".

JUNTA DE TOPO – Junta em que dois componentes estão aproximadamente no mesmo plano.

JUNTA DE QUINA – Junta em que os dois componentes estão aproximadamente em ângulo reto, tendo a seção transversal o formato de um "L".

JUNTA EM "T" – Junta em que os dois componentes estão aproximadamente em ângulo reto, tendo a secção transversal do formato de um "T".

METAL DE BASE – Metal de peça que passa por um processo de soldagem.

METAL DEPOSITADO – Metal adicionado, em estado de fusão durante um processo de soldagem e o qual, após o resfriamento, constitui com o metal de base, uma peça única.

MORDEDURA DE SOLDA – Reentrância no metal de base a qual pode aparecer ao longo do pé do cordão de solda.

NORMALIZAÇÃO – É o recozimento com resfriamento do ar.

OPERADOR – Pessoa que executa processo de soldagem automática, manobrando a máquina que mantém o arco elétrico e as demais condições técnicas necessárias à execução da solda.

PASSE – Processo genérico do eletrodo ao longo do eixo da solda, com depósito de material passe e intercalado: técnica de soldagem na qual os cordões de solda são feitos de forma a ficarem afastados, intermitentes.

PASSE A RÉ – Técnica de soldagem na qual os pedaços de cordão de solda são feitos em sentido oposto ao de rpogressão da soldagem, de forma que o pedaço de cordão seguinte termine no início do corpo anterior, formando ao todo um único cordão. Esta técnica distribui melhor as tensões residuais ao longo do cordão.

PASSE ORIENTADO – Técnica de soldagem na qual os pedaços de cordão de solda são inicialmente espaçados uns dos outros, vindo a ser unidos posteriormente. Esta técnica contribui para que as tensões residuais ao longo do cordão sejam diminuídos.

PÉ DE SOLDA – Ponto de encontro em um corte transversal, das superfícies externas do metal depositado e do metal de base.

PENETRAÇÃO DE SOLDA – Distância máxima da superfície original do metal de base ao ponto em que termina a fusão, medida perpendicularmente à mesma.

PERNA DE UM CORDÃO DE SOLDA – a) medida dos comprimentos dos catetos de maior triângulo retângulo inscrito numa secção transversal; b) solda de topo: espessura da peça mais fina na junta soldada. Não se leva em conta o excesso de solda depoistado como reforço.

POÇA DE FUSÃO – Zona em fusão no material de base.

POLARIDADE DIRETA (ELETRODO NEGATIVO) – Ligação de uma aprelho de soldagem com corrente contínua, na qual o metal base está ligado ao polo positivo e o eletrodo ao polo negativo da máquina geradora.

POLARIDADE INVERSA (ELETRODO POSITIVO) – Ligação de um aparelho de soldagem com corrente contínua na qual o metal de base ligado ao polo negativo e o eletrodo ao polo positivo da máquina geradora.

POROSIDADE – Presença de bolhas ou inclusões no metal depositado.

PÓS-AQUECIMENTO – Aplicação de calor a uma junta soldada, em seguida a operação de soldagem.

PRÉ-AQUECIMENTO – Aplicação de calor ao metal de base, imediatamente antes da operação de soldagem.

RAIZ DE SOLDA – É o ponto profundo do cordão de solda, em uma secção transversal.

REBORDO – Excesso de metal depositado no pé da solda, além da linha de fusão.

RECOSIMENTO – Tratamento térmico que consiste no aquecimento da junta soldada até acima de 720° até austenização completa, seguido de um resfriamento lento dentro do forno.

REVESTIMENTO DO ELETRODO – Fluxo que envolve a alama do eletrodo tendo finalidades elétricas, metalúrgicas e protetoras.

SOLDA EM ÂNGULO – Solda cuja secção transversal é aproximadamente um triângulo retângulo (usado nas juntas tipo "sobreposta", "T", "de quina").

SOLDA DE TAMPÃO – Solda feita num furo circular situado em um dos componentes de uma junta sobre-

posta, ligando este componente à parte da superfície do outro que está acessível através do furo. O furo pode ou não ser obturado completamente.
SOLDA EM CADEIA — Solda em ângulo nas juntas de cordões intermitentes, que coincidem entre si, de tal modo que a um cordão sempre se opõe outro.
SOLDA EM ENTALHE — Solda feita em um dos componentes de uma junta sobreposta, ligando esse componente à parte a superfície do outro, que é acessível através do entalhe. O entalhe pode ter uma de suas extremidades abertas.
SOLDA EM ESCALÃO — Solda em ângulo, usadas nas juntas "T" composta de cordões intermitentes que se alternam entre si, de tal modo que a um cordão sempre se opõe uma parte não soldada.
SOLDA DE TOPO — Solda executada em junta de topo.
SOLDABILIDADE — Propriedade que se refere à maior facilidade que os metais apresentam para as soldagens.
SOLDADOR — É aquele que executa um processo de soldagem com suas próprias mãos e, assim, estabelece e mantém o arco elétrico e as demais condições de trabalho, garantindo a execução da solda da junta de acordo com as especificações requeridas.
SOLDADOR OPERADOR — É aquele capaz de executar funções conjuntas de operador e soldador.
SOLDAGEM AUTOMÁTICA — Soldagem feita com máquinas que possuem dispositivos que ajustados, conlam por si todas as operações.
SOLDAGEM MANUAL — Soldagem controlada diretamente pela mão do operário (SOLDADOR).
SOLDAGEM SEMI-AUTOMÁTICA — Soldagem na qual o controle exercido pela máquina é parcial sendo indispensável a intervenção direta do soldador-operador para completar sua execução não é considerada como intervenção do operário a ação necessária para dar partida na máquina.
TECIMENTO DA SOLDA — Técnica de deposição do material de solda da qual o eletrodo é oscilado ciclicamente de forma se obter um bom acabamento.
ABERTURA DA RAIZ — Distância entre duas peças a unir.
CHAPA AUXILIAR DE ESPERA — (COBRE-JUNTA) Material usado como apoio atrás da junta, durante a soldagem e que tem por finalidade principal evitar o vazamento descontrolado da solda, através da fresta a chapa auxiliar de espera, poderá ser retirada ou não após a soldagem.
GARANTIA DE UM FILETE — (Altura de um filete) altura relativa a hipotenusa do maior triângulo retângulo que puder ser inscrito na seção transversal do filete.
LADO DE UM FILETE — (Pernas de um filete) são os catetos do maior triângulo que puder ser inscrito na secção transversal do filete.
PONTOS DE SOLDA — Segmentos de solda, aplicados na montagem de oficina, para manter na posição, adequada as peças a serem unidas.
RAIZ DA JUNTA — Zona da junta em que é menor o afastamento das peças a unir.
SOLDA DE FILETE — (Solda em ângulo) solda de seção transversal aproximadamente triangular, unindo duas superfícies ortogonais.
SOBREPOSTO — Metal de solda escorrido sobre o metal base sem fusão do local.

PREPARO DE PEÇAS PARA O TRABALHO

LIMPEZA — Para execução das soldas elétricas é essencial no preparo da peça a sua limpeza, consiste a mesma em se remover qualquer vestígio de oxidação, óleo, tinta, graxa e outras impurezas.
AS JUNTAS SOLDADAS — A solda deverá ser feita escolhdo-se o tipo da junta que permita a penetração que se tem em vista, levando-se em conta a espessura da peça.
As juntas de topo, sem chanfro, podem ser executadas.

a) Solda de um lado com arestas viradas, para chapa com espessura até 1,5 mm mais ou menos. Virar os bordos a uma pequena altura e soldar sem adicionar material como indica a figura.

b) Nas juntas de topo, com um afastamento igual ao material de adição, consegue-se penetração completa com solda só de um lado em chapas até 4 mm de espessura, como indica a figura.

c) Com soldas de dois lados podemos conseguir uma penetração completa em chapas até 6 mm de espessura, como indica a figura.

JUNTAS CHANFRADAS — As juntas chanfradas em "V" e em "X" são as mais usadas. As juntas em "V" são empregadas em chapas de 6 a 12 mm de espessura, com um ângulo de abertura de 60 a 90° como indica a figura.

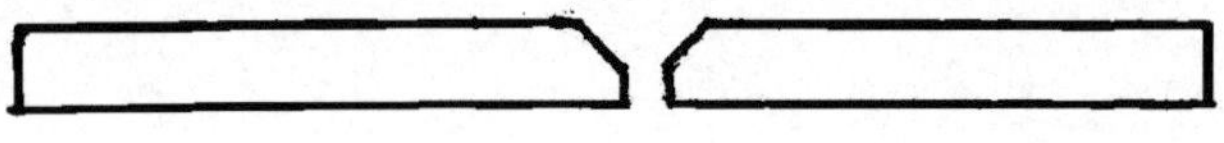

As juntas em "X" ou duplo "V" são empregadas em trabalhos de grande resistência. Estes chanfros são usados em chapas de 12 mm para mais, como indica a figura. O serviço é executado em melhores condições por ser feito de ambos os lados, pois há menos empenamento.

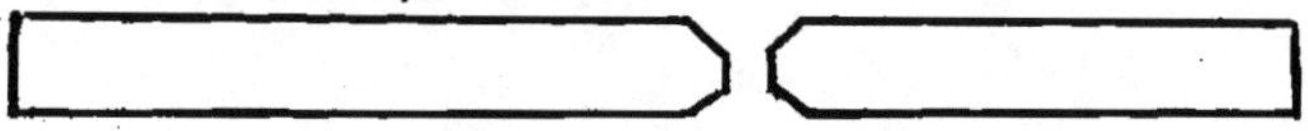

As juntas em "T" ou perpendiculares podem ser executadas encostadas ou separadas, chanfradas ou não, de acordo com a espessura da peça que se deseja soldar. Os cordões de solda podem ser duplos ou simples, como a figura.

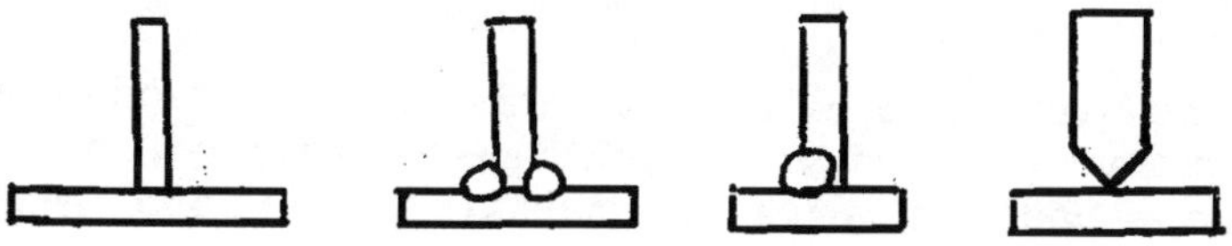

As juntas e arestas ou bordas podem ser construídas em cordão sem chanfro ou chanfrado.

As juntas sobrepostas podem ser construídas:

a) com filete simples 

b) com filete duplo 

c) rebaixadas 

As juntas em ângulo ou canto interno ou externo podem ser executadas:

a) em canto aberto 

b) em canto fechado 

c) em chanfro de um lado 

d) com chanfro nos dois lados 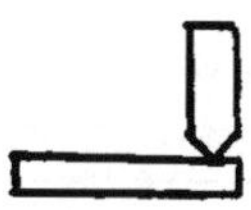

e) solda no canto externo 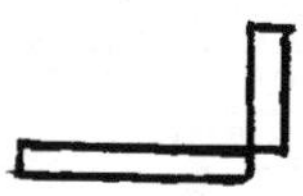

Símbolos Básicos				Símbolos Suplementares				
Tipos de Solda								
De ângulo	Sem chanfros	Com chanfros em V Duplo	Com chanfros em V Simples	Eletro rebite enchimento de ranhura	Passe de reforço ou de acabamento	Solda em toda volta	Solda em toda volta feita no campo	Acabamento da solda (esmerilhado)
					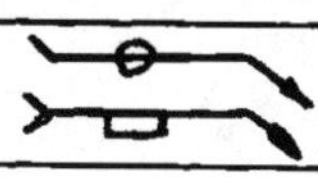	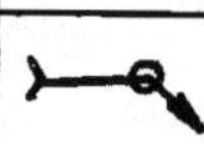	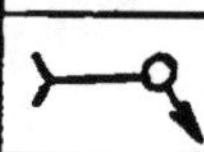	

JUNÇÃO POR SOLDA

Sendo o aço , cerca de 6 vezes mais resistente, a tração que o ferro fundido, é duas e meia vezes mais rígido, é evidente que empregando-o, obtem-se uma resistência e rigidez, com um peso menor de material.

As ligações se duas peças, podem ser efetuadas pela fusão de um elétrodo metálico.

Devido a temperatura do arco voltaíco, processa-se, também a fusão parcial de matéria prima das peças, após o resfriamento, a matéria prima e o material do elétrodo, passam a constituir um único corpo.

Para uma operação com solda, é necessário ter uma fonte de energia elétrica de baixa voltagem e alta amperagem.

Geralmente as máquinas de solda, trabalham com uma corrente de 120 a 400 ampères e com uma voltagem de 20 a 40 Volts, utilizando-se elétrodos com o diâmetro até 1/4" (6,35 mm).

Para elétrodos de 5/16" (7,94 mm) a corrente é alimentada até 600 ampéres.

Na prática, os elétrodos mais utilizados, são so seguintes:
1/8" = (3,18 mm) , 5/32" = (3,97 mm) , 3/16" = (4,76 mm) , 1/4" = (6,35 mm) , 5/16" = (7,94 mm)

EXISTEM DOIS TIPOS DE LIGAÇÃO POR SOLDA

a) EM ÂNGULO: Que deposita um cordão de solda no ângulo formado pela superfície das peças a serem unidas: podendo ser longitudinal ou transversal a direção de aplicação da carga.

b) SOLDA EM TOPO: Para este tipo em chapas de espessura, até 1/4" não é preciso nenhuma preparação inicial, sendo necessário apenas um intervalo entre as peças de 2 e 3 mm, para que todas as superfícies fiquem bem fundidas.

Para chapas de 5/16" (7,94 mm) a 1/2" (12,7 mm) de espessura, faz-se um chanframento em cada topo das chapas, em uma aresta de modo de formar um ângulo de 60° a 70°. A ligação e denominada em "V".

Para chapas com mais de 1/2" de espessura, faz-se a ligação chamada x com duplo chanframento em cada topo.

SÍMBOLO DE SOLDA (CONF. ABNT)

SÍMBOLOS BÁSICOS

TIPO DE SOLDA					
	TOPO				
FILETE	SEM CHANFRO	COM CHANFRO			
		V	BISEL	U	J
◺	‖	V	V	Y	Y

SÍMBOLOS SUPLEMENTARES

PASSE	SOLDA EM TODA VOLTA	SOLDA NO CAMPO	ACABAMENTO DE SOLDA
⌒	○	●	—

Significadc dos símbolos de solda, indicados para locação dos elementos dos símbolos de solda.

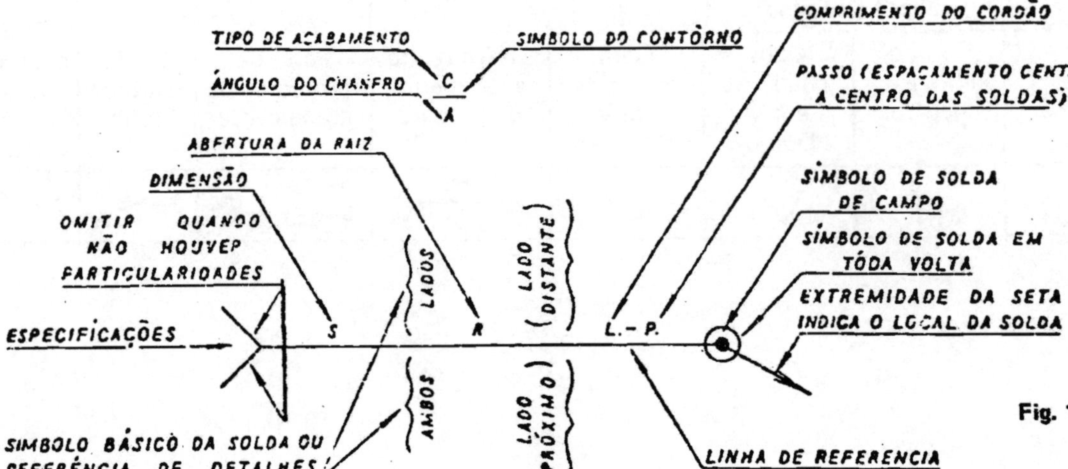

Fig. 12

2.2) INTERPRETAÇÃO DO ESQUEMA DE SÍMBOLOS DE SOLDA

a) Quando o cordão de solda para o qual a seta aponta está visível ou considerado "próximo", os simbolos básicos (abertura da raiz, ângulo de chanfro, tipo de acabamento, etc.) serão colocados ABAIXO da linha de referência da seta.

b) Quando o cordão de solda para o qual a seta aponta está oculto ou considerado "distante", os símbolos dos cordões serão colocados ACIMA da linha de referência da seta.

c) No caso de cordões duplos, os símbolos serão colocados em ambos os lados da linha de referência da seta, como determinam as notas (a) e (b), exceto no caso de ambos os cordões serem idênticos quando será feito conforme nota (a).

d) As setas com seus respectivos símbolos devem ser aplicadas tantas vezes quantas forem as mudanças bruscas na direção do cordão. É válido o uso de uma só linha de referência e várias setas quando os cordões são idênticos, assim:

Quando o mesmo cordão contorna totalmente a peça, usa-se uma só seta empregando o símbolo correspondente.

e) Todos os cordões são considerados contínuos exceto quando indicado contrariamente (L-P).

f) As dimensões e os comprimentos dos cordões, assim como o espaçamento entre eles (no caso de solda contínua), devem ser indicados em milímetros e ao lado dos símbolos respectivos, exemplo:

= Solda descontínua, cordão em ângulo com 6 mm de altura e 50 mm de comprimento. Os cordões estão afastados de 150 mm (distância entre centros).

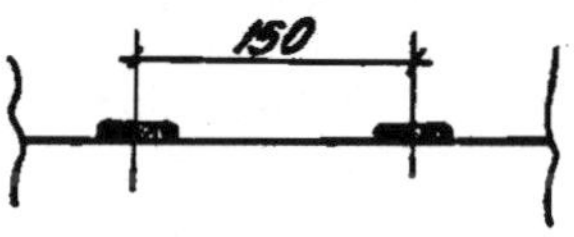

ou

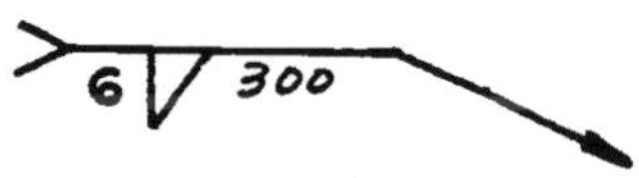

= Solda contínua, cordão de ângulo com 6 mm de altura e comprimento total da solda de 300 mm.

No caso:

= Solda contínua, comprimento do cordão igual ao comprimento da junta a ser soldada.

g) A cauda  da seta é obrigatória quando for necessário especificar particularidades da soldagem, podendo ser dispensada em caso contrário.

h) Nas juntas em que somente uma das peças é chanfrada, a seta DEVE apontar para ela, assim:

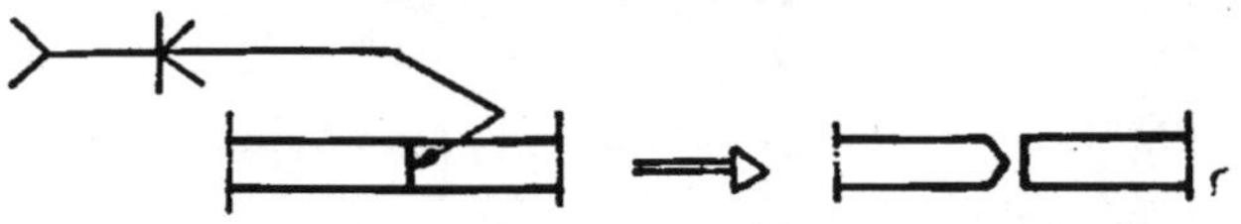

i) No símbolo da solda em ângulo, a hipotenusa do triângulo DEVE ficar à direita.

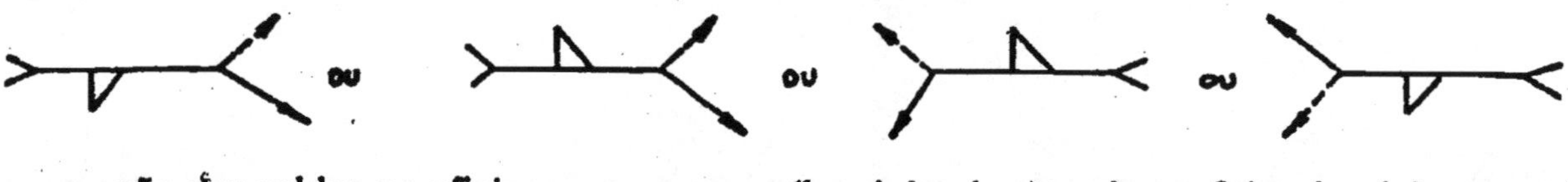

2. A execução das soldas na oficina ou no campo (local da obra) pode ser feita de várias maneiras, das quais dependerá o tipo de solda escolhido e consequentemente a preparação das juntas, sendo

Símbolo de Soldagem de Entalhe em Bisel do Lado Oposto da Seta

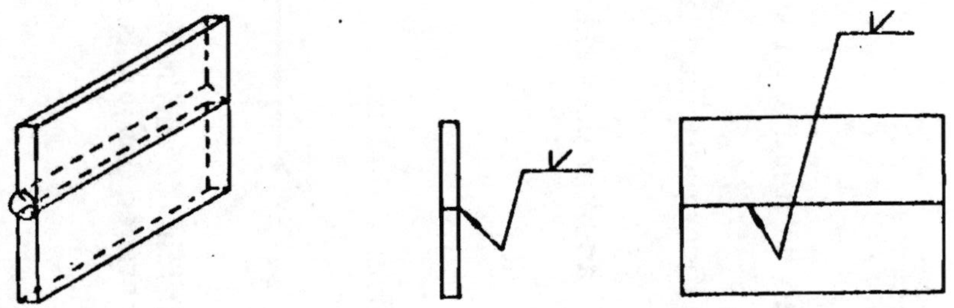

Símbolo de Soldagem de Entalhe Reto, de Ambos os Lados

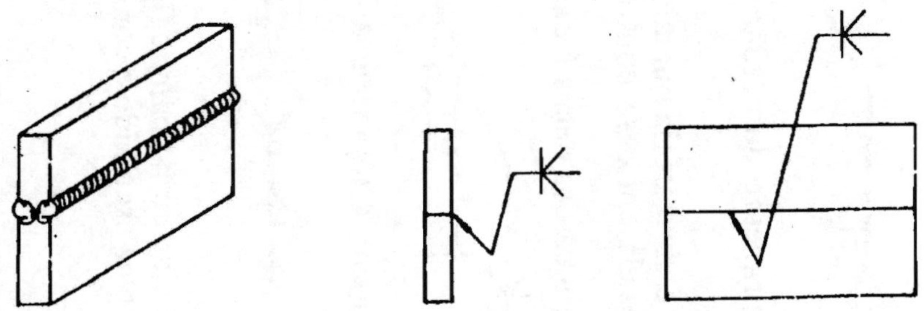

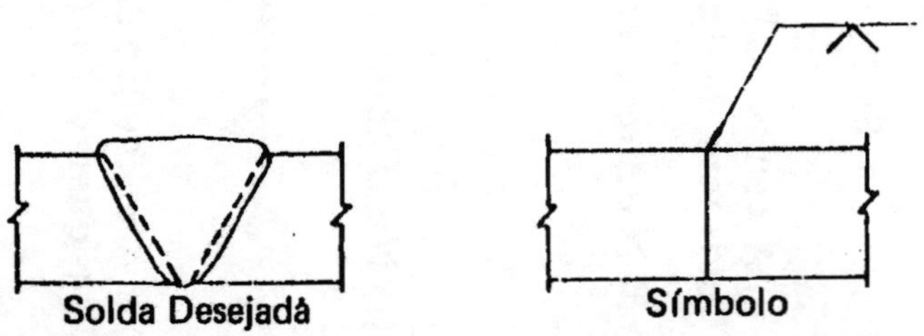

Símbolo de Soldagem de Entalhe Reto, do Lado da Seta

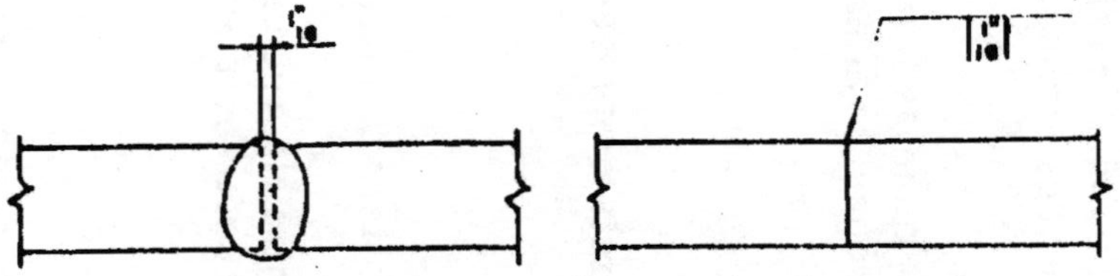

Símbolo de Soldagem de Entalhe Reto, do Lado Oposto da Seta

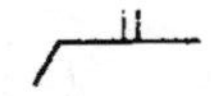

SÍMBOLO DE SOLDAGEM DE ENTALHE RETO, DE AMBOS OS LADOS.

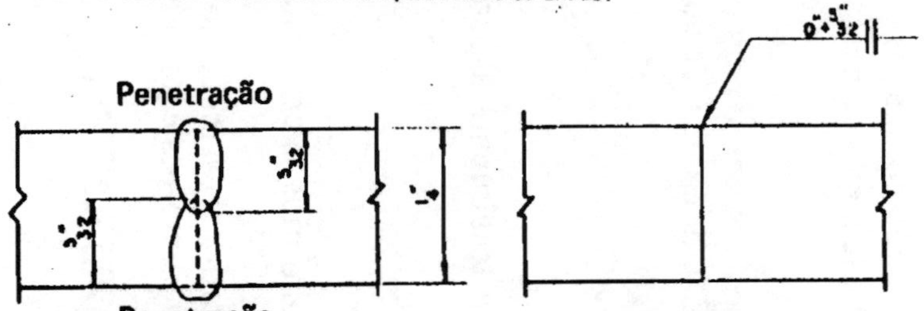

Símbolo de Soldagem de Entalhe em Bisel do Lado da Seta.

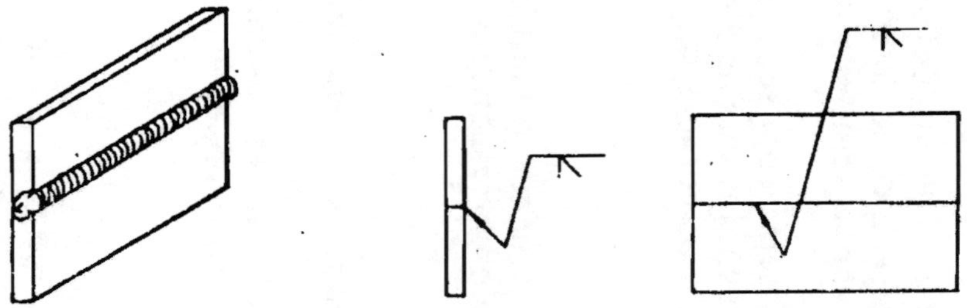

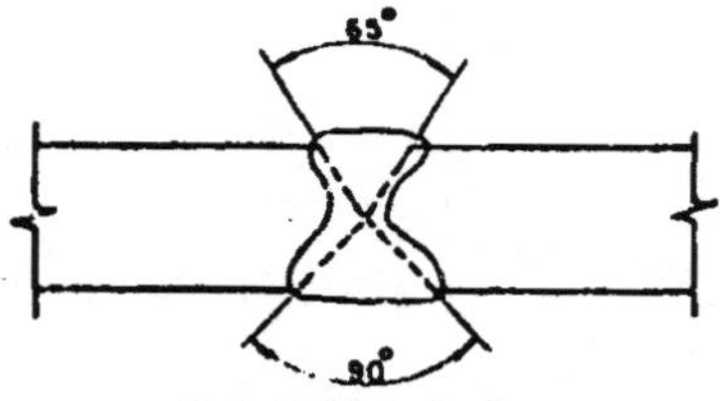

Solda Desejada

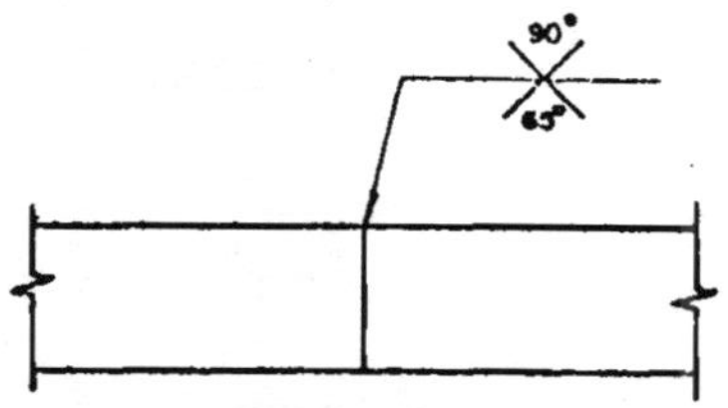

Símbolo

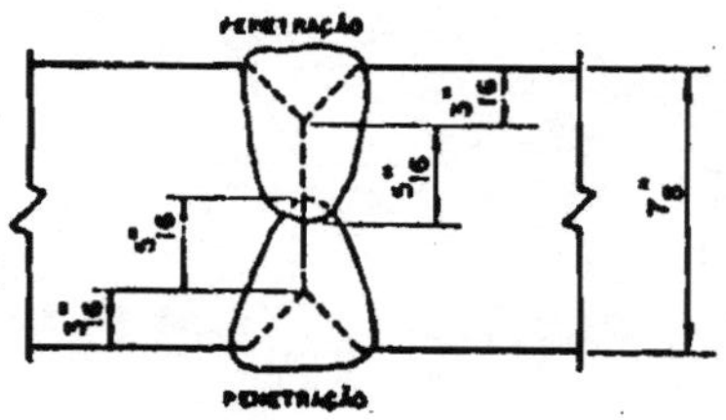

Solda Desejada

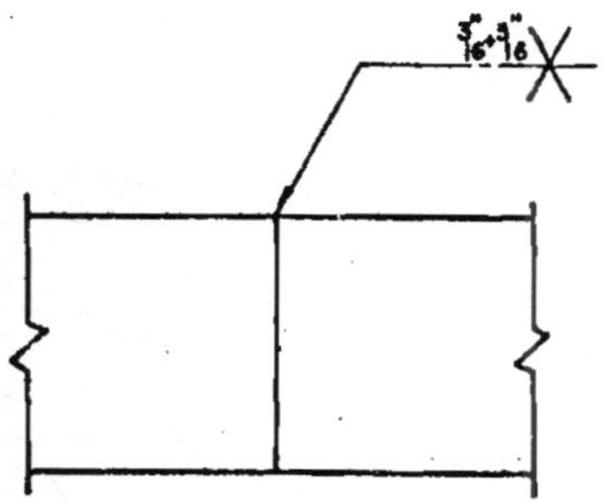

Símbolo

Símbolo de Soldagem de Entalhe em U do Lado da Seta

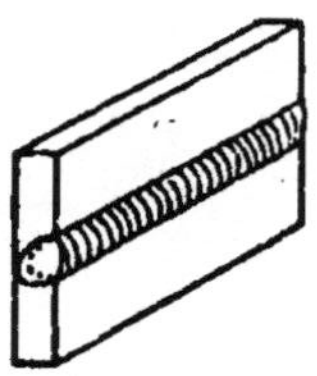

Solda Desejada

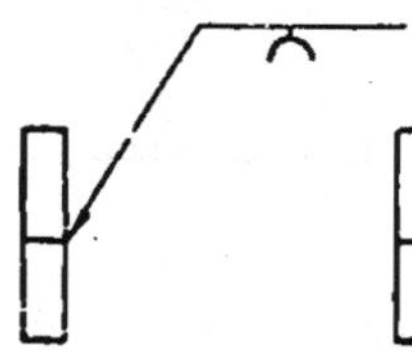

Secção

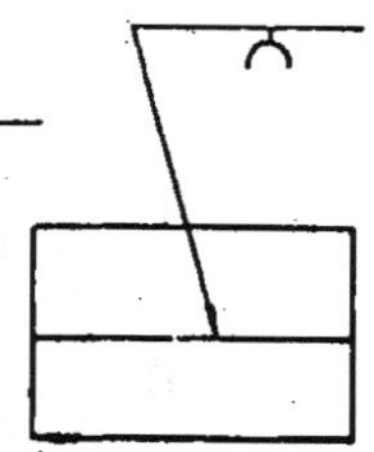

Elevação

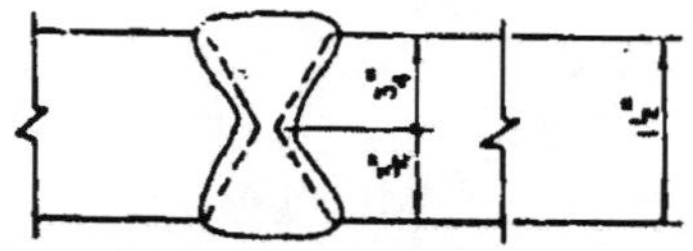

Solda Desejada

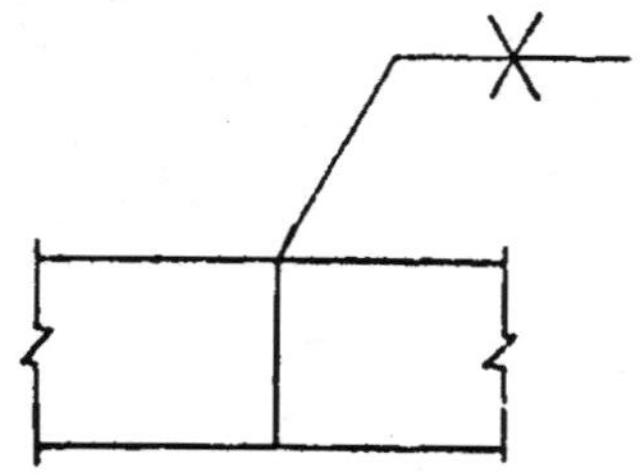

Símbolo

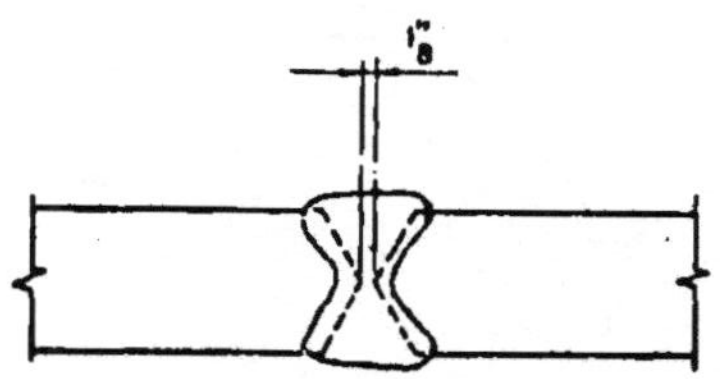

Solda Desejada

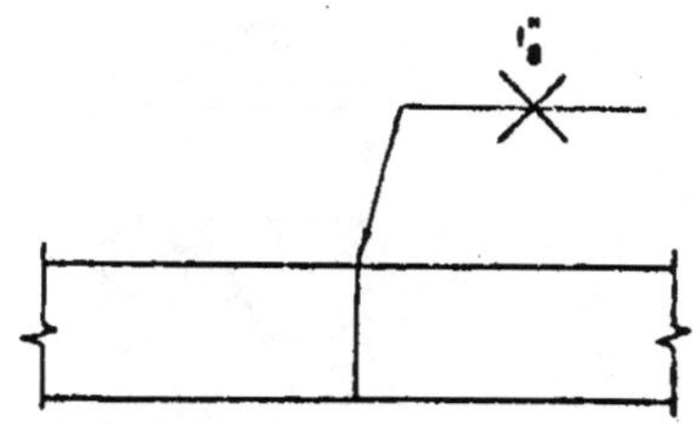

Símbolo

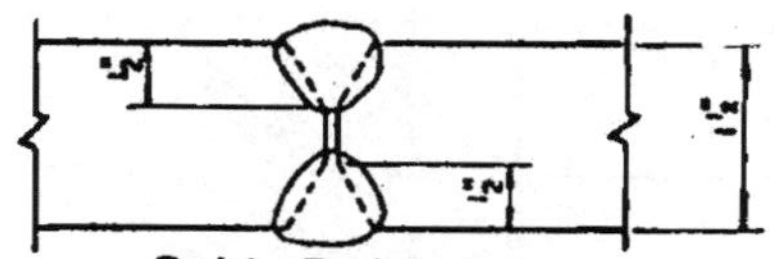

Solda Desejada

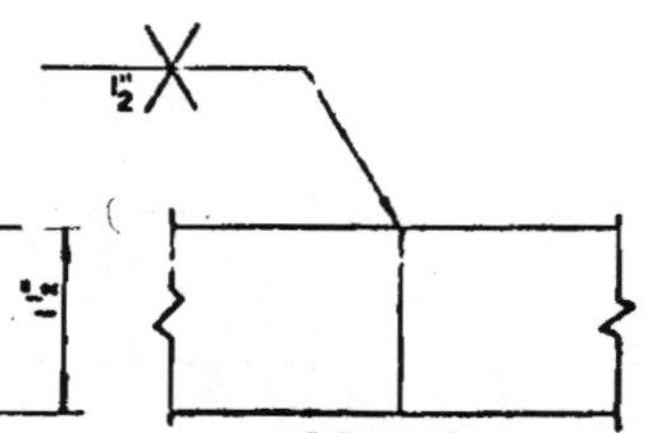

Símbolo

Símbolo de Soldagem em Filete em Ambos os Lados para uma Junta

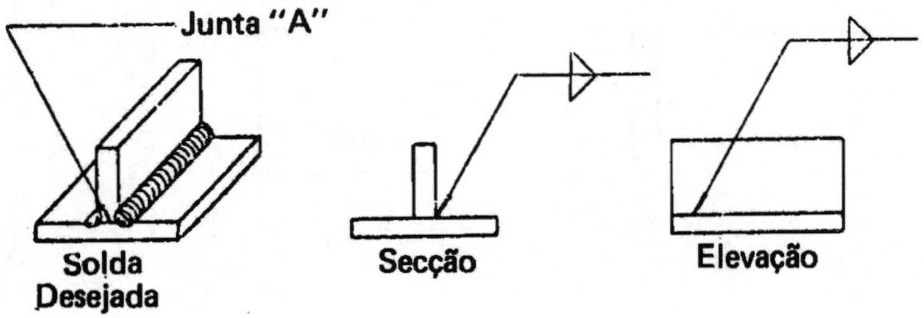

Símbolos de Soldagem de Filete em Ambos os Lados para Duas Juntas

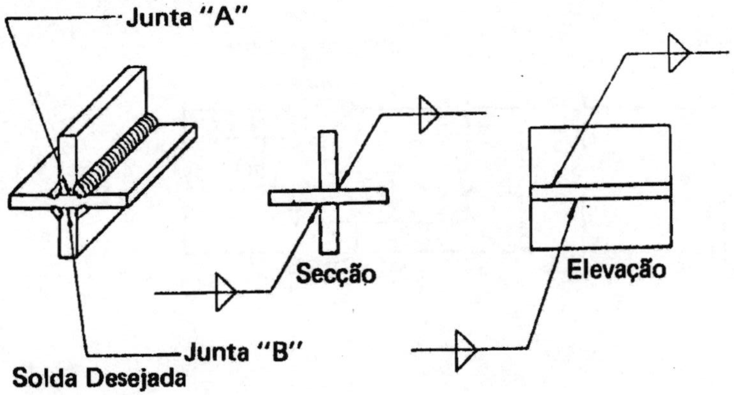

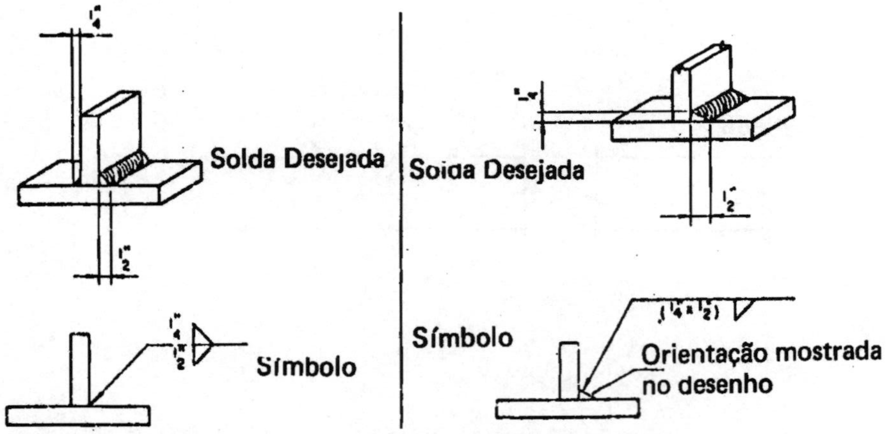

Símbolos de Entalhe Único em Biesel e do Cordão de Solda

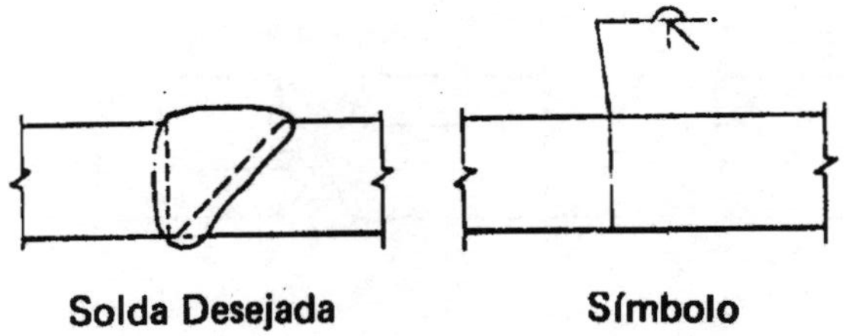

Símbolo de soldagem de Filete do lado da seta

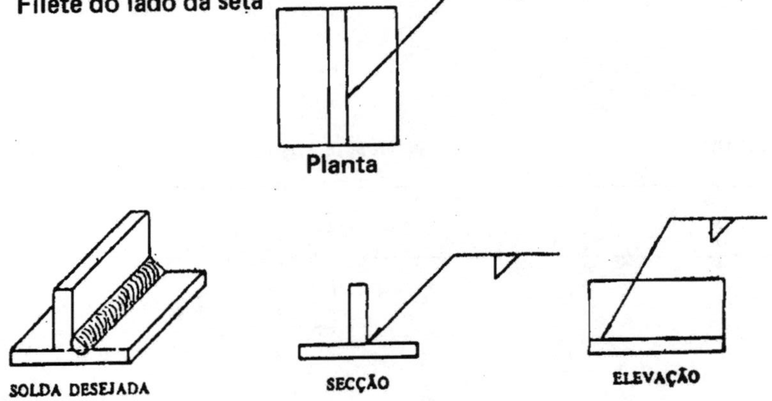

Símbolo de soldagem de filete do lado oposto da seta

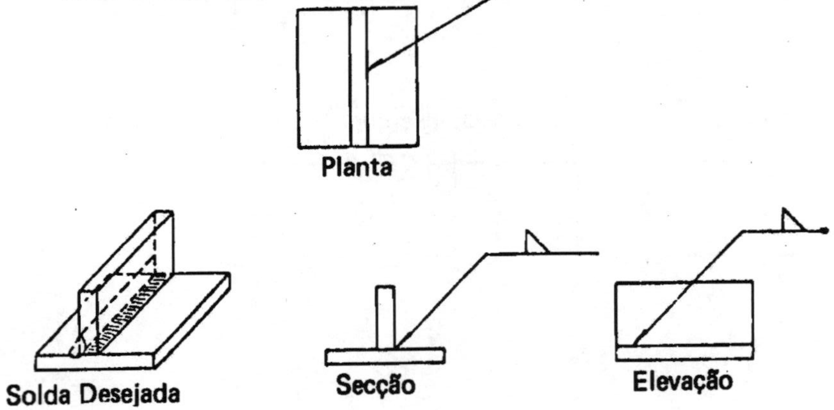

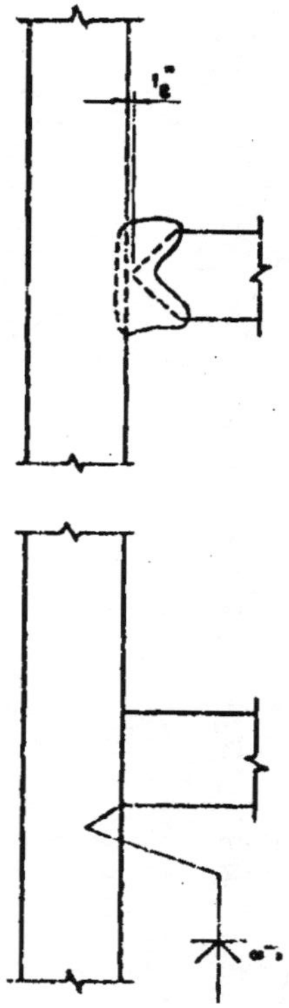

Solda Desejada

Símbolo

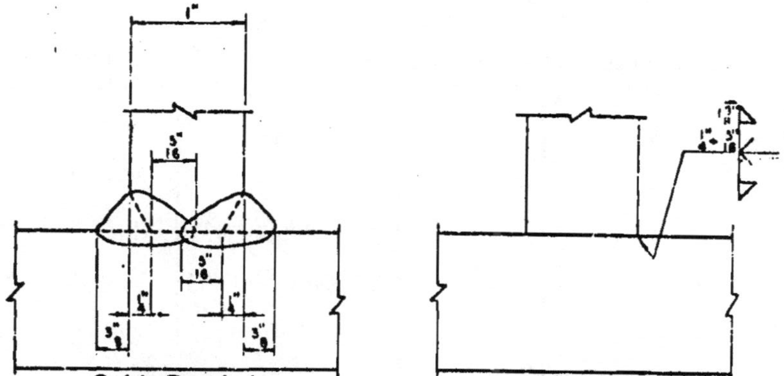

Solda Desejada

Símbolo

Símbolo de soldagem de filete mostrando o uso de dimensões combinadas

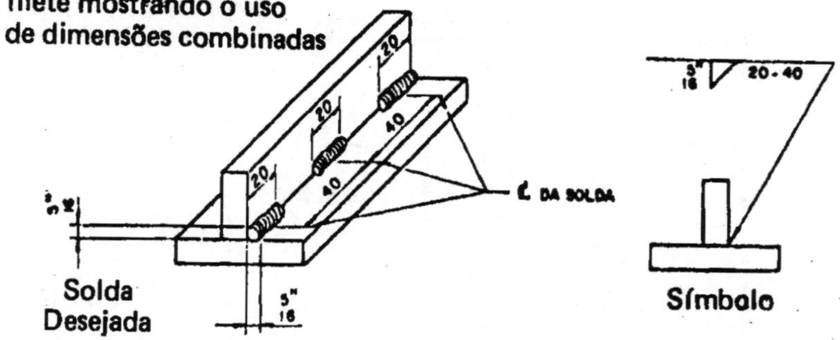

Solda Desejada

Símbolo

Símbolos do cordão de solda, do entalhe úndi em J e da solda de filete

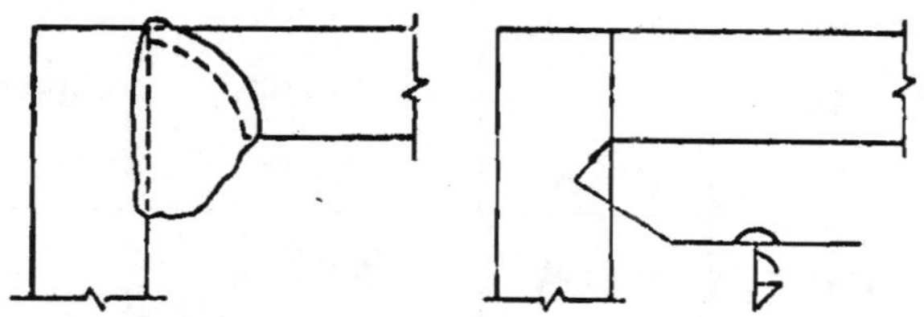

Solda Desejada

Símbolo

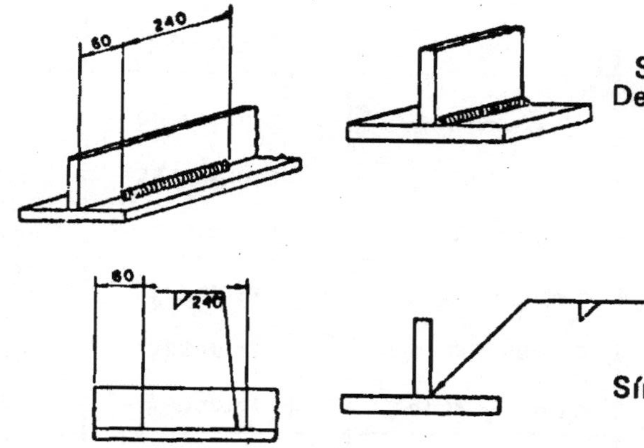

Solda Desejada

Solda Desejada

Símbolo

Símbolo

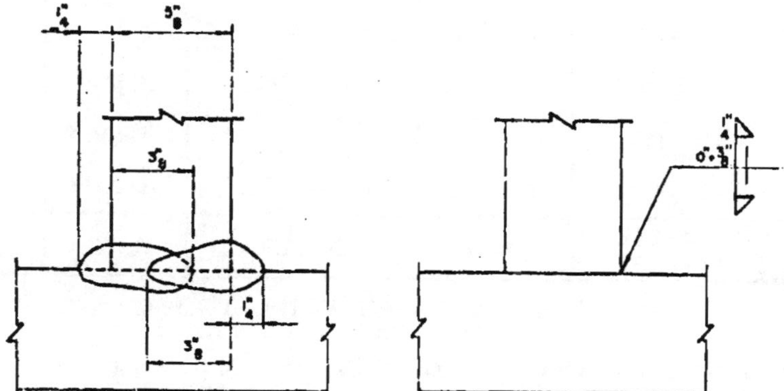

Solda Desejada

Símbolo

c) Símbolos da Solda de Filete e do Entalhe duplo em Bisel

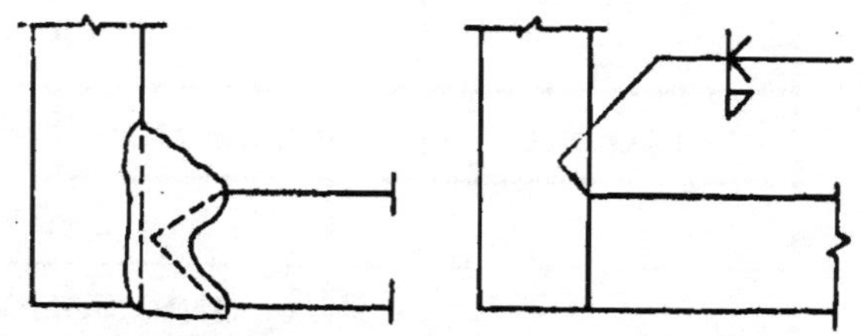

Solda Desejada

Símbolo

ELETRÔDOS – LINCOLN – ARMCO – TABELA COMPARATIVA DE ELETRODOS (ANO 1975)

PARA AÇOS: DOCE COMUM, DE BAIXA LIGA E DE ALTA RESISTÊNCIA À TRAÇÃO.

	ARMCO LINCOLN	AWS ABNT	ESAB	ARCOS	G.E.	FREDOTTI WESTINGHOUSE	HIME S. A. ACTARC (SOLDARC)	TORSIMA	UNITOR
SOLIDIFICAÇÃO RAPIDA	Fleetweld 5	E – 6010 4410 – C	OK41P	Fluxend – B	W – 21F	XI – 610	Super Branco (Soldarc 10)	—	—
	Fleetweld 5P	E 6010 4410 – C	OK41P	—	W – 21F	XI – 610	Super Branco (Soldarc 10)	—	—
	Fleetweld 35	E – 6011 4411 – C	OK44P	Fluxend	W – 26	ACP – 611	Super Pentarc (Soldarc 11)	—	—
	Shield-Arc 85	E – 7010 4810 – C	—	—	W – 52F	DH – 720		—	—
ENCHIMENTO E SOLIDIFIC.	Fleetweld 7	E – 6012 4413 – R	—	Vertend	W – 20	FP – 612	Verm. Branco (Soldarc 12)	Simamax	Fonas Amarelo
	Fleetweld 7MP	E – 6012 4413 – R	—	Vertend	W – 20	FP – 612	Verm. Branco (Soldarc 12)	Simamax	Fonas Amarelo
	Fleetweld 77	E – 6012 4413 – RF	—	Vertend	W – 20	FP – 612	Verm. Branco (Soldarc 12)	Simamax	Fonas Amarelo
AVANÇO E ACABAM.	Fleetweld 37	E – 6013 4415 – R	OK46P	Carend	W – 25	SW – 613	Verm.Amarelo (Soldarc 13)	Simarecord	Unitor TP
	Fleetweld 47	E – 6013 4415 – R	OK46P	Carend	W – 25	SW – 613	Verm.Amarelo (Soldarc 13)	Simarecord	Unitor TP
	Facilweld	E – 6013 4415 – R	OK46P	Carend	W – 25	SW - 2M - 613	Verm.Amarelo (Soldarc 13)	Simarecord	—
ENCHIMENTO RAPIDO (PO DE FERRO)	Fleetweld 47M	E–6014 7014 4415 – RF	—	—	W – 20F	ZIP – 14	—	Sima Verde	—
	Jetweld I & 3	E-6024-7024 5633 – RF	Femax I	Stylend	W – 20FE	ZIP - 24	Jato SS-85 (Soldarc 20)	Simajet	—
	Navaljet	E – 6027 4843 – RF	Femax II	Navalend	—	—		—	—
BAIXO HIDROGENIO (PO DE FERRO)	Jetweld LH-70	E-6018-6016 4813–BF	OK48P	Ductilend 45	W – 32H	WIZ – 18	Univarc (Soldarc 15)	Simaouro 50	Fonas Verde
	Jetweld LH-70	E-7018-7016 4813 – BF	OK55P	Ductilend RX 52	W – 40FH	WIZ – 18	—	—	Fonas Verde
	Jetweld LH-70	E–8018-BF 5613 – BF	OK70P	Cromolend A	—	—	—	Molycrom A	—
	Jetweld LH–90	E–9018–G 6013 – BF	OK80P	—	—	—	—	—	—
	Jetweld LH–110	E–11018–G 8013 – BF	OK90P	—	—	—	—	—	—

NOTA: – Os eletrôdos desta tabela são recomendados por seus respectivos fabricantes para as mesmas aplicações dos ELETRÔDOS LINCOLN mostrados na coluna lateral. Entretanto as análises e propriedades, em alguns casos, não são iguais.

Observação: Na página 6 dão-se equivalências já superadas. Utilizar esta tabela.

As soldas mais comuns são feitas em ângulo ou de tôpo.

Solda de tôpo, de acordo com as indicações de Lincoln, uma solda de topo bem executada têm resistência igual ou maior que a da própria chapa soldada, e não há necessidade de calcular as tensões desenvolvidas na solda.

Mas poderemos dimensionar uma solda de topo pela fórmula:

P (adm) = T(adm) x e x L

P(adm) — carga admissível

T(adm) — tensão admissível

e — espessura da menor chapa a ser soldada

L — comprimento do cordão de solda

A tensão de solda geralmente varia com o material, mas quando não especificado, deve se adotar 900 kg/cm^2.

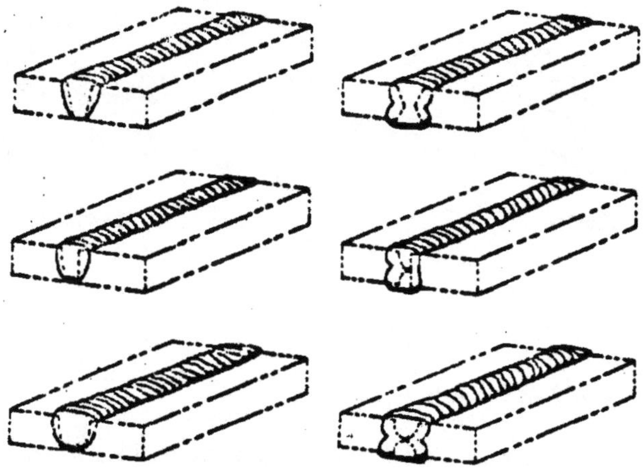

Fig. 7

SOLDAS DE TÔPO

Exemplo:

1) Qual a carga máxima que pode se aplicar a uma junção de topo, cujas chapas são de 1/4" com uma largura de 100 mm?

e = 1/4" ou 0,635 cm

L = 100 mm ou 10 cm

P(adm) = T(adm) x L x e

P(adm) = 900 x 10 x 0,635 = 5715 kg

Solda em Ângulo

Estas soldas são classificadas de acordo com a direção da carga que podem ser:

1) Carga transversal

2) Carga paralela

Uma solda com um carregamento transversal tem um cisalhamento igual a 67,5 graus com a horizontal, sendo esta dimensão utilizada para o calculo da solda.

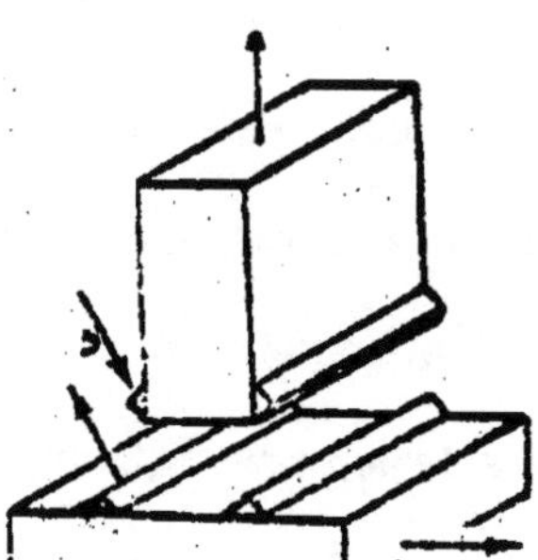

CARREGAMENTO TRANSVERSAL

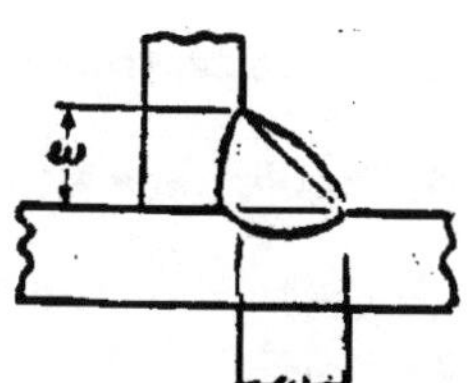

CORDÃO COM PERNAS DESIGUAIS

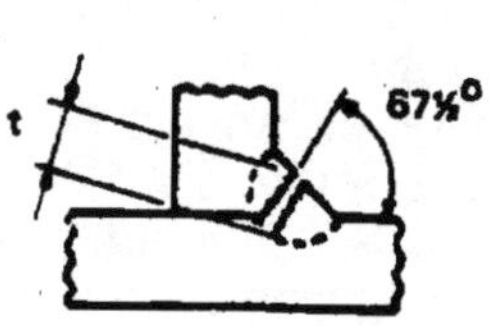

CARGA TRANSVERSAL

$t = 0,923\ w$

$P(adm) = T(adm) \times t \times L$ ou

$P(adm) = T(adm) \times 0,923\omega \times L$

onde: $P(adm)$ — carga admissível.

t — altura

L — Largura do cordão

ω — Dimensão do cordão de solda

O carregamento paralelo tem o cisalhamento num plano a 45 graus com a horizontal, onde a altura t é menor que a altura utilizada para o carregamento transversal.

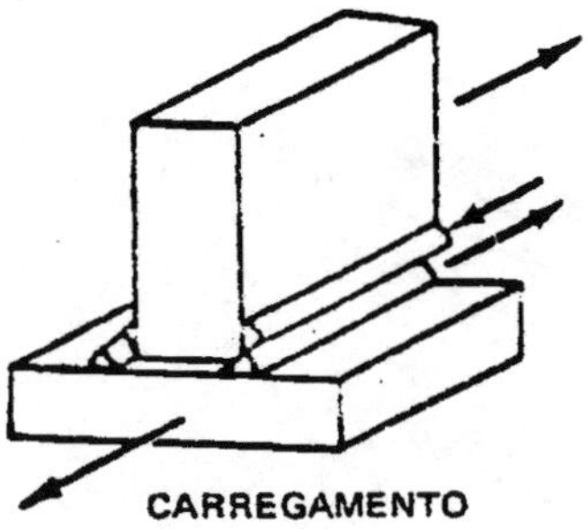

CARREGAMENTO PARALELO

Fig. 9

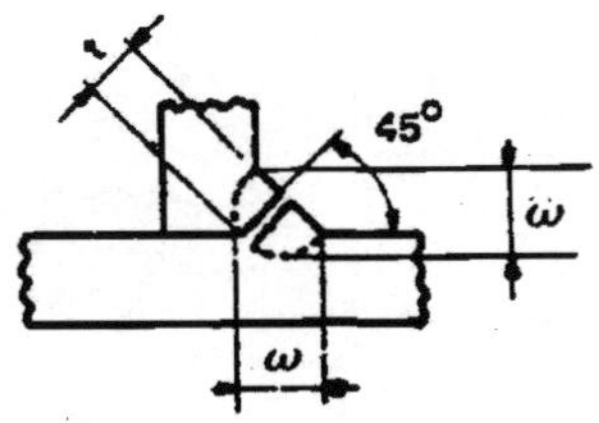

CARGA PARALELA

$t = 0,707\ \omega$

$P(adm) = T(adm) \times t \times L$

$P(adm) = T(adm) \times 0,707\omega \times L$

Exercícios:

Em uma junção de uma cantoneira e uma chapa foi utilizado cordão de solda 1/4" com 150 mm de comprimento qual a máxima carga permitida, se o carregamento for paralelo, e se o carregamento for transversal?

Cordão — 1/4" = 0,635 cm

150 mm = 15 cm

1) Carregamento Paralelo

$P(adm) = T(adm) \times 0,707\omega \times L$

$P(adm) = 900 \times 0,707 \times 0,635 \times 15 =$ **6060 kg**

$P(adm) = 6060$ kg.

2) Carregamento Transversal

$P(adm) = T(adm) \times 0,923 \times 0,635 \times L$

$P(adm) = 900 \times 0,923 \times 0,635 \times 15 = 7912$

$P(adm) = 7912$ kg

SOLDAGEM DE TANQUES

Cordões de Solda

a) De Topo — cordão de solda executado entre duas peças dispostas topo a topo. As faces de soldagem podem ser aparelas, chanfradas em "V" (simples ou duplo) ou em "U" (Simples ou Duplo), podendo o chanfro ser feito em uma ou em ambas as peças.

b) De Ângulo — cordão de solda de corte transversal triangular unindo duas superfícies aproximadamente em ângulo reto.

c) Integral de Ângulo — cordão de solda de ângulo, cuja altura ou garganta é igual a menor das pespessuras das peças a serem unidas.

d) Ponteada — cordão de solda de topo ou de ângulo para fixar provisóriamente os componentes em alinhamento adequado até que sejam feitas as soldas definitivas.

e) Descontínua — cordão de solda em ângulo, aplicada intermitentemente em cordões de comprimento superior a 100 mm e espaçamento entre cordões nunca superior a 300 mm.

JUNTAS SOLDADAS

a) Junta de topo, com cordão duplo — Junta entre duas peças, topo a topo, dispostas aproximadamente no mesmo plano e soldadas em ambos os lados.

b) Juntas de topo, com cordão simples – Com contra-chapa, junta entre duas peças, topo a topo, dispostas aproximadamente no mesmo plano, soldadas somente de um lado, usando-se uma tira, barra ou outro material com contra-chapa.
c) Juntas sobrepostas com cordão duplo – Junta entre duas peças sobrepostas, nas quais ambas as bordas são soldadas com solda de ângulo.
d) Junta sobreposta, com cordão simples – Junta entre duas peças sobrepostas, nas quais a borda de uma delas é soldada com solda de ângulo.

CORDÕES DE SOLDA

Cordões de solda em chanfros – devem ser dimensionados levando-se em consideração a espessura das chapas da junta e a profundidade dos chanfros, somados à penetração do cordão de base, quando este for especificado.
Cordões de solda de ângulo – para cordões de lados iguais, o dimensionamento deve ser referido ao comprimento corresponde ao lado do maior trinângulo retângulo isóceles que possa ser inscrito dentro do corte transversal da solda em causa.
Para cordões de lados desiguais, o dimensionamento deve ser referido aos comprimentos dos catetos correspondentes ao maior triângulo retângulo que possa ser inscrito dentro do corte transversal da solda em causa.
As dimensões mínimas para as soldas de ângulo devem ser as seguintes:

SOLDA DE TANQUES

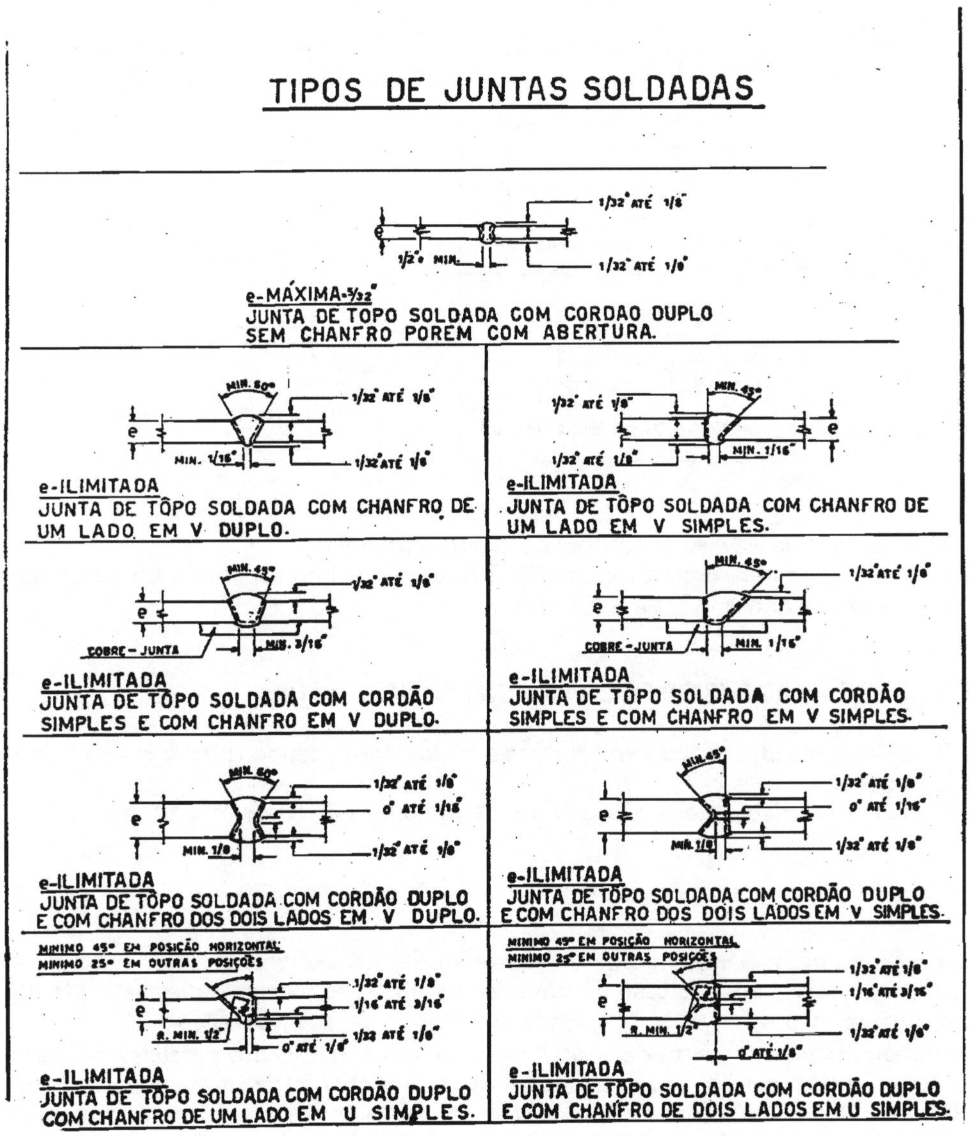

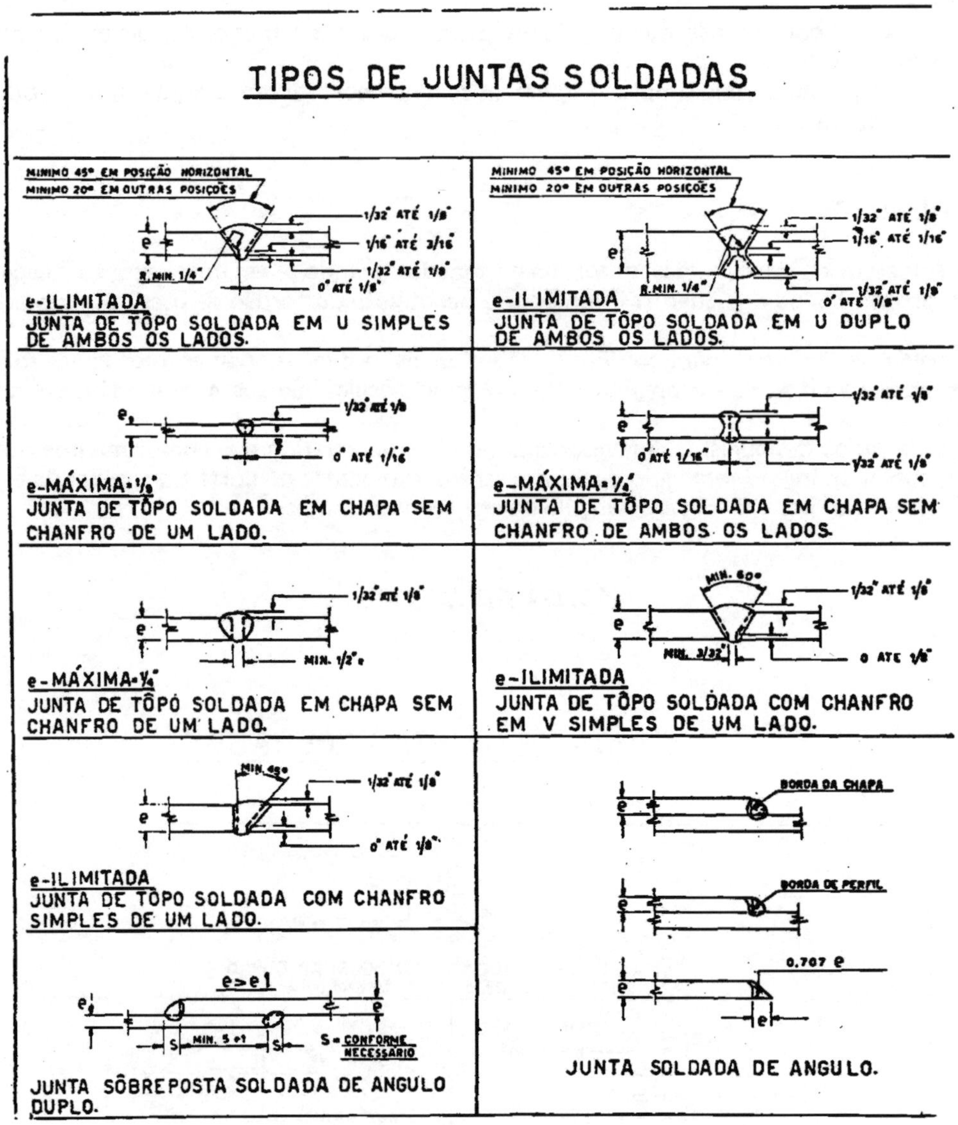

Chapa de 4,7 mm (3/16") de espessura; cordões de ângulo integral.
Chapas com mais de 4,7 mm de espessura; cordão de ângulo igual ou superior a um terço da menor das espessuras das chapas da junta e nunca inferior a 4,7 mm.

RESTRIÇÕES SOBRE CORDÕES DE SOLDA E JUNTAS SOLDADAS

Os cordões de solda ponteada não podem ser considerados como tendo qualquer valor de resistência depois da estrutura terminada.
Juntas sobrepostas com cordão simples são permitidas somente nas chapas no fundo ou do teto dos tanques.

FUNDO

a) As chapas do fundo necessitam ser soldadas apenas na face superior com soldaintegral de ângulo em todas as costuras. As chapas sob o anel de base do costado devem ter as extremidades externas das juntas ajustadas e soldadas por sobreposição, a fim de formar apoio liso para as chapas do costado.
b) Chapas do fundo unidas por juntas de topo devem ter as extremidades paralelas preparadas para solda de topo sem ou com chanfros em "V", caso as chapas não sejam chanfradas, a abertura da base não deve ser menor do que 6,4 mm (1/4"). As soldas de topo devem ser feitas aplicando-se uma contrachapa de, no mínimo, 3,2 mm (1/8") de espessura, ponteada com solda à face inferior de uma das chapas do fundo. As juntas no fundo do tanque, formadas por três chapas devem estar distanciadas de, no mínimo, 300 mm uma da outra e, no mínimo, 300 mm do costado.
A união entre as chapas do anel inferior do costado e as chapas do fundo deve ser executada por meio de solda em cordões contínuos de ângulo, depositada em cada uma das faces da chapa do costado. A dimensão de tais cordões não deve ser superior a 12,7 mm (1/2") nem inferior a menor das espessuras nominais das chapas do fundo ou do costado e também não inferior aos seguintes valores:

Espessura da chapa do costado, em mm	Dimensão mínimo da solda de ângulo, em mm
4,7 (3/16")	4,7 (3/16")
Acima de 4,7 (3/16") até 19,0 (3/4")	6,4 (1/4")
Acima de 19,0 (3/4") até 31,7 (1.1/4")	8,0 (5/16")

COSTADO

Para juntas soldadas de topo, a linha de centro deve ser considerada como sendo o eixo geométrico do cordão da solda e para juntas sobrepostas, como sendo a distância média entre dois cordões.

O costado do tanque deve ser projetado como tendo todas as chapas de aço na posição vertical. Em cada três anéis consecutivos as juntas verticais não devem estar em alinhamento, mas defasadas de, no mínimo, 5 e sendo a maior das espessuras das chapas dos anís em questão.

a) Juntas de topo com cordão duplo — As chapas devem ser devidamente esquadrejadas e as faces internas dos anéis devem formar superfície cilíndrica contínua.

b) Juntas sobrepostas com cordão integral duplo de ângulo. Não será necessário o esquadrejamento. Asobreposição entre as chapas do costado não deve ser inferior a 5 e sendo a menor das espessuras das chapas dos anéis em questão.

A abertura do chanfro assimétrico em "V" ou "U" de qualquer junta de topo pode ser dirigida para o lado externo ou interno do costado do tanque.

Juntas verticais de topo devem ser soldadas com cordão duplo e ter penetração e fusão completas.

Juntas verticais sobrepostas serão feitas com cordão integral duplo de ângulo, não sendo permitidas em chapas com mais de 9,5 mm (3/8") de espessura.

Juntas horizontais de topo devem ser soldadas com cordão duplo de solda e devem ter fusão completa com o metal de base, em toda a profundidade especificada. As juntas horizontais com chanfros simples devem ter penetração completa. As juntas de topo em faces paralelas e de chanfro duplo podem ter penetração parcial, desde que a parte não soldada adicionada a qualquer mordedura de solda não exceda 1/3 da espessura da chapa mais fina considerada; essa parte não soldada deverá estar localizada preferivelmente, no centro da chapa mais fina considerada e a solda deverá ter penetração completa de pelo menos uma distância de 75 mm. Dos dois lados de cada junta vertical. O comprador poderá exigir penetração completa.

Juntas sobreposta horizontais devem serfeitas com cordão duplo de ângulo, não sendo permitidas em chapas acima de 15,9 mm (5/8") de espessura.

TETO

As chapas do teto devem ser soldadas com solda de ângulo continuae não devem ser fixadas as vigas radiais. As chapas do teto devem ser fixadas à cantoneira de apoio somente em sua parte superior por meio de solda de ângulo continua. A dimensão da solda deve ser de 4,7 mm (3/16") ou menos se assim for especificado.

COLUNAS DO TETO — As peças de ligação das vigas radiais ao costado do tanque devem ser soldadas a este; as guias de fixação das bases das colunas devem ser soldadas ao fundo do tanque.

PREPARAÇÃO DAS JUNTAS (CHANFROS)	SÍMBOLO A SER INDICADO NOS DESENHOS	PREPARAÇÃO DAS JUNTAS (CHANFROS)	SÍMBOLO A SER INDICADO NOS DESENHOS
(TIPO 1) 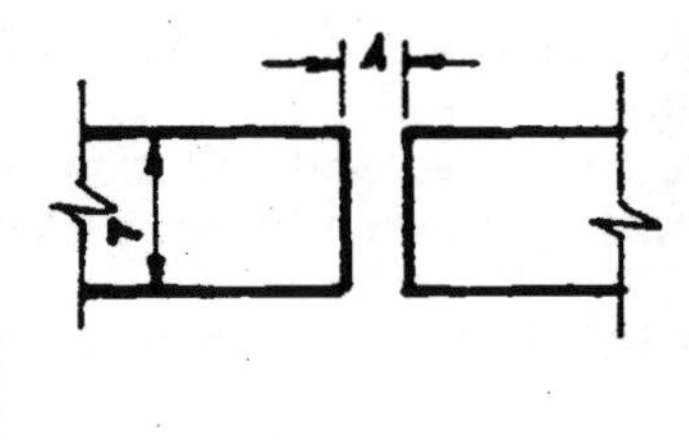 NOTA: 1) esp. máx. T= 1/4" 2) Abertura raiz A= T/2 – (até ch. nº 12 = 0) Juntas de topo sem chanfro	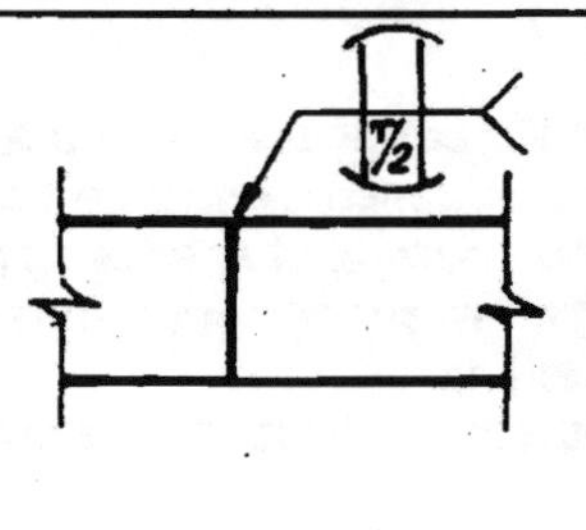	(TIPO 5) 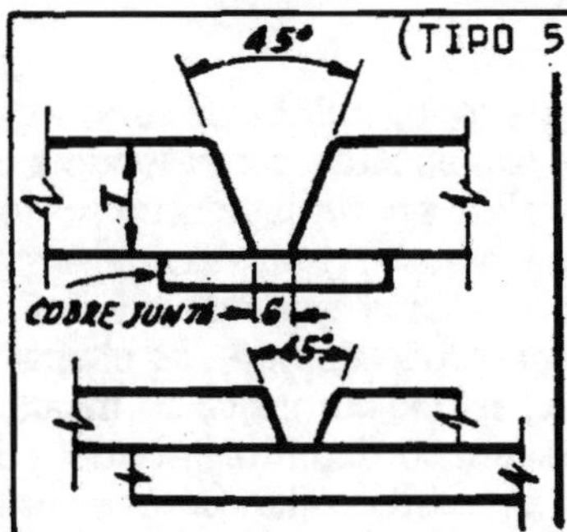 (Caso de várias chapas como mesas de vigas, etc.) NOTA: 1) Esp. ilimitada. Junta de topo c/chanfro de um lado em V duplo e cobrejunta.	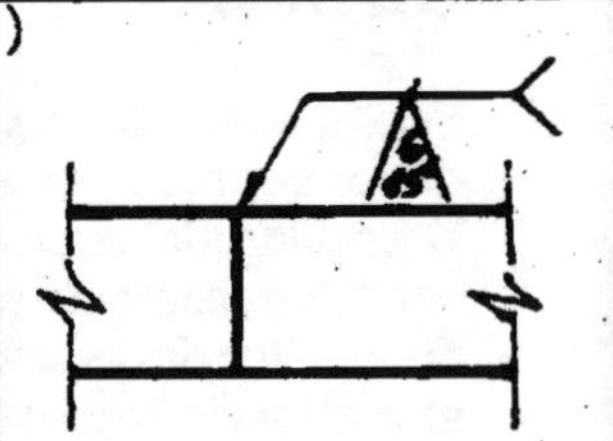
(TIPO 2) 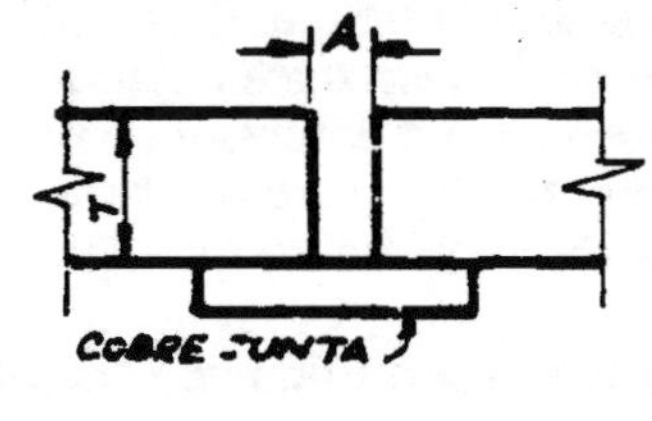 NOTA: 1) Esp. máx. T= 1/4" 2) Abert. raiz = A = T Junta de topo sem chanfro e cobrejunta	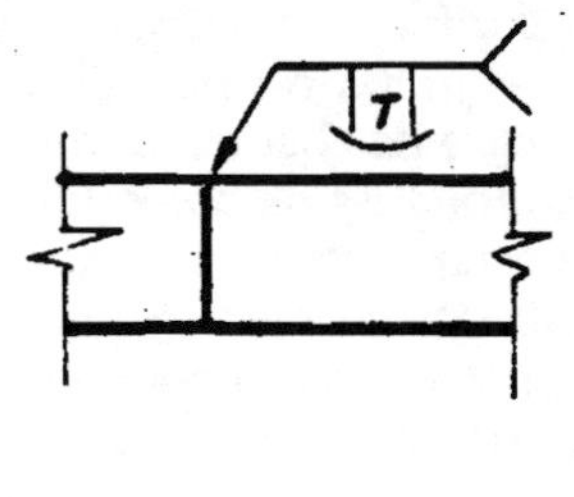	(TIPO 6) 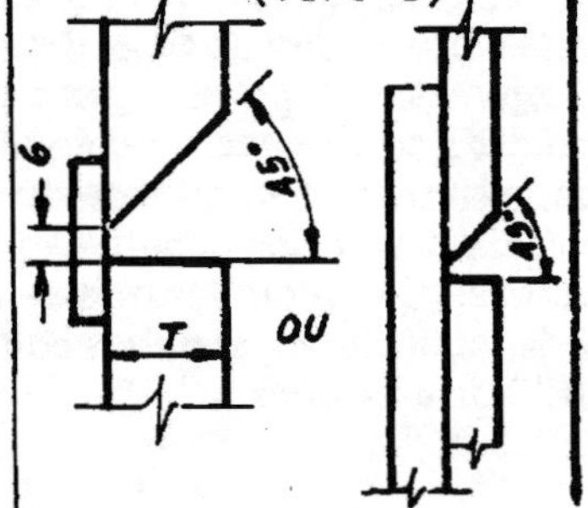 Junta de topo com chanfro de um lado em V simples e cobrejunta	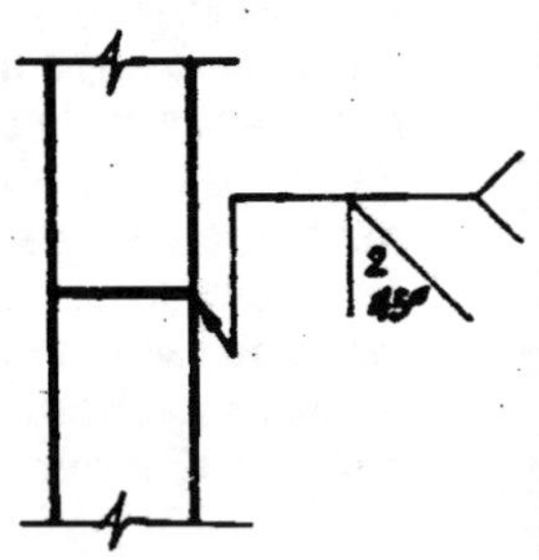
(TIPO 3) 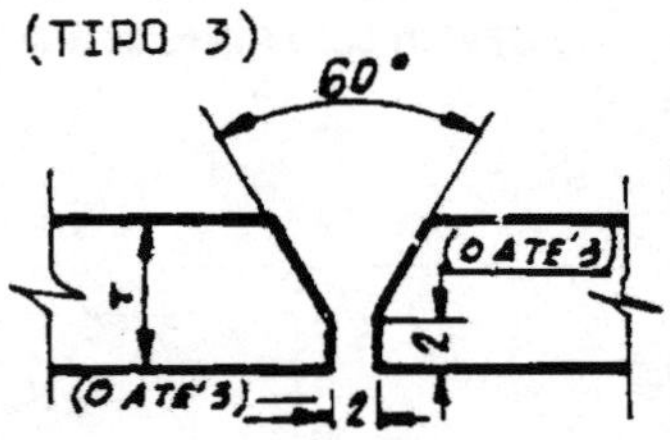 NOTA: 1) Esp. máx. T= 3/4" Junta de topo com chanfros de um lado em V duplo	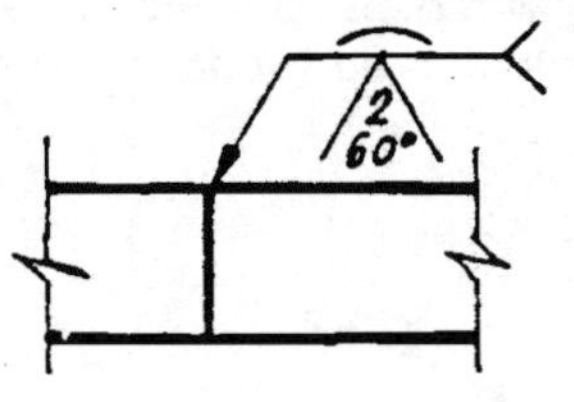	(TIPO 7) 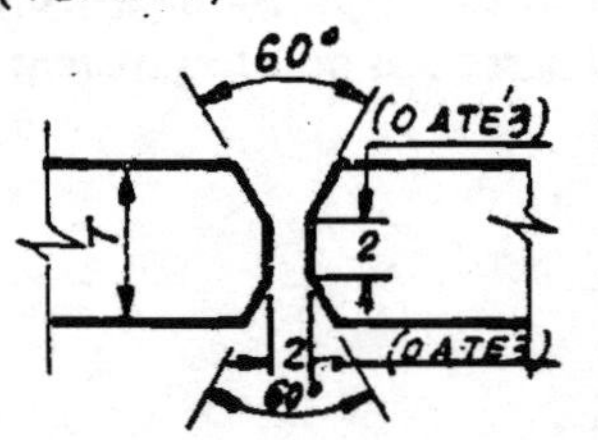 NOTA: 1) Esp. de preferência 5/8" e superiores * Somente quando solicitados (tanques) Junta de topo com chanfro dos dois lados em V duplo	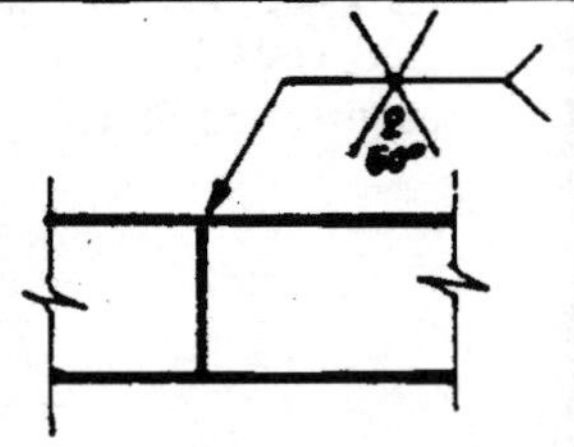
(TIPO 4) 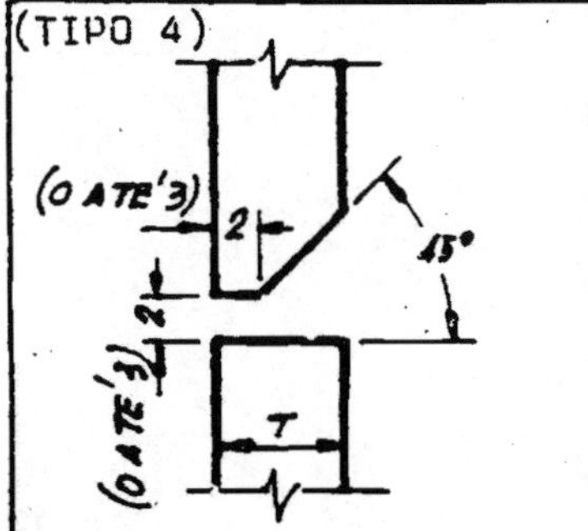 NOTA: 1) Esp. máx. T= 3/4" Junta de topo com chanfro de um lado em V simples	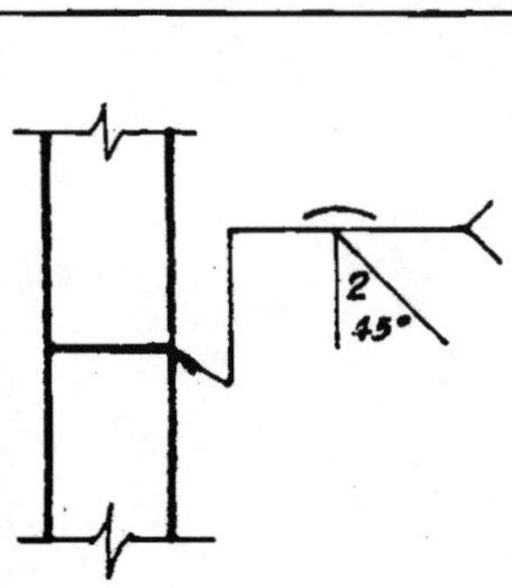	(TIPO 8) 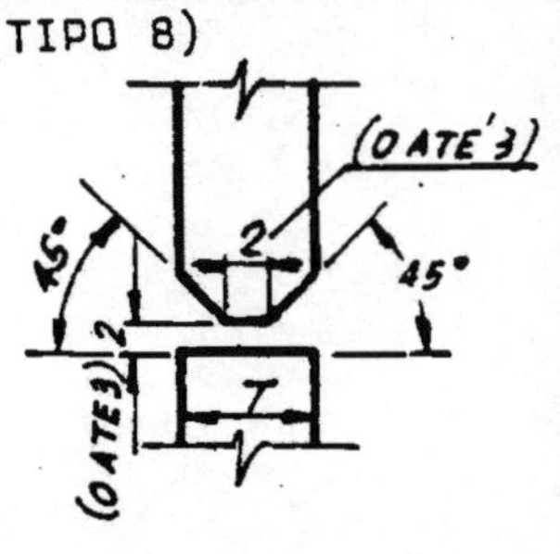 NOTA: Sómente quando solicitado (tanques) Junta de topo com chanfro dos dois lados em V simples	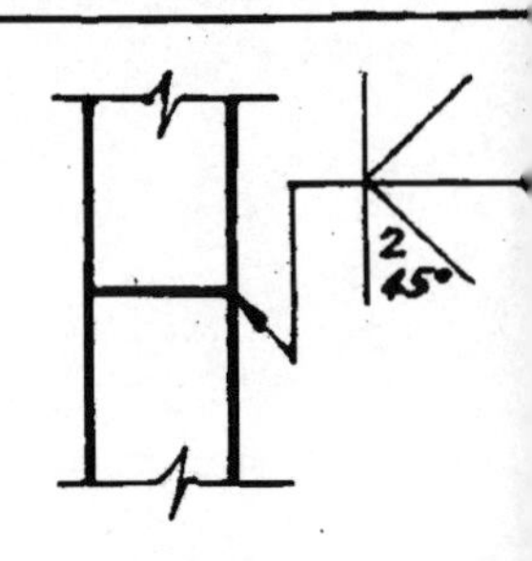

SOLDA

A maior parte das tubulações ligadas aos aparelhos são soldados.
A mais usada é a solda de topo, porém, em tubos de diâmetro nominal de 2" para cima inclusive, e para qualquer tipo de material. Não é limitada por limite de pressões e nem de temperaturas.
Para que a solda de topo seja realizada é necessário que a ponta dos tubos e de outros acessórios, a que sejam unidos, estejam previamente preparados, isto é, serão chanfradas de acordo com a espessura do tubo, quanto aos acessórios a que se unem, os tubos, estes já vem preparados pelo fabricante.

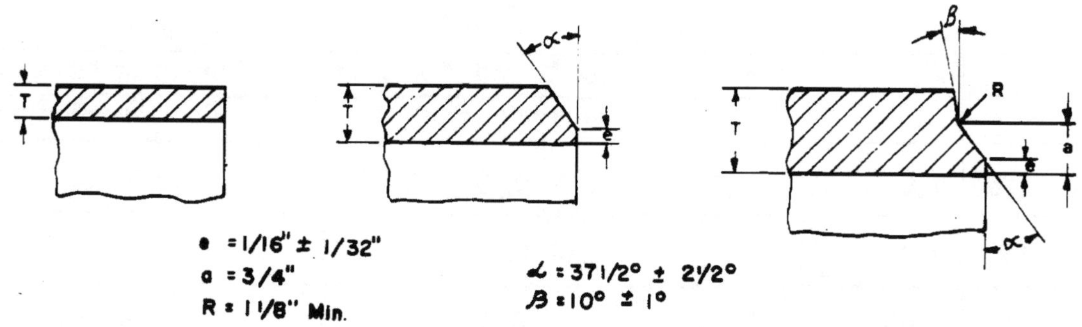

1. Os tubos cujas paredes possuam a espessura T menor que 3/16" (4,76 mm) estas serão lisas e esquadreadas, não haverá chanfro.

2. Para os tubos de paredes com espessura maior que 3/16" e menor que 3/4" (19,05 mm) os chanfros serão em forma de "V", conforme indicado.

3. Para os tubos com parede de espessura, acima de 3/4", o chanfro será em forma de um "J" duplo, conforme indicado.

Porém, não se deve esquecer que a solda deverá preencher por completo, e sem falhas, o espaço existente pelos chanfros, e a penetração desta dever-se-à ao afastamento que se dá entre os tubos a serem soldados, conforme a (Fig. 98).

Fig. 98

VALORES USUAIS DA FRESTA PARA SOLDA DE TÔPO (mm)

Ø n. DO TUBO	ESPESSURAS STD/SCH 40	XS/SCH 80
2"	1,5	4,5
3" e 4"	3,0	4,5
6" a 24"	4,5	6,0

Quanto à solda de encaixe, esta e realizada nos tubos após serem, conforme o título, encaixados em peças especiais para tal, onde veremos no estudo de itens futuros. São soldas usadas na maioria de tubos industriais com Ø n até 1.1/2" inclusive, para qualquer pressão e temperatura. Usada também com pouca frequência para tubos de Ø n 4" de materiais plásticos e não ferrosos.

Brasagem e Solda Branca — soldas que possuem baixo ponto de fusão e de material diferente dos tubos a serem soldados, usadas em tubos metálicos não-ferrosos, de chumbo, latão, cobre, bronze, etc..

Usadas de duas maneiras diferentes: em solda sobreposta e solda de encaixe.

PASSAGEM SIMPLES

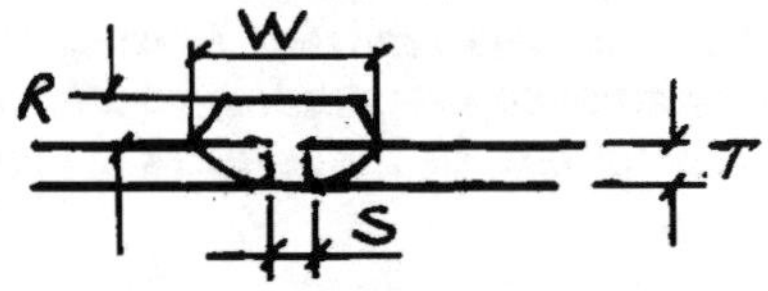

T	W	R	S	Peso Eletrodo Consumido por Pé Linear em Libras	
				Sem Revestimento	Com Revestimento
1/8	7/16	0,06	1/16 3/32	0,13 0,15	0,18 0,20
5/32	1/2	0,06	1/16 3/32	0,16 0,17	0,21 0,23
3/16	9/16	0,06	1/16 3/32	0,18 0,20	0,24 0,27
1/4	5/8	0,06	1/16 3/32	0,21 0,24	0,28 0,32

CONSUMO ELETRODO TEMPO, FORÇA MOTRIZ P/ UM METRO LINEAR DE SOLDA						
Ø do eletrodo em mm	Quilogramas de eletrodos	Camadas	Espessura da chapa em mm	Tempo êm minutos	Amperes	Quilowatts
2	0,20	1	1,5	5	45	0,10
2	0,025	1	2	5	60	0,20
2	0,035	1	3	5	70	0,30
3	0,119	1	4	8	90	0,51
3	0,185	1	5	11	110	0,75
4	0,270	1	6	15	130	1,00
3	0,365	2	7	20	110	1,35
3-4	0,475	2	8	27	110-130	1,80
3-4	0,601	2	9	35	110-130	2,28
3-4	0,740	2	10	40	110-130	2,77
3-4-5	1,060	3	12	56	110-130-165	3,90
3-4-5-6	1,200	4	14	65	130-165-210	4,40
3-4-5-6	1,400	4	15	70	130-165-210	5,00
3-4-5-6	1,600	4	16	70	130-165-210	5,70
3-4-5-6	2,000	4	18	100	130-165-210	7,20
3-4	1,500	4	20	80	110-130	5,60
3-4	1,800	4	22	100	110-130	6,70
3-4-5	2,320	6	25	125	110-130-165	8,70
3-4-5	3,350	6	30	175	110-130-165	16,2

VARIAÇÃO DO COEFICIENTE DE SOLDABILIDADE EM FUNÇÃO DO TEOR DE CARBONO DO AÇO

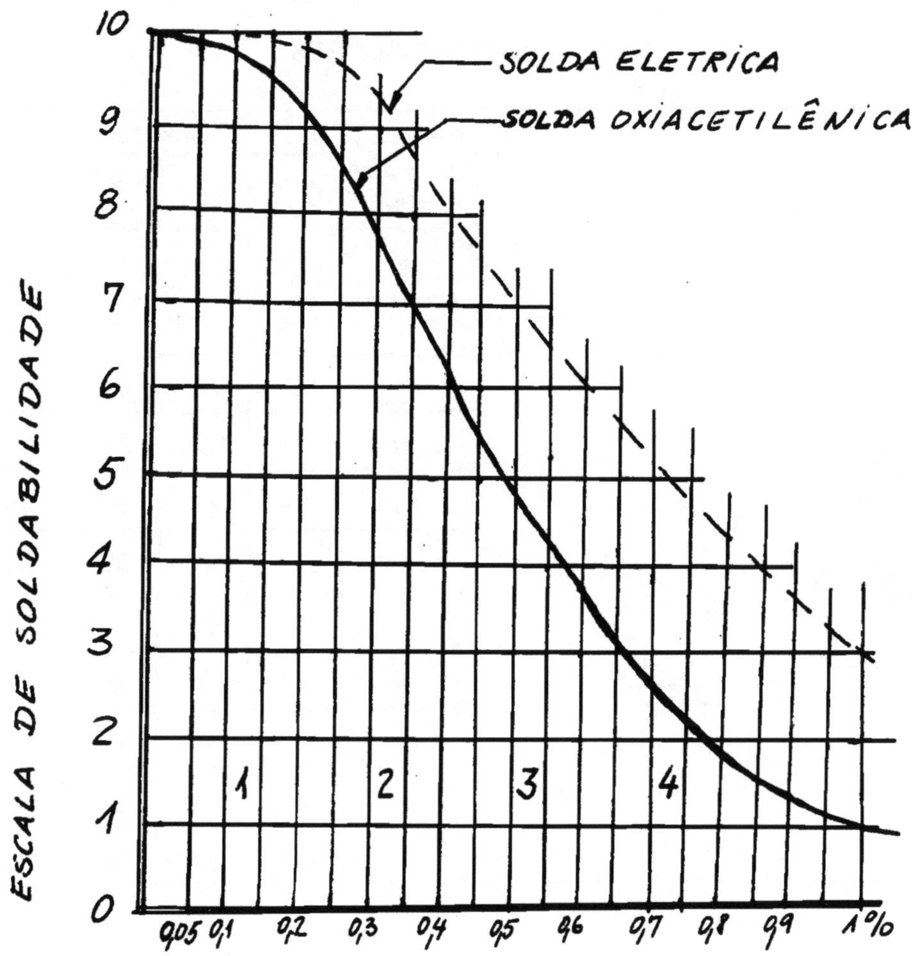

TEOR DE CARBONO DO AÇO

1 - Aços perfeitamente soldáveis
2 - Aços soldados com pequena dificuldade
3 - Aços soldados com dificuldade
4 - Aços não soldáveis

Uma solda perfeitamente homogênea temos no número 10. Daí resulta que a possibilidade de os aços é inversamente proporcional ao seu teor de carbono.

LUVAS PARA CHUMBADORES

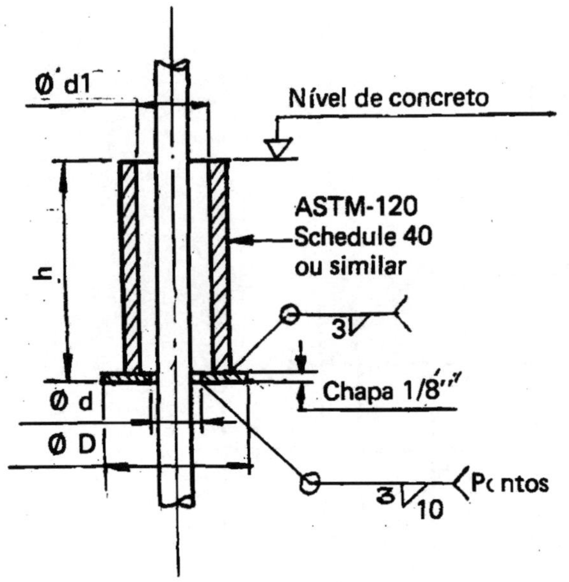

Diâmetro do chumbador	Medidas				Peso da Luva
	Ød1 pol.	h mm	Ød mm	ØD mm	
1/2"	2"	150	14	66	0,722
3/4"	2"	150	21	66	0,880
1"	2"	200	27	66	1,000
1.1/4"	3"	305	35	95	3,560
1.3/8"	3"	355	37	95	4,120
1.3/4"	4"	460	46	120	7,580
2"	4"	510	53	120	8,370
2.1/4"	4"	570	60	120	9,317
2.1/2"	5"	640	66	147	14,200
3"	6"	770	78	174	22,126
3.1/2"	6"	800	91	174	22,930

DIMENSÕES DOS CHUMBADORES PARA COLUNAS ARTICULADAS

PARAFUSOS PARA BASES ARTICULADAS

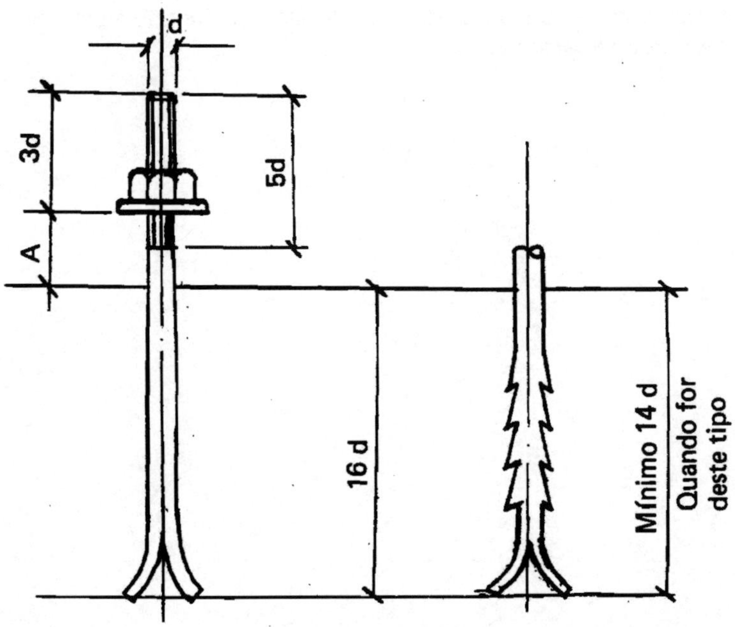

A = Altura da base da coluna mais eventual camada de regulagem

DESENHO TÍPICO DE CLIPS

Os vasos de pressão após ser construídos são transportados até o local onde se processará conforme projeto. Mas, muito vasos devem possuir escadas e patamares e este para facilitar sua fixação são aparafusadas através de clips que serve melhor na desmontagem e transporte do mesmo.

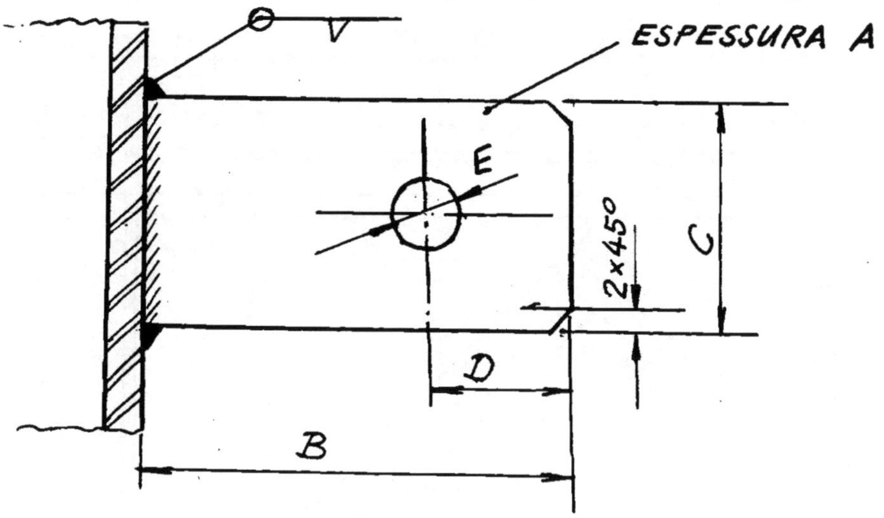

Finalidades	A	B	C	D	E
Escadas	5/16"	100	50	30	5/8"
Suportes	1/4"	100	40	30	5/16"
Isolamentos	3/16"	100	30	20	1/4"

DETALHE TÍPICO DE CLIPS PARA ISOLAMENTO

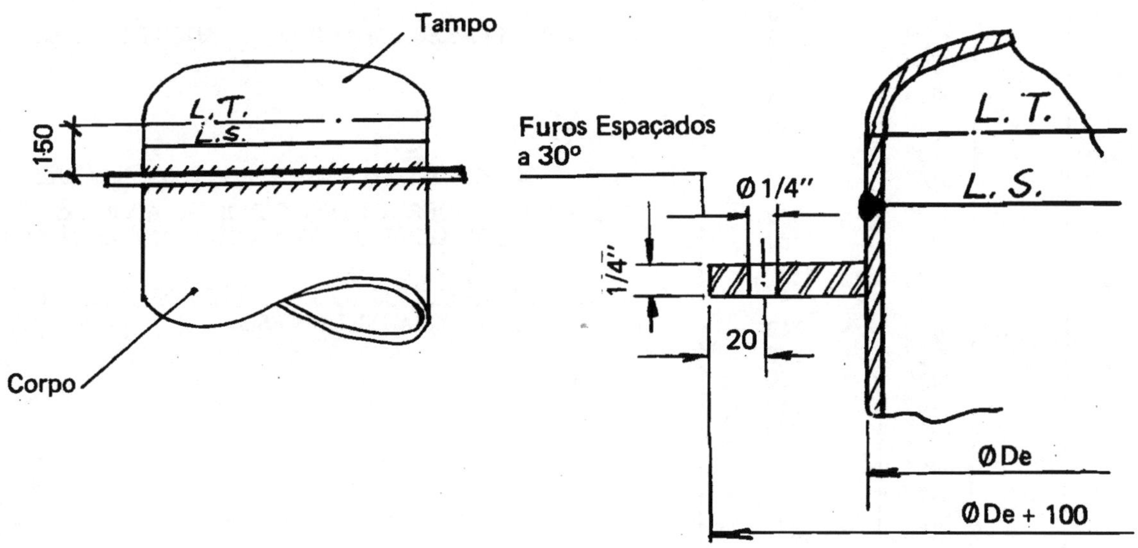

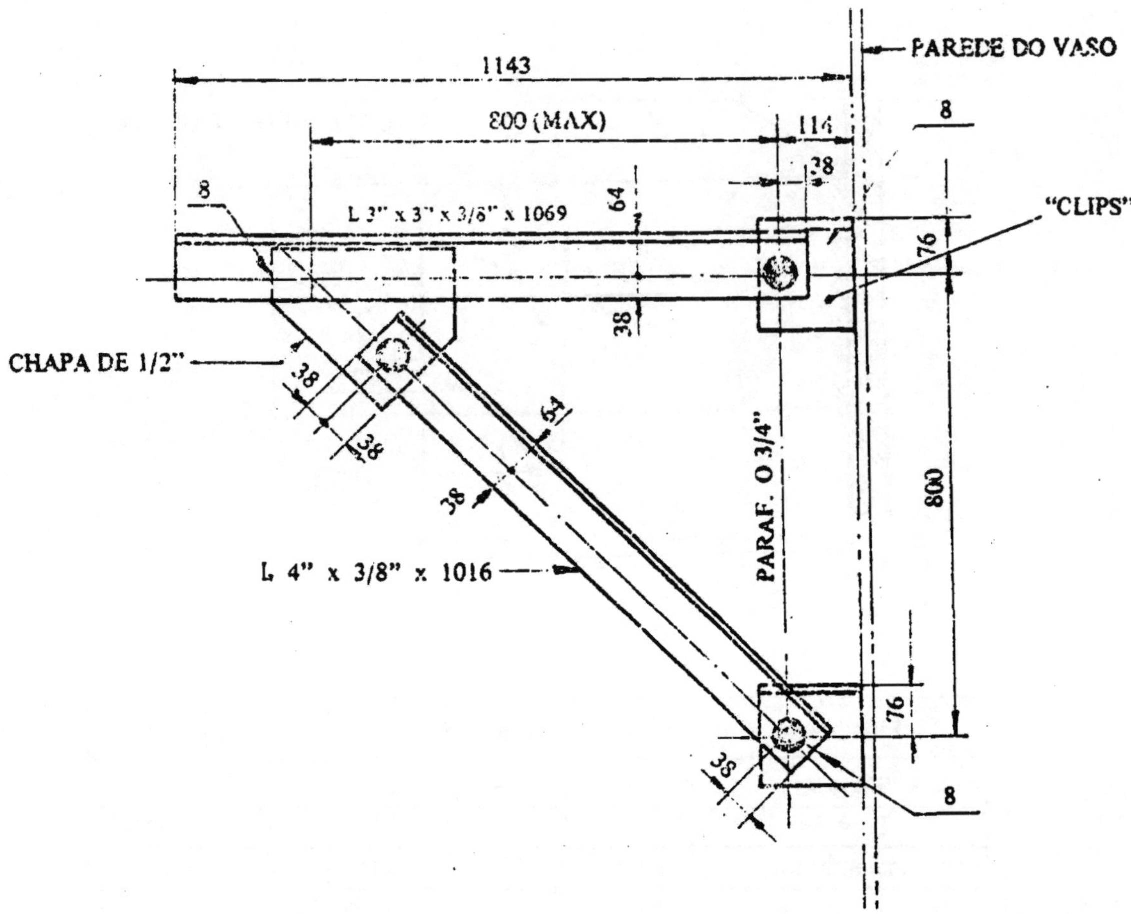

VASO		CARGA MAX. (LBS)
DIAM.	ESPES.	
4' - 0"	1/4"	630
	3/8"	1530
	1/2"	2750
	5/8"	4240
6' - 0"	3/8"	1090
	1/2"	1790
	5/8"	2750
	3/4"	3980
8' - 0"	3/8"	830
	1/2"	1350
	5/8"	2140
	3/4"	3060
10' - 0"	3/8"	740
	1/2"	1270
	5/8"	1970
	3/4"	2840
	1"	5070
12' - 0"	3/8"	650
	1/2"	1220
	5/8"	1880
	3/4"	2710
	1"	4770

USAR EM PARES, EM AMBOS OS LADOS DO VASO.

NOTAS:

1 – DIMENSÕES EM MILÍMETROS E POLEGADAS.

2 – QUALQUER OUTRO SUPORTE APOIADO EM VASOS DEVERÁ SER CALCULADO MECÂNICAMENTE.

3 – OS "CLIPS" DE APOIO SERÃO FORNECIDOS PELO FABRICANTE DO VASO.

TÍTULO:
SUPORTE TIPO MÃO FRANCEZA (45°)

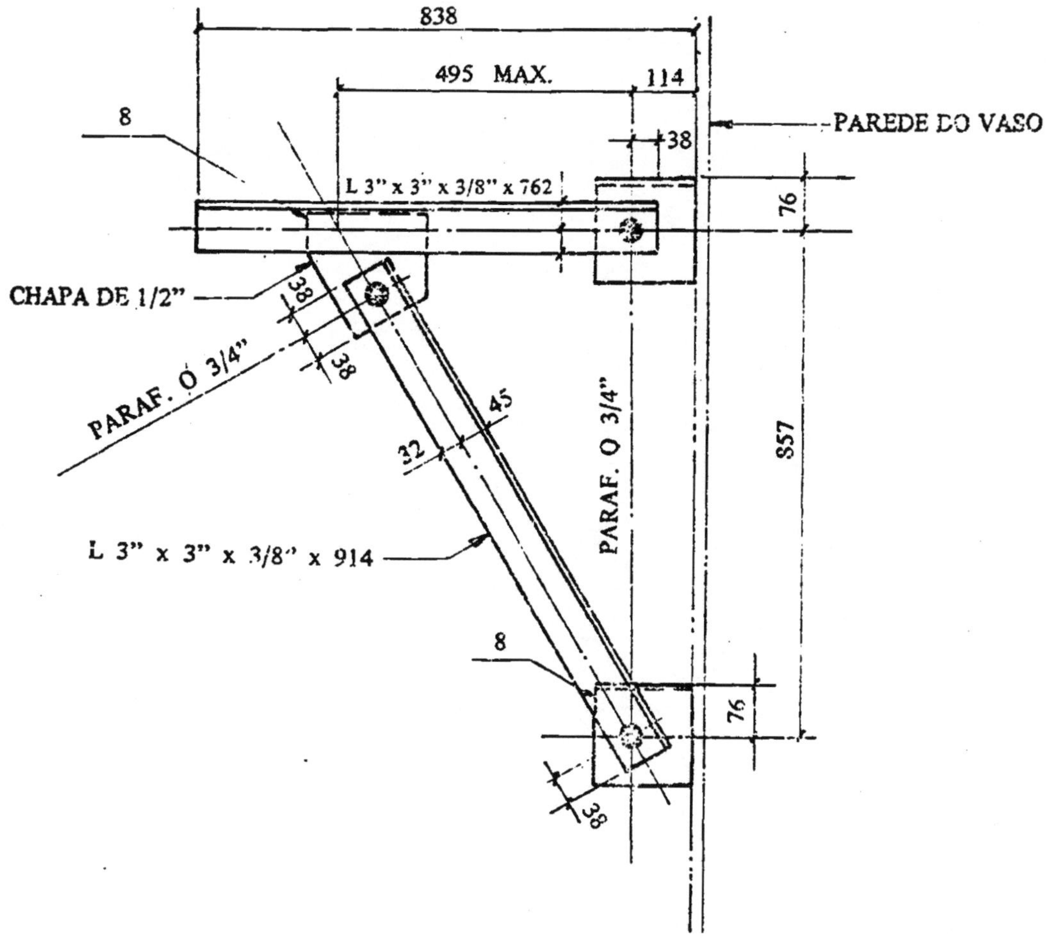

VASO		CAR. MAX. (LBS)
DIAM.	ESPES.	
4'-0"	1/4"	1010
	3/8"	2440
	1/2"	4390
	5/8"	6760
6'-0"	3/8"	1740
	1/2"	2860
	5/8"	4390
	3/4"	6340
8'-0"	3/8"	1320
	1/2"	2160
	5/8"	4390
	3/4"	4880
10'-0"	3/8"	1180
	1/2"	2020
	5/8"	3140
	3/4"	4530
	1"	8090
12'-0"	3/8"	1040
	1/2"	1950
	5/8"	3000
	3/4"	4320
	1"	7600

USAR EM PARES, EM AMBOS OS LADOS DO VASO

NOTAS:

1 – DIMENSÕES EM MILÍMETROS E POLEGADA

2 – QUALQUER OUTRO SUPORTE APOIADO EM VASOS DEVERÁ SER CALCULADO MECÂNICAMENTE.

3 – OS "CLIPS" DE APOIO SERÃO FORNECIDOS PELO FABRICANTE DO VASO.

TÍTULO:
SUPORTE TIPO MÃO FRANCEZA (60°)

CAPÍTULO VII

VASOS, TANQUES E TROCADORES DE CALOR

CONTROLE DE QUALIDADE POR MEIO DE ENSAIOS

Os ensaios do tipo destrutivo e não destrutivo.
Os ensaios destrutivos (mecânicos) são essenciais para testar o material, pois só eles garantem a segurança do trabalho, para o qual é realizado o exame.
Estes ensaios são: Brinnel, Vickers e Rockwell.
Dureza Brinnel: O método Brinnel consiste em comprimir uma esfera de aço a uma superfície. O diâmetro da esfera é geralmente 10 mm e o peso 3.000 kg.
O número de Brinnel é dado pela equação: HB = P/S, onde P é o peso em kg e S é a área em mm^2.
Dureza Vickers: sobre uma punção de "diamante" em forma de pirâmide é aplicada uma carga (força) pré-determinada da relação entre a carga e a área da impressão, daí a dureza. A impressão deixada pela ferramenta no metal tem a forma de um quadrado escuro numa fenda clara, iluminada. Mede-se a diagonal do quadrado e, com auxílio de uma tabela, acha-se o número de Vickers.
Dureza Rockwell: faz-se penetrar em duas etapas, na superfície do corpo de prova em condições convencionais, um penetrador de "diamante" de forma cônica ou esférica, medindo-se o aumento (d) de penetração permanente do penetrador, através da leitura fixada na escala do aparelho.

ENSAIO DE TRAÇÃO

Para o ensaio de tração necessita-se de um corpo de prova e de uma máquina especialmente para este fim. São as seguintes as dimensões e a forma do corpo de prova.
LO = distância inicial entre os dois pontos de referência.
SU = Secção do corpo de prova em mm^2
LU = Distância entre os pontos de referência após a ruptura
A = Alongamento %

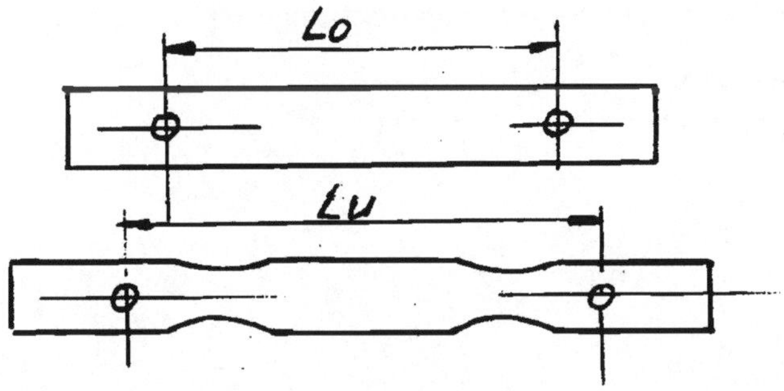

A = Porcentagem de alongamento a % é determinada dividindo-se o aumento de comprimento (LU – LO) pela distância inicial (LO) e multiplicando-se por 100.

$$A\% = \frac{(LU - LO) \times 100}{LO}$$

Os resultados obtidos pela máquina de ensaio de tração permitem tração um diagrama semelhante ao indicado abaixo.
Em qualquer fase do ensaio pode-se determinar os esforços de alongamento do corpo de prova por leitura direta do diagrama.

DIAGRAMA

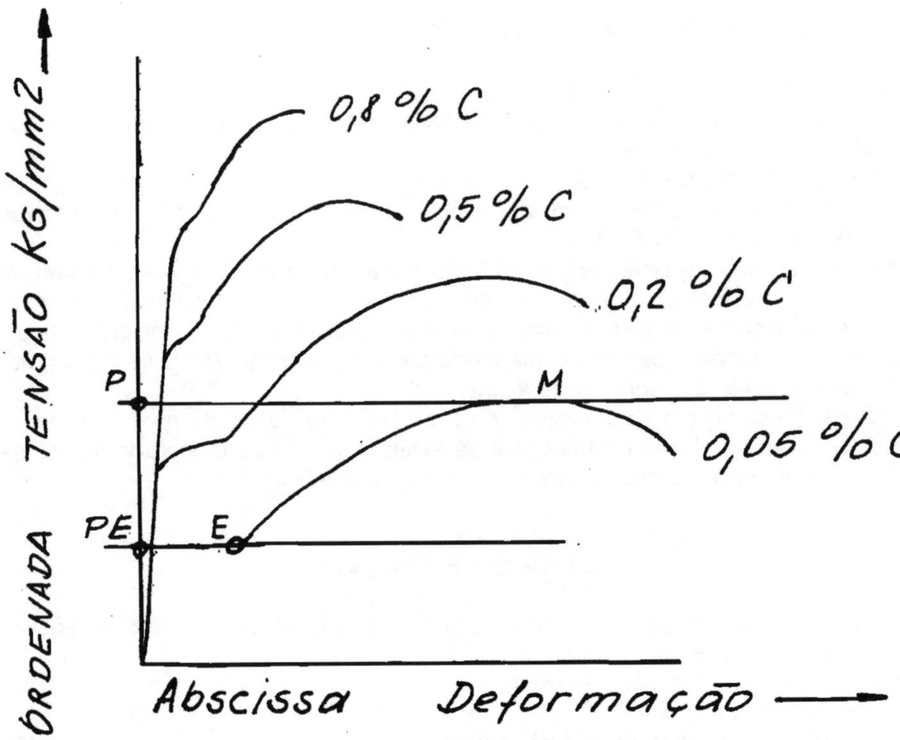

Ordenada: Esforço em toneladas.
Abscissa: alongamento em mm.
E = limite de elasticidade
PE = esforço exercido pela máquina quando o traçador atingir o ponto "E".
R = resistência à tração
P = esforço exercido no ponto "M"
SO = Secção do corpo de prova em mm²

Fórmulas:

$E = \frac{PE}{SO}$ $\qquad$ $R = \frac{P}{SO}$

FABRICAÇÃO E MONTAGEM DE TANQUES SOLDADOS

ENSAIOS – CONDIÇÕES IMPOSTAS

MATERIAL

As chapas utilizadas na fabricação serão de aço carbono, devendo satisfazer a especificação ASTM-A-283, classe C ou D :American Society for Testing Materials). Salvo quando as chapas com espessuras superiores a 19 mm (3/4"), que devem corresponder obrigatoriamente à especificação da classe C.
Os eletrodos para a soldagem elétrica a arco devem corresponder à norma ABNT-EB-79 – classificação 4210-0 ou 4211-0, equivalente à especificação AWS-ASTM-A233 classe 6010 ou 6011.
Os perfis de aço laminado para fins estruturais devem corresponder à especificação ASTM-A7 produzidos pelo processo Siemens-Martin ou elétrico.
As peças fundidas sem aço carbono devem ter sua composição química e propriedades mecânicas què permitam a soldagem com os eletrodos previstos em que foi mencionado, sem necessidade de tratamento térmico.
Os pescoços das conexões devem ser fabricados com material que satisfaçam as seguintes especificações.
Para canos até 10" de diâmetro nominal ASTM-A-53 classe A ou B.
Para diâmetros nominais acima de 10" chapas ASTM-A-283 classe C devidamente enroladas e soldadas.
Flanges, quando forjadas, devem corresponder às exigências da especificação ASTM-A-181, Classi I, quando fabricados de chapa de aço carbono devem corresponder às exigências da especificação ASTM-A-283 classe C, não sendo permitido o uso de flanges fundidos.
Os parafusos e respectivas porcas em vigor para fixação dos acessórios devem obedecer à norma brasileira que correspondam.

JUNTAS SOLDAS

Os métodos expostos em seguida são de emprego optativo, à escolha do montador, respeitadas as exclusões previstas para a sua aplicação em cada uso.

Método do secionamento — Retirada da amostra

O ensaio pelo método de seccionamento pode ser aplicado a qualquer tipo de junta soldada, porém é particularmente indicado para as juntas de topo.

Os corpos de provas representativos de uma junta soldada devem ser cortados de tal forma que se obtenham duas seções transversais completas dessas junta, esses corpos de provas devem ser cortados com ferramenta cilíndrica, pelo processo denominado de "trepanação".

Os corpos de provas devem ser retirados apenas das juntas que estiverem sujeitas a cargas vivas, peso próprio dos elementos ou pressão interna do tanque. Não há necessidade de retirá-los do teto e do fundo plano, quando estes estiverem diretamente apoiados ao solo ou à fundação da junta do fundo com o primeiro anel do costado, nem das juntas da cantoneira de apoio do teto com o próprio teto e dos acessórios com as paredes do tanque.

Deve ser retirado um corpo de prova para cada um dos primeiros 3 metros de junta vertical, de cada espessura de chapa e para cada soldador ou operador. Entretanto, quando o comprimento da junta ultrapassar 30 metros, apenas um corpo de prova adicional deverá ser retirado de cada espessura de chapa e para cada soldador ou operador.

Deve ser retirado um corpo de prova para cada um dos primeiros 3 metros de junta horizontal, de cada espessura de chapa e para cada soldador ou operador. Entretanto, quando o comprimento da junta ultrapassar 60 metros, apenas um corpo de prova adicional deverá ser retirado de cada espessura de chapa e para cada soldador ou operador.

Consideram-se como iguais as espessuras das chapas cujas diferenças forem igual ou inferior a 0,8 mm.

Quando um ou dois soldadores soldarem os lados opostos da mesma junta, um corpo de prova será suficiente para o ensaio. Entretanto, se este corpo de prova acusar defeito, deverão ser executados ensaios individuais por soldador, a fim de ficar constatado qual dos dois provocou o defeito.

Para juntas sobrepostas, cada solda de ângulo deve ser considerada individualmente para a retirada de corpos de prova.

A localização dos corpos de prova deve ser determinada pelo inspetor do comprador; os corpos de prova devem ser cortados durante os trabalhos de soldagem, enquanto as juntas tiverem fácil acesso pelos andaimes de montagem.

O diâmetro do corpo de prova deve ser equivalente à largura da solda mais 3 mm, porém, nunca menor que 15 mm.

O corpo de prova deve ser retirado em torno da linha de centro da junta, de tal forma que, no máximo 1,5 mm de cada uma das chapas seja removida juntamente com a própria solda.

Uma vez retirados os corpos de prova, sem necessidade de qualquer acabamento, eles devem ser atacados, fervendo-os com uma solução de ácido clorídrico a 50% até que seja nitidamente visível a textura da junta soldada.

Depois do ataque, os corpos de prova devem ser lavados com água, álcool e depois secados. Após esta operação, as superfícies atacadas devem ser recobertas com verniz transparente.

Os corpos de prova atacados devem ser examinados, a fim de verificar defeitos de soldagem, tais como bolhas, inclusões, penetração e fusão incompleta, mordeduras e trincas.

Todos os corpos de prova devem apresentar ausência de trincas e a penetração deve estar de acordo.

Em juntas soldadas de topo são admissíveis inclusões quando estas ocorrerem entre cordões consecutivos de solda e quando dispostas paralelamente à superfície da chapa. Além destas condições as inclusões não devem ter largura maior que metade da largura da junta soldada. Quando as inclusões estiverem localizadas numa seção transversal à espessura da chapa, elas não devem ter comprimento superior a 10% da espessura da chapa mais fina.

Em juntas sobrepostas as inclusões só são admissíveis quando estiverem localizadas entre os cordões consecutivos de solda e paralelamente à superfície da própria solda. Além destas condições, as inclusões não devem ter largura maior que metade da largura da junta soldada tomada em direção paralela à face de solda. Quando as inclusões se apresentarem em direção perpendicular à face da solda, elas não devem exceder em mais de 10% à dimensão da garganta.

Em juntas de topo ou sobrepostas, as bolhas de gás são permissíveis apenas na proporção de 2% aplicada à soma das áreas das bolhas, sobre a área do corte transversal da junta, considerando-se, entretanto, que não deva existir nenhuma bolha cuja maior dimensão seja superior a 1,5 mm e que não existam mais do que 5 bolhas dessa dimensão máxima por 500 m^2 de seção transversal da junta soldada.

Qualquer corpo de prova refugado obriga a retirada de um outro referente à mesma junta e ao mesmo soldador ou operador e, aproximadamente dentro de 500 mm de qualquer um dos lados de onde foi retirado o corpo de prova anterior. Se este novo corpo de prova for defeituoso, outros deverão ser cortados da mesma forma, até que fique perfeitamente determinado o limite da junta soldada defeituosa.

Toda a junta soldada defeituosa deverá ser removida por talhadeira ou maçarico e, então, ressoldada. Só deverão ser refeitas as juntas que apresentarem defeitos.

Todas as juntas ressoldadas deverão ser submetidas ao mesmo processo de ensaio, repetindo-se a retirada e exame dos corpos de prova como exposto nos parágrafos anteriores.
As aberturas provenientes dos cortes no costado para a retirada dos corpos de prova devem ser fechados pelo montador, de acordo com um dos métodos descritos a seguir.
As aberturas nas juntas circunferenciais do costado podem ser fechadas inserindo-se-lhes um disco na posição média entre as superfícies da chapa mais grossa, no caso da junta de topo e na posição média de transição, no caso de junta sobreposta. Esse disco deve ter de espessura no mínimo de 3 mm menos que a chapa mais fina da junta em questão e seu diâmetro deve ser aproximadamente igual ao da abertura. O acabamento das arestas do disco da abertura no costado deve ser preparado de forma a permitir soldagem perfeita da abertura. O disco deve ser soldado ao costado de ambos os lados com solda de penetração completa e de forma que a superfície final seja aproximadamente concordante com as superfícies do costado.
As aberturas nas juntas verticais ou circunferenciais do costado, quando a espessura das chapas ou da chapa mais fina da junta for menor que 1/3 do diâmetro da abertura, podem ser fechadas com a própria solda aplicada pelo lado externo do costado. Essa soldagem deverá ser executada colocando-se cobrejunta do lado interno do costado, a fim de que a solda tenha penetração completa.
As aberturas nas juntas verticais ou circunferenciais do costado, quando a espessura das chapas ou da chapa de maior espessura da junta não for menor que 1/3 nem maior que 2/3 do diâmetro da abertura, podem ser fechadas com solda aplicada dos dois lados do costado. Deve ser empregada a prática adequada, a fim de se obter solda de penetração completa.
As aberturas nas juntas de topo verticais ou circunferenciais do costado, quando a espessura das chapas ou da chapa maior de espessura da junta não exceder a 20 mm, podem ser fechadas com solda aplicada do lado externo do costado do tanque, antes de executar a solda. Deve ser colocado na abertura um cobre-junta do lado interno ou um disco de 3 mm de espessura no máximo, faceando a superfície interna do costado. As arestas devem ser preparadas de tal forma que se possa obter solda de penetração completa.
As aberturas nas juntas de topo verticais ou circunferenciais do costado, em chapas de qualquer espessura podem ser fechadas com solda aplicada de ambos os lados do costado. Antes de executar esta solda deve ser colocado na abertura um disco, cuja espessura seja no máximo 3 mm na posição média da abertura e, então, executadas as soldas. As arestas devem ser preparadas de forma a garantir solda de penetração completa.
Os corpos de prova devem ser identificadas por punctionamento e depois de atacados, guardados em condições apropriadas juntamente com o relatório dos resultados de ensaio.
Deve o montador preparar um esquema do desenvolvimento do costado do tanque, onde deverá ser indicado a localização dos corpos de prova e seus respectivos resultados de ensaio.

MÉTODO RADIOGRÁFICO

Este método só deve ser aplicado nas montagens onde forem especificadas juntas soldadas de topo com penetração completa. Não deve ser aplicado para exame de juntas soldadas de teto e de fundos planos diretamente apoiados no solo ou nas fundações, nem de juntas soldadas de ângulo das cantoneiras de apoio do teto ou dos acessórios.
As juntas soldadas deverão ser preparadas para o exame radiográfico retirando-se as irregularidades das superfícies soldadas que possam provocar interpretação errônea das radiografias.
A localização e quantidade das radiografias deve ser determinada de forma idêntica à especificada em itens anteriores referente aos corpos de prova para ensaio pelo método de secionamento.
As radiografias devem incluir no mínimo 5% das interseções das juntas verticais com as circunferenciais do costado, quantidade essa que não poderá ser menor que duas.
Cada radiografia deve apresentar no mínimo 75 mm da junta soldada e deve ser localizada de forma a permitir que os números de identificação e os pentrômetros sejam gravados pela mesma radiação na película.
O método radiográfico empregado deve ser tal que permita a percepção de defeitos da ordem de 2% da espessura da chapa mais fina da junta.
Deve ser usado um penetrômetro colocado do lado da chapa próximo à fonte de radiação e colocado de forma a indicar com facilidade se a solda é vertical ou horizontal.
O material do penetrômetro deve ser aproximadamente o mesmo que o das chapas em exame.
A espessura do penetrômetro não deve ser maior do que 2% da espessura da chapa mais grossa da junta considerada e nunca menor que 0,1 mm.
Cada penetrômetro deve ter 3 furos de diâmetros iguais a 2, 3 e 4 vezes sua própria espessura, mas nunca menores que 1,5 mm para emprego em exames com raio X e nunca menores que 0,8 mm para o emprego em exames com raio gama.
A película durante a exposição deve ser conservada em contato direto com a superfície da solda.
As radiografias obtidas devem ser submetidas aos inspetores juntamente com relatório indicando a técnica empregada no exame.
Todas as radiografias das juntas soldadas que indicarem algum dos defeitos abaixo relacionados tornam inaceitáveis as respectivas juntas.
a) qualquer trinca ou penetração incompleta.
b) qualquer inclusão cujo comprimento seja maior do que 2/3 da espessura da chapa mais fina da junta consi-

derada. Nenhuma inclusão poderá ser maior que 20 mm, considerando-se entrentato, que as menores que 6 mm não reprovam a junta soldada.

c) qualquer grupo de inclusões disposto em linha, quando a soma das maiores dimensões destas inclusões for maior que a espessura da chapa mais fina da junta considerada, excetuando-se o caso em que estas inclusões forem espaçadas de tal forma que entre elas exista uma distância igual ou maior que 3 vezes o comprimento da maior inclusão adjacente.

d) porosidade excessiva em relação aos limites aceitáveis.

Quando uma radiografia cobrir uma seção da junta soldada refugada, devem ser tiradas duas radiografias adjacentes, a fim de definir os limites da junta da solda refugada. Se as novas radiografias continuaram a demonstrar que a junta soldada apresenta defeitos, outras tantas deverão ser tiradas até que os referidos limites sejam perfeitamente definidos.

As juntas soldadas que apresentarem defeitos só devem ser ressoldadas após ter sido tirada por talhadeira ou maçarico a solda inicial defeituosa.

Todas as juntas ressoldadas estão sujeitas ao mesmo método de ensaio que as originais.

Deve-se preparar um esquema do desenvolvimento do costado do tanque, onde deverá ser indicada a localização das radiografias e suas respectivas interpretações.

CONDIÇÕES DE ENSAIO

ENSAIO DE ESTANQUEIDADE

A água empregada para o ensaio de estanqueidade por pressão hidrostática poderá ser doce ou salgada, porém, deve ser suficientemente limpa.

para o ensaio a vácuo, a caixa metálica que constitue o aparelho ou máquina de vácuo deverá ter em sua face superior um visor transparente com as seguintes dimensões mínimas:

Largura - 200 mm comprimento - 750 mm Altura - 200 mm

O vacuômetro instalado diretamente na caixa deve registrar como valor mínimo durante o ensaio o vácuo de 100 mm Hg. a 15°C.

No caso de ser constatado vazamento durante o ensaio de estanqueidade por pressão hidrostática e, portanto, necessitará de reparação de cordões de solda.

ENSAIO DO FUNDO

O ensaio do fundo do tanque deverá ser executado após o término da soldagem. Será feito um dos ensaios indicados nos itens seguintes:

a) ENSAIO A VÁCUO — Após a limpeza da junta soldada, colocar a caixa metálica (máquina de vácuo) sobre a mesma, devidamente centrada. Encher parcialmente com o líquido indicador (geralmente solução aquosa de sabão ou equivalente), fazendo-se em seguida o vácuo. Atingida a pressão especificada deve ser observada se há qualquer formação de bolhas que indiquem imperfeição do cordão de solda.

b) ENSAIO DE AR COMPRIMIDO — Após a limpeza da junta soldada esta deve ser coberta abundantemente com o líquido indicador (geralmente solução aquosa de sabão, óleo de linhaça ou equivalente) inejtando-se pela face oposta (inferior) o ar comprimido. Deve ser observado então se há qualquer formação de bolhas que indique imperfeição do cordão de solda.

c) ENSAIO POR PRESSÃO HIDROSTÁTICA — Após o término da soldagem do primeiro anel ao fundo do tanque e a construção de um muro provisório em torno do costado, enche-se o espaço entre esse muro e o costado até a altura mínima de 150 mm, com água ou óleo, de vorma tal que toda a superfície inferior do fundo do tanque fique em contato com o leçol de água. Deve ser observado então se há qualquer vazamento (do exterior para o interior do tanque) que indique imperfeição do cordão de solda.

ENSAIO DO COSTADO

O ensaio do costado deverá ser executado após o término da montagem do tanque, inclusive o teto, porém, antes de serem ligadas as tubulações de operação. Será feito um dos ensaios indicados a seguir.

a) ENSAIO POR PRESSÃO HIDROSTÁTICA — Inicia-se o enchimento do tanque com água inspecionando-se as juntas de tempo em tempo, em intervalos regulares, a fim de constatar se há vazamento. Em caso positivo suspender o enchimento e reparar a solda imperfeita.

Para tanques com teto em domo, altura do enchimento deverá ser de 500 mm acima da aba da cantoneira superior de apoio do teto. Para tanques de tetos cônicos, a altura de enchimento deverá ser até o topo da cantoneira superior de apoio do teto ou até o nível do ladrão que limita esse enchimento.

b) ENSAIO POR CAPILARIDADE — Este ensaio é feito quando não houver disponibilidade de água no local e quando todas as juntas do costado forem de topo. Deve-se cobrir todas as juntas com fluido de elevado poder de penetração, examinando-se as juntas externas a fim de verificar se por capilaridade o óleo (querozene) não flui através de alguma imperfeição do cordão de solda.

c) ENSAIO POR AR COMPRIMIDO OU A VÁCUO também, quando não houver disponibilidade de água no local e todas as juntas do costado forem de topo seguir o estipulado em A e B do item anterior.

ENSAIO DO TETO

O ensaio do teto deverá ser feito empregando-se o processo de ar compromido ou vácuo, seguindo-se o estipulado em A e B no item anterior desta norma. O esforço provocado pela pressão interna não deverá exceder o peso próprio das chapas do teto.

REPARAÇÃO DAS JUNTAS SOLDADAS

Vazamentos ocasionados por bolhas existentes nas juntas soldadas do fundo do tanque deverão ser reparados, aplicando-se cordão adicional de solda sobre a junta defeituosa.
Os vazamentos ocasionados por trincas ou outros defeitos deverão ser reparados retirando-se o cordão defeituoso com talhadeira ou por processo de fusão, em ambas as faces da junta e então refazendo-se as soldas. Todas as juntas soldadas reparadas deverão ser examinadas novamente empregando-se os processos de ensaio mencionados nos itens anteriores.
Vazamentos isolados ocasionados por bolhas em juntas soldadas do teto poderão ser reparados mecanicamente (martelamento). Os vazamentos originados por trincas ou outros defeitos deverão ser reparados aplicando-se cordão da solda adicional sobre o defeituoso.
Os reparos só deverão ser realizados com o tanque vazio ou com nível de água 300 mm abaixo do local a ser reparado. Nenhum reparo deverá ser iniciado, se houver dentro do tanque qualquer produto inflamável. Nesse caso o reparo só deverá ser iniciado após ter sido executado a limpeza completa do tanque e verificada a dosagem do vapor inflamável com o auxílio de um explosímetro. Se por eventualidade o tanque já tiver sido ligado às tubulações de operação nenhuma soldagem deverá ser executada no tanque sem o prévio bloqueio de todas as suas conexões com flanges adequadas a essa operação.

RECEBIMENTO DO TANQUE

Caso não sejam satisfeitas as referidas exigências, o tanque será recusado, ficando dependendo a sua aceitação da possibilidade de substituição ou reparos.

TOLERÂNCIAS PERMISSÍVEIS DE UMA RADIOGRAFIA

CHAPAS COM ESPESSURAS MENORES QUE 6,4 m.m. $\left(\frac{1"}{4}\right)$

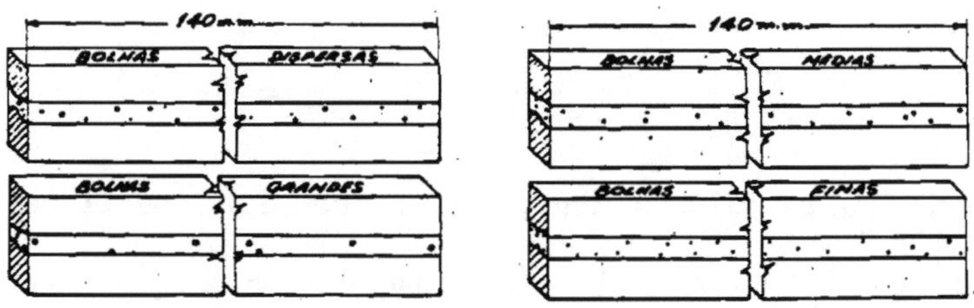

FIG. 20 e 21

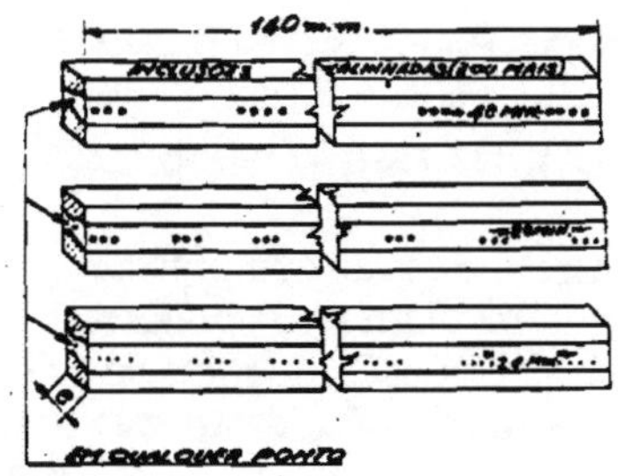

FIG. 22

CHAPAS COM ESPESSURAS ACIMA DE 6,4 m.m. $\left(\frac{1"}{4}\right)$ ATÉ 12,7 mm. $\left(\frac{1"}{2}\right)$ INCLUSIVE.

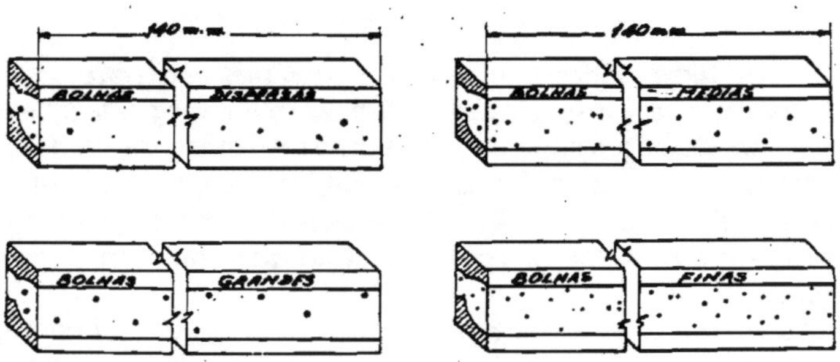

FIG. 23 e 24

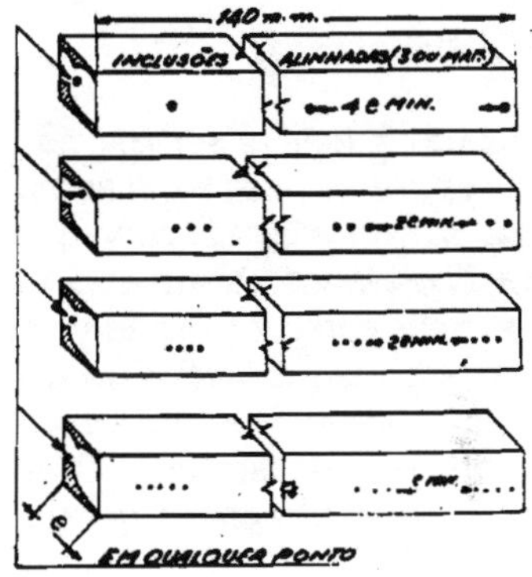

FIG. 25

CHAPAS COM ESPESSURAS ACIMA DE 12,7 mm. $\left(\frac{1"}{2}\right)$ ATÉ 31,7 mm $\left(1\frac{1"}{4}\right)$ INCLUSIVE

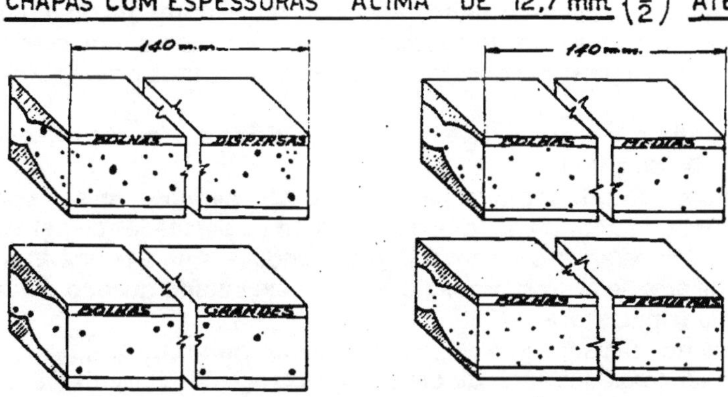

FIG. 26 e 27

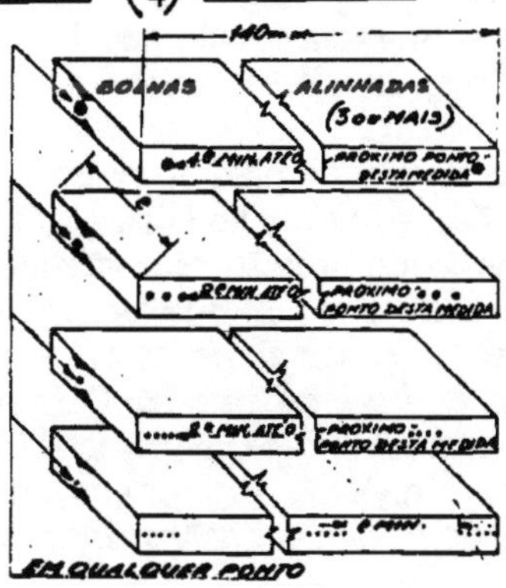

FIG. 28

CHAPAS COM ESPESSURAS ACIMA DE 31,7 mm. $\left(1\frac{1"}{4}\right)$ ATÉ 38,1 mm. $\left(1\frac{1"}{2}\right)$ INCLUSIVE

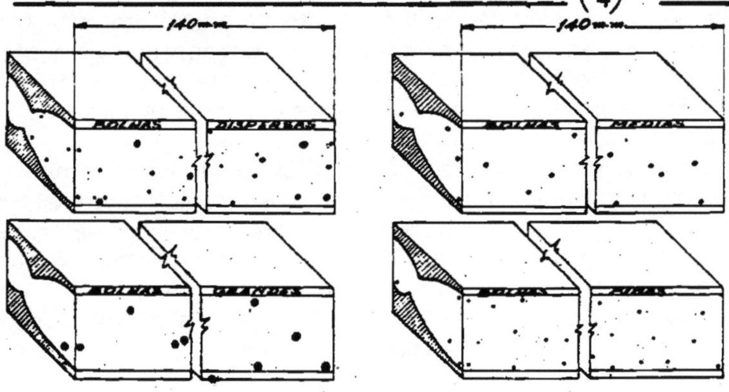

FIG. 29 e 30

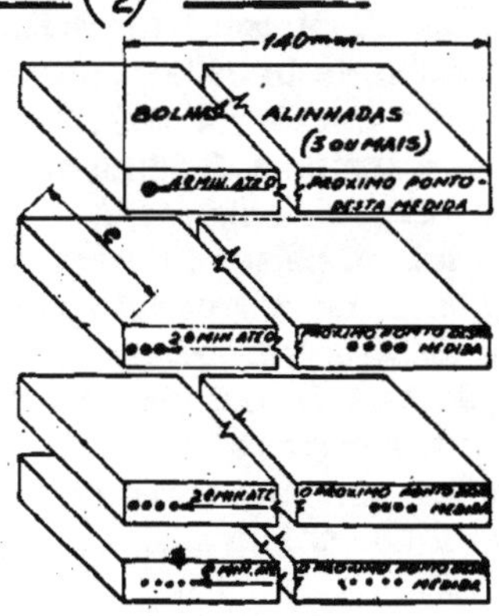

FIG. 31

TOLERÂNCIAS PERMISSÍVEIS DE UMA RADIOGRAFIA

VASOS DE PRESSÃO SOLDADOS

GENERALIDADES – INSPEÇÃO

O fabricante de vasos de pressão que desejar usar o selo de conformidade às normas deverá se submeter às condições que regulam a sua concessão pela ABNT.
Consiste na inspeção da matéria-prima bem como os trabalhos de ensaio, quando for o caso.
Durante a fabricação, as arestas das chapas, as aberturas dos costados e dos tampos e as conexões serão cuidadosamente inspecionadas, a fim de evitar eventuais defeitos durante a fabricação.
Que as seções dos anéis e tampos estão de acordo com o especificado e com a espessura exigida, depois de calandrados ou formados.
Comprovado o perfeito ajuste à superfície do vaso, das conexões, bocas de visitas, reforços de abertura e quaisquer acessórios a serem colocados internamente ou externamente.

ENSAIO HIDROSTÁTICO

Todos os vasos devem ser submetidos ao ensaio hidrostático conforme descrito nos parágrafos que se seguem.
Antes de aplicar a pressão, o equipamento ensaiado será inspecionado a fim de se garantir que esteja ajustado e que todas as conexões de baixa pressão, que não estiverem sujeitas ao ensaio de pressão, foram desligadas.
Os vasos projetados para pressão interna estão sujeitos ao ensaio de pressão hidrostática, cujo valor será igual a uma e meia vezes a pressão de cálculo, multiplicada pela relação entre a taxa de trabalho para a temperatura de ensaio e a taxa de trabalho para a temperatura de cálculo. Todas as cargas que afetarem o vaso durante os ensaios deverão ser tomadas em consideração.
Se o ensaio de pressão hidrostática ultrapassar o valor especificado, intencional ou acidentalmente, o vaso poderá estar eventualmente sujeito a uma deformação permanente. Nesse caso, uma inspeção se reservará o direito de rejeitá-lo.
Vasos de pressão compostos por duas ou mais câmaras interligadas serão ensaiados de forma que cada compartimento seja submetido ao seu ensaio hidrostático, independentemente dos demais.
Vasos de parede única, projetados para vácuo ou vácuo parcial e vasos com compartimentos múltiplos projetados para vácuo ou vácuo parcial, estarão sujeitos a um ensaio hidrostático sob pressão interna ou a um ensaio pneumático quando aquele não for exeqüível. Outro ensaio subseqüente deverá ser feito a uma pressão igual ou maior que uma e meia vezes a diferença entre a pressão atmosférica normal e a mínima pressão interna absoluta, de cálculo.
Durante o ensaio de pressão hidrostática, verificação especial deverá ser procedida em todas as juntas soldadas das conexões, sob pressão igual a 2/3 da pressão do ensaio.
Para o ensaio de pressão hidrostática poderá ser empregado qualquer líquido não perigoso, mas, de preferência, água. Líquidos combustíveis, tendo ponto de fulgor menor que 45° C, como os destilados de petróleo, podem ser empregados somente para ensaios a temperatura ambiente. É recomendável que a temperatura do líquido não seja menor que 15°C. O ensaio de pressão hidrostática só deverá ser executado quando o vaso e seu conteúdo estejam aproximadamente à mesma temperatura.
Deverão ser previstos respiros em todos os pontos elevados do vaso, a fim de evitar bolsas de ar.
Os vasos que devam ser galvanizados podem ser ensaiados antes ou depois da operação de galvanização.

APLICAÇÃO DA PRESSÃO HIDROSTÁTICA

Para o ensaio da pressão hidrostática esta poderá ser elevada gradual e rapidamente até um valor próximo a 50$ da pressão de trabalho; após esse valor, a pressão deverá ser elevada por etapas aproximadamente iguais a um décimo da pressão de trabalho, até que seja atingida a pressão de ensaio. A pressão deve ser sustentada em cada etapa, o tempo suficiente para permitir que sejam feitas as observações em todas as juntas soldadas das conexões, sob pressão igual a 2/3 da pressão do ensaio.
Quando vasos ou partes de vasos, sujeitos a pressão interna forem construídos com matéria-prima cujo limite de escoamento não for perfeitamente determinado, será exigido o seguinte ensaio suplementar8 as seções críticas do vaso serão recobertas com leite de cal ou produto equivalente. Durante a aplicação da pressão, essas seções serão examinadas permanentemente até ser observado o desprendimento do revestimento ou notar-se qualquer trinca nesse revestimento. A aplicação da pressão cessará, então, imediatamente.
As partes componentes submetidas ao ensaio descrito no item anterior terão uma pressão máxima de trabalho à temperatura de ensaio igual a atingida no momento em que o ensaio foi suspenso.

ENSAIO HIDROSTÁTICO COM MARTELAMENTO

O ensaio hidrostático com martelamento não é exigido por esta norma. Entretanto, mediante acordo explícito entre comprador e fabricante e apenas para vasos de pressão construídos exclusivamente em aços carbonos que não exijam ensaios radiográficos e/ou tratamento térmico de alívio de tensões, poderá ser especificado, fixando-se previamente as condições de pressão, peso do martelo e número de golpes.

Ensaio a ar comprimido. O ensaio pneumático pode ser empregado em substituição ao ensaio hidrostático nos seguintes casos:

a) para vasos que forem projetados de forma a não ser possível enchê-los com água ou outro líquido admissível.

b) para vasos que não puderem ser esvaziados facilmente, após o ensaio.

A pressão do ensaio pneumático será no mínimo igual a 1,25 vezes a pressão mpaxima de cálculo, multiplicada pela relação entre o valor da taxa de trabalho para a temperatura de ensaio e o valor da taxa de trabalho para a temperatura de cálculo.

Em nenhum caso a pressão do ensaio pneumático deverá exceder a 1,25 vezes a pressão de cálculo deduzida da taxa de trabalho na temperatura máxima de trabalho.

ENSAIO RADIOGRÁFICO

Este ensaio só deve ser aplicado às juntas soldadas de topo com penetração completa. Não deve ser aplicado para exame de juntas soldadas de ângulo dos acessórios.

As juntas soldadas deverão ser preparadas para o exame radiográfico retirando-se todas as irregularidades das superfícies soldadas que possam provocar interpretação errônea das radiografias.

A localização e quantidade das radiografias devem ser determinadas em função do tipo de junta, espessura das paredes e comprimento dos cordões de solda.

As radiografias devem incluir no mínimo 5% das interseções das juntas longitudinais com as circunferenciais, quantidade esta que não poderá ser menor que duas.

Cada radiografia deve incluir no mínimo 5% das interseções das juntas longitudinais com as circunferências, quantidade essa que não poderá ser menor que duas.

Cada radiografia deve apresentar no mínimo 250 mm da junta soldada e deve ser localizada de forma a permitir que os números de identificação e os penetrômetros sejam gravados pela mesma radiação na película.

O método radiográfico empregado deve ser tal que permita a percepção de defeitos de ordem de 2% de espessura medida na junta.

Recomenda-se usar os seguintes princípios para o método radiográfico:

a) deve ser usado um penetrômetro colocado do lado da chapa próximo à fonte de radiação e colocado de forma a indicar com facilidade se a solda é longitudinal ou circunferencial.

b) o material do penetrômetro deve ser aproximadamente o mesmo que o das chapas em exame.

c) a espessura do penetrômetro não deve ser maior do que 2% da espessura medida na junta considerada e nunca menor que 0,1 mm.

d) cada penetrômetro deve ter três furos de diâmetro igual a 2, 3 e 4 vezes sua própria espessura, mas nunca menores que 1,5 mm para emprego em exames com raio X e nunca menor que 0,8 mm para emprego com raio gama.

A película durante a exposição deve ser conservada em contato com a superfície da solda.

As radiografias obtidas devem ser submetidas a um exame juntamente com relatório contendo um esquema indicando a posição relativa das radiografias no vaso, suas respectivas identificações, assim como suas interpretações e técnicas empregada no exame.

Todas as radiografias das juntas sodadas que apresentarem algum dos defeitos abaixo relacionados tornam inaceitáveis as respectivas juntas:

a) qualquer trinca ou penetração incompleta.

b) qualquer inclusão cujo comprimento seja maior do que 2/3 da espessura da chapa mais grossa da junta considerada. Nenhuma inclusão poderá ser maior que 20 mm considerando-se entretanto, que as menores que 6 mm não reprovam a junta soldada.

c) Qualquer grupo de inclusões disposto em linha quando a soma das maiores dimensões destas inclusões for maior que a espessura da chapa mais grossa da junta considerada, excetuando-se o caso em que estas inclusões forem espaçadas de tal forma que entre elas exista uma distância igual ou maior que três vezes o comprimento da maior inclusão adjacente.

d) porosidade excessiva em relação aos limites aceitáveis, apresentados nas figuras.

Quando uma radiografia cobrir uma seção da junta soldada recusada, devem ser tiradas duas radiografias adjacentes, a fim de definir os limites da junta refugada. Se a novas radiografias continuarem a demonstrar que a junta soldada apresenta defeitos, outras tantas deverão ser tiradas, até que os referidos limites sejam perfeitamente definidos.

Existe, entretanto, do fabricante optar pela ressoldagem que tem direito pela ressoldagem completa de uma junta refugada em vez de tirar as chapas radiográficas referidas no parágrafo anterior.

As juntas soldadas que apresentarem defeitos só devem ser ressoldadas após ter sido retirada completamente a solda inicial defeituosa. Os chanfros devem ser refeitos quando for o caso.

Todas as juntas ressoldadas estão sujeitas ao mesmo método do ensaio que as originais.

RECEBIMENTO DO TANQUE

Verificado o cumprimento das exigências das normas relativas a projeto, fabricação e montagem do tanque, o mesmo será recebido pelo comprador.

RECEBIMENTO DO VASO DE PRESSÃO

Verificado o cumprimento das exigências das normas relativas a projeto e fabricação do vaso, o mesmo será recebido pelo inspetor.
A determinação do esforço de ensaio necessário para revelar um defeito que posteriormente pode-se tornar perigoso é uma questão de critério e experiência. Tal esforço é freqüentemente exposto por um múltiplo do valor de projeto. Dois fatores principalmente influem nessa escolha: o perigo eventual a pessoas que poderá causar a ruptura da peça e o fato da tendência maior ou menor do material a uma ruptura frágil. As pressões de ensaior são usualmente determinadas pelos códigos ou pelas especificações.
Com o objetivo de evitar a danificação da solda o ensaio em consideração não deve desenvolver tensões primárias, em qualquer parte superiores ao limite de escoamento. É prática aconselhável limitar o esforço da prova a 75% daquele que produzira escoamento. Tensões secundárias e a combinação de tensões residuais poderá provocar escoamento localizado sem danificar a peça. Na verdade o ensaio de que se está tratando pode mesmo ser considerado como operação de alívio de tensões até certo ponto de modo que a solda poderá ter o seu fator de segurança aumentado, contra esforços de impacto ou a baixa temperatura em tais casos.
Freqüentemente a estanqueidade é importante nas peças soldadas. Os vazamentos nos vasos de pressão e tubulações poderá ser descobertos por observação direta ou pela queda da pressão. A este respeito convém observar que o óleo de baixa viscosidade pode penetrar onde a água não penetra. O ar também é melhor que água e o hidrogênio melhor que o ar, gás não deve ser usado onde existir possibilidade de incêndio. Quando se utilizar ar ou gás no ensaio, há necessidade de precauções especiais em vista da possibilidade de explosões.
Ainda nos casos de uso de ar ou gás, o vazamento pode ser detetado pela imersão de peça ou parte em água, cobrindo-a com sabão líquido. Um tipo de ensaio de estanqueidade consiste na observação da queda de pressão em certo intervalo de tempo. Se for usada água ou óleo e todo ar ou gás eliminado do recipiente a queda de pressão é muito rápida mesmo para pequenos vazamentos, um medidor de pressão comum a detetará.

ENSAIO DESTRUTIVO

Dentre os ensaios destrutivos destacaremos os seguintes, que descreveremos em ordem:
a) Ensaio de dureza
b) Ensaio de dobramento
c) Ensaio de tração
d) Ensaio de impacto
e) Ensaio de fadiga
g) Ensaio de material depositado
f) Ensaio de junta soldada.

ENSAIOS DESTRUTIVOS

Os ensaios destrutivos no controle de qualidade de material soldado são essenciais em qualquer aplicação de maior responsabilidade. Somente ele permitem uma verificação detalhada das estruturas e das propriedades obtidas.
Não substituem entretanto, um rigoroso controle das matérias-primas e de processo essencial para que o material a ensaiar seja uniforme e, em conseqüência, as amostras submetidas a ensaio destrutivo sejam representativas. Os ensaios destrutivos aplicados a corpos de prova que simulem as condições de processamento da estrutura, permitem evitar que qualquer fator imprevisto, como teores anormais de elementos de liga residuais, possam levar a resultados desastrosos. Considerando que o objetivo mais importante do ensaio destrutivo é a verificação do comportamento final das soldas executadas a prioridade cabe aos ensaios mecânicos.
Os ensaios metalográficos são empregados nos casos críticos ou quando alguma irregularidade é observada e permitem verificar a existência das estruturas desejadas e a inexistência de qualquer estrutura reconhecida como prejudicial. Tem ainda como função fundamental a saber: o controle de processo fornecendo informações sobre as profundidades da região afetada pela solda uniformidade, com o ajuste das condições de operação.

ENSAIOS MECÂNICOS

Os ensaios mecânicos relacionados com solda podem ser de duas categorias: não-destrutivos e destrutivos. Descreveremos apenas os ensaios de maior aplicação.

1) Ensaios Não-destrutivos (Proof Testing)
Consistem em aplicar uma carga ou pressão igual ou inferior a de serviço sem, todavia, danificar o produto. Se estiver em jogo apenas a estanqueidade, aplica-se uma pressão igual a de serviço. Se o ensaio deve determinar a resistência ou a segurança, a pressão de ensaio usualmente excede a de serviço. A experiência mostra que um recipiente de pressão ou qualquer outra peça soldada que a no ensaio, certa pressão poderá falhar em serviço quando solicitado por esforços iguais ou inferiores as do ensaio. Defeitos ou concentradores de tensão (stress-raisers) podem provocar a ruptura por fadiga sob tensões alternadas sensivelmente inferiores a de ensaio (estática).

Os defeitos que não são revelados pela carga de pressão é que poderão causar ruptura por fadiga em serviço, poderão ser detetados por outros métodos como seja ainspeção radiográfica.

a) Ensaio de Dureza

Os três métodos de dureza mais utilizados são: NELL, ROCKWELL, VICKERS.

DUREZA NELL: Consiste em se comprimir uma esfera de aço temperado contra a superfície da peça metálica, utilizando determinada carga, durante certo tempo. Determina-se a seguir a média de dois diâmetros da impressão deixada (que tem a forma de uma calota esférica) e o número de dureza Nell (BHNo Nell Hardness Number) é obtido dividindo a carga pela área da calota.

$$BNH = \frac{P}{A}$$

Para os metais duros, a esfera possue o diâmetro de 10 mm e a carga é de 3.000 kg. Se houver necessidade de utilizar esfera menor em vista de se dispor de pequena área do corpo de prova por exemplo, há necessidade de variar a carga de acordo com a seguinte fórmula:

$$P1 = P\frac{D2}{D2}$$ de modo a se obter o mesmo resultado

Os cuidados a serem tomados ao se medir a dureza são os seguintes: superfície plana e livre de riscas. As impressões devem ser feitas em áreas representativas. O corpo de prova deve estar bem apoiado e a carga aplicada perpendicularmente à superfície. O corpo de prova não deve ser muito fino, caso em que a peça de apoio influirá no resultado nem a impressão feita junto a bordas do C.P. ou muito próxima a outras impressões.

DUREZA ROCKWELL: Consiste em um número selecionado com a profundidade de um certo penetrador. Variando este e a carga aplicada, determina-se as escalas das quais as mais usadas são A, B e C abaixo caracterizadas:

ESCALA	PENETRADOR	CARGA (kg)
A	Cone de diamante	60
B	Esfera 1/16" diâmetro	100
C	Cone de diamante	150

Uma pré-carga de 10 kg é aplicada. Neste instante o mostrador é "ZERADO".

Aplica-se o "RESTO DA CARGA" (valor da tabela menos os 10 já aplicados). A seguir, retira-se o resto da carga e é feita a leitura no mostrador. O valor da carga e o tipo de penetrador indica para cada metal a escala a ser usada. São as seguintes as precauções a serem tomadas neste ensaio: aplicações à superfície horizontalizadas e lisas a seleção da escala deve ser judiciosa em função da espessura do C.P. e dureza do metal, se a superfície for redonda fazer as devidas correções os penetradores podem se danificar.

DUREZA VICKERS: Consiste na impressão de um penetrador piramidal de diâmetro sob carga predeterminada. A relação entre carga e arca da impressão da dureza E, um tipo de dureza que pode ser aplicada a aços muito duros. A carga varia de 1 kg a 120 kg. É comum o uso da carga de 30 kg para os metais mais duros e 10 kg para os mais moles. O tempo de aplicação é de 10 segundos. A impressão aparece como um quadrado escuro numa fenda clara iluminada. Mede-se as diagonais do quadrado e com auxílio de uma tabela se acha o VHN (Vickers Hardness Number).

Os números de dureza Vickers coincidem até o valor 300. Além desse valor o VHN passa a ser superior ao BHN. Este perde o sentido para valores superiores a 600. A superfície do C.P. deve ser muito melhor preparada que para os outros tipos de dureza. Se a impressão se mantiver sistematicamente irregular, isto pode indicar defeito no penetrador. Despreza as leituras em que a diferença entre as duas diagonais for muito grande.

b) Ensaio de Dobramento

Consiste em se dobrar o C.P. (redondo ou chato) apoiado em cilindros nos extremos por meio de um cutelo de espessura determinada distância entre os apoios é tal que após dobrado o C.P. entre cutelo e apoio cabe o C.P. justo. O ensaio de dobramento visa a indicar a dutilidade do metal, o C.P. é examinado perante as trincas na superfície externa tracionada. Em geral vai-se até o ponto em que os dois ramos do C.P. sejam paralelos. O caso é um pouco diferente para soldas, como veremos adiante.

c) Ensaio de Tração

Descreveremos dois: ensaio de tração simples e ensaio de tração bi-dimensional (Ensaio MIT). Este último põe em evidência a importância da geometria do corpo de prova e se aproxima mais das condições reais de serviço.

Tração Simples: consiste em se tracionar um C.P. alongado de dimensões padronizadas a uma força axial que só produza tensões de tração na seção transversal normal à linha de ação força.

São feitas marcas sobre o corpo de prova distantes 1° antes da aplicação de qualquer força F. Com a aplicação F, a distância passa a medir 1.

Chama-se deformação linear total a diferença D = 1 — 10. O gráfico que se pode fazer desde logo é aquele que representa F em função de d. Esse gráfico apresenta 3 trechos característicos de uma maneira geral. Uma ou mais dessas posições pode faltar, dependendo do metal, são elas:

a) Trecho OA, linear em que a força é proporcional à deformação (Lei de Hocke). Nesse trecho, retirada F, 1 volta à dimensão inicial de 1° e a deformação se chama elástica.
b) Trecho AM de deformações plásticas. Se descarregarmos o C.P, de um ponto B, intermediário a curva segue um segmento de reta BC paralelo a OA. Permanece a deformação OC; é recuperada a parcela CD do total OD.
c) Trecho MR até o ponto M, a deformação d se repartiu uniformemente por todo o C.P. e a partir daí ela se concentra numa certa região cessando de aumentar no restante. Na realidade termina em M o ensaio de tração simples. Devido à geometria peculiar da região "estrita", o ensaio é de agora em diante tri-axial. R representa o ponto de ruptura, a partir do ponto N (entre M e R) tem início a trinca de ruptura que se inicia no centro e se propaga transversalmente. Do ensaio de tração simples tira-se quatro grandezas:

Limite de escoamento: $E = \frac{Fa}{Ao}$

Limite de resistência: $R = \frac{Fm}{Ao}$

Alongamento: $\frac{1r - 10}{10}$ 100%

Estrição: $\frac{Ao - Ar}{Ao}$ 100%

onde Ao é a secção transversal do C.P. antes do ensaio.
1r é a distância entre as marcas após ruptura e ajustagem das duas porções do C.P.
Ar é a secção transversal da estição após ruptura e ajustagem.
As duas primeiras grandezas medem a oposição (resistçencia no sentido) à deformação, sendo o limite de escoamento o elemento importante no projeto. As outras fuas medem a dutilidade sendo o alongamento o mais importante. Mais interessante ainda seria o alongamento uniforme máximo correspondente ao ponto M.

Seria $\frac{1n - 10}{10}$ 100% mas não é utilizado na prática, pois é nesse ponto (M) que termina o ensaio de tração simples.

Se o ponto A não aparecer nítido mede-se uma força correspondente a uma deformação residual de 0,2% de 10 e divide-se pela área da secção transversal inicial Ao, fornecendo o chamado limite de escoamento convencional 0,2. Ao invés de valor 0,2 poder-se-ia utilizar outro, é mera questão de convenção.

Tração Bi-dimensional: Um ensaio especial em C.P. de chapas foi desenvolvido no MIT (Boston, EUA) para se obter resultados em tração bi-axial. O espécime contém detalhes (GROOVES) idênticos usinados em ambos os lados da secção de ensaio. Quando as dimensões do C.P. são controlados toda deformação plástica durante o ensaio ocorre no material entre os entalhes de dimensões A por B. A deformação nessa região é plana. Como resultado da biaxialidade da solicitação o limite de resistência R é superior ao que seria observação em tração uniaxial. A teoria da plasticidade prevê um aumento de resistência da ordem de 15% para o metal plástico perfeito, isto é que não encrua. Os resultados experimentais mostram qu tal aumento varia de 5 a 15% para os aços traçados termicamente e também para o alumínio. Para os metais moles ou recozidos, o aumento é bem maior.
O ensaio que acaba de ser descrito, serve para soldas ou chapas solicitadas à maneira de membrana, tal como se encontra freqüentemente em vasos de pressão.
O metal da solda solicitado, biaxialmente tem, portanto, seu comportamento alterado quando em serviço relativamente à sua condição no ensaio de tração simples. Por isto o ensaio biaxial pode auxiliar muito na compreensão das rupturas em soldas.

b) Ensaio de impacto: Consiste em se medir a energia necessária para romper por impacto, por tração, torção ou flexão um C.P. padronizado, contendo um entalhe. A forma deste pode variar dai resultando os corpos de prova usuais. O resultado do ensaio é medido em kg x m ou Ft x lb da energia necessária para romper o C.P. pelo impacto de um martelo de dimensões peso e velocidade padronizadas. A relação entre os dois tipos de unidades mensionadas é:

$$1 \text{ kg} \times \text{m} = 7{,}3 \text{ Ft} \times \text{lb}$$

O resultado do ensaio, isto é, a energia de impacto E varia com a temperatura. Os valores altos da energia correspondem ao tipo de ruptura "diretril" acompanhado de grandes deformações ao passo que os valores baixos, di tipo de ruptura "frágil" praticamente sem deformações plásticas. Há um intervalo de temperaturas T1 e T2 denominado "de transição" em que se passa de um mecanismo a outro. O intervalo pode-se reduzir e as duas temperaturas praticamente coincidem fala-se então em temperatura de transição.
É evidente que se deve desejar para os metais tanto o metal base de uma chapa a ser soldada como o da solda depositado um valor da temperatura de transição o mais alto possível. Nele influi uma série de valores que serão estudados à parte, particularmente a presença de elementos de liga e o tratamento térmico do metal.
A ruptura de caráter frágil de estruturas pelo abaixamento da temperatura de serviço constitui um perigo conhecido.

O fato fundamental que se deve ter em mente é que a temperatura de transição encontrada num ensaio de uma estrutura soldada. Em outras palavras. garanttia de que não há uma ruptura frágil para um metal digamos base, nas condições de ensaio não significa que não ocorrerá tal tipo indesejável de ruptura em serviço. Isto porque na estrutura soldada há defeitos como sejam trincas de reparo, entalhes de solda, etc., que aumentam de muito a suscetibilidade da estrutura à ruptura frágil. Assim, para uma temperatura ambiente e inverno rigoroso de 10°C.

e) Ensaio de Fadiga

Consiste em submeter o C.P. a tensões alternadas. A tensão média do ciclo pode ser nula ou diferente de zero. O C.P. e o tipo de solicitação são tão variados que não se fará aqui qualquer tentativa de fornecer relação dos mesmos. Apenas a título de exemplo, a Figura 2 mostra um C.P. de chapa engastado num extremo e sujeito a uma força alternada F que varia como A, tensão que interessa é a que ocorre no ponto mais solicitado na secção de engastamento. A experiência mostra que, após um certo número N de ciclos, sob amplitude de solicitação, ocorre a ruptura do C.P., variando haverá uma variação de N de acordo com a curva.
A experiência mostra que para o ferro e suas ligas há um valor de que designaremos por e abaixo do qual não ocorrerá a ruptura, qualquer que seja o número N de solicitação.
Para outros metais, alumínio por exemplo, não existe verdadeiro apenas um convencional correspondendo a um certo valor de Ni escolhido arbitrariamente de acordo com a vida da peça em tensão.

f) Ensaios de Junta Soldada

São principalmente três: tração, dobramento e fadiga.

Ensaio de Tração: O C.P. com cordão de solda transversal pode ser uma medida de eficiência da junta, mas não pode ser considerado boa medida da dutilidade da solda, tanto no caso em que a solda é mais resistente que o metal base quanto no caso contrário. No primeiro caso, a deformação se dará quase que totalmente no metal base, deixando a solda quase inalterada.
No segundo caso, isto é, solda mais fraca que o metal base, a solda não poderá se deformar linearmente, uma vez que, para se alongar sem limitações, deverá se contrair transversalmente (para manter constante o volume), sendo nisto impedido pelo metal base. Em conclusão, as propriedades do metal depositado, ensaiados no cordão serão diferentes daqueles que se obterão com C.P. retirado de material depositado somente numa cantoneira ⌐ exemplo.

Ensaio de dobramento: Pode ser de face e de raiz e ainda lateral.

Ensaio de fadiga: O ensaio de fadiga em chapa soldada apresenta a vantagem de por em relevo certos defeitos não detetáveis no ensaio de tração, que é estático. Assim, de 3 corpos de prova ensaiados a fadiga:

a) sem solda, sem defeitos só a chapa
b) corpo de prova com entalhe de resto idêntico ao A
c) C.P. com solda que deixa um defeito não aparente: um entalhe ou uma trinca de solda. As curvas de fadiga se disporiam aproximadamente como indica o caso com limites de fadiga decrescentes, a, b e c, respectivamente. Isto demonstra o efeito dos entalhes e das trincas. Nestes é que se inicia a chamada ruptura por fadiga que caminha lentamente e acaba por reduzir de muito a secção resistente do C.P. ou ainda da peça que terminam por se romper.

g) Ensaios de Metal Depositado

Os ensaios de metal depositado se fazem retirando os C.P. de material depositado em cantoneiras. São eles principalmente, tração, dobramento e dureza com todas as limitações já descritas. Os C.P. podem ainda ser tirados de cordões de solda depositados em condições semelhantes às de serviço. É o caso comum de C.P. de impacto. Pode-se mesmo retirar vários C.P. para se estudar o efeito, por exemplo, de zona de transição.

h) Ensaios Metalográficos

Analisaremos o objetivo dos ensaios, sua execução, interpretação e conseqüências. A interpretação do exame metalográfico compreende a análise das estruturas e fases presentes e suas propriedades envolvendo, portanto, toda a metalurgia da solda. Consideremos uma secção transversal ao filete numa solda de topo. Na região central temos o material que sofreu fusão durante o processamento, contígua a esta região de transição afetada pelo calor e finalmente o metal de base.
Na zona fundida, resulta uma estrutura bruta de fusão, cujas propriedades vão depender de sua composição do processo de solidificação e das transformações no estado sólido verificadas durante e após o resfriamento. A zona de transição constituída por metal de base afetado pelo calor tem suas propriedades dependendo da composição do metal de base do seu processo de fabricação (por exemplo, laminação a frio) dos elementos incorporados por processos de difusão e das transformações no estado sólido ocorridas durante e após o resfriamento. Alterações nas propriedades mecânicas do metal de base, além da região pelo calor podem ocorrer pelo desenvolvimento de tensões residuais como resultado de deformações em outras regiões durante os ciclos térmicos.

VARIÁVEIS METALÚRGICAS: Constituem, portanto, variáveis metalúrgicas no processo de soldagem:
a) as composições e propriedades iniciais.
b) as variações de composição por incorporação de elementos de liga e impurezas.
c) os processos de difusão
d) os gradientes térmicos e sua evolução
e) as transformações no estado sólido
f) as deformações

CLASSIFICAÇÃO DO METAL BASE: Uma primeira consideração no projeto de uma estrutura soldada, embora nem sempre atendida plenamente é de que a solda não deve ter LR inferior ao do metal de base.
Nessas condições, o estabelecimento do metal de base condiciona a natureza do metal de enchimento.
A obtenção de propriedades mecânicas elevadas no metal de base se consegue pela introdução de elementos de liga que melhorem as propriedades mecânicas das fases presentes. A obtenção de estruturas mais finas pelo abaixamento das temperaturas de transformação leva simultaneamente a um aumento da possibilidade de formação de martensita durante a solda. Desde que a escolha do metal de base define as propriedades da estrutura e condiciona o processo e a natureza do metal de enchimento, o estudo dos problemas de detalhe só é possível através de uma classificação dos materiais em que procuramos analisá-los em ordem crescente, conforme a complexidade das transformações e suas variáveis.

METALOGRAFIA

MACROGRAFIA: O exame macrográfico realizado sobre uma ou várias secções da região em estudo permite uma visão de conjunto das estruturas presentes. A macrografia é realizada sobre superfície polida com acabamento relativamente grosseiro, utilizando-se um ataque intenso por reativo adequado. São reveladas zonas alteradas pelo calor, variações de composição, estruturas dentriticas, segregação, porosidade, inclusões de escória, etc.
A macrografia é o primeiro ensaio destrutivo empregado para verificar uma anomalia constatada por um ensaio não destrutivo. Apresentamos alguns exemplos de estruturas de solda reveladas pelo exame macrográfico.

MICROGRAFIA: A micrografia é o exame de superfície finamente polida e atacada observada com aumento da ordem de 100% ou maiores. Com essas ampliações já é possível distinguir alguns constituintes e fases presentes. O reconhecimento dos microconstituintes e fases permite a análise das propriedades da estrutura a partir das propriedades das fases e sua distribuição. Por exemplo, uma fase frágil e contínua torna a estrutura frágil. Com base na microestrutura, nos diagramas de quilíbrio e nos diagramas de cinética de transformação por que passou o material e estabelecer as modificações necessárias para alterar a estrutura encontrada.

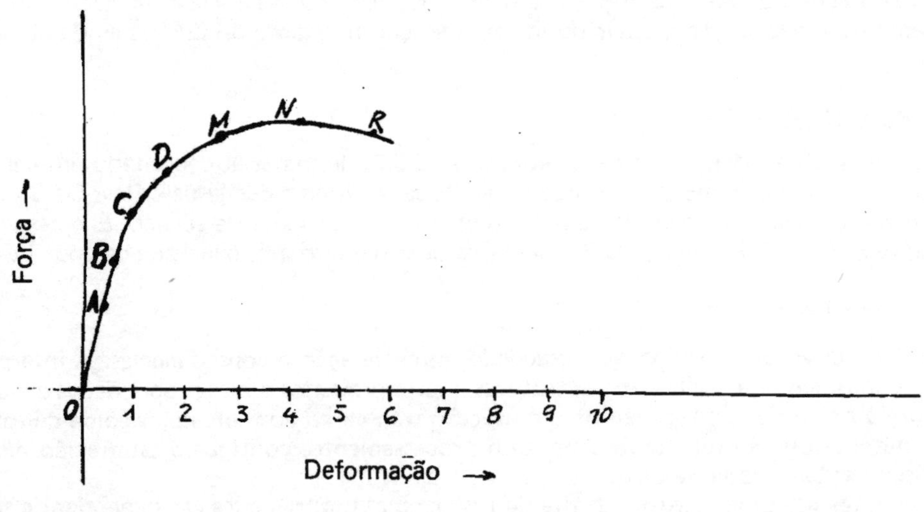

Gráfico 2 Esaio Tração

ESCOLHA DO AÇO

a) Procurar os meios práticos paa se reconhecer os aços, passando-os no esmeril, a fim de formar centelhas.
b) O aço é classificado em: aço de baixo, mídio e alto teor de carbono; aços rápido, inoxidável, manganês, ferro fundido de cor cinza e branco.
c) Encostando-se levemente a peça no esmeril, de preferência no escuro, observa-se a cor, aspecto, feixe, grande ou pequeno, das centelhas e sua intensidade luminosa.

PROVA DE CENTELHA

Aço doce ou baixo teor em carbono: a cor das centelhas é amarelada e de feixe moderado; não recebe têmpera e seu teor em carbono é ± 0,008 a 0,3%. Solda-se com facilidade.
Aço de médio teor em C: apresenta-se em feixe mais curto e mais brilhante, formando estrelas. A sua luminosidade e o número de estrelas aumenta de acordo com a percentagem de carbono. Este recebe têmperas. Seu teor de carbono é mais ou menos 0,3 a 0,7% e é temperável em água. É soldável.
Alto teor em carbono: cor branca brilhante, feixe grande, estrelas pequenas e em grande quantidade. Vai de ± 0,7 a 1,7% de carbono. Deve ser temperado em banho de óleo. Não é aconselhável a sua solda.
Aço manganês: o aspecto é diferente do aço carbono. As subdivisões saem perpendicularmente ao feixe e constitue pequenos clóbulos brancos. É soldável.
Ferro fundido cinza: no ponto de contacto a cor é roxa com raios finos, tendo as extremidades engrossadas com algumas estrelas. É soldável.
Ferro Fundido Branco: seus raios são finos e mais curtos do que o ferro fundido cinza. É soldável.
Aço rápido: não tem cor viva, devido ao seu elevado teor de tungstênio; produz um feixe reduzido e avermelhado e é temperável em óleo a 1250° C. Não é soldável.
Aço Inoxidável: As centelhas são bem parecidas com as de aço de baixo teor em carbono. No ponto de contacto o feixe é mais escuro. É soldável.

TESTES E ACABAMENTO PARA PEÇAS EM AÇO INOXIDÁVEL

De uma maneira geral, os testes exigidos para peça em aço inoxidável são semelhantes aos exigidos para outros materiais. Alguns testes especiais e modificação nos testes mais usuais podem ser exigidos. Entretanto, dependendo da liga particular envolvida, seus problemas particulares relativos à solda e formagem, ou à natureza do serviço ao qual se destina. Em muitos regimes severos de trabalho, pode ser necessário efetuar o ensaio hidrostático utilizando-se água desmineralizada (ou o máximo teor de cloro deve ser especificado), e processos especiais podem ser determinados para assecugrar completa secagem após o teste. Um teste útil para verificar o sucesso da operação de secagem consiste em lançar através do vaso, quantidade de ar seco até um particular ponto de orvalho. Retira-se uma amostra do ar, após a passagem pelo vaso, e o ponto de orvalho é conferido. A quantidade de umidade absorvida pode então ser calculada.
Testes de vazamento podem ser efetuados utilizando-se qualquer um dos processos padrão, desde água e sabão ao teste de vazamento com espectômetro de massa, este último sendo o mais sensível, com uma capacidade de detectar vazamentos até 10^{-11} cm^3/s sob ótimas condições.
Os processos convencionais de testes não destrutivos são comumente aplicados aos aços inoxidáveis, com exceção, é claro, daqueles que colocam em jogo as características magnéticas do metal. Os métodos com líquido penetrante são mais adequados quando se trata da detecção de trincas, sendo o que emprega o revelador comum usualmente o preferido, por conveniência, embora o tipo fluorescente seja mais sensível. O ensaio de soldas com ultrassom pode ser difícil devido à marcante anisotropia da áspera estrutura do grão, especialmente em soldas com passes largos. Em tais casos, poderá ser impossível para as ondas sonoras, penetrar na solda, a não ser que uma freqüência muito baixa seja utilizada, o que reduz seriamente a sensibilidade do teste. Essa estrutura de grão áspero também pode causar algum embaraço em radiografia, devido aos fenômenos de difração. Os métdos não destrutivos para determinação da ferrita nos aços austeníticos são presentemente baseados nas propriedades magnéticas do material e não são de grande precisão. As propriedades magnéticas da ferrita dependem de sua análise, a qual pode variar e também da direção dos filamentos. Isto significa que uma específica propriedade magnética não é necessariamente uma medida precisa do conteúdo total de ferrita. Desde que o ensaio não destrutivo seja adequadamente suplementado por ensaios metalográficos, resultados com precisão suficiente para a máioria dos casos podem ser obtidos.
Foi descrito alguns dos problemas que podem ser encontrados.
Hidradato: os eletrosos que apresentam essa aparência geral quando fundidos e que não produzem fumaça quando aquecidos, são geralmente satisfatórios para a solda. Produzem solda na posição sobre-cabeça, com baixa amperagem numa faixa 5 de raio X, ou melhor.

TESTE DE LIMPEZA ULTRASSÔNICA

O material deve ser de composição homogênea total, de têmpera adequada, limpo e liso.
Deve ser livre de inclusão não metĺica, costuras, trincas, rebarbas, dobras ou outros defeitos que possam ser danosos à qualidade da solda, ou que de outra forma, interfiram com a alimentação contínua e unfirme através do equipamento de solda.
Esta especificação não define "quão limpa é a limpeza". Dessa forma, muitos eletrodos não correspondem às exigências da especificação.
Pequenas amostras de aproximadamente 15 pés de comprimento foram tomadas de cada bobina. Cinco amostras de cada bobina foram enroladas em um torno para se obter amostras suficientemente pequenas para facilitar a limpeza. Tais amostras foram pesadas numa balança analítica e, em seguida, colocadas em um limpador ultrassônica que contém acetona. Após três minutos de limpeza ultrassônica, as amostras foram removidas da acetona, secadas e, então, repesadas. A perda de peso causada pela limpeza se constitue numa medida precisa

da quantidade total de material, solúvel ou não, que foi removido da superfície do eletrodo. O solvente de limpeza foi passado em um papel filtro para coleção dos resíduos removidos. Determinamos a quantidade de resíduo numa faixa de "5 mg/10 libras" de eletrodo a "400 mg/10 libras". Para qualquer dimensão de eletrodo, a melhor qualidade radiográfica da solda foi obtida com aqueles que apresentaram maior limpeza. Contaminações orgânicas afetam a tendência de formação de porosidade. Somente eletrodos limpos e livres de qualquer contaminação deste tipo devem ser usados.

Contaminação metálica afeta a habilidade de soldagem de um eletrodo para o processo a arco metálico com proteção gasosa, na sua alimentação através do equipamento. Os eletrodos com grande quantidade de pequeníssimas partículas mecânicas acarretam freqüentemente, dificuldades na alimentação. Nenhuma tentativa foi feita para relacionar a perda real de peso, devido a limpeza ultrassônica, com a qualidade radiográfica, devido ao número de variáveis que envolvem o problema.

As dimensões do eletrodo e as quantidades de material orgânico formador de poro contra o material metálico influenciam o nível de porosidade da solda, bem como as características de alimentação. Os produtores devem cuidar da produção de eletrodos de limpeza uniforme e os consumidores devem exigí-los.

ENSAIOS PARA AVALIAÇÃO DO ARAME PARA SOLDA DE ALUMÍNIO

A qualidade da solda feita pelo processo a arco metálico com proteção gasosa em ligas de alumínio depende de muitos fatores. Um dos mais importantes no controle da porosidade em tal processo é a limpeza do eletrodo. Testes qualitativos foram desenvolvidos para estabelecer a presença residual de lubrificantes, umidade, sujeira ou contaminação metálica nos eletrodos.

O primeiro teste consiste em aquecer o eletrodo por resistência elétrica, até uma temperatura suficiente para volatizar material orgânico, tal como óleo. Já obtivemos uma correlação entre a quantidade de material volátil no eletrodo e a qualidade radiográfica da solda.

A limpeza e a espessura da camada óxida sobre o eletrodo pe avaliada por um teste de fusão com uma chama. Um exame vistual do eletrodo fundido indica a espessura e a hidratação da camada óxida.

A quantidade de matéria orgânica é determinada pela limpeza ultrassônica e exame do material removido. Veficamos que podemos selecionar os eletrodos pela aplicação desses testes antes da solda.

INTRODUÇÃO

O processo a arco metálico com proteção gasosa depende do arame ou eletro consumível na soldagem do alumínio. A qualidade da solda depende de muitos fatores como equipamento, umidade no gás protetor, técnica operatória e qualidade e limpeza do eletrodo ou metal depositado. O eletrodo pode ser a maior fonte de porosidade em tal processo. Contaminações tais como óleos, sujeiras, envólucros, umidade ou compostos de limpeza podem aderir à sua superfície. Isso pode ocorrer durante a sua produção, transporte e estocagem, onde o seu envólucro pode ser danificado. Exposição prolongada em atmosfera úmida de fábrica contamina grandemente o eletrodo ou metal depositado e acarreta intensa porosidade. O reconhecimento de tudo isso implica numa verificação rotineira de eletrodos na determinação de processos de solda. Três ensaios de verificação são descritos neste artigo. Cada um oferece um guia na determinação da qualidade da solda.

TESTE DE FUMAÇA

Toda material volátil na superfície do eletrodo aparece como fumaça se aquecido suficientemente para vaporizar e sair da superfície.

Os lubrificantes usados na produção de eletrodos e as misturas de óleo da atmosfera da fábrica podem deixar material suficiente para produzir fumaça quando aquecido. Amostras do eletrodo são tiradas de uma bobina com luvas limpas para evitar a introdução de umidade ou óleo das mãos nas mesmas. O eletrodo é ligado através do circuito da bobina de teste a uma corrente é aplicada para aquecê-lo a uma temperatura suficiente para que volatize o material orgânico de sua superfície. Estimamos dessa forma, a fumaça que emana do eletrodo. Um eletrodo limpo, logicamente não produz fumaça. Um eletrodo com uma leve camada de substância orgânica dá uma leve camada visível. Um eletrodo fortemente contaminado expele muita fumaça. A amperagem exigida para um teste de fumaça varia com o diâmetro do eletrodo e com sua resistência elétrica, que é em função da composição da liga.

RELAÇÃO ENTRE A FUMAÇA E A QUALIDADE RADIOGRÁFICA

Há uma relação entre os resultados dos testes de fumaça e o exame radiográfico. Os testes são feitos na posição sobrecabeça, de acordo com especificação. Esta especificação requer uma amperagem relativamente baixa, o que resulta numa rápida velocidade de resfriamento e numa grande absorção de qualquer porosidade formada. Existe exigências de solda na especificação. Resultados indicam que eletrodos que não produziram fumaça, produziram solda com um grau 4 de raio X numa escala de 1 (perfeito) a 10 (muito poroso) utilizada em laboratório. Os eletrodos que produziram fumaça, fizeram soldas que cobriram toda a faixa de qualidade radiográfica. Os resultados obtidos com eletrodos de 1,2 mm de diâmetro são diferentes dos obtidos com eletrodos de diâmetros maiores. Os eletrodos de diâmetro 1,2 mm livres de fumaça, nem sempre produzem soldas de baixa porosidade. Com eletrodos de tal tamanho, a alta razão de área de superfície para o volume faz com que o óxido da superfície se torne uma variável mais importante no controle da qualidade da solda.

AVALIAÇÃO ÓXIDA – TESTE DE CHAMA

O Segundo teste utilizado para avaliar a limpeza do eletrodo é um teste de fusão feito com uma chama. Comprimentos curtos dos eletrodos são levemente aquecidos em uma chama oxiacetilênica fortemente redutora. Uma parte fundida de 1 a 2 polegadas de comprimento é então examinada. Tais partes fundidas podem ter uma faixa de superfície que indica variações leves na espessura do óxido sobre o eletrodo e freqüentemente dá a este uma aparência mosqueada na bobina. Uma formação leve dessa faixa sobre o eletrodo não significa que o mesmo é de baixa qualidade e que, portanto, não produzirá boa solda.

Entretanto, uma camada espessa de óxido aumenta a probabilidade de retenção de umidade ou de outra matéria estranha que possa produzir porosidade. As partes "pendentes" dos eletrodos no teste com chama, com camadas espessas de óxido são mostradas. Tais camadas aparecem relativamente mais espessas do que as normais da produção de um bom eletrodo. Leve formação de bolhas é evidência de uma fina camada de óxido.

TESTE DE PRESSÃO DE CAMBIADORES DE CALOR

A pressão de teste hidrostático à temperatura ambiente deverá ser 1,5 vezes a pressão de projeto corrigida para a temperatura, isto é necessário a fim de verificação da resistência mecânica das juntas soldadas da mandrilagem dos tubos e a estanqueidade dos dispositivos de vedação, isto é

$$Pt = 1{,}5\ Pproj. \times \frac{Sa}{S}$$

Pt - pressão de teste hidrostático
Pproj. - Pressão de projeto
Sa - Tensão admissível à temperatura de teste
S - Tensão admissível à temperatura de projeto

Quando não for possível o teste com água, poderá ser feito o teste pneumático, devendo a pressão de teste ser elevada gradualmente até a metade da pressão de teste pneumático e a partir daí, aumentada em etapas de 1/10 da pressão de teste, atingida assim as condições de teste.

No teste do casco poderão, em geral, ser localizados os seguintes vazamentos.

- mandrilagem dos tubos — tubos
- junta entre casco e espelho fixo
- casco e suas conexões.

O teste do feixe permite, geralmente, localizar vazamentos nos seguintes pontos.

- Junta da tampa do carretel
- Junta entre carretel e espelho fixo
- Junta da tampa flutuante
- Carretel, sua tampa e conexões
- Tampa flutuante
- Soldas

CAPÍTULO VIII

VASOS, TANQUES E TROCADORES DE CALOR

TROCADORES DE CALOR

O trocador de calor é um equipamento que efetua a transferência de calor de um fluido para outro o tipo mais simples de trocador de calor consta de um recipiente em que um fluido quente e outro frio são misturados diretamente.

Aquecedores de água de alimentação abertos, desuperaquecedores e condensadores de jato, são exemplos de equipamentos de transferência de calor que empregam a mistura direta de fluidos. Os mais comuns, entretanto, de calor em que um fluido se encontra separado do outro por meio de uma parede, através da qual o calor se escoa. Estes tipos de trocadores de calor são chamados recuperadores. Há muitas formas de tais equipamentos, variando do simples tubo dentro do outro com alguns pés quadrados de superfície para troca de calor até os e evaporadores de superfície de troca de calor de alguns milhares de metros quadrados de superfície.

Entre estes extremos existe um vasto conjunto de trocadores de calor comuns tubulares.

Essas unidades são largamente usadas, devido à possibilidade de serem construídas com grandes superfícies de transferências de calor em um volume relativamente pequeno, além de possibilitar a fabricação com ligas metálicas resistentes a corrosão e são apropriamente para o aquecimento, resfriamento, evaporação ou condensação de qualquer fluido.

Para atingir a máxima economia, a maioria das indústrias adota linhas padrões de trocadores de calor, no entretanto, o especialista em trocadores de calor, unidade de energia e métodos de instalações é solicitado freqüentemente para selecionar a unidade de troca de calor adequada a uma aplicação particular.

A seleção requer uma análise térmica para determinar se uma unidade padrão de tamanho especificado pode preencher os requisitos de aquecimento e resfriamento de um dado fluido, com uma razão específica. Neste tipo de análise o custo inicial deve ser ponderado contra alguns fatores, tais como: a vida do equipamento, facilidade de limpeza e espaço necessário. Importante também que os requisitos de segurança ASME sejam preenchidos com este propósito, os padrões da "Associação de Fabricantes de Trocadores Tubulares" (TEMA) devem ser consultados.

TIPOS BÁSICOS DE TROCADORES DE CALOR

O tipo mais simples de trocador tubular é mostrado na Fig. 1, pág. 3. Ele consta de um tubo posicionado concentricamente a outro tubo que forma carcaça de tal arranjo. Um dos fluidos escoa dentro do tubo interno e o outro através do espaço anular entre os dois tubos. Uma vez que ambas as correntes fluidas atravessas o trocador de calor, apenas uma vez chamamos tal arranjo de trocadores de calor de passo simples. Se ambos os fluidos escoam na mesma direção, o trocador é chamado do tipo de correntes paralelas. Se os fluidos se movem em direções opostas o trocador é do tipo de correntes opostas. A diferença de temperatura entre o fluido quente e o frio, em geral varia ao longo do tubo e a razão de transferência de calor variará de seção para seção.

Para aumentar a área da superfície de troca de calor por unidade de volume, a maioria dos trocadores de calor comerciais apresenta mais de um passe através dos tubos, e o fluido que escoa por fora dos tubos e guiado em zigue-zague, por meio de defletores. A Fig. 2, pág. 2, mostra a seção transversal de um trocador com chicana tipo disco e anel.

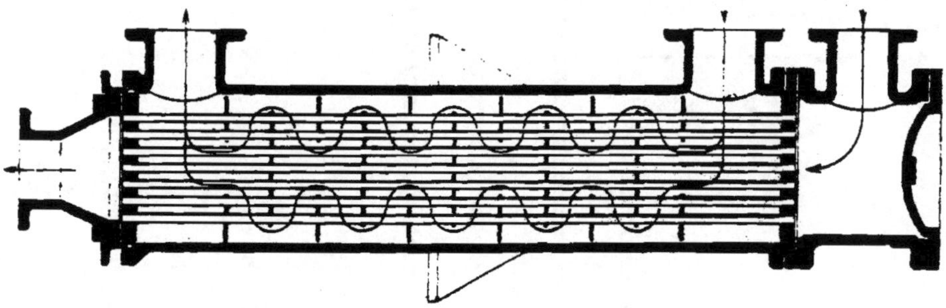

Fig. 2

Trocador de Calor com Chicana Tipo Disco e Anel

O trocador ilustrado na Figura 2, tem as placas de tubos, fixos em cada extremidade e aqueles são soldados ou expandidos nas placas. Esse tipo de construção tem o menor custo inicial, mas pode ser usado somente para pequena diferenças de temperatura entre o fluido quente e o frio porque, nenhum movimento e feito para evitar as tensões térmicas devido à expansão diferencial entre os tubos e a carcaça. Outra desvantagem consiste na não remoção do feixe de tubos e a carcaça. Estes inconvenientes podem ser contornados pela modificação do projeto básico conforme mostra a Fig. 3, trocador de calor com tubo em "U" com chicanas em segmentos e também como mostra a Fig. 4, que aparece um trocador de calor de carcaça e tubo com cabeça flutuante.

Neste arranjo uma placa de tubos é fixa mas a outra é aparafusada a uma tampa flutuante que permite o movimento relativo entre o feixe de tubos e a carcaça. A placa de tubos flutuantes é fixada entre a cabeça flutuante a um flange de tal forma que seja possível a remoção do feixe para limpeza.

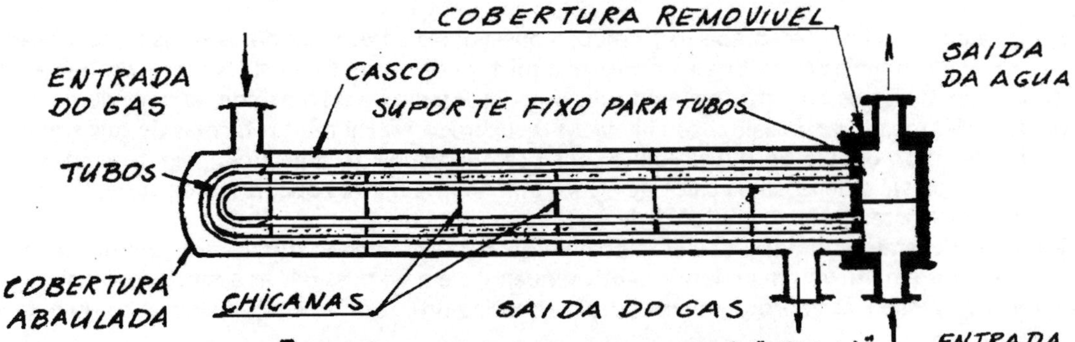

FIG 3 TROCADOR DE CALOR COM TUBO EM U" CHICANAS EM SEGMENTOS

1 CASCO
2 CARRETEL

1. Casco
2. Carretel
3. Tampa do casco
4. Tampa do carretel
5. Tampa flutuante
6. Anel bipartida
7. Tubos
8. Espelho fixo
9. Espelho flutuante

FLUTUANTE

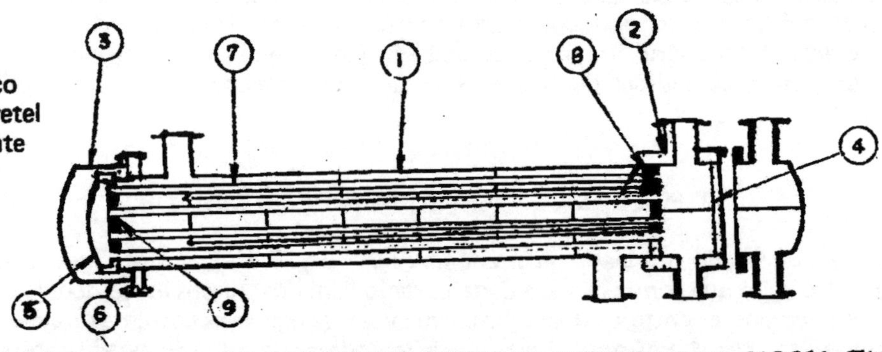

FIG. 4 TROCADOR DE CALOR DE CARCAÇA E TUBO COM CABEÇA FLUTUANTE

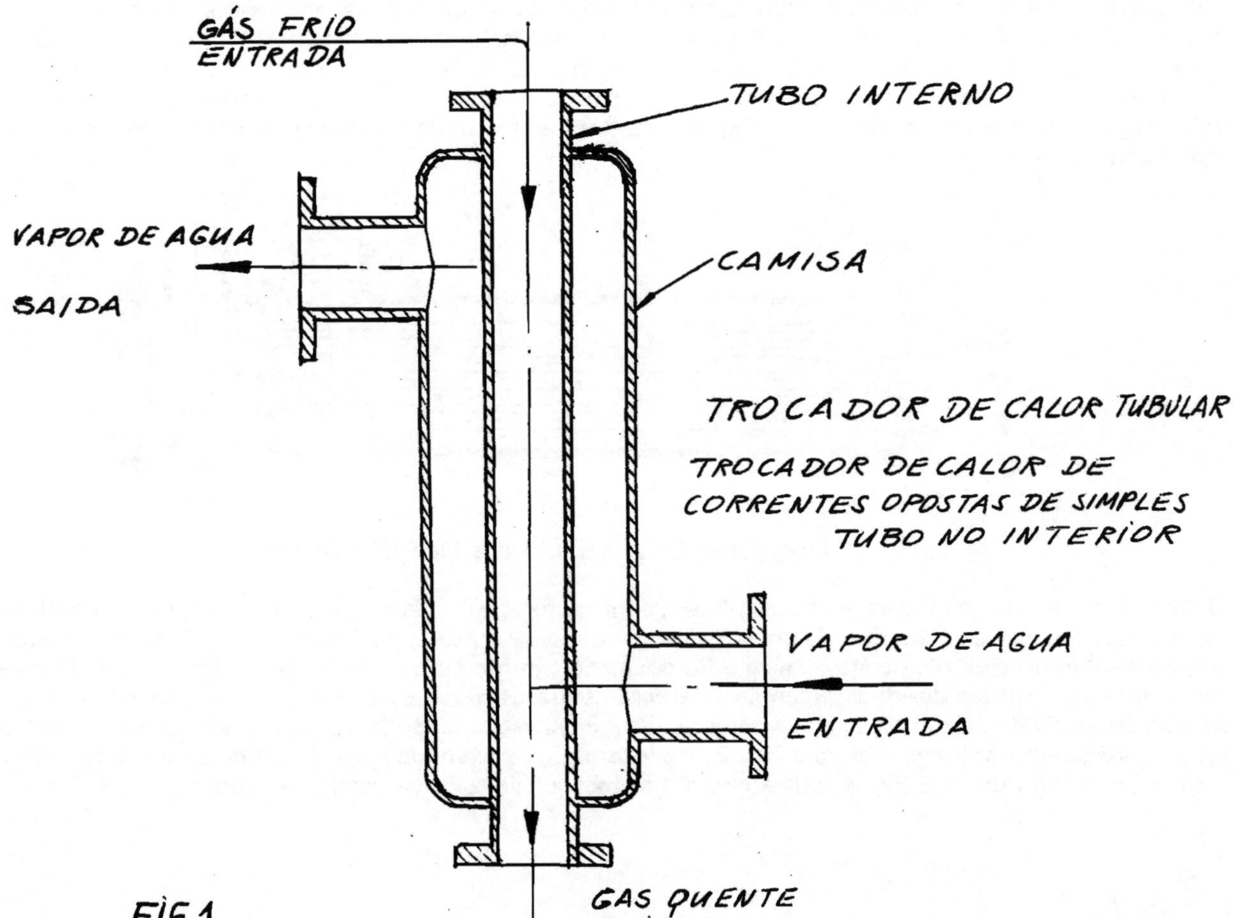

FIG 1

TROCADORES DE CALOR

1. INTRODUÇÃO

O trocador de calor é um equipamento onde dois fluidos com temperaturas diferentes, trocam calor através de uma interface metálica. Nos processamentos de uma indústria, o trocador de calor é emŕegado não só para economizar calor, mas também para atender as necessidades do processo.

De acordo com o fim a que se destina, podemos fazer uma classificação geral para este tipo de equipamento:

A) AQUECIMENTO

A.1. Aquecedor (Heater)

Quando aquece fluido do processo por meio de vapor de água ou outro meio qualquer.

A.2. Refervedor (Reboiler)

Quando vaporiza um líquido por meio de vapor de água ou outro fluido quente. São utilizados para prover calor a torres de destilação, vaporizando parte do produto do fundo no caso de processamento de uma refinaria de petróleo.

A.3. Gerador de Vapor (Steam Generator)

Quando gera vapor de água aproveitando calor de um líquido quente proveniente de um processo.

B) RESFRIAMENTO

B.1. Resfriador (Cooler)

Quando resfria fluidos de um processo usando água como meio de resfriamento.

B.2. Condensador (Condenser)

Quando condensa um fluido usando água como fluido refrigerante.

B.3. Caixa Resfriadora (Cooler Box)

Quando resfria líquido de processo, passando numa serpentina disposta dentro de um reservatório de água.

C) INTERCAMBIADORES (EXCHANGER)

Quando há troca de calor entre dois fluidos do processo. Executa uma dupla função: aquece um fluido usando outro fluido mais quente que se resfria. Não há perda de calor transferido.

D) ESPECIAIS

Estão incluídos nestes tipos dos demais trocadores como refrigeradores, pré-aquecedores de ar, etc.

2. DESCRIÇÃO GERAL

TROCADOR DE ESPELHOS FIXOS

A Figura 5, pág. 6 mostra um exemplo do trocador de espelhos fixos. As partes essenciais são:
Casco: que é a parte externa central do permutador.
Carretéis e tampas dos carretéis: que são as partes externas extremas do permutador.
Feixe tubular: consitutído dos espelhos que mantêm os tubos na posição desejada. Neste tipo de trocador os espelhos são soldados ao casco servindo também como flanges aos quais os carretéis são parafusados;
Chicanas: que orientam o fluxo do casco, mantendo ainda os tubos na posição desejada evitando que sofram esforços de flexão.
Espaçadores: que mantém o conjunto de chicanas em posição.

Suponhamos um fluido quente pelo lado dos tubos e um fluido frio passando pelo lado do casco Fig. 6. O fluido quente entra através de um carretel, passa pelos tubos saindo do trocador pelo outro carretel. O fluido frio entra pelo bocal inferior do casco, percorre o caminho determinado pelas chicanas saindo do trocador de calor pelo superior.

O fluido quente percorrendo os tubos cede calor, através da interface metálica, ao fluido frio que percorre o casco.

Sendo T_1 - temperatura de entrada do fluido quente.
T_2 - temperatura de saída do fluido quente.
t_1 - temperatura de entrada do fluido frio.
t_2 - temperatura de saída do fluido frio.

Teremos $T_1 > T_2$ e $t_1 < {}^{+}{}_2$ em virtude do processo de troca de calor sensível entre os fluidos ocorrido dentro do trocador.

A função das chicanas é acarretar turbulência no fluido que percorre o lado do casco, Fig. 7. Este estado de turbulência resulta em maior eficiência na troca de calor.

Quando os dois fluidos percorrem o cambiador na mesma direção diz-se que estão em paralelo, quando em direções opostas, como o apresentado na Fig. 6, diz-se que estão em contra-corrente, sendo este o fluxo normalmente utilizado. A Fig. 8 mostra os perfis de temperatura de dois fluidos em paralelo e em contra-corrente ao longo do cambiador no fluxo em contra-corrente a temperatura do fluido frio pode ultrapassar a menor temperatura do fluido quente, o que não pode ocorrer no fluxo em paralelo.

O cambiador da Fig. 6 é de uma passagem no casco, já que o fluido frio percorre o mesmo uma só vez. Este tipo de casco também os de duas passagens no casco, os de fluxos divididos por defletores e os demais tipos da Fig. 9 evidentemente cada um deles tem sua aplicação.

1. Casco
2. Carretel
3. Tampa do carretel
4 - Espelho
5 - Chicanas
6 - Espaçador
7 - Tubos

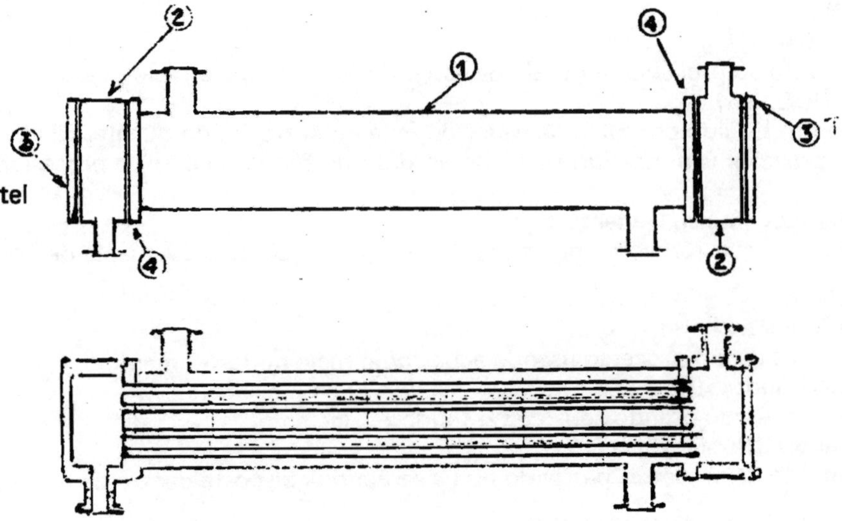

FIGFig. 5 Permutador de Espelhos Fixos

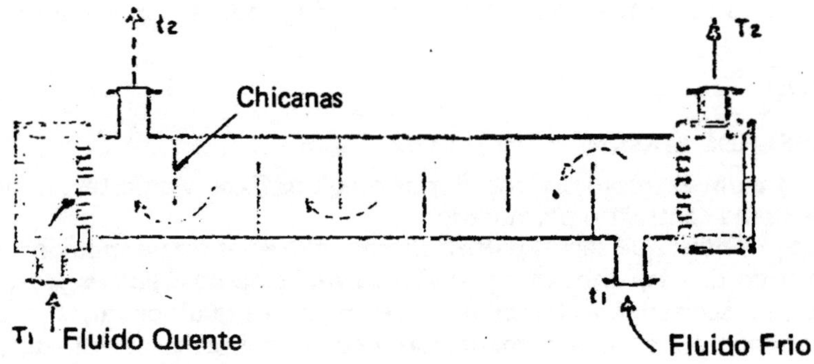

Fig. 6 – Fluxos no Casco e no Feixe

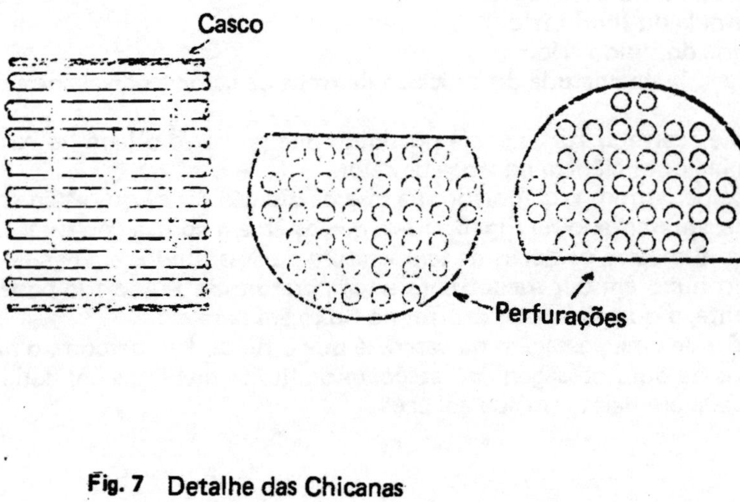

Fig. 7 Detalhe das Chicanas

De maneira análoga o permutador apresenta uma passagem nos tubos, pois estes se constituem em uma única seção de passagem. É comum cambiadores que apresentam várias passagens nos tubos, possuindo então divisões nos carretéis que encaminham o fluido dentro dos tubos, formando os passes.

A Fig. 10 mostra os arranjos dos divisores de passes para diversos números de passagens, número crescente de passes, tanto nos tubos como no casco, determinam uma velocidade maior dos fluidos o que favorece a troca térmica.

Nos trocadores de espelhos fixos, o lado externo dos tubos é inacessível à limpeza mecânica e inspeção, sendo utilizados apenas quando o fluido do lado do casco é limpo e não há problemas de corrosão.

Outro exemplo de trocador de espelho fixos é o da Fig. 11, em que o feixe tubular é embutido e os carretéis são integrais ao casco.

2.2. TROCADOR DE TAMPA FLUTUANTE

Este trocador apresentando na Fig. 4 é de feixe removível. De um lado, o feixe tem o espelho fixo parafusado entre os flanges do carretel e do casco. Do outro lado, o espelho flutuante é fixado entre a tampa flutuante (que caracteriza o trocador) e o anel bipartido. O casco é fechado por meio da tampa do casco.

A remoção do carretel, tampa do casco e a tampa flutuante permite a retirada do feixe pelo lado do espelho estacionário.

Este tipo de permutador permite limpeza mecânica e inspeção do lado externo dos tubos já que o feixe pode ser removido, bem como não apresenta dificuldades decorrentes de dilatações diferenciais entre o feixe tubular e o casco.

2.3. PERMUTADOR DE TUBOS EM "U"

O trocador com tubos em "U" da Fig. 3 possui um feixe constituído de tubos curvados em forma de "U" e mandrilados ao espelho. Os tubos podem expandir-se livremente, eliminando-se neste tipo de permutador a necessidade de espelho flutuante, tampa flutuante, um dos flanges do casco e a tampa do casco. O menor raio de curvatura sem deformar o diâmetro externo dos tubos determina a omissão de alguns tubos no centro do feixe. Neste tipo de trocador o feixe de tubos pode ser removido do casco para limpeza e inspeção da área externa dos tubos. O fluido que escoa no lado dos tubos deve ser limpo, para evitar sujamento excessivo dos mesmos. As figuras 12 e 13 mostram a nomenclatura padronizada pelas normas técnicas da Petrobrás.

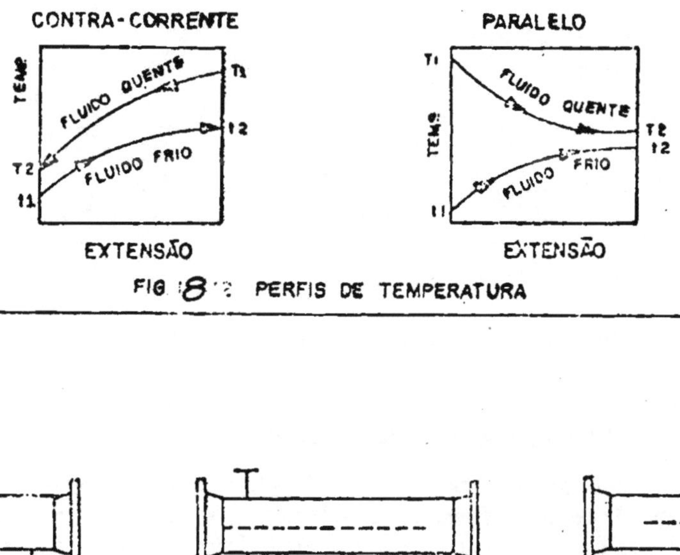

FIG. 8 PERFIS DE TEMPERATURA

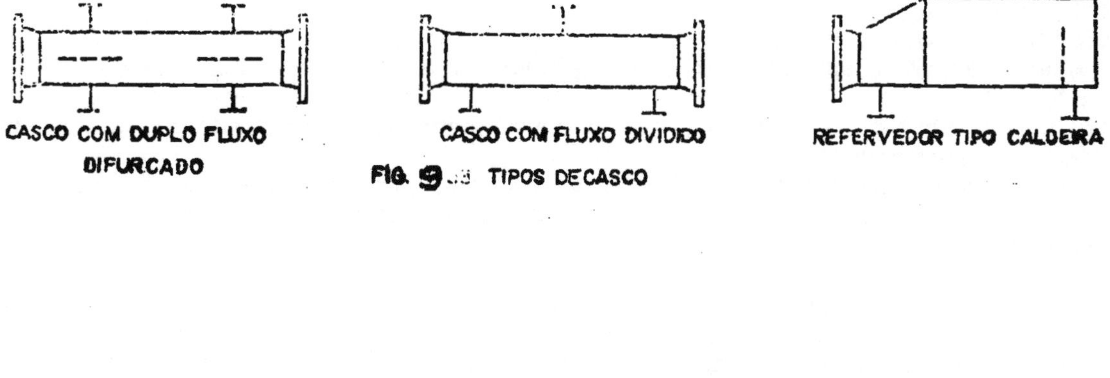

FIG. 9 TIPOS DE CASCO

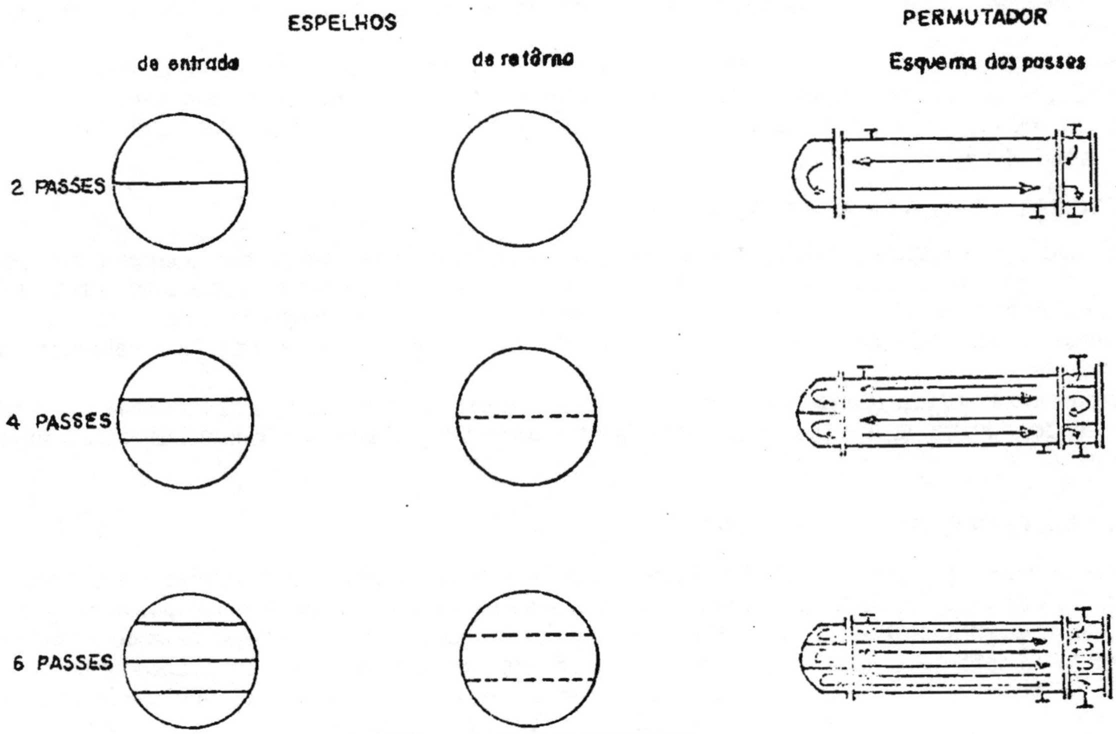

FIG.10. DIVISORES DE PASSES

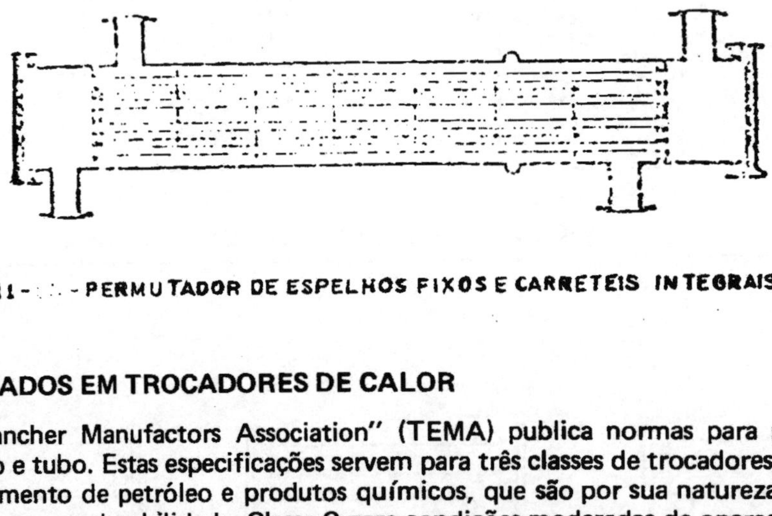

FIG. 11 - - PERMUTADOR DE ESPELHOS FIXOS E CARRETEIS INTEGRAIS

3. MATERIAIS USADOS EM TROCADORES DE CALOR

A "Tubular Exchancher Manufactors Association" (TEMA) publica normas para projeto e construção de trocadores de casco e tubo. Estas especificações servem para três classes de trocadores: classe R para condições severas de processamento de petróleo e produtos químicos, que são por sua natureza serviços rigorosos, onde se deseja obter segurança e durabilidade, Classe C para condições moderadas de operação, tendo em vista a máxima economia e o mínimo tamanho, condizente com as necessidades de serviço; classe A para condições severas de temperatura e fluidos altamente corrosivos.

Os materiais especificados para tubos e cascos são:

a) Tubos
Os tubos podem ser lisos ou aletados.
Os tubos lisos são mais comumente encontrados na indústria, sendo padronizados em 4 diâmetros (3/4", 1", 1.1/4" e 1.1/2").
Os tubos aletados aumentam a troca de calor devido ao aumento da área externa de troca acarretando, porém, maior perda de pressão do lado do casco.
Os materiais utilizados obedecem às especificações mínimas para uma determinada aplicação: aço carbono normalmente utilizado para meios não agressivos, aços ligas, latões, bronzes, ligas de alumínio e duplex, utilizados em diversos meios corrosivos.
b) Casco
Pode ser construído a partir de tubos até 24" de diâmetro nominal ou de chapas calandradas e soldadas a partir de 13" de diâmetro. São fabricados normalmente em aço carbono sendo também fabricados em aços ligas e ligas de alumínio quando de tubo, em aços liga, ligas de níquel e ligas de cobre quando de chapa.

4. ESCOLHA DO FLUIDO

O trocador já está construído para receber determinados líquidos nos tubos e no casco. Não há regras fixas que estabeleçam qual tipo de fluido deve passar pelos tubos.

a) Fluido mais sujo – porque é mais fácil remover a sujeira dos tubos que do casco.

b) Fluido mais corrosivo, pois, além de ser mais econômico, usar tubos resistentes à corrosão do que o casco com a mesma propriedade, é mais fácil substituir tubos furados que o casco.

c) Fluido com maior pressão, porque o casco tem menor resistência em virtude do seu maior diâmetro.

d) O fluido menos viscoso, a menos que a perda de pressão deva ser muito baixa.

e) Água de refrigeração por facilidade de limpeza.

f) O fluido de menor vazão volumétrica, em vista do casco oferecer mais espaço.

Entre líquidos de propriedades semelhantes, deve passar pelos tubos aquele de maior pressão, maior temperatùra e o mais corrosivo.

5. INSTRUMENTAÇÃO DO TROCADOR DE CALOR

A instrumentação varia com a finalidade do trocador no processo. Assim, instrumentos medidos de temperatura, vazão e pressão podem ser encontrados nas tubulações de entrada ou saída de um trocador, tudo dependendo das necessidades de controle do processo.

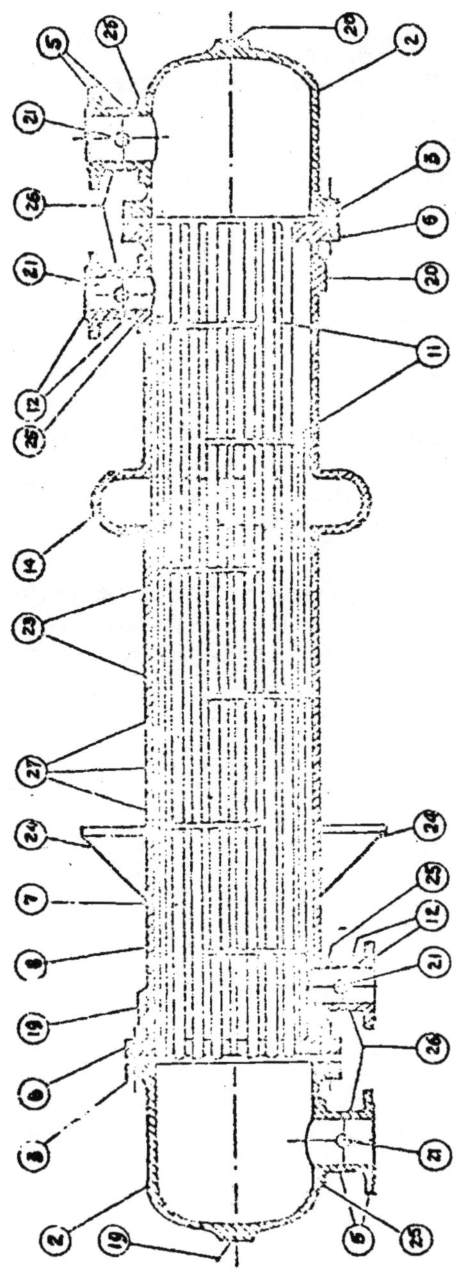

FIG. 13

COMPONENTES — Os números que se seguem correspondem aos números colocados dentro de círculos, nas figuras 12 e 13.

1. Carretel (channel)
2. Tampo do casco com bocal (bonnet)
3. Flange da cabeça fixa (stationary head flange)
4. Tampa do carretel (channel cover)
5. Bocal da cabeça fixa (stationary head nozzle)
6. Espelho fixo (stationary tubesheet)
7. Tubo (tube)
8. Casco (shell)
9. Tampa do casco (shell cover)
10. Flange do casco (shell flange)
11. Tirante (tie rod)
12. Bocal do casco (shell nozzle)
13. Flange da tampa do casco (shell cover flange)
14. Junta de expansão (expansion joint)
15. Espelho flutuante (floating tubesheet)
16. Tampa da cabeça flutuante (floating head cover)
17. Flange da cabeça flutuante (floating head flange)
18. Anel bipartido da cabeça flutuante (floating head backing device)
19. Conexão para suspiro (vent connection)
20. Conexão para dreno (drain connection)
21. Conexão para instrumento (instrument connection)
22. Berço de apoio (support saddle)
23. Alça para suspensão (lifting lug)
24. Suporte de apoio (support bracket)
25. Colarinho de reforço
26. Pescoço do bocal
27. Espaçador (spacer)
28. Chicana transversal (transverse baffle)
29. Quebra-jato (impingement baffle)
30. Chicana longitudinal (longitudinal baffle)
31. Defletor (pass partition)

Nomenclatura técnicas (Inglês-português):

Shell - casco, costa do corpo; Top hend - tampo superior; Botton hend - tampo inferior e fundo; lining - revestimento; Nozzles - bocais; Necks - pescoços; Man hole - boca de visita; Schedule - escala, parede de tubulações; Flanges - flanges; Blind flange - Flange cego; Baffles - chicanas; Nuts - porcas; Studs - estojo; Hing - dobradiça; Leg - pernas; Lug - orelhas.

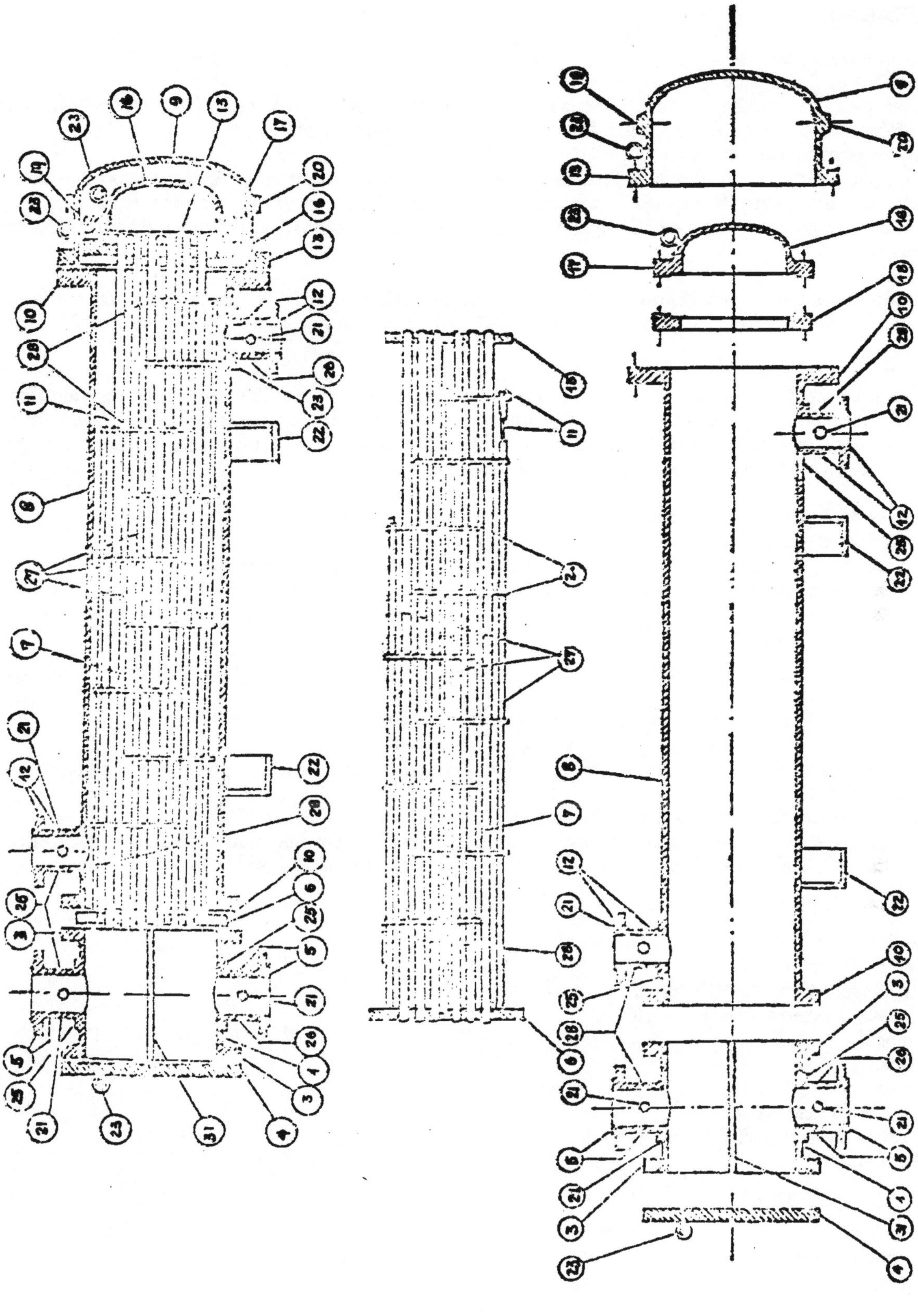

FIG. 12

6. OPERAÇÃO

6.1. Normas de Operação

a) Condições de Segurança

A temperatura e a pressão limites, nas quais devem trabalhar os tubos e o casco, estão especificados na chapinha do fabricante pregada no trocador. Elas não devem ser ultrapassadas.

b) Aquecimento e resfriamento

Tanto na partida como na parada, os trocadores de calor devem ser aquecidos ou resfriados lentamente. Isto é particularmente importante quando as temperaturas de operação são elevadas. A rápida entrada de um líquido à alta temperatura pode provocar desigualdades de expansão nos tubos, causando vazamentos nos mesmos e deformação do feixe.

c) partida e parada

Na partida entra primeiro o fluido mais frio. Se o fluido mais frio está ligeiramente quente, então deixa-se o mesmo entrar lentamente. Quanto mais quente o fluido, mais lenta deve ser a sua penetração no trocador de calor.

d) suprimento de água

Falha no subrimento de água para um resfriador pode trazer sérias conseqüências. Quando o fluido a resfriar é muito quente, a interrupção da água provoca um grande aquecimento do equipamento. Se a água volta a circular, haverá um resfriamento brusco do trocador. Esta mudança rápida de temperatura afrouxa parafusos e abre as juntas, por isso é necessário um fluxo contínuo de água.

6.2. Causas de Perda de Eficiência

a) O trocador está sujo e não há eficiente troca de calor

b) A tubulação que se liga ao trocador não dá a vazão para qual o aparelho foi projetado.

c) As condições de operação diferem daquelas para as quais o trocador de calor foi projetado.

PRESSÃO DE PROJETO

Em trocadores de calor há sempre a necessidade de definir-se as condições de projeto para o lado do casco e para o lado dos tubos.

A pressão de projeto para cada um desses lados é tomada como:

a) pressão de projeto de vasos ou torres conectadas ao aparelho.

b) máxima pressão de descarga da bomba (alternativa ou centrífuga) ligada ao permutador, quando não há válvula de segurança.

c) pressão máxima de operação mais 10% ou mais 20 psig (usar a maior das duas).

Sempre que possível, deve-se procurar enquadrar estas pressões num dos seguintes valores padronizados pelo TEMA: 75, 150, 300, 400 e 600 PSI (Tubular Exchanger Manufacturers Associations).

PONTOS A VERIFICAR

1 - Casco

1.1. Casco cilíndrico
1.1.1. pressão interna ASME UG-27
1.1.2. pressão externa ASME UG-28
1.2. Flanges
1.3. Bocais
1.3.1. pescoço
1.3.2. reforços necessários
1.3.3. tomadas de pressão e temperatura
1.4. Apoios

2. Tampo do Casco

2.1. Boleado
2.2. Anel cilíndrico
2.3. Flange

3. Carretel

3.1. Casco cilíndrico
3.2. Flange
3.3. Bocais
3.4. Tampo

4. Feixe Tubular

4.1. Tubos
4.2. Espelho estacionário
4.3. Espelho flutuante
4.4. Chicanas

4.5. Espaçadores
4.6. Tirantes
4.7. Quebrajato
4.8. Tampo flutuante
4.8.1. boleado
4.8.2. flange
4.9. Anel bipartido

TIPOS DE FLANGES

O código ASME mostra três tipos de flanges: livre (loose type), integral (integral type) e opcional (optional type).
Destes, o mais comum é o integral e o cálculo dos outros dois tipos é feito da mesma forma, simplificano-se em alguns pontos e, por isto, daremos a seguir o roteiro para o cálculo de um flange integral.
A fugura abaixo é uma secção de um destes flanges feita por um plano que paase pelo eixo longitudinal do flange.

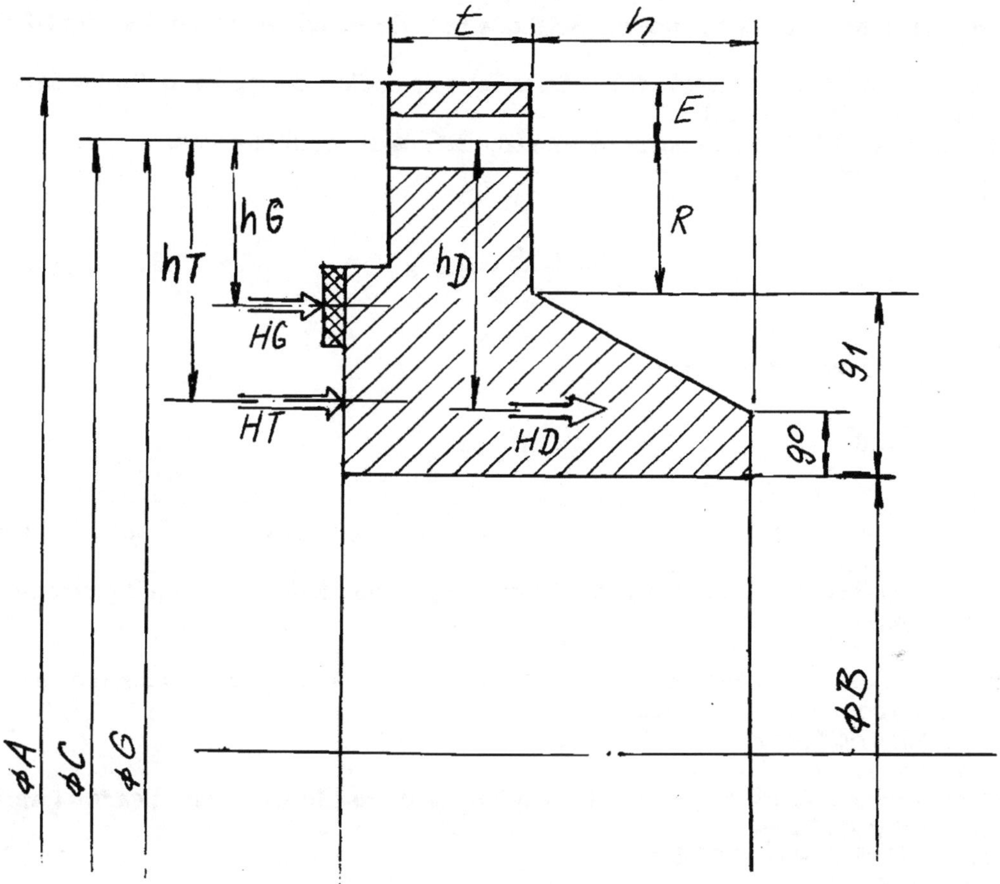

Tensões atuantes no flange integral

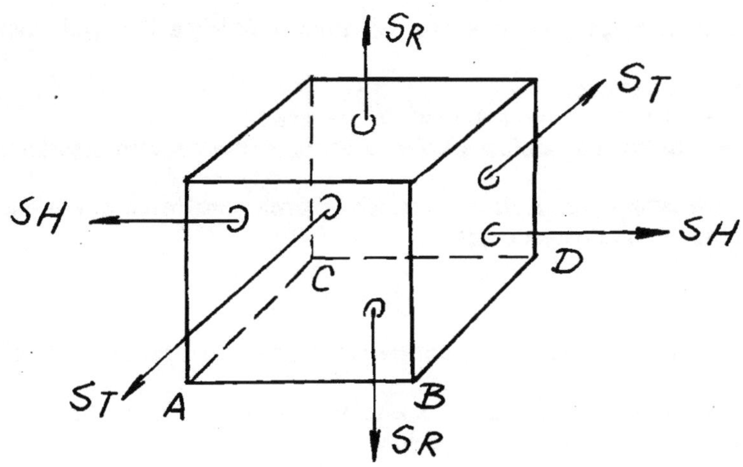

Na figura anterior é representado um elemento do flange (da interseção do pescoço do flange com o anel do flange), tal que a aresta AB é paralela ao eixo longitudinal do flange, A aresta BC é perpendicular a AB e está contida no plano do desenho e a aresta BD é perpendicular a AB e é também perpendicular ao plano do desenho. Nesse elemento atuam as três tensões ali representadas e que são:

SH = tensão longitudinal no pescoço do flange.

SR = Tensão radial no flange

ST = Tensão tangencial no flange

Todo o trabalho de verificação do projeto do flange reside na determinação destas três tensões, que determinaremos logo a seguir e compará-las com as tensões admissíveis.

TENSÕES ADMISSÍVEIS

Para cada material exitem tabelas no código ASME que nos dão os valores de tensões admissíveis, Sf em função da temperatura.

No caso de flanges fundidos, esta tensão tirada das tabelas do código, deverá ser multiplicada por um fator de qualidade nunca inferior a 0,8 (G-24).

Visto isto, comparamos SH, SR e ST com as tensões admissíveis da seguinte forma:

$SH \leqslant Sf$ (flanges de ferro fundido)

$SH \leqslant 1{,}5\,Sf$

$SR \leqslant Sf$

$ST \leqslant Sf$

$$\frac{SH + SR}{2} \leqslant Sf \qquad \frac{SH + ST}{2} \leqslant Sf$$

Tensão longitudinal do pescoço do flange

$$SH = Mo \frac{7}{L \,.\, 91^2 \,.\, B}$$

Cálculo de Mo

Os esforços solicitantes de um flange são(Força de aperto dos parafusos, força de vedação da junta, força hidrostática.

São estas forças que originam o Mo (momento total no flange) que subdividimos em 3 momentos, tal que:

$Mo = MD + MT + MG$

Onde:

MD = Momento devido à força HD, sendo HD a força hidrostática atuando num círculo com diâmetro igual ao diâmetro interno do flange $HD = 0{,}785\ B^2 P$.

B — Diâmetro interno do flange

P — Pressão interna

MT = Momento devido à forma HT, sendo HT a diferença entre a força hidrostática total e a força hidrostática no círculo interno do flange.

$HT = H - HD = 0{,}785\ G^2 P - 0{,}785\ B^2 P$

G = Diâmetro médio da junta.

MG = Momento devido à força HG, sendo HG a diferença entre a carga do projeto do parafuso e a força hidrostática total.

$HG = W - H$

Para um dado flange, a única força que ainda não está bem definida é HG, pois depende da carga de projeto dos parafusos.

Definem-se duas cargas nos parafusos:

Wm^1 ^ carga nos parafusos nas condições máximas de operação.

Wm_2 = carga gerada pelo aperto dos parafusos à temperatura ambiente, sem pressão interna.

Ou seja:

Wm_1 = soma de força necessária para resistir a pressão interna com força que a experiência demonstrou ser necessário para manter a junta estanque.

$Wm_1 = H + Hp$

$H = 0{,}785\ G^2 P$

$Hp = 3{,}14\ G\ 2b\ mP$

b = largura efetiva de assentamento da junta; obtida em função do tipo de junta e da sua largura básica bo.

m = fator de junta

Wm_2 = força que deve ser exercida pelos parafusos sobre a junta no momento da montagem, para que com o escoamento da junta consiga-se a estanqueidade da mesma.

$Wm_2 = 3{,}14\ G \,.\, b \,.\, y$

y = fator de escoamento da junta.

Conhecidos Wm_1 e Wm_2 determina-se a área necessária de parafusos para as duas condições (operação e aperto inicial) e usa-se a maior.

Em projetos à baixa pressão, Wm_1 pode ser menor que Wm_2, prevalece Wm_2; em projeto à alta pressão Wm_1 será maior que Wm_2 e prevalece Wm_1, mas, neste caso, deve-se tomar precauções para evitar um esmagamento da junta pelo aperto inicial.

Tem-se, então $Am_1 = \frac{Wm_1}{Sb}$ $\quad Am_2 = \frac{Wm_2}{Sa}$

Onde Am_1 e Am_2 são as áreas mínimas necessárias de parafusos, nas condições de operação e de aperto inicial, respectivamente e Sb e Sa são as tensões admissíveis do material do parafuso na temperatura de operação e na temperatura ambiente, respectivamente.

Evidente, a área mínima necessária (Am) será a maior das duas calculadas e a adotada área realmente (Ab) será maior que (Am).

Escolha-se a área (Ab) a partir da área Am calculada, obedecendo-se às seguintes restrições:

– Diâmetro mínimo permitido.
– Número de parafusos múltiplo de 4
– Espaçamento mínimo dos parafusos
– Espaçamento máximo dos parafusos.

Diâmetro Mínimo Permissível

Segundo o tema R-10.1 é de 3/4"; $\emptyset \leqslant 1''$ serão NC e $\emptyset > 1''$ serão de 8 fios por polegada.

Número de Parafusos Múltiplo de 4

Isto é necessário, uma vez que é convencionado internacionalmente, que ao montar qualquer flange os fixos horizontais e verticais passem no intervalo de 2 furos de parafusos.

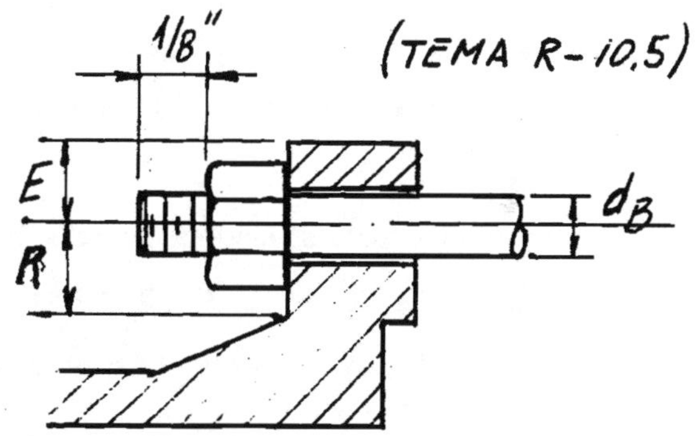

Espaçamento Mínimo

Se juntarmos demais dois parafusos, acabará sendo impossível a aplicação de uma chave. A tabela R-10.3 do tema dá estas medidas mínimas.

B - distância entre 2 parafusos.

TABELA R-10.3 (MEDIDAS EM POLEGADAS)								
dB	R	E	Bmín.		d_B	R	E	Bmín.
3/4	1.1/8	13/16	1.3/4		1.1/2	2	1.1/2	3.1/4
7/8	1.1/4	15/16	2.1/16		1.5/8"	1.5/8	1.5/8	3.1/2
1	1.3/8	1.1/16	2.1/4		1.3/4	2.1/4	1.3/4	3.3/4
1.1/8	1.1/2	1.1/8	2.1/2		1.7/8	2.3/8	1.7/8	4
1.1/4	1.3/4	1.1/4	2.13/16		2	2.1/2	2	4.1/4
1.3/8	1.7/8	1.3/8	3.1/16					

Espaçamento Máximo entre Dois Parafusos

Se afastarmos demais dois parafusos, o aperto da junta neste intervalo poderá não ser satisfatório. Este espaçamento máximo (Bmáx) é dado pela fórmula do tema R-10.22

$$Bmáx = 2d_B + \frac{6t}{(m + 0{,}5)}$$

Sendo:

B = espaçamento dos parafusos
d_B = diâmetro nominal dos parafusos
t = espessura do flange
m = fator de junta

Se por algum motivo for preciso usar um espaçamento maior que o indicado por esta fórmula, o tema R-10.4, recomenda que, no cálculo do flange, o momento Mo seja multiplicado por (B/Bmáx) 1/2

Ao determinar a área Ab, ou seja, o número de parafusos e o diâmetro nominal de cada parafuso, pode-se em

projetos fazer uma tentativa inicial de usar 1 parafuso por cada polegada de diâmetro interno do flange e, em seguida verificar estas restrições.
Voltemos à determinação da força HG
$HG = W - H = W - 0{,}785\ G^2 P$
Toma-se então o maior dos dois valores abaixo.

$W = Wml$ ou $W = \left(\frac{Am + Ab}{2}\right) \times Sa$

e determina-se a força Hg.
Observe-se que a segunda fórmula dá uma certa segurança contra um aperto do parafuso além do estritamente necessário, se quisermos aumentar esta segurança prevendo um aperto do parafuso até a sua máxima capacidade, usaríamos, para a segunda fórmula:
$W = Ab \times Sa$

DETERMINAÇÃO DOS BRAÇOS DE ALAVANCA

h_D, h_T e h_G são os braços de alavanca das forças.
H_D, H_T e H_G em relação à linha de centro dos parafusos.
H_D é considerada como atuando a uma distância g1/2 da face interna do flange, que dá:

$$h_D = \frac{C - B}{2} - \frac{g1}{2} = R + \frac{g1}{2}$$

H_G é considerada como atuando na linha média da face de contato da junta, que dá:

$$h_G = \frac{C - G}{2}$$

H_T é considerada como atuando à meia distância entre G e B, o que dá:

$$h_T = \frac{C}{2} - \frac{G + B}{2} = \frac{R + g1 + h\,G}{2}$$

Conhecidos, então, os valores das três forças e dos respectivos braços de alavanca, temos já determinado o Mo.
Voltando à determinação do S_H

$$S_H = Mo \quad \frac{f}{L\, g1^2\, B}$$

f = fator adimensional de correção da tensão no pescoço do flange; entra-se com g1/go (ver significado no desenho do flange), vai-se até a linha de h/ho correspondente e tira-se o f.
h = comprimento do pescoço $ho = \sqrt{Bgo}$
L = fator adimensional

$$L = \frac{t\,.\,e + L}{T} + \frac{t^3}{d}$$

t = espessura do flange

$$e = \frac{F}{ho}$$

F = valor
T = fator adimensional (entra-se com A/B = K)

$$d = \frac{U}{V} hogo^2$$

U = valor
V = valor
g_1 e B já definidos

Tensão radial no flange

$$SR = Mo\ \frac{(4/3\ t.\ e + 1)}{L\,.\,t^2\,.\,B}$$

Todos os termos já foram definidos.

Tensão tangencial no flange

$$ST = \frac{MO\,.\,Y}{t^2\,.\,B} - ZSR$$

Y e Z = Fatores admensionais

Temos já então calculadas as três tensões e, comparando com as admissíveis, saberemos se o flange passa ou não.

1.3 Bocais
ASME UG-37 e UG-38

1.4. Apoios
Quando os permutadores são horizontais, os apoios são do tipo sela; é comum ter-se associação de permutado res em série e, neste caso, é freqüente montar-se um aparelho sobre o outro, O debaixo tem um apoio em forma de quadro, de forma que, ao mesmo tempo em que apóia o aparelho debaixo sobre a fundação, serve de apoio para o aparelho de cima.

2. TAMPO DO CASCO

2.1. Boleado
É comum o emprego do tanque elítico 2:1; fórmula do ASME UG-32d.

2.2. Anel Cilíndrico
ASME UG-27

2.3. Flange
Como 1.2.

3. CARRETEL

3.1. Casco Cilíndrico
ASME UG-27
O tema R-8-12 diz que carretéis de permutadores multipasse deverão ter uma profundidade tal que a área transversal mínima de passagem do fluido dos tubos entre cada dois passes seja, no mínimo, igual 1,3 a área de passagem nos tubos, por passe. No entanto, ao construir-se o carretel, quase sempre esta profundidade fica bem maior que o mínimo recomendado pelo tema por questões práticas.

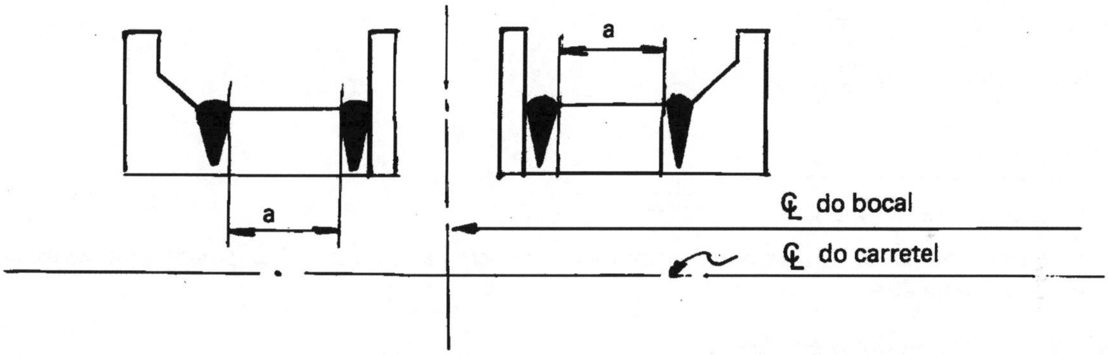

Usa-se a medida "a" como o maior dos dois valores 1/2" ou a espessura da chapa. No caso do bocal necessitar de reforço, esta medida "a" é a distância mínima entre a solda do cilindro com o flange à solda da chapa de reforço no cilindro.

3.2. Flanges
Como 1.2.

3.3. Bocais
ASmE UC-37 e UC-38

3.4. Tampo do Carretel
Espessura efetiva do tampo do carretel

Segundo o tema R 8-21 esta espessura é a que se mede no fundo da ranhura do divisor de passos (que normalmente 3/16" de profundidade) menos a sobre espessura para corrosão do lado dos tubos em excesso da pro fundidade da ranhura.

Segundo o API std 660, esta espessura é a que se mede no fundo da ranhura do divisor de passes, menos a sobre espessura para corrosão no lado dos tubos. Usaremos a definição do API 660, pois é a que dá maior segurança.

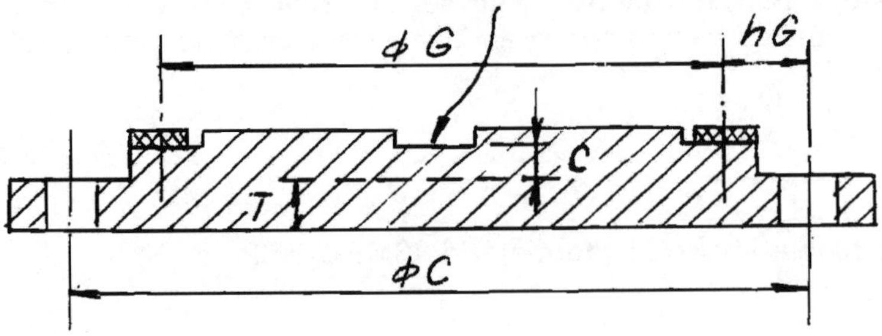

Cálculo da espessura efetiva

O código ASME e o TEMA dão fórmulas para o cálculo da espessura efetiva; verificaremos as duas e usaremos a que levar a maior espessura.

ASME UG 34-C-2

$$t = d \left(\frac{CP}{S} + 1{,}78\ Wh_G/Sd^3\right)^{1/2}$$

O tampo do carretel enquadra-se nos casos j e k da figura UG 34 do código, nestes casos, C = 0,3.
d = coincide com a definição do G para o cálculo dos flanges
t = espessura
P, S, W e h_G = definidos no cálculo de flanges
T = Espessura efetiva do flange.
Mudando a simbologia teremos:

$$T = G\sqrt{\frac{GP}{S} + 1{,}78\frac{W\,h_G}{S\,G^3}}$$

TEMA R-8-21

$$T = \sqrt{5{,}7\,P\left(\frac{G}{100}\right)^4 + 2\,h_G\ Ab\left(\frac{G}{100}\right)}$$

Quando se usar uma junta com fator de junta menor ou igual a 3, o valor T calculado pela fórmula do TEMA pode ser reduzido de 20%.

Observações sobre a Fórmula do TEMA:

Tampos de aço de alta liga e de não ferrosos ou de aço carbono operando acima de 650° F, o T calculado deve ser multiplicado por (25000000/E), onde E é o módulo de elasticidade do material na temperatuda de projeto.

Em tampos sem ranhuras para divisores de passe só há necessidade de se considerar a fórmula do código ASME

4. FEIXE TUBULAR

4.1. Tubos

4.1.1. Pressão interna ASME UG-27
4.1.2. Pressão externa figura UG-31 Código

4.2. Espelho Estacionário

Define-se a espessura efetiva do espelho da mesma forma que para o tampo do carretel, não esquecendo que agora, temos que descontar também a sobre espessura para corrosão do lado do casco. Verifica-se a espessura do espelho à flexão e à cizalhamento, usando-se o maior valor.

Tema R-7.122 – Flexão

$$T = \frac{FG}{2}\sqrt{\frac{P}{S}}$$

T = Espessura efetiva do aparelho
G = Diâmetro médio da junta
F = 1,0 em permutadores A e J, AJS
F = 1,25 em permutadores de tubos em U.

TEMA R-7.123 – Cizalhamento

$$T = \frac{0{,}31\ D_L}{\left(1 - \frac{do}{p}\right)} \left(\frac{P}{\ }\right)$$

T = espessura efetiva
do = diâmetro externo do tubo
p = passo
P = Pressão do projeto
S = Tensão admissível

$D_L = \frac{4A}{C}$ diâmetro equivalente da linha que passa pelos centros dos tubos mais externos

C = Comprimento da linha que passa pelo centro dos tubos mais externos do feixe conforme indicado na figura (TEMA R-7-123)
A = Área inclusa no perímetro C.
Observa-se que para a determinação de D_L precisa-se conhecer o lay-out dos tubos no espelho, quando não se dispor do mesmo, pode-se simplificar usando, em lugar de D_L a maior distância entre centros de tubos de feixe.

Desejando-se maior rigor, desenha-se o lay-out dos tubos e, ao fazê-lo, não esquecer de observar o seguinte detalhe:

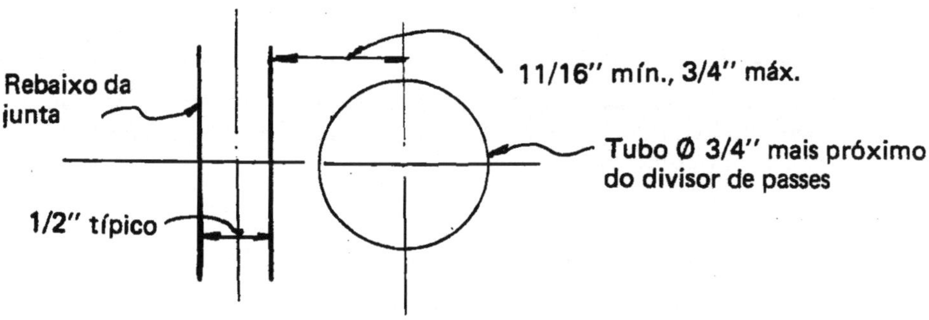

4.3. Espelho Flutuante
Adota-se a mesma espessura do espelho estacionário.

4.4. Chicanas
a) Diâmetro
O diâmetro da chicana deve ser interior ao diâmetro do casco, para permitir a movimentação do feixe, todavia não pode ser muito inferior pois reduziria a eficiência do aparelho.

A Tabela TEMA R-4.3 (transcrita abaixo) indica qual deve ser a diferença entre o diâmetro interno do casco e o diâmetro externo da chicana.

Diâmetro Interno do Casco	Diâmetro Interno do Casco Menos o Diâmetro Externo da Chicana
8" - 13" incluído	0,100"
14" - 17" incluído	0,125"
18" - 23" incluído	0,150"
24" - 39" incluído	0,175"
40" - 54" incluído	0,225"
55" e acima	0,300"

b) Círculo de Segurança
É o círculo que passa pelo centro do tubo mais externo do feixe: seu diâmetro máximo é determinado a partir do diâmetro da chicana, diminuindo-se deste último um diâmetro externo do tubo e diminuindo-se ainda, duas vezes 1/16".

c) Espaçamento
Espaçamento mínimo (TEMA R-4.51)
Usar o maior dos dois valores 1/5 do diâmetro interno do casco ou 2".
Espaçamento máximo (TEMA R-4.52)

As chicanas serão espaçadas da forma tal que o comprimento máximo do tubo, sem apoio não exceda os valores da tabela abaixo (Tab. TEMA R-4.52)

Diâmetro Externo do Tubo	Vão Máximo dos Tubos em Polegadas	
	Material do Tubo e Limites de Temperatura °F	
	Aço Carbono ou Aço Liga (750) Aço Baixa Liga (850) Níquel (850) Cobre (600) Níquel Cromo (1000)	Alumínio e Ligas Cobre e Ligas (Ambos até o limite de temperatura permitido pelo Cód.)
3/4"	60	52
1"	74	64
1 1/4"	100	87
1 1/2"	100	87
2"	125	110

Acima dos limites de temperatura indicados acima, os vãos máximos permitidos deverão ser reduzidos na razão direta da raiz quarta da relação entre o módulo de elasticidade do material nesta temperatura e o módulo de elasticidade do material na temperatura tabelada.

d) Espessura

A Tabela abaixo (TEMA R-4.41) dá os valores de espessura mínima.

Diâmetro Interno do Casco	Espessura da Chicana — Polegadas				
	Distância entre Duas Chicanas Adjacentes ou Metade da Distância do Apoio dos Tubos				
	12" e abaixo	Acima de 12" até 18" Incl.	Acima de 18" até 24" Incl.	Acima de 24" até 30" Incl.	Acima de 30"
8" - 14" Incl.	1/8	3/16	1/4	3/8	3/8
15" - 28" Incl.	3/16	1/4	3/8	3/8	1/2
29" - 38" Incl.	1/4	5/16	3/8	1/2	5/8
39" acima	1/4	3/8	1/2	5/8	5/8

4.5 - 4.6. Espaçadores e Tirantes

A Tabela abaixo (TEMA R-4.71) sugere número e diâmetro de tirantes. Permitem-se outras combinações com área metálica equivalente, mas não se deverá empregar um número menor do que 4 e diâmetros inferiores a 3/8".

Diâmetro Nominal do Casco	Diâmetro do Tirante	Número Mínimo de Tirantes
8" - 15" Incl.	3/8"	4
16" - 27" Incl.	3/8"	6
28" - 33" Incl.	1/2"	6
34" - 48" Incl.	1/2"	8
49" e Acima	1/2"	10

4.7. Quebra Jato

Quando necessário (TEMA R-4.6) usa-se uma chapa quadrada, com lado igual ao diâmetro externo do bocal e colocada de forma tal que sua face superior esteja colocada à uma distância da superfície interna do costado igual à quarta parte do diâmetro interno do bocal.

4.8. Tampo Flutuante (ASME UA-6.4).

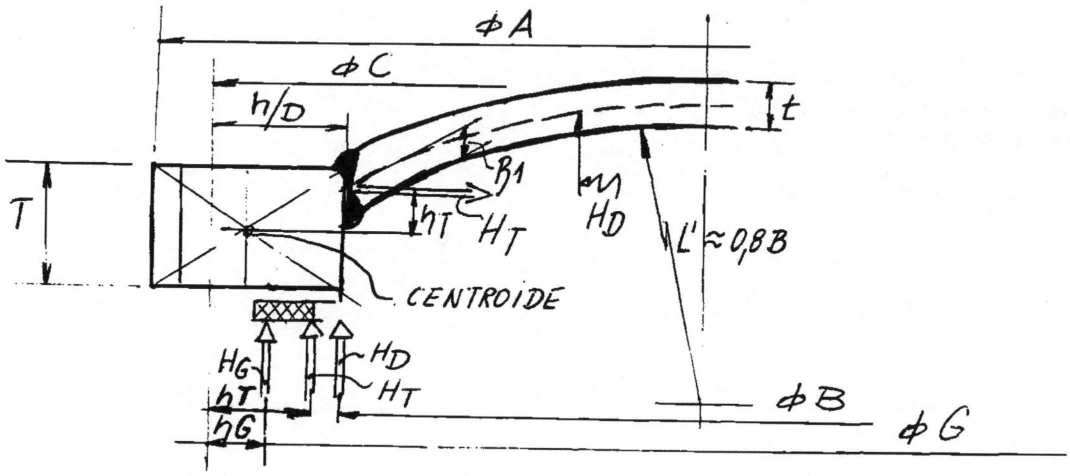

4.8.1. Boleado

Pressão interna: $t = \dfrac{5\,P\,L}{6\,S}$

Pressão externa: t é a mesma necessária para uma esfera de raio L, submetida à pressão externa (ASME-UG-28d).

4.8.2. Flange

$$T = F \; [\; 1 \sqrt{1 + \frac{J}{F^2}} \;]$$

Onde:

$$F = \frac{PB \sqrt{4L^2 - B^2}}{8S\,(A - B)} \qquad J = \left(\frac{Mo}{SB}\right) \left(\frac{A + B}{A - B}\right)$$

Mo = HG x hG + HT x hT + HD x hD + Hr x hr

Tudo definido como no cálculo de flanges, com as seguintes diferenças:

hD = distância do circuito do parafuso ao diâmetro interno do flange, ou seja = 0,5 (C – B)

Hr = Componente radial da carga na calota = HD cotg. B1

hr = Braço de alavanca da força Hr, em relação ao centróide do anel.

Este momento Hr x hr pode ser positivo ou negativo dependendo de se o ponto de encontro da linha de centro do boleado com a face interna do flange estiver abaixo ou acima da perpendicular ao eixo do tampo que passa pelo centróide do anel.

Na construção mais comum, este momento é negativo e é usual então, em vez de subtraí-lo, simplesmente desprezá-lo, ficando assim a favor da segurança.

4.9. Anel Bi-partido

Não se faz o cálculo, os fabricantes têm peças padronizadas.

A seguir damos um excercício da contrução de um trocador de calor tipo com espelho flutuante (cabeça).

Distribuição dos tubos no espelho.

Para a distribuição dos tubos no espelho devemos saber a área de troca X.

Sendo:

x = diâmetro médio x π x comprimento do tubo (sem espessura dos espelhos) x quantidade de tubos.

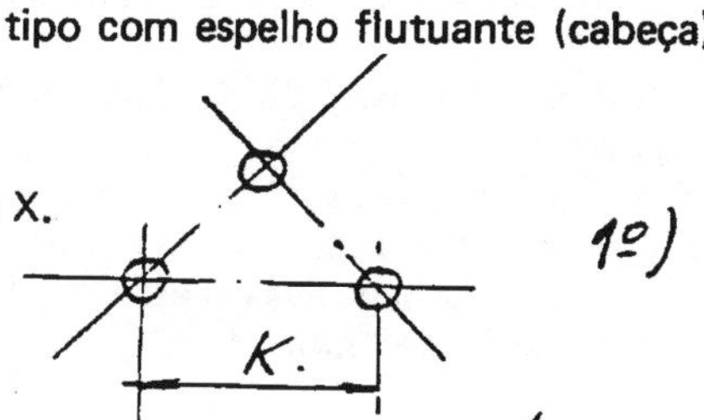

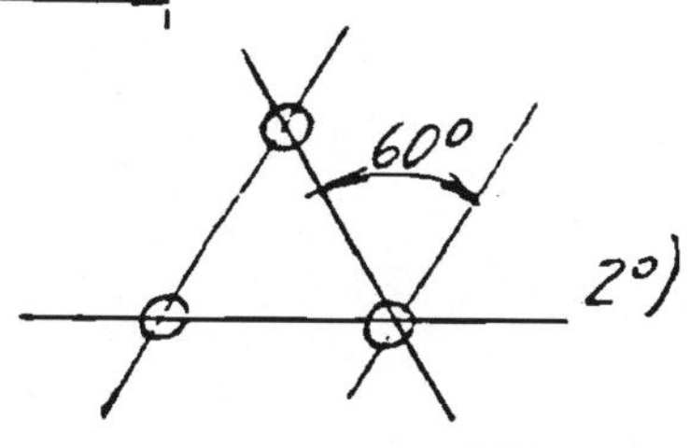

Para determinar o arranjo dos tubos temos 2 maneiras.

1º Arranjo triangular

2º Arranjo de 60º

$K = 1{,}33 \times \varnothing$ ext. do tubo
(para materiais em aço carbono,
aço inoxidável e latão)

$x = \varnothing m \times \pi \times$ comp. x quant.

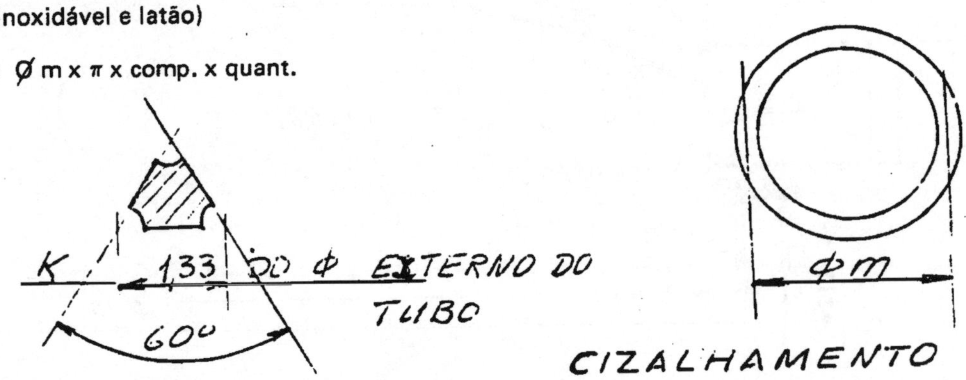

$$T = \frac{0{,}31 \cdot D_L}{\left(1 - \frac{do}{P}\right)} \cdot \left(\frac{P}{S}\right)$$

Sendo:
T = Espessura efetiva do cizalhamento em polegadas.
do = Diâmetro externo do tubo em polegadas
P = Passo em polegadas
S = Tensão admissível em PS.I.

$$D_L = \frac{4A}{C}$$

Sendo:
C = Comprimento da linha que passa pelo centro dos tubos mais externo do feixe conforme indicado no tema (tubular exchanger manufactors association) Fig. R 7-123.
A = Área inclusa no perímetro C.

Cálculo espessura do espelho

Flexão

$$T = \frac{F \cdot G}{2} \sqrt{\frac{P}{S}}$$

Sendo:
T = Espessura efetiva do espelho em polegadas.
F = 1,0 em permutadores (AES, AJS, forma contrutiva conforme demonstra o tema).
F = 1,25 em permutadores com feixe tubular em "U".
G = diâmetro médio da junta
P = pressão de projeto (PSI).
S = Tensão do material na temperatura de projeto (strees)

Demonstração do TEMA (Tubular Exchanger Manufactors Association) referente à norma de construção de trocadores.
A – Forma de cabeçote
E – Forma do corpo
S – Forma construtiva do espelho, forma de fixação dos tubos no espelho.
F - Fixação de tubos.

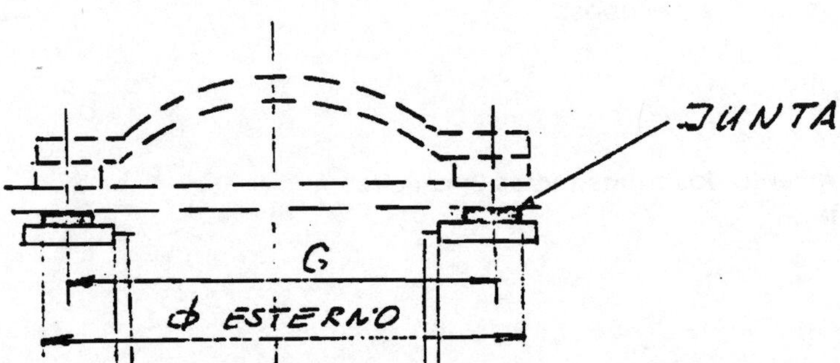

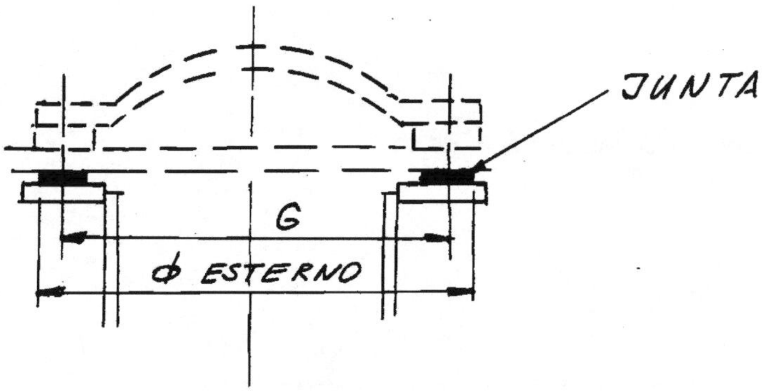

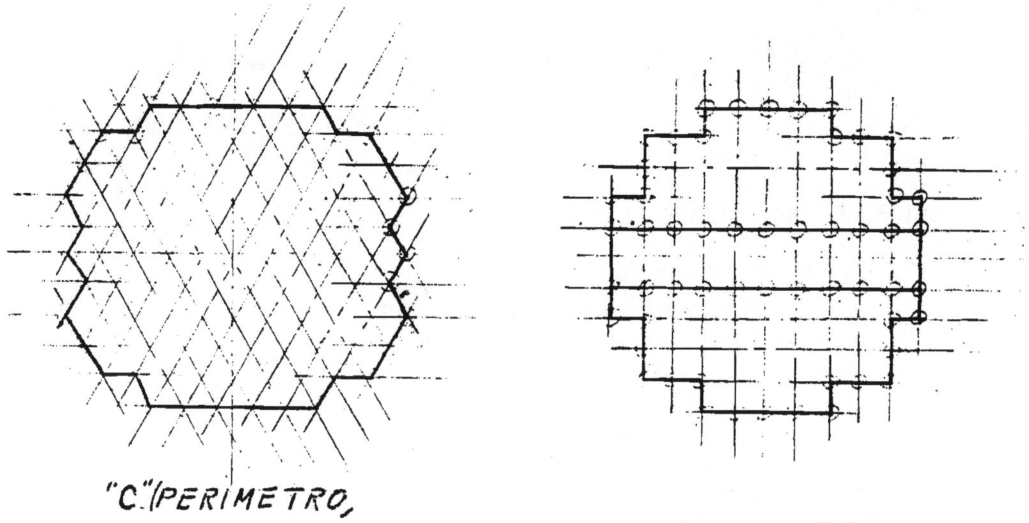

1) Para se construir um trocador, inicia-se determinando qual a área de troca (x), neste caso, 40 m².

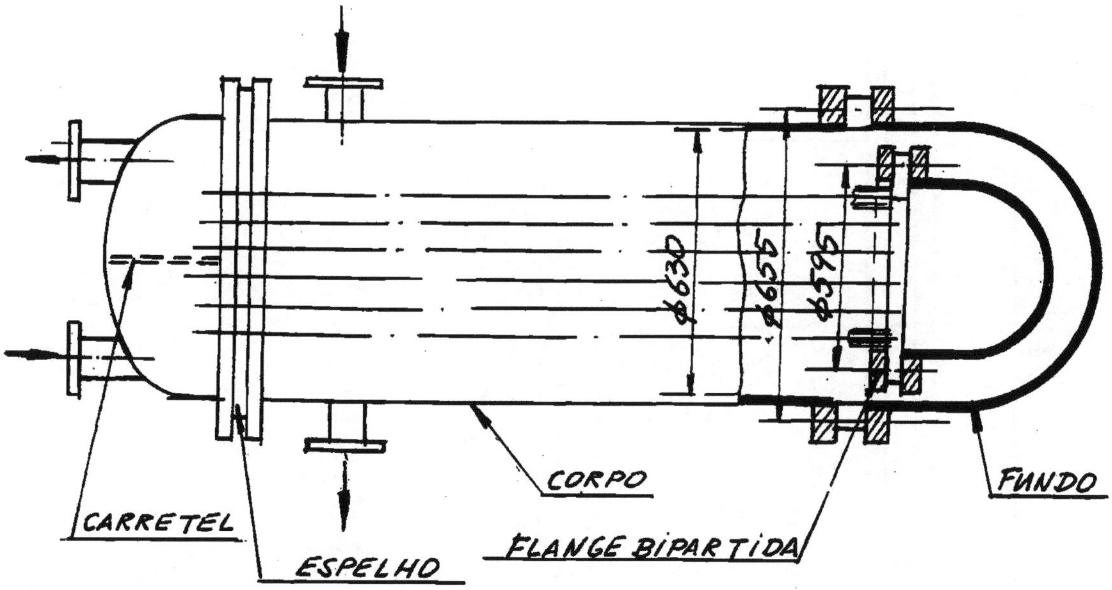

2) Tipo de Tubo – Tubo Ø 30 mm. 2 mm de parede, comprimento 3,00 m de aço inox AISI 304.
3) Qual a quantidade de tubos – Trocador tipo com espelho flutuante. x = área de troca = 40 m²

$$Q = \frac{40}{0{,}028 \times 3{,}14{,}16 \times 2{,}90} = \text{157 tubos. Pode ser 158 tubos.}$$

4) Arranjo dos tubos 60°. Distribuição no espelho, sabendo a área de troca.

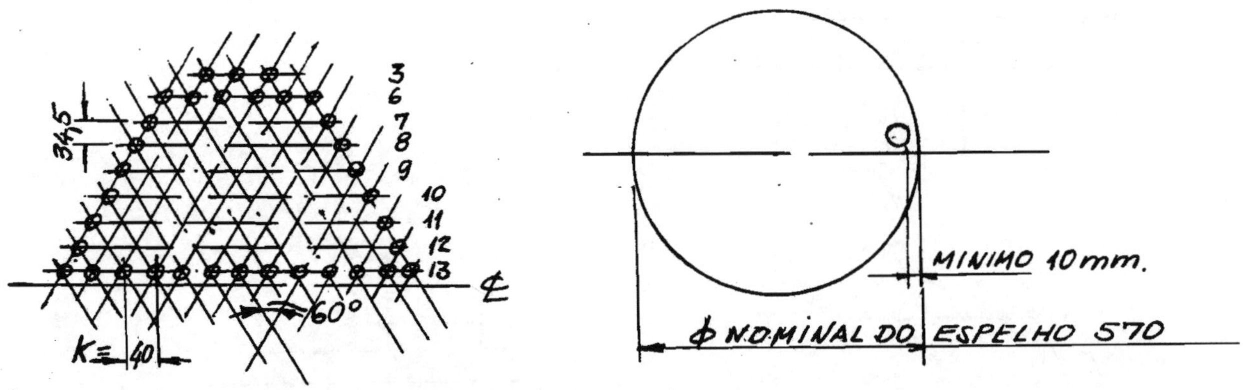

K = 1,33 x 30 = 39,9 mm ≅ 40 mm adotado

5) Tipo de trocador – Tipo com espelho flutuante.

6.1. Dados de temperatura — 240°C temperatura no lado dos tubos; 428°C temperatura no lado do corpo

6.2. Pressão — no lado dos tubos 80 PSI; no lado do corpo 180 PSI

7) Material — do tubo aço inoxidável AISI 304; do casco aço carbono ASTM A285C

8) Número de chicanas – Tabelado no TEMA

9) Número de tirantes – Tabelado no TEMA.

10) Tipo de guarnição – Spirotex, cordão Teflon, junta Termatic, etc.

11) Tipo de flanges –

12) Juntas de dilatação –

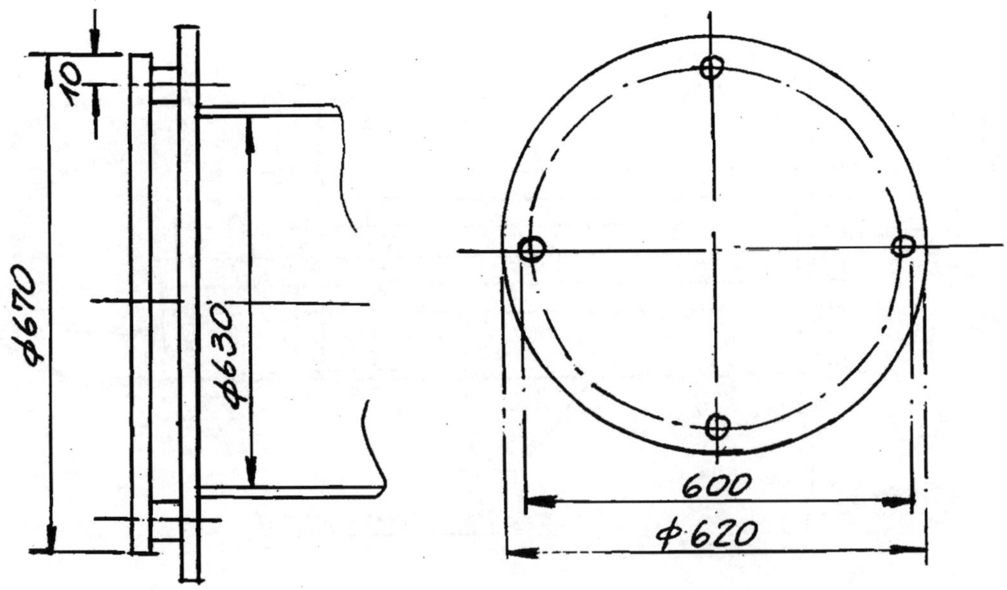

Diâmetro espelho flutuante = Ø 620 mm
Diâmetro espelho fixo = Ø 680 mm
Diâmetro interno do corpo = Ø 630 mm
Diâmetro médio da junta fixo = Ø 655 mm
Diâmetro médio da junta flutuante = Ø 595 mm

T = espessura efetiva do espelho em pol. por flexão.
F = 1,0 em trocadores (AES, AJS).

$$T = \frac{FG}{2}\sqrt{\frac{P}{S}} = \frac{1{,}0 \times 655}{2}\sqrt{\frac{180}{10800}} = 42{,}28$$

T para espelho fixo = 42,2 mm

$$T = \frac{F \cdot G}{2}\sqrt{\frac{P}{S}} = \frac{1{,}0 \times 595}{2}\sqrt{\frac{180}{10800}} = 38{,}4$$

T para espelho móvel = 38,4 mm.

S = Tensão do material na temperatura de projeto (stress0 = 10800
G = Diâmetro médio da junta em polegadas
P = Pressão do projeto

b) Tensão devido à pressão interna
b) Para o tipo "U"
Sendo:
P = pressão do projeto

$$Sb = \frac{W^2 \times P}{3 \times t^2}$$

b) Para o tipo semi-toróide

$$Sp = 0{,}955\,(1 - W^2)^{1/6}\,\left(\frac{a \times b}{t}\right)^{2/3} P + M\,(0{,}955)\,(1 - M^2)^{1/3} \times \left(\frac{ab}{t}\right)^{2/3} \times P$$

Cálculo da vida da junta

Para juntas de aço carbono de baixa liga, sendo:
N = número de ciclos (que não devem ser menor que 100)

$$N = \left(\frac{2{,}66 \times 10^5}{S\ total}\right)^6$$

S total = Sp + SΔ

Para junta de iconel e aço inoxidável. sendo:
N = 10 vezes o número de ciclo estimado para 20 anos de duração.

$$N = \left(\frac{0{,}83 \times 10^6}{S\ total}\right)^{3{,}5}$$

Junta de expansão (em trocador), sendo:
Tipo "U"

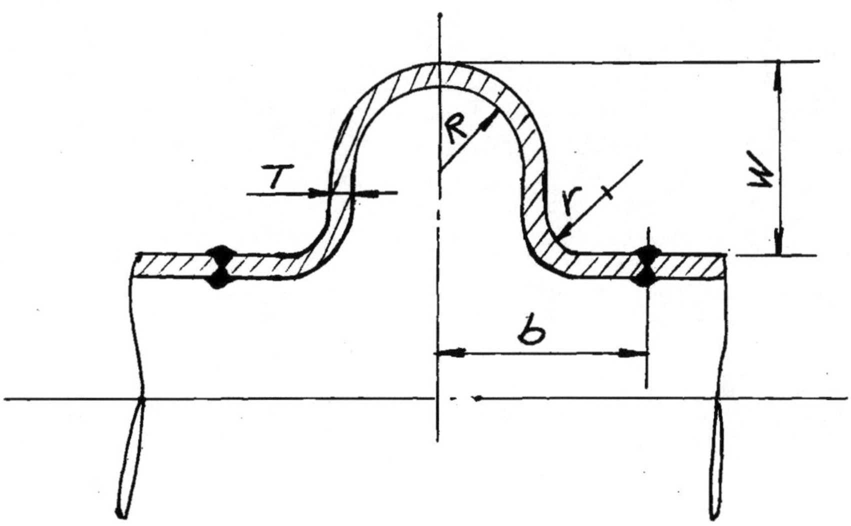

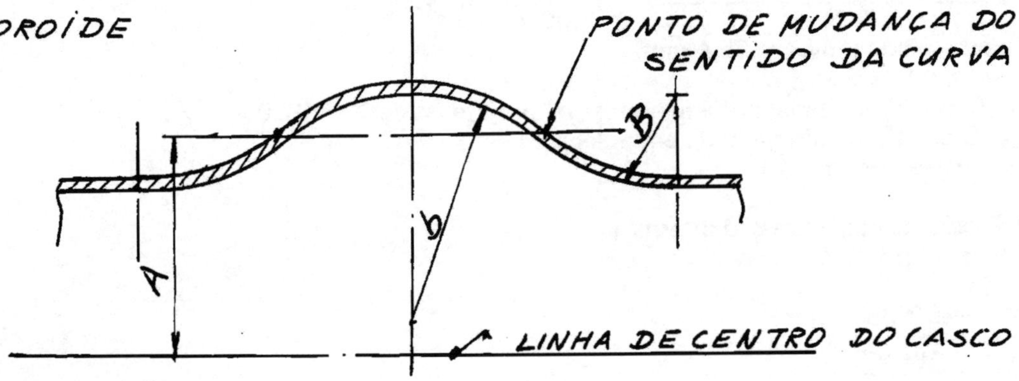

M = coeficiente do poisson = 0,33 = 1/3

Δ = máxima dilatação térmica

E = módulo de elasticidade

E — Para aço inoxidável = 28×10^6 PSI
Para aço carbono = 29×10^6 PSI

d = espessura da junta

a) Tensão devido à variação de comprimento, devido à dilatação térmica.

a) Para o tipo "U"

$$S\Delta = \frac{0{,}75 \times E \times t \times \Delta}{b^{0,5} \times W^{1,5}}$$

a) Semi-toróide

$$S; = \frac{0{,}225 \times E \times t^{1,3} \times \Delta}{(1 - M^2)^{2/3} \times (a \,.\, b)^{2/3}}$$

Com o resultado obtido deve-se comparar com o ASME, temperatura de projeto.

CAPÍTULO IX

VASOS, TANQUES E TROCADORES DE CALOR

ESQUEMAS TROCADOR DE CALOR

A troca de calor se verifica ao longo de toda a superfície de separação com os fluidos em vazão constante.

Nestas condições, ou um ou ambos os fluidos trocam de temperatura ao longo de todo percurso e o salto térco (diferença de temperatura entre eles) poderá variar de ponto a ponto do equipamento.

Esquema de um trocador de calor

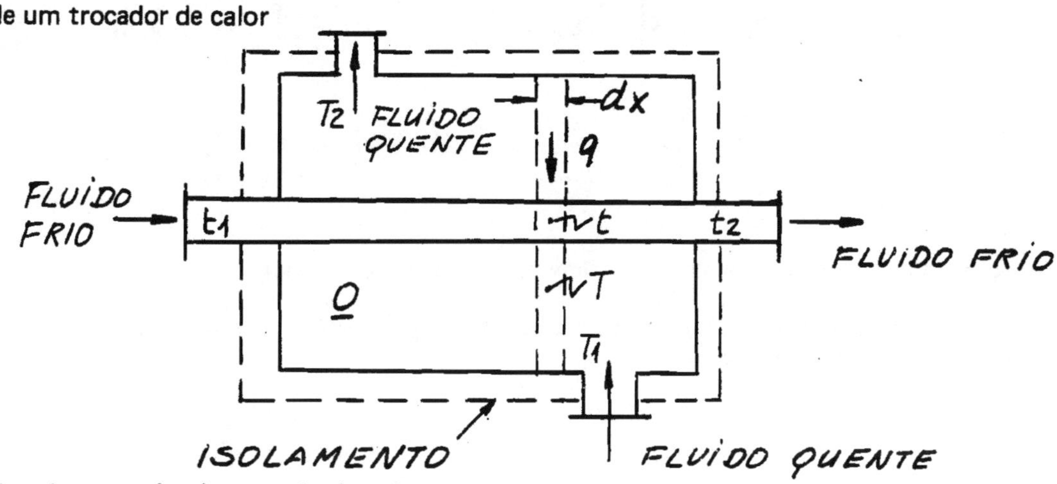

Trocador de tubos concêntricos ou duplo tubo

T_1 e T_2 : Temperaturas de entrada e saída do fluido quente.
t_1 e t_2 : temperaturas de entrada e saída do fluido frio

Usaremos letras maíusculas para o fluido quente e letras minúsculas para o fluido frio.

d△ = 2 π iax (uma infinitésima de tc)
dx = infinitésimo de comprimento do trocador
i = raio do tubo interno
T = temperatura do fluido quente na seção DX.
t = temperatura do fluido frio na seção DX.

b) tipos de correntes de fluido num trocador de calor.
Existem dois tipos principais de corrente de fluido utilizados no escoamento de fluidos num trocador de calor.
b1) correntes paralelas (ou equicorrentes ou concorrentes).
b2) correntes contrárias (ou contracorrentes).

Correntes paralelas (mesmo sentido)

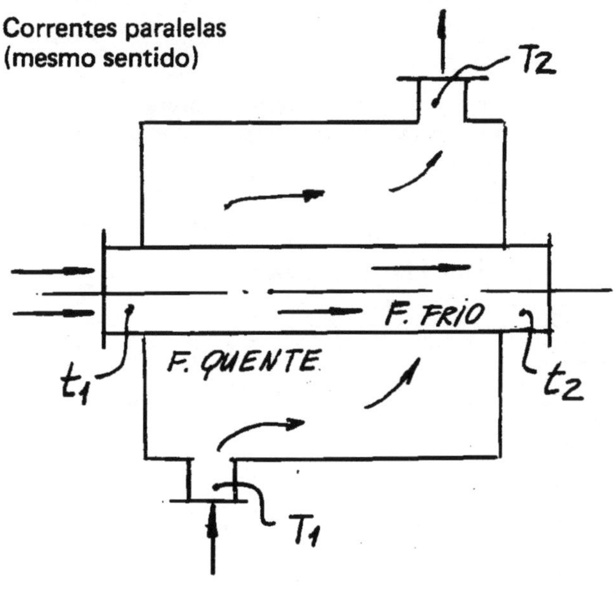

Correntes contrárias (sentido contrário)

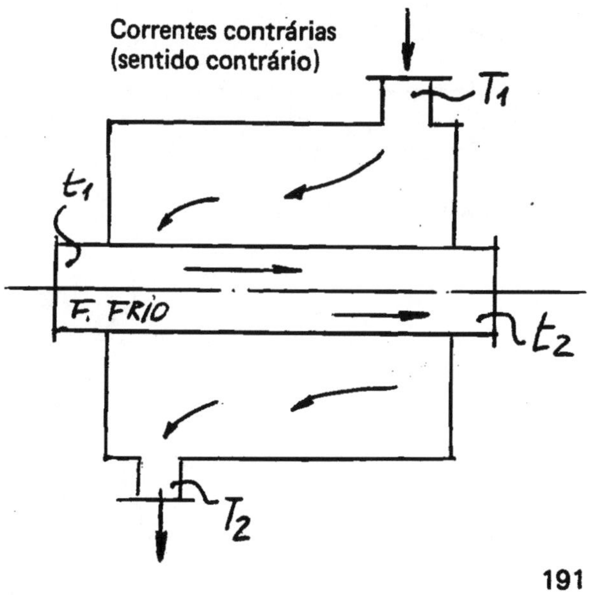

Correntes paralelas

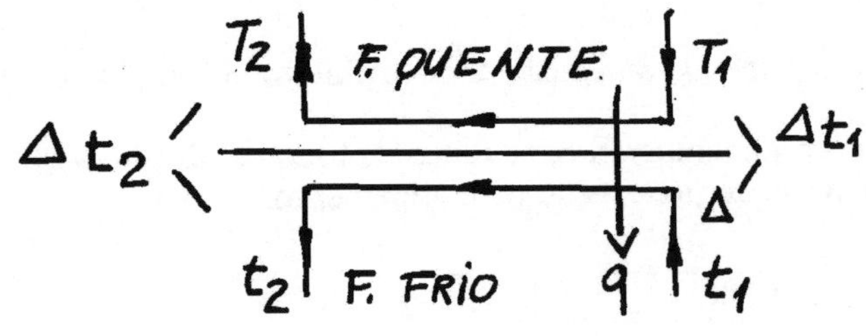

$\Delta t_1 = T_1 - t_1$
$\Delta t_2 = T_2 - t_2$

Correntes contrárias

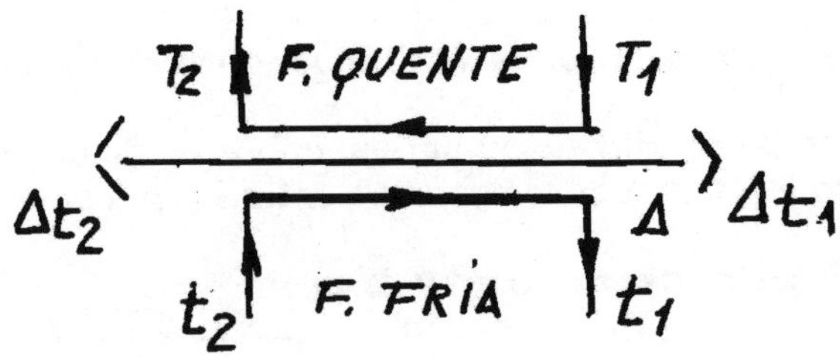

$\Delta t_1 = T_1 - t_1$
$\Delta t_2 = T_2 - t_2$

c) Variação da temperatura ao longo da superfície de um trocador de calor.

A troca de calor entre os fluidos se verifica ao longo de toda superfície de separação. Veremos que a variação de temperatura não é linear, mas logarítmica.

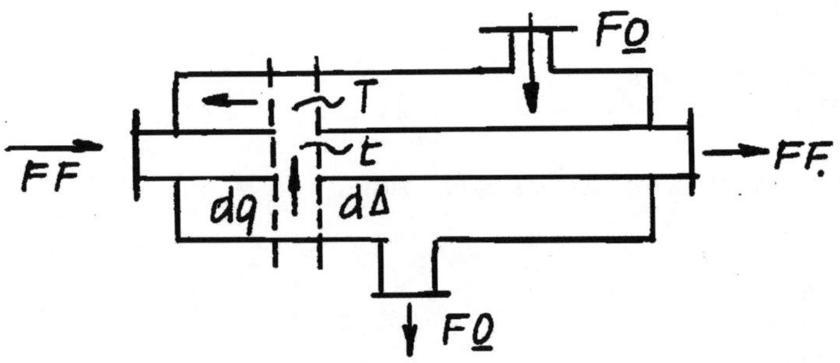

$d\Delta = 2\pi r\,dx$ (RAIO DO TUBO INTERNO)

Indicando por T e t as temperaturas no infinitésimo dx da área d Δ, a quantidade de calor infinitésima trocada entre os fundos será dada por:

$dq = U\,d\Delta\,(T - t)$ ou $T - t = \Delta to$

Outros tipos de conrrente de fluido

Na indústria existem trocadores de calor que não podem encaixar-se nem em correntes paralelas nem contrárias. É o caso, por exemplo, do trocador tipo "cascata" (correntes cruzadas), trocador de várias passagens no casco (carcaça) e nos tubos.

Ex. cascata

Trocador Tipo Cascata

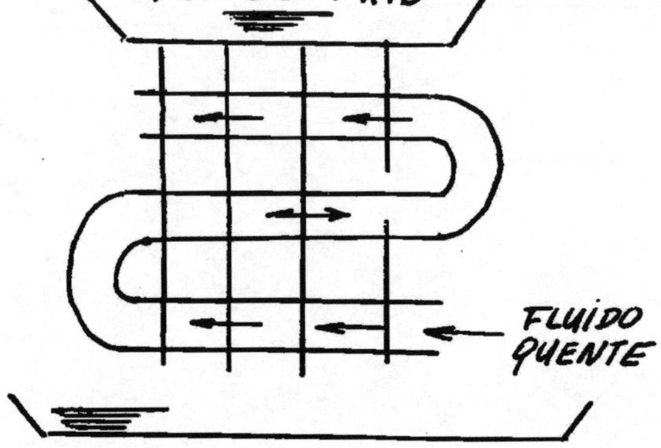

Ex. Trocador 1 - 2

Número de passagens no casco
Número de passagens nos tubos

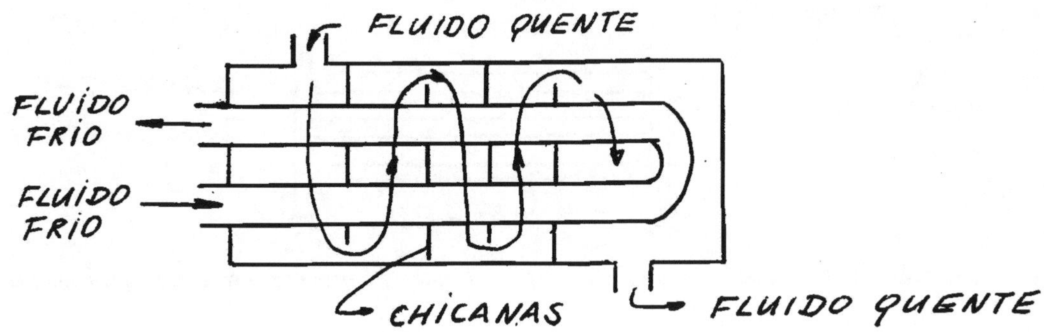

Procedimento a ser usado nesses casos:
Calcula-se o △ tml como se o trocadoor fosse de correntes contrárias. O valor encontrado é corrigido com um fator encontrado em ábacos ou gráficos.

Na construção de trocador de calor é interessante que o líquido incrustante ou o mais inscrustante escoe dentro dos tubos, isto permite limpeza mais fácil. A limpeza da parte externa dos tubos é complicada, exigindo muito tempo, pois, para isso, é necessário desmontar parte do trocador de calor.

A limpeza da parte externa dos tubos, sendo complicada, pois instrumentos especiais são introduzidos entre os tubos, e interessante, no caso de necessidade, deixar um espaço um pouco maior que o normal, a fim de manter a passagem do instrumento de limpeza.

Fator de crosta ou de incrustação: quando um trocador de calor em funcionamento, ocorre que um ou ambos os fluidos formam uma incrustação sobre a superfície de contato após alguns tempos de uso principalmente se os fluidos forem limpos (contém em solução sais, pouco solúveis ou sólidos em suspensão) os sais ou sólidos em suspensão se depositam na superfície de contato formando uma resistência adicional à troca de calor de espessua e; (da corsta) e de condutibilidade térmica ki representa portanto uma resistência que se soma a da parede do tubo e às das películas interna e externa, diminuindo a intensidade da troca de calor. O coeficiente global quando o tc (trocador de calor0 está limpo é chamado de Ulimpo (Ul).

Detalhes construtivos de trocador de calor:

a) Introdução:
Até aqui ocupamos a calcular a energia trocada entre os fluidos no trocador de calor (BEMOTC) e através da E O da velocidade, podemos calcular a área de troca necessária, o número de tubos para a referida troca. Porém, na construção de um trocador de calor não basta somente calcular a área de troca, é necessário satisfazer uma série de exigências práticas baseadas na facilidade de execução, nas condições de trabalho, na manutenção do equipamento e economia. São requisitos práticos os seguintes:
1) Resistir a pressões internas e ao vácuo.
2) Resistência à corrosão dos fluidos atuantes.
3) Facilidades de inspeção de superfícies que podem formar crostas ou corrosão.
4) Manutenção das perdas de carga dos fluidos, dentro dos limites razoáveis.
5) Forma que evita a formação de regiões de bolsas (o fluido permanece quase parado e dificulta a transmissão de calor, pois a transmissão nessa região atua quase que exclusivamente por condução).
6) Forma que entre esforços mecânicos unidos à dilatação térmica.
7) Construção econômica.

Obs.: O item 7 engloba todos os demais, pois unimos material barato, que não sofra corrosão, alto coeficiente de condução, sem grande perda de carga, com boa qualidade de inspeção, limpeza e manutenção.

b) Elementos do trocador de calor:
São geralmente tubulares e sua superfície de transmissão de calor é constituída de um superfície conveniente de tubos de comprimento e diâmetro dwterminados, superfície cilíndrica foi escolhida por ser a que melhor satisfaz a exigência de resistir a pressões internas e ao vácuo.

Espelho do trocador: são as superfícies metálicas nas quais são fixados os tubos do trocador de calor. Essas chapas são perfuradas e o fundo é colocado por mandrilagem ou solda.

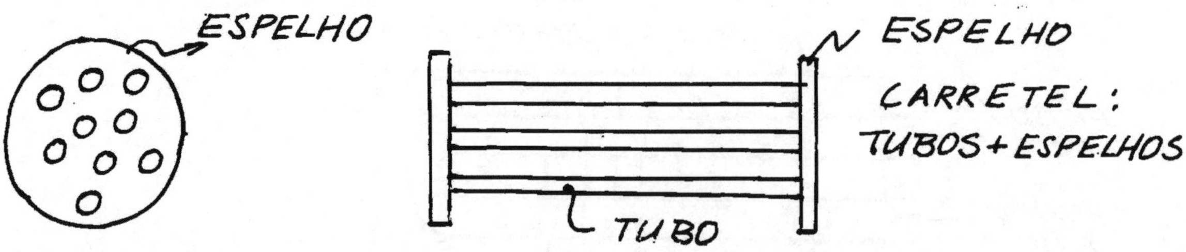

Carcaça ou casco: assim é chamado o envoltório cilíndrico externo que contém o carretel (feixe de tubos preso aos espelhos).

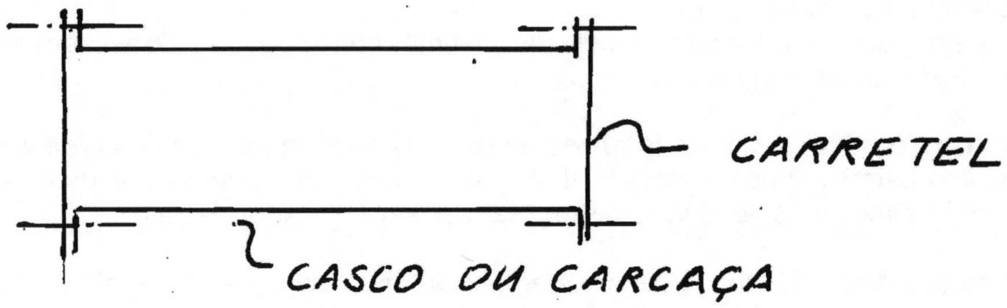

Chicanas: São obstáculos colocados na carcaça do trocador de calor, que obrigam o fluido que escoa entre os tubos e a carcaça a circular num percurso torsuoso, aumentando sua velocidade e diminuindo as regiões de "calmaria" (onde o H é muito pequeno).

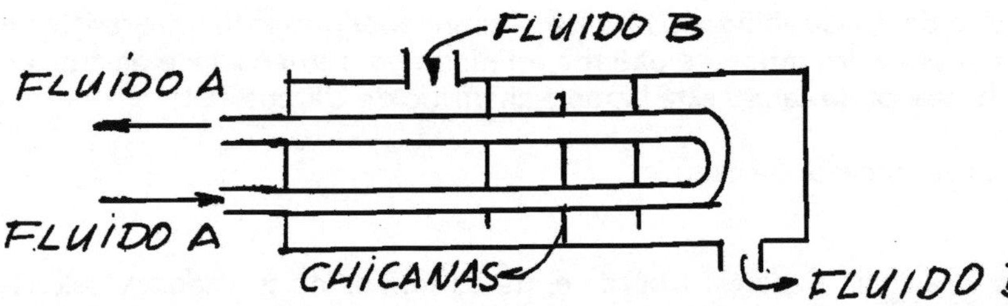

Tipos de chicanas:
a) Horizontais (transversais)
a.1. Disco e coroa

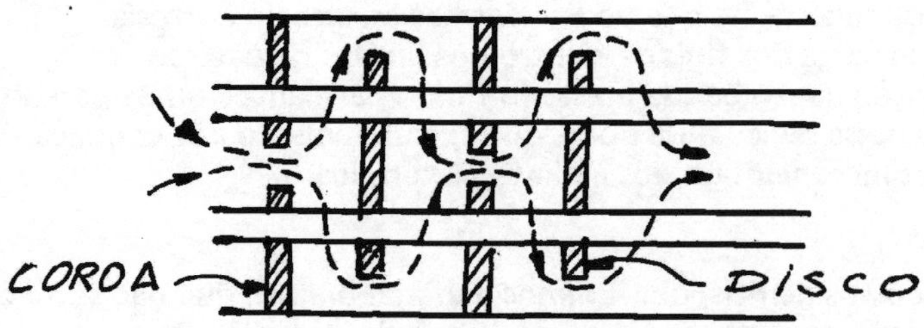

A.2. Disco Recortado

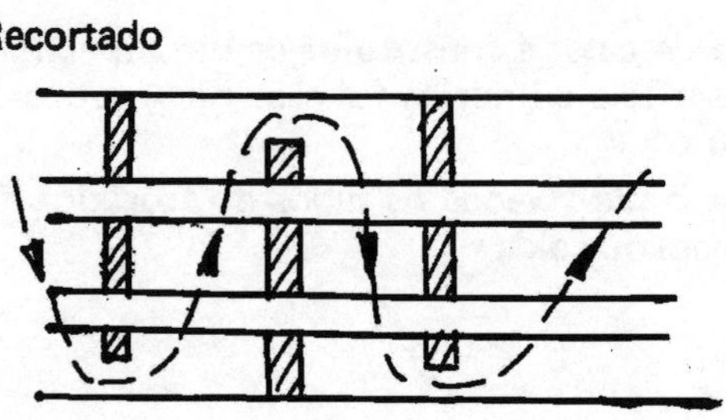

b) Longitudinais

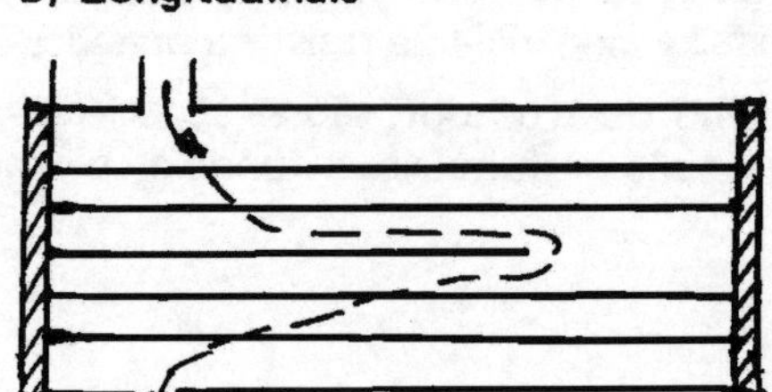

As chicanas são fixadas normalmente por buchas de extensão (bucha distanciadora).

Cabeçotes: a carcaça do trocador está terminada lateralmente pelos chamados cabeçotes, que funcionam como distribuidores do fluido interno.

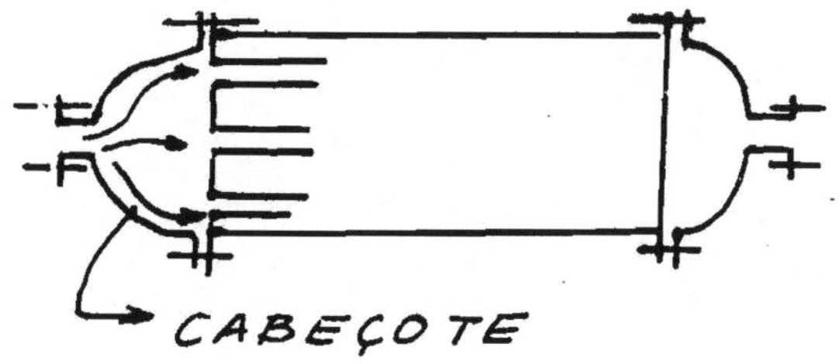

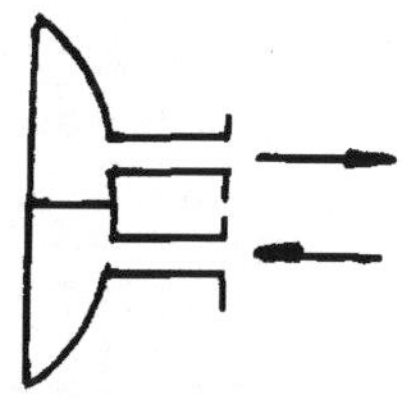

ou Cabeçote Bipartido

Colocação dos tubos no espelho: duas disposições são utilizadas comumente na indústria a chamada disposição em quadrado ou em triângulo.

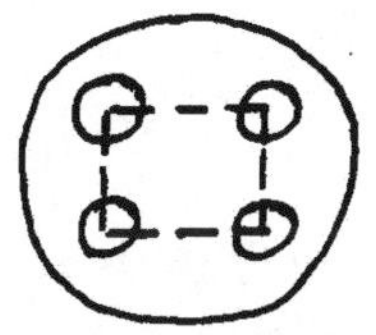

Disposição quadrada

Disposição triangular

Projeto e contrução de vasos de pressão soldados, não sujeitos a chama

1. Objetivo:

1.1. Esta norma estabelece as exigências referentes a projeto e construção de vasos de pressão não sujeitos à chama direta, feitos de aço carbono ou aço liga, empregando como processo de fabricação a soldagem a arco elétrico.

1.2. Definição de vaso de pressão e limitações desta norma:
1.2.1. Definição: entende-se por vaso de pressão reservatório propriamente dito, tendo suas partes consecutivas limitadas por:
a) a primeira junta circunferencial, para conexões inteiriças soldadas;
b) a face do primeiro flange, para conexões flangeadas ou aparafusadas;
c) a primeira junta rosqueada para conexões rosqueadas.
1.2.2. Esta norma não limita a temperatura de cálculo, condicionando-a, porém, às restrições do item 4.1, especialmente na parte referente às taxas de trabalho aplicáveis aos materiais empregados na construção dos vasos de pressão (item 4.1.4.).
1.2.3. Esta norma não limita as dimensões dos vasos de pressão. Não estão incluídos na presente norma, os recipientes transportáveis de gás liquefeitos de petróleo, até a capacidade máxima de 250 litros.

1.3. Aplicações
Esta norma tem sua aplicação limitada à pressão máxima de cálculo de 150 kg/cm^2. Qualquer vaso de pressão deve admitir a pressão de cálculo mínima, interna, de 1 kg/cm^2.

2. Terminologia

2.1. Para efeitos desta norma, fica estabelecida a terminologia abaixo, para as diferentes partes componentes e acessórias dos vasos de pressão, representadas na Fig. 2.
1. Costado, 2. Tampo, 3. Saia, 4. Perna, 5. Abertura de acesso na saia, 6. Anel de base, 7. Conexão sem flange 8. Chapa de reforço, 9. Conexão flangeada, 10. Conexão rosqueada, 11. Boca de visita no costado, 12. Boca de visita no tampo, 13. Respirador, 14. Luva de reforço, 15. Suporte de estruturas, 16. Olhal de suspensão externo, 17. Olhal de suspensão interno, 18. Suporte de bandeja, 19. Defletor, 20. Anodo para proteção catódica 21. Orelha, 22. Berço, 23. Turco, 24. Botão de corrosão, 25. Suporte de isolamento térmico 26. Dreno.

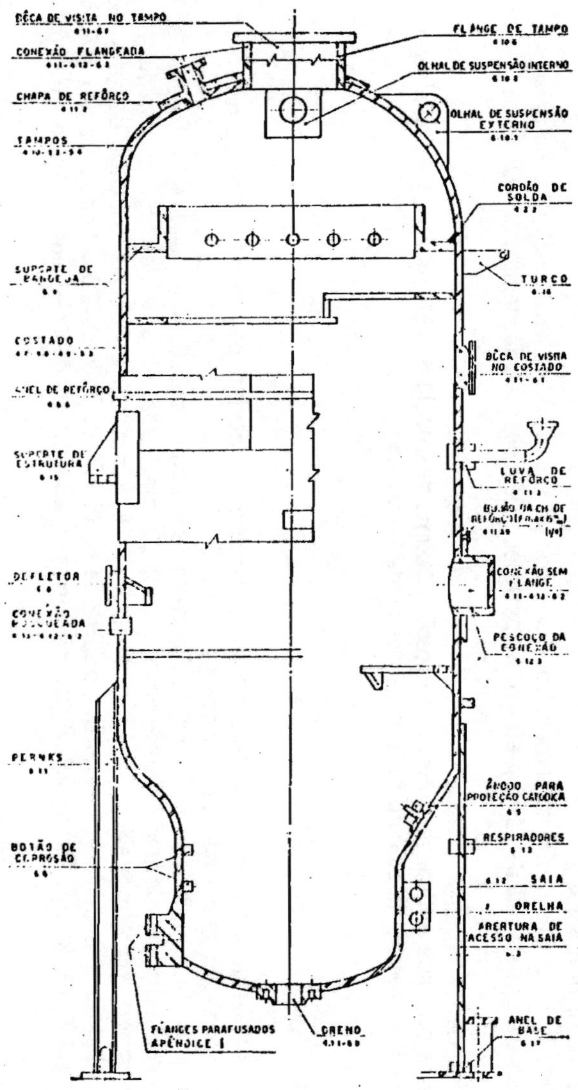

Fig. 1

VASOS DE PRESSÃO TÍPICOS

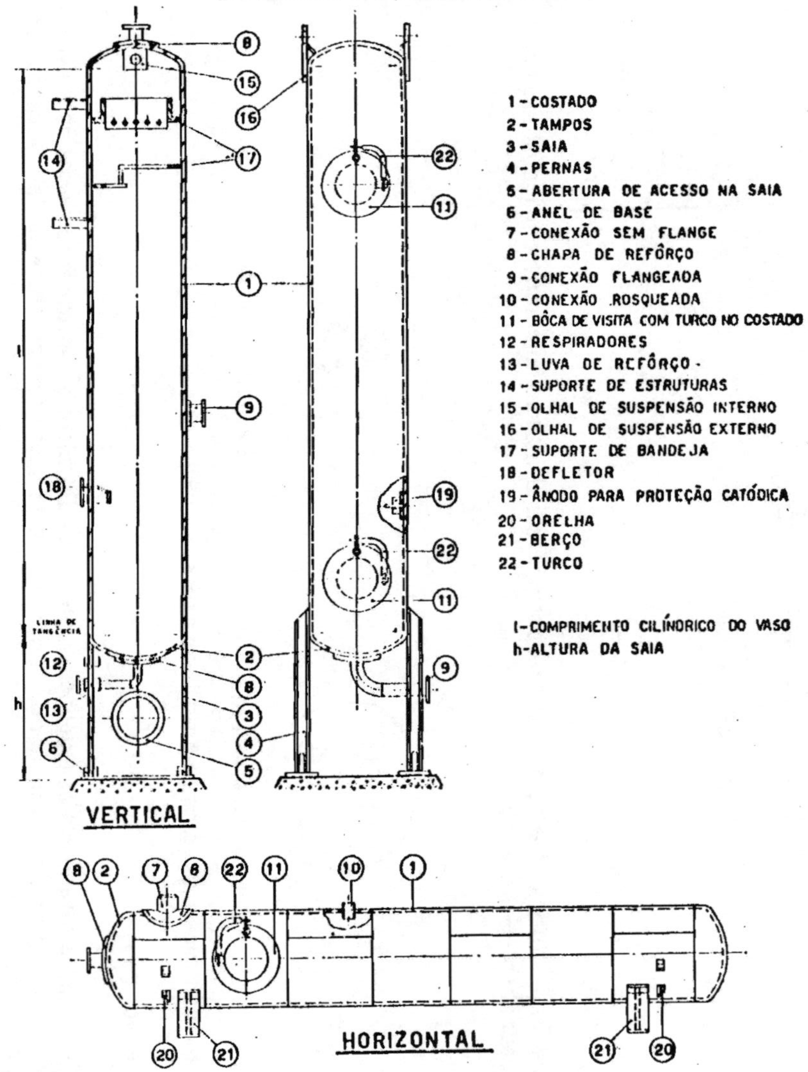

Fig. 2

3. Símbolos de Soldagem

3.1. Para representar graficamente as juntas soldadas e os cordões de solda serão usados os símbolos constantes na Fig. 3.

SÍMBOLOS DE SOLDA

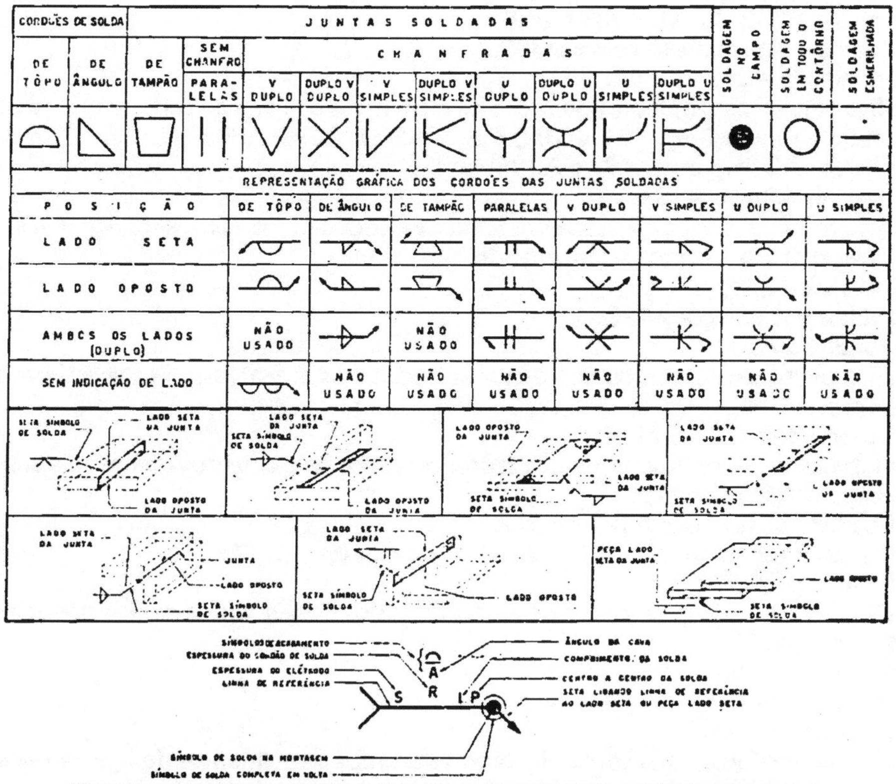

NOTAS 1-AS SETAS COM SEUS RESPECTIVOS SÍMBOLOS DEVEM SER APLICADAS TANTAS VÊZES QUANTAS FOREM AS MUDANÇAS BRUSCAS NA DIREÇÃO DO CORDÃO, EXCETO QUANDO O CORDÃO FÔR O MESMO PARA TODO O CONTÔRNO CASO EM QUE SERÁ EMPREGADO O SÍMBOLO CORRESPONDENTE.

2-TODOS OS CORDÕES SÃO CONSIDERADOS CONTÍNUOS EXCETO QUANDO INDICADO EM CONTRÁRIO.

3-AS DIMENSÕES E OS COMPRIMENTOS DOS CORDÕES, ASSIM COMO O ESPAÇAMENTO ENTRE ÊLES, DEVEM SER INDICADOS EM MILÍMETROS E AO LADO DOS SÍMBOLOS RESPECTIVOS

4-A CAUDA DA SETA DEVE SER EMPREGADA PARA ESPECIFICAR PARTICULARIDADES DA SOLDAGEM; CASO CONTRÁRIO ELA PODERÁ SER OMITIDA.

5-É CONSIDERADO CORDÃO PRÓXIMO, AQUÊLE PARA O QUAL A SETA É DIRIGIDA OS SÍMBOLOS DOS CORDÕES SERÃO COLOCADOS ABAIXO DA LINHA DE REFERÊNCIA DA SETA.

6-É CONSIDERADO CORDÃO DISTANTE, AQUÊLE OPOSTO AO CORDÃO PRÓXIMO, NA MESMA JUNTA. OS SÍMBOLOS DOS CORDÕES SERÃO COLOCADOS ACIMA DA LINHA DE REFERÊNCIA DA SETA.

7-OS SÍMBOLOS DOS CORDÕES DUPLOS SERÃO COLOCADOS EM AMBOS OS LADOS DA LINHA DE REFERÊNCIA DA SETA.

Fig. 3

4. Projeto

4.1. Matéria-prima: A matéria-prima empregada na construção dos vasos de pressão deve ser enquadrada dentro dos "Grupos de Material de Base" que, estabelecidos em função das suas características de soldabilidade constituem o objeto do item 4.1.1., os quais se acham subordinados às especificações A.S.T.M.

4.1.1. Grupo de Material de Base

Grupo 1 — Aços Carbono

a) Aços carbono para estruturas A-7,

b) Aços carbono para tubos e tubulações A53, A120, A106, A135, A192, A226, A333 e A334

c) Aços carbono para acessórios forjados A105, A181, A226, A350,

d) Aços carbono para chapas A201, A283 e A285;

e) Aços carbono para fundição A216 e A352;

f) Aços carbono para barras A107.

Grupo 2 — Aços liga com teor de cromo não superior a 0,75% e cuja soma dos teores de todos os elementos da liga não seja superior a 2%.

a) Aços ligas para acessórios forjados A182,

b) Aços ligas para chapas A204, A299, A301 e A302;

c) Aços ligas para tubos e tubulações A209, A335 e A369

d) Aços liga para fabricação A217 e A352.

Grupo 3 – Aços liga com teor de cromo compreendido entre 0,75% e 2% cuja soma dos teores de todos os elementos da liga não seja superior a 2,75%.
a) Aços liga para acessórios forjados A182 e A336,
b) Aços liga para chapa A202, A203, A301 e A387,
c) Aços liga para tubos e tubulações A335 e A369,
d) Aços liga para fundição A217 e A352.
Grupo 4 — Aços liga cuja soma dos teores de todos os elementos da liga não seja superior a 10%.
a) Aços liga para tubo e tubulações A161, A199, A213, A200, A335, A369,
b) Aços liga para acessórios forjados A182 e A336,
c) Aços liga para chapas A357 e A387.
Grupo 5 — Aços liga martensíticos cuja soma dos teores de todos os elementos da liga seja superior a 10%.
a) Aços liga para acessórios fabricados A182 e A336,
b) Aços liga para chapas A240;
c) Aços liga para tubos e tubulações A268,
d) Aço liga para fundição A351.
Grupo 6 – Aços liga ferríticos cuja soma dos teores de todos os elementos da liga seja superior a 10%.
a) Aços liga para chapas A240;
b) Aços liga para tubo e tubulações A268.
Grupo 7 - Aços liga austeníticos cuja soma dos teores de todos os elementos da liga seja superior a 10%.
a) Aços liga para chapas A167 e A240,
b) Aços liga para acessórios forjados A182 e A336;
c) Aços liga para tubos e tubulações A312, A271, A249 e A376;
d) Aços liga para fundição A351.
Grupo 8 — Aços liga com níquel cuja soma dos teores de todos os elementos da liga não seja superir a 3,5%.
a) Aços liga para chapas A203;
b) Aços liga para tubos e tubulações A333
c) Aços ligas para acessórios forjados A350
d) Aços ligas para fundições A352.
Grupo 9 — Aços liga com níquel, cuja soma dos teores de todos os elementos de liga não seja superior a 10%.
a) Aços liga para chapas A353.
Grupo 10 – Chapas Bimetálicas
a) Aços liga com cromo para chapas A263;
b) Aços liga com cromo-níquel para chapas A264,
c) Níquel e ligas com base níquel para chapas A265.
4.1.2. Qualquer outra matéria-prima não especificada no item 4.1.1. poderá ser empregada na construção dos vasos de pressão, porém, deverá ser submetida à análise química e ensaios para determinação de suas propriedades mecânicas, a fim de que, enquadrando-a nos "Grupos de Material de Base", se estabeleça a respectiva taxa de trabalho. Deverá também a matéria-prima em causa ser submetida às provas exigidas no método para qualificação dos processos de soldagem NB-262 para efeito de conhecimento de suas respectivas características de soldabilidade.
4.1.3. No projeto dos vasos de pressão, após estabelecida a pressão e temperatura de cálculo, deverão ser adotadas as taxas de trabalho, as quais serão aplicadas no dimensionamento das espessuras dos costados e tampos, assim como ao reforço das aberturas, dimensionamento de conexões e flanges e no dimensionamento de outros elementos.
4.1.4. Se a chapa empregada satisfizer todos os índices especificados pelo projeto, com exceção do limite de resistência a referida chapa poderá ser utilizada desde que:
a) a redução do limite de resistência não ultrapasse em mais de 10% o mínimo fixado pela respectiva especificação;
b) A taxa de trabalho empregada no cálculo seja reduzida proporcionalmente à redução do limite de resistência
4.1.5. Toda a matéria-prima empregada nas peças submetidas a esforços provenientes da pressão interna ou externa a que está sujeito o vaso deverá ser acompanhado por certificados de inspeção que comprovem a observância à respectiva especificação.
4.1.6. Todas as peças ligadas ao vaso por processo de soldagem, mas que não estejam submetidas aos esforços provenientes da pressão interna ou externa a que está sujeito esse vaso, devem satisfazer as exigências requeridas no método para qualificação dos processos de soldagem de soldadores e de operadores, MB-262.
4.1.7. Para matéria-prima fundida usada na construção de peças submetidas a esforços provenientes de pressão interna ou externa a que estão sujeitos os vasos deve ser considerado um coeficiente de qualidade "C" como multiplicador da taxa de trabalho para o qual serão assumidos os seguintes valores:
C = 0,8 — quando a inspeção for aplicada apenas às exigências mínimas requeridas pela especificação do material.
C = 0,9 — Quando, além das exigências mínimas requeridas pelas especificações, forem ainda feitos a exame indicado em a e um dos exames indicados em b, c ou d, a seguir descritos:
a) visual, após usinagem, constatando-se não existirem falhas ou porosidades.
b) radiográfico das seções críticas da peça constatando-se não existirem defeitos vitais, devendo as radiografias serem feitas em 3 de cada lote de 5 peças fundidas.

c) radiográfico total de uma em cada lote de 5 peças fundidas constatando-se não existirem defeitos vitais.
d) de secionamento de uma de cada lote de 5 peças fundidas, constatando-se não existirem defeitos vitais.
4.1.7.1. Quando os defeitos de uma peça fundida se apresentarem em uma seção que não prejudique sua resistência mecânica, eles poderão ser reparados por soldagem, desde que submetidos à nova inspeção após tratamento térmico para alívio das tensões internas.
4.1.7.2. O produtor das peças fundidas deverá apresentar certificado de inspeção que ateste a observância às especificações requeridas.
4.1.7.3. Todas as peças fundidas para as quais for exigido coeficiente de qualidade igual a 0,9 devem ser devidamente marcadas, a fim de que o comprador ou seus inspetores possam identificá-las com os certificados de inspeção apresentados.
4.1.8. Os tubos com ou sem costura poderão ser empregados para a fabricação dos costados do vaso, desde que sejam enquadrados nos "Grupos de Material de Base" mencionados no item 4.1.1..
4.1.9. Os parafusos, estojos e porcas poderão ser empregados para as ligações das partes móveis dos vasos, devendo satisfazer as taxas de trabalho exigidas no item 4.1.3.
4.1.10. Os acessórios tais como flanges, luvas, conexões, tampões, flanges cegos, com produção padronizada deverão possuir a marca do fabricante. O certificado de inspeção poderá ser exigido na ordem de compra respectiva.

4.2. Soldagem

4.2.1. Processos de soldagem: Os produtos de soldagem por arco elétrico, admitidos na fabricação de vasos de pressão, são limitados aos seguintes:
4.2.1.1. Soldagem por arco elétrico, com eletrodos revestidos e para aplicação manual – Este processo utiliza o calor produzido pelo arco elétrico formado entre as peças a soldar e um eletrodo consumível, revestido por fluxo fusível, o qual, pela ação do calor adquire propriedade de fundente é desoxidante, tornando-se condutor de corrente elétrica.

O eletrodo, fundido-se ao mesmo tempo que as peças a soldar, preenche o espaço e ele reservado na junta, constituindo, no final da operação, uma peça única.
O fluxo no estado fundido tem por finalidade melhorar as condições de estabilidade do arço e evitar, o quanto possível, a produção de óxidos e nitretos nos materiais fundidos (metal de base e eletrodo).
4.2.1.2. Soldagem por arco elétrico com eletrodo consumível, protegido por gás inerte e para aplicação manual
Este processo utiliza o calor produzido por arco elétrico formado entre as peças a soldar e um eletrodo consumível. Esse arco é totalmente protegido por atmosfera constituída de gás inerte ionizável. O eletrodo, fundindo-se ao mesmo tempo que as peças a soldar, preenche o espaço a ele reservado na junta, constituindo, no final da operação, uma peça única. O fluxo gasoso envolve o arco elétrico, garantindo a estabilidade do arco e evitando a produção de óxidos e nitretos nos materiais fundidos (metal de base e eletrodo).
4.2.1.3. Soldagem por arco elétrico, com eletrodo inconsumível, protegido por gás inerte e para aplicação manual. Este processo é semelhante ao descrito no item 4.2.1.2, porém, o eletrodo é inconsumível e geralmente de tungstênio. A soldagem das peças se efetua por fusão dos bordos das juntas e adição de metal com vareta de soldagem, cuja composição química é análoga à do metal de base.
4.2.1.4. Soldagem por arco elétrico submerso, com eletrodo nu e para aplicação com máquina automática – Este processo utiliza o calor produzido por arco elétrico formado entre as peças a soldar e um eletrodo consumível. Esse arco é totalmente recoberto por um fluxo granulado, fusível, o qual, pela ação do calor, adquire propriedades de fundente e desoxidante, tornando condutor de corrente elétrica.
O eletrodo é geralmente enrolado em bobinas com a finalidade de proporcionar alimentação automática compensadora do consumo desse eletrodo, permitindo assim a execução contínua de grandes comprimentos de cordões de solda.
O eletrodo fundindo-se ao mesmo tempo que as peças a soldar, avançando automaticamente, preenche o espaço a ele reservado na junta, consituindo no final da operação uma peça única. O fluxo no estado fundido tem por finalidade melhorar as condições de estabilização do arco e evitar o quanto possível a produção de óxidos e nitretos nos materiais fundidos (metal de base e eletrodo).
4.2.1.5. Soldagem por arco elétrico, com eletrodo consumível, protegido por gás inerte e para aplicação com máquina automática — Este processo utiliza o calor produzido por arco elétrico formado entre as peças a soldar e um eletrodo consumível. Esse arco é totalmente protegido por atmosfera constituída de gás inerte ionizável. O eletrodo é geralmente enrolado em bobinas com a finalidade de proporcionar alimentação automática compensadora do consumo desse eletrodo, permitindo assim a execução contínua de grandes comprimentos de cordões de solda. O eletrodo, fundindo-se ao mesmo tempo que as peças a soldar, avançando automaticamente, preenche o espaço a ele reservado na junta, constituindo, no final da operação, uma peça única O fluxo gasoso envolve o arco elétrico garantindo a estabilização do arco e evitando a produção de óxidos e nitretos nos materiais fundidos (metal de base e eletrodo).
4.2.1.6. Soldagem por arco elétrico com eletrodo inconsumível, protegido por gás inerte e para aplicação com máquina automática — Este processo é semelhante ao descrito no item 4.2.1.5, porém, o eletrodo é inconsumível e geralmente de tungstênio. A soldagem das peças se efetua por fusão dos bordos da junta e adição de metal, com vareta de solda, cuja composição química é análoga a do metal de base.
4.2.1.7. Para os processos definidos nos itens 4.2.1.4., 4.2.1.5. e 4.2.1.6, poderão ser adotadas soluções semi-

automáticas, isto é, onde parte da movimentação é executada pela máquina e parte é de responsabilidade e habilidade do soldador.

4.2.2. Cordões de solda: são admissíveis os tipos descritos a seguir:

a) de topo – cordão de solda executado entre duas peças dispostas topo a topo. As faces de soldagem podem ser paralelas, chanfradas em "V" (simples ou duplo) ou em "U" (simples ou duplo), chanfro esse que pode ser feito em um ou em ambas as peças.

b) de ângulo – cordão de solda de corte transversal triangular, unindo duas superfícies aproximadamente em ângulo reto.

c) integral de ângulo – cordão de solda de ângulo, cuja altura ou garganta é igual a menor das espessuras das peças a serem unidas.

Nota: compreende-se por altura ou garganta a relativa à hipotenusa do triângulo correnpondente ao corte transversal do cordão.

d) ponteado – cordão de solda de topo ou de ângulo, para fixar provisoriamente os componentes em alinhamento adequado, até que sejam feitas as soldas definitivas.

e) Descontínuo – cordão de solda em ângulo, aplicada intermitentemente em cordões de comprimento superior a 10 cm e espeçamento entre cordões inferior a 30 cm.

4.2.2.1. Cordões de solda em chanfros – devem ser dimensionados levando-se em consideração a espessura das chapas da junta e a profundidade do ou dos chanfros, somados à penetração completa do cordão de base.

4.2.2.2. Cordões de solda de ângulo

a) para cordões de lados iguais, o dimensionamento deve ser referido ao comprimento correspondente ao lado do maior triângulo isósceles que possa ser inscrito dentro do corte transversal da junta soldada.

b) Para cordões de lados desiguais, o dimensionamento deve ser referido aos comprimentos dos catetos correspondentes ao maior triângulo retângulo que possa ser inscrito dentro do corte transversal da junta soldada.

4.2.2.3. Para as soldas de ângulo devem ser observadas as seguintes dimensões mínimas:

a) chapa com 5 mm (3/16") de espessura: cordões de ângulo integral

b) com chapa de mais de 5 mm de espessura: cordões de ângulos iguais ou superiores a um terço da menor das espessuras das chapas das juntas e nunca inferiores a 5 mm.

4.2.2.4. Quando duas chapas de espessuras diferentes são unidas por um cordão de solda de topo, o bordo da chapa mais grossa deve ser biselado, até que a espessura nessa aresta tenha uma espessura igual a da chapa mais fina, devendo esse bisel ter um comprimento mínimo de quatro vezes a diferença das espessuras for menor ou igual a 3 mm (1/8") a biselagem da chapa é dispensável (ver Fig. 4.).

4.2.2.5. O dimensionamento dos cordões de solda da parte estrutural dos vasos devem obedecer às normas brasileiras para estruturas metálicas NB-14.

4.2.3. Juntas soldadas – são admissíveis os tipos descritos a seguir e constantes da Fig. 5.

a) Juntas de topo com cordão duplo – Junta entre duas peças dispostas topo a topo, aproximadamente no mesmo plano e soldados em ambos os lados.

b) juntas de topo, com cordão simples, com contra chapa – junta entre duas peças dispostas topo a topo, aproximadamente no mesmo plano, soldadas somente de um lado, usando-se uma tira, barra ou outro material como contra chapa.

c) junta sobreposta, com cordão duplo – junta entre duas peças sobrepostas, nas quais ambas as bordas são sodadas com solda de ângulo.

d) junta sobreposta com cordão simples – junta entre duas peças sobrepostas, nas quais a borda de uma delas é soldada com solda de ângulo.

e) junta sobreposta com solda de tampão – junta entre duas peças sobrepostas obtidas pelo enchimento total, com solda, dos furos conjugados, devidamente espaçados, com diâmetros iguais ou maiores que a espessura menor da peça considerada.

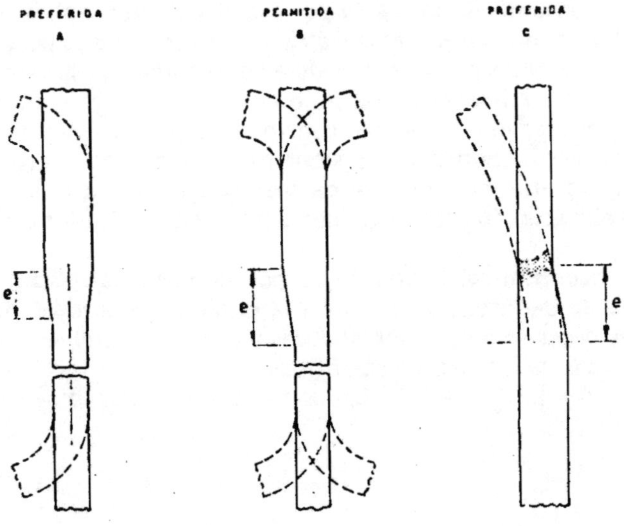

Fig. 4

4.2.3.1. Antes da execução de qualquer junta soldada, os processos a serem empregados e os soldadores, ou operadores das máquinas de solda devem ser sujeitos à devida qualificação e respectiva aprovação conforme estipulado no método brasileiro de qualificação de processos de soldagem, de soldadores e de operadores MB-262.

4.2.4. Sobre-espessura

A sobre-espessura dos cordões de solda não pode ultrapassar os seguintes limites:

Espessura Nominal da chapa	Sobre-espessura máxima
Até 12 mm	2,5 mm
12 até 25 mm	3,1 mm
Acima de 25 mm	4,8 mm

TIPOS DE JUNTAS SOLDADAS

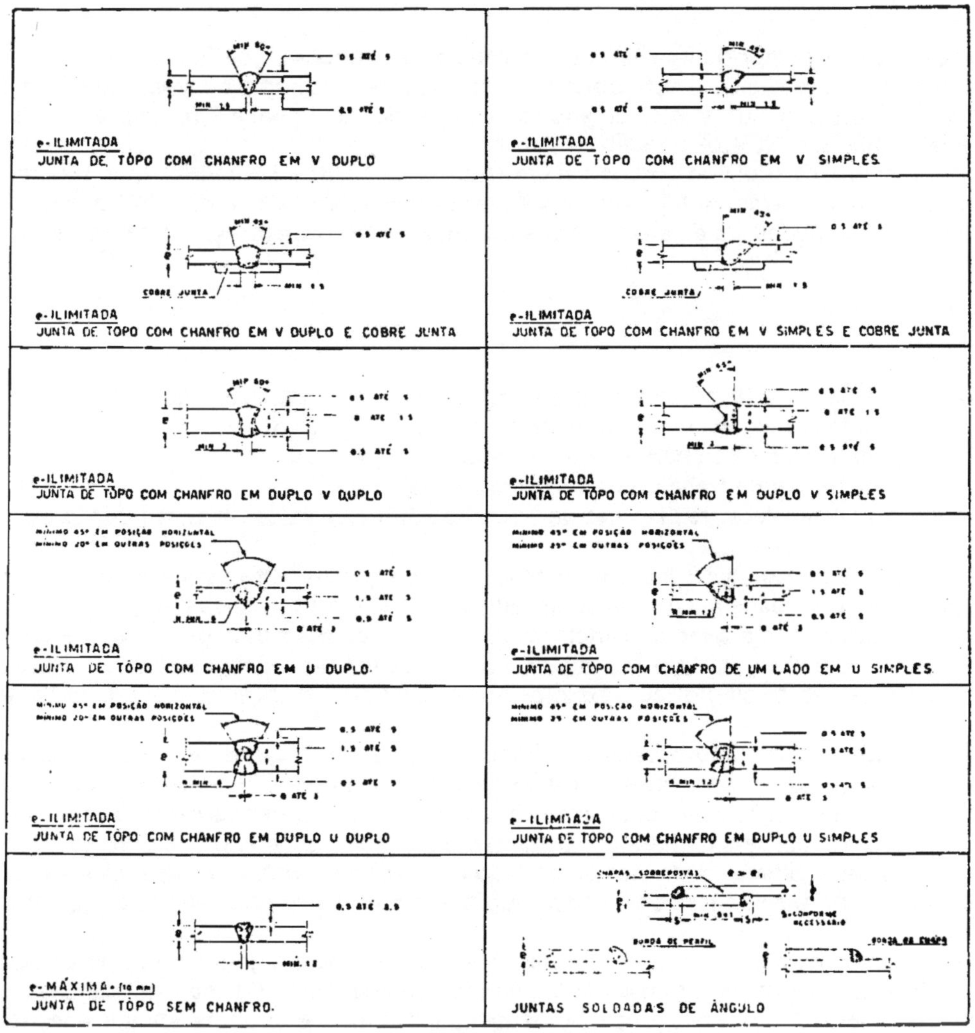

Fig. 5

4.3. Condições de Cálculo

4.3.1. Temperatura

O valor empregado no cálculo do vaso deve ser aquele a que está sujeito o material nas mais severas condições de temperatura respectiva. Entretanto, no caso de vasos sujeitos a variações cíclicas de temperatura deverão ser tomados os valores extremos dessa variação.

4.3.2. Pressão

4.3.2.1. Os vasos deverão ser calculados considerando-se as mais severas condições de pressão de operação, no caso de vasos sujeitos à pressão e vácuo (pressão interna e externa simultaneamente) deverão ser tomados os valores diferenciais máximos.

4.3.2.2. A pressão máxima de trabalho admissível para um vaso de pressão é a pressão máxima na parte inferior do vaso em sua posição de trabalho, na temperatura de operação especificada para aquela pressão.

4.3.2.3. A pressão máxima de trabalho admissível pode ser determinada para mais de uma temperatura de operação, empregando-se para cada temperatura o valor aplicável da tensão de trabalho admissível.

4.3.2.4. A pressão máxima de trabalho admissível para vasos que possuam determinadas secções cuja resistência não pode ser calculada será estabelecida empregando-se um dos processos de ensaio abaixo descritos, tendo em vista o tipo de carga do vaso e o material empregado na sua construção.

4.3.2.4.1.a) Calcular a pressão de ruptura do vaso em sua seção crítica, considerando as condições mais desfavoráveis de operação, na temperatura ambiente.

b) submeter o vaso a uma pressão hidrostática de ensaio igual à metade da pressão de ruptura calculada em "a"
A aplicação da pressão da prova deverá ser suspensa imediatamente após os primeiros sinais de escoamento.

c) Tomar como pressão máxima de trabalho admissível 40% do valor da pressão hidrstática aplicada em "b".

4.3.2.4.2. No caso de fabricação seriada de vasos de pressão, poderá proceder-se com destruição de protótipos, como indicado abaixo:

a) escolher uma parte ou seção crítica do vaso e submetê-lo a ensaio para determinação de resistência, a fim de calcular a pressão de rutura do vaso.

b) verificar se esse valor é menor ou igual ao valor calculado em 4.3.2.4.1. "a".
c) calcular pelo valor da pressão de rutura obtido em "a" a pressão máxima de trabalho admissível.
d) submeter o vaso à pressão hidrostática de ensaio, para verificação, igual a 1,5 vezes a pressão máxima de trabalho admissível, a qual será 20% da pressão de rutura.
4.3.2.5. Pressão máxima de trabalho admissível em altas temperaturas. Para vasos que irão operar em temperaturas para vasos que irão operar em temperaturas para as quais o valor de tensão de trabalho do material é menor do que aquele na temperatura de ensaio, a pressão máxima de trabalho será determinada pela seguinte fórmula:

$$Po = Pt \frac{Oo}{Ot}$$

onde:
Po = Pressão máxima de trabalho admissível para a temperatura de operação (kg/cm^2).
Pt = Pressão de trabalho admissível para a temperatura de ensaio (kg/cm^2)
Oo = valor máximo da tensão de trabalho na temperatura de operação
Ot = valor máximo da tensão de trabalho na temperatura de ensaio.
4.3.2.6. O ensaio para estabelecer as pressões de trabalho admissíveis dos vasos, ou partes dos vasos, devem ser feitas.
4.3.3.1. São consideradas substâncias letais aquelas cuja ação seja venenosa para a natureza humana mesmo no caso em que pequena quantidade misturada ao ar seja suficiente para tornar-se perigosa à vida.
4.3.3.2. Para efeito desta norma serão consideradas as substâncias letais quando armazenadas sob pressão ou as substâncias letais que possam gerar pressão quando mantidas em recipientes fechados. Entre elas são destadas as seguintes substâncias: ácido cianídrico, tetracloreto de carbono, cianogênio, bás mostarda, bromo e chumbo tetraetila.
4.3.3.3. Não são classificadas como substâncias letais: cloro, amônia, gases naturais ou derivados do petróleo liquefeitos ou não (propano, butano, butadeino) e vapores de qualquer outro produto de petróleo.
4.3.3.4. Se o material empregado na construção de um vaso para conter substância letal for aço carbono ou aço de baixa liga, o vaso deve ser submetido a tratamento térmico para alívio das tensões internas.
4.3.3.5. Todas as juntas soldadas dos vasos de pressão que venham a conter substâncias letais, sejam elas líquidas ou gasosas devem ser executadas com cordão duplo de topo ou seu equivalente e submetidas à inspeção radiográfica total.
4.3.3.6. Todos os vasos de pressão que contenham substância letal e sujeitos à temperatura do trabalho igual ou inferior a 30° e para os quais foram exigidos ensaios de resiliência do material de base ou do material de solda depositado devem ter todas as juntas soldadas longitudinais e circunferenciais executadas com cordão duplo de topo ou cordão simples de penetração total (com cobre junta). Toda a vez que possível, devem ser removidas as cobre-juntas longitudinais.

4.4. Esforços
4.4.1. Carcas a considerar
No projeto de um vaso devem ser considerados os esforços produzidos pelos seguintes fatores:
a) pressão de cálculo interna e/ou externa.
b) impactos, inclusive os provenientes de flutuações rápidas da pressão.
c) peso próprio do vaso, inclusive o conteúdo do mesmo sob as condições normais de operação ou ensaio e também a pressão adicional devida à altura estática da coluna líquida, quando for o caso.
c) cargas adicionais sobrepostas, tais como as provenientes do peso próprio de outros equipamentos, isolamentos térmicos, revestimentos e encanamentos.
e) cargas provenientes de ventos.
f) reações em orelhas de suporte, anéis, sapatas ou berços.
g) efeitos de gradientes de temperatura sobre as taxas de trabalho.
4.4.2. Taxas de trabalho
Para determinadas temperaturas de cálculo, os valores máximos admissíveis para as taxas de trabalho aplicadas aos materiais que constituem as diversas partes ou seções de um vaso de pressão está fixados em tabelas.
4.4.2.1. Se o limite de resistência à tração de um determinado material for inferior ao fixado pela respectiva especificação e observando-se que as demais propriedades mecânicas e análise química satisfazem a especificação em causa, a taxa de trabalho deverá sofrer redução proporcional ao limite de resistência.
4.4.2.2. Com referência a tabelas são feitas as seguintes observações:
a) os valores das taxas de trabalho poderão ser interpoladas para valores intermediários de temperaturas.
b) as taxas de trabalho quando aplicadas a esforços de cisalhamento deverão ser reduzidas de 20%
c) as chapas de aço ASTM-47, ASTM-A113, GRAUC, ASTM-A283, grauas A, B, C e D poderão ser empregadas na fabricação de vasos de pressão, desde que seja observado o seguinte:
– Não conterão substâncias letais quer sejam líquidos ou gases,
– Não constituirão reservatórios ou parte de reservatórios de geradores de vapor.
– A temperatura de cálculo estará entre os limites de – 30° a + 350 °C
– A espessura máxima das chapas nas quais existem juntas soldadas será de 16 mm (5/8").
d) os aços da qualidade FLANGE não poderão ser utilizados em vasos cuja temperatura de trabalho seja maior que 450° C.

e) para temperaturas de trabalho acima de 450° C, recomenda-se que os aços utilizados contenham teor mínimo de silício de 0,10%. Essa condição é obrigatória para temperaturas de trabalho iguais ou superiores a 500° C.
f) para temperaturas de cálculo compreendidas entre – 30° C e + 200° C serão admissíveis, para as taxas de trabalho, valores compreendidos entre 20% do limite de resistência e 25° do limite de escoamento da matéria-prima considerada.

4.5. Corrosão

4.5.1. Os vasos de pressão ou suas partes constitutivas, sujeitos a uma diminuição progressiva na espessura da parede devia à corrsão, erosão ou abrasão, devem ser calculados com acréscimo conveniente na espessura, acréscimo esse compatível com a vida desejada para o vaso, aplicável apenas -as partes que sofrerem o ataque considerado e variável em função da intensidade desse ataque.
4.5.2. Poderão ser empregados método de construção adotados que protejam as paredes do vaso contra corrosão, erosão ou abrasão reduzindo-se nesse caso a sobre-espessura da parede, uma vez que a proteção adotada garante a vida mínima deseja para o vaso.
4.5.3. Quando o método de construção adotado for o do revestimento da parede por um metal resistente ao ataque, esse revestimento poderá ter sua espessura variável de acordo com as condições de trabalho impostas a cada zona do vaso.
4.5.4. Vaoss destinados a conter ar, vapor ou água devem ser a espessura das paredes acrescida de 15% sobre o valor teórico calculado, essa sobre-espessura terá valor mínimo de 1,5 mm.
4.5.4.1. O item 4.5.4. não se aplica aos geradores de vapor sem aquecimento por chama direta ou a vasos de pressão cuja espessura tenha sido calculada com acréscimo devido à eficiência da solda.
4.5.5. Quando for esperada corrosão ou erosão do material de revestimento ou da chapa bimetálica, a espessura desses materiais deve ser aumentada de forma a se obter a vida desejada para o aparelho.
4.5.6. A espessura do revestimento não deve ser computada no cálculo da espessura da parede do vaso de pressão para efeito de determinação da taxa de trabalho.
4.5.7. Abertura para drenagem: vasos sujeitos a corrosão ou erosão devem ser providos com uma abertura adequada para drenagem no ponto mais baixo do corpo do vaso ou possuir um tubo sifão com sua extremidade interna localizada pelo menos a 5 mm do ponto mais baixo do corpo do vaso.

4.7. Dimensionamento de costados de vasos sujeitos a pressão interna.

As espessuras dos costados sujeitos à pressão interna não devem ser inferiores aos valores resultantes da aplicação das fórmulas dos itens 4.7.1. e 4.7.2. onde são empregados os seguintes símbolos:
e = espessura mínima exigida para as chapas do costado excluindo-se o acréscimo de espessura relativo a corrosão excluindo-se o acréscimo de espessura relativo à corrosão.
P = pressão do projeto (kg/cm2)
D1 = diâmetro interno do costado não considerando o acréscimo de espessura relativo à corrosão (mm).
n = eficiencia das juntas soldadas do costado ou eficiência dos ligamentos, devendo ser considerado o menor desses valores.
O = taxa de trabalho aplicável ao material empregado nas condições determinadas de temperatura, conforme especificado no item 4.4.2. (kg/mm^2)

4.7.1. Costados Cilíndricos

As espessuras das paredes de costados cilíndricos devem ser calculados pela fórmula.

$$e = \frac{P\,Di}{200\,n\,o - 1{,}2\,P}$$

4.7.2. Costados esféricos

As espessuras das paredes de costados esféricos devem ser calculados pela fórjula:

$$e = \frac{P\,Di}{400\,n\,o - 0{,}4\,P}$$

4.7.3. Taxa de trabalho máxima

As espessuras das paredes do costado de um vaso, calculadas de acordo com os itens 4.7.1. e 4.7.2. deverão ser analisadas, considerando-se a taxa de trabalho máxima oriunda de qualquer combinação das cargas aplicadas e que posssam ocorrer simultaneamente durante a operação do vaso e que não venham a exceder o máximo valor da temperatura suposta ser mantida no metal sob as condições de carga consideradas.

4.8. Dimensionamento de Costados de vasos sujeitos à pressão externa

As espessuras dos costados de vasos cilíndricos ou esféricos sujeitos à pressão externa, com ou sem anéis de reforço, e com juntas soldadas de topo, não devem ser inferiores aos valores resultantes do cálculo exposto nos itens 4.8.1 e 4.8.2, onde são empregados os seguintes símbolos:
e1 = espessura mínima exigida para as chapas de aço de costado cilíndrico, excluindo-se o excesso de espessura relativo à corrosão (mm).
e^2 = espessura mínima exigida para as chapas de aço de costado esférico, excluindo-se o excesso de espessura relativo à corrosão (mm).

L = comprimento de um anel do costado cilíndrico (mm), observando-se que deve ser tomado o maior dos seguintes valores, medidos paralelamente ao eixo do costado:

a) a distância entre o ponto de concordância do tampo mais 1/3 da profundidade de cada tampo, no caso de não haver anel de reforço.

b) a maior distância entre o primeiro anel de reforço até o ponto de concordância do tampo, mais 1/3 da profundidade do tampo.

c) a maior distância entre linhas de centro de dois anéis de reforço adjacentes.

D_1 = diâmetro interno do costado esférico (mm)

De = diâmetro externo do costado cilíndrico para anel considerado (mm).

B = fator dimensionalmente equivalente à taxa de trabalho (kg/cm²).

P = pressão externa de cálculo (kg/cm²).

Pm = pressão calculada em função do fator B (kg/cm²).

4.8.1. Costados cilíndricos

As espessuras das paredes de costados cilíndricos devem ser calculadas em função dos valores fixados nas tabelas, pelo seguinte método.

a) o valor de B é dado pelo monograma da Fig. 6.

b) escolha-se um valor arbitrário para a espessura do costado (e_1).

c) calcula-se o valor da relação entre o diâmetro externo (De) e a espessura (e_1) do vaso.

d) calcula-se o valor da relação entre o comprimento livre do anel do costado (L) e o diâmetro externo do vaso (De).

e) obtenha-se do monograma o valor do fator B.

f) calcula-se o valor da pressão máxima de trabalho (Pm) para a espessura arbitrada (e_1) do costado, empregando-se a seguinte fórmula:

$$Pm = \frac{B}{Di / e_1}$$

g) compara-se esse valor "Pm" com o da pressão de trabalho, à qual efetivamente estará sujeito o vaso (P).

h) se o valor de "Pm" for igual (ou ligeiramente superior) a (P) a espessura arbitrada "e_1" pode ser considerada como espessura de cálculo.

i) se o valor de "Pm" afastar-se muito, para mais ou para menos, dos valores de "P", escolher um novo valor para a espessura "e_1" e proceder novamente o cálculo anterior, até que seja encontrado um valor para "Pm" igual (ou ligeiramente superior) a "P".

4.8.2. Costados esféricos

As espessuras das paredes de costados esféricos devem ser calculadas em função dos valores fixados nas tabelas, pelo seguinte método.

a) o valor de B é dado pelo monograma da Fig. 6.

b) escolhe-se um valor arbitrário para a espessura do costado (e_2).

c) calcula-se o valor da relação entre o diâmetro interno (Di) e a espessura (e_2) do vaso.

d) calcule-se o valor da relação entre o diâmetro interno da esfera (Di) e da espessura da esfera multiplicada pelo fator 200 (200 e_2).

e) obtenha-se do do nomograma o valor do fator B.

f) calcule-se o valor da pressão máxima de trabalho (Pm) para a espessura arbitrada (e_2) do costado, empregando-se a seguinte fórmula:

$$Pm = \frac{2B}{Di / e_2}$$

g) compare-se esse valor "Pm" com o da pressão de trabalho a qual efetivamente estará sujeito o vaso (P).

h) se o valor "Pm" for igual (ou ligeiramente superior) a "P" a espessura arbitrada "e_2" pode ser considerada como espessura de cálculo.

i) se o valor de "Pm" afastar-se muito para menos ou para mais dos valores de "P", escolher um novo valor para a espessura "e_2" e proceder novamente o cálculo anterior até que seja encontrado um valor para "Pm" igual (ou ligeiramente superior) a "P".

4.8.3. Pressão de cálculo

A pressão de cálculo ou a pressão máxima de trabalho admissível não deve ser menor que a máxima diferença operacional instantânea de pressão prevista entre a face externa e interna do costado.

Pressão externa de 1 kg/cm² ou menor

Os vasos operando sob pressão externa de 1 kg/cm² ou menor devem ser calculados para uma pressão externa 25% maior que apressão de trabalho, adotando-se, porém, o menor desses dois valores.

4.8.5. Costados com juntas sobrepostas

Havendo juntas sobrepostas em costados cilíndricos ou em costados esféricos sujeitos à pressão externa, a espessura do costado deve ser determinada tomando-se o valor duplo para a pressão externa de cálculo (eficiência total equivalente a 50% (n = 0,5).

4.8.6. Cálculo dos anéis de reforços em vasos sujeitos à pressão externa.

4.8.6.1. O momento de inércia requerido para um anel de reforço circunferencial, não deverá ser menor que o determinado pela seguinte fórmula:

$$I = \frac{De^2 \; L \; A}{1400} \left(\frac{e_1}{100} + \frac{S_1}{L} \right)$$

Onde:

I = momento de inércia requerdi para o anel de reforço determinado em relação ao eeu eixo neutro, paralelo ao eixo do vaso (cm^4).

S_1 = área da seção transversal do anel de reforço (cm^2).

A = fator adimensional determinado no nomograma da Fig. 6, dado em função do material do anel, do fator "B" calculado pela fórmula do item 4.8.6.2. e ainda da temperatura de cálculo especificada.

4.8.6.2. Para o cálculo do fator "A" procede-se da seguinte forma:

a) determine-se o valor "B" pela fórmula:

$$B = \frac{P \; De}{e_1 + \frac{100 \; S_1}{L}}$$

Tendo-se previamente escolhido um perfil cuja seção transversal seja S_1.

b) pelo nomograma da Fig. 6 e em função do valor de "B" calculado e dà temperatura de cálculo, determina-se o fator A.

c) aplicando-se esse valor de "A" à fórmula expressa em 4.8.6.1., determine-se o momento de inércia requerido (I) o qual não pode ser inferior ao do perfil escolhido.

d) se o valor do momento de inércia "I" for maior ou menor que o di perfil escolhido, adotar outro perfil e proceder novamente aos cálculos anteriores até que seja encontrado para I um valor igual (ou ligeiramente inferior) ao do momento de inércia do perfil.

4.8.6.3. Os anéis de reforço deverão estender-se de forma completa em torno da circunferência do vaso. Qualquer junção entre extremidades do anel ou seções do anel com qualquer conexão deverá ser executada de forma a garantir a continuidade do momento de inércia requerido.

4.8.6.4. Anéis de reforço internos, quando vazados por condições impostas pela construção (drenagem, suportes de bandejas, etc.), devem ter dimensões tais que o momento de inércia da seção do anel nesses pontos seja suficiente para satisfazer as condições de cálculo do vaso.

4.8.6.5. Anéis de reforço internos descontínuos devem ser calculados de forma que o comprimento do arco não suportado, medido na parede do vaso, obedeça aos valores extraídos no nomograma da Fig. 7 a não ser que haja uma compensação externa (Fig. 8) ou sejam verificadas as condições abaixo.

4.8.6.5.1. As restrições impostas acima não precisam ser respeitadas se:

a) o comprimento do arco não suportado, medido na parede do vaso, abranger um ângulo de 90° no máximo.

b) os arcos nõ suportados de um costado cilíndrico forem sucessivamente defasados de 180° (para anéis adjacentes descontínuos).

c) no cálculo do anel de reforço for tomado o valor de "L" como sendo o maior de um dos valores seguintes: 1) a distância entre dois anéis igualmente defasados (anéis alternados); 2) a distância do segundo anel à linha de concordância do tampo acrescida de um terço da flecha da calota.

4.8.6.6. Quando forem usadas estruturas planas perpendiculares ao eixo longitudinal do vaso, tais como as de bandejas de borbulhamento ou chicanas, elas poderão ser consideradas como anéis de reforço, que sejam projetadas com essa finalidade.

4.8.6.7. Qualquer tirante ou suporte interno projetado para qualquer finalidade, não deverá fixar-se diretamente ao costado do vaso. Sua fixação deve ser localizada na linha neutra de um anel de reforço contínuo.

4.8.6.8. Ligação dos anéis de reforço no costado

4.8.6.8.1. Os anéis de reforço deverão ser ligados aos costados por cordões de solda contínua ou intermitente (Fig. 8). o comprimento total dos cordões de solda intermitente, de cada lado do anel, deverá obedecer às seguintes determinações:

a) anéis externos: igual ou maior que metade da circunferência externa do costado do vaso.

b) anéis internos: igual ou maior que um terço da circunferência interna do costado do vaso.

4.8.6.8.2. Todas as juntas soldadas dos anéis do devem obedecer as prescrições do item 4.2. soldagem.

4.8.6.8.3. Quando for prevista corrosão para o anel de reforço, a ligação ao costado deverá ser excecutada em cordão de solda contínua.

4.9. Dimensionamento de vasos sujeitos à pressão interna e externa

4.9.1. Para o dimensionamento do costado ou dos tampos de um vaso sujeito à pressão interna e externa, a pressão de cálculo deverá ser estabelecida em função das condições de trabalho mais desfavoráveis.

4.9.2. Todas as exigências desta norma impostas para o dimensionamento dos costados e dos tampos sujeitos à pressão interna e externa deverão ser aplicadas.

4.10. Dimensionamento de Tampos

4.10.1. Generalidades

Para efeitos de cálculo serão considerados todos os tampos como fabricados por processo de prensagem, martelamento, repuxamento ou equivalente, à quente ou a frio, desde que não sejam prejudicados as propriedades mecânicas do material.

4.10.2. Padronização de diâmetros

A menos que razões especiais se oponham à normalização dos diâmetros dos tampos, todos os vasos de pressão calculados por esta norma devem obedecer aos seguintes diâmetros internos, em mm:

500, 600, 800, 1000, 1200, 1400, 1500, 1600, 1800, 2000, 2200, 2400, 2500, 2600, 2800, 3000, 3250, 3500, 3750, 4.000.

A espessura mínima requerida em cada formato de tampo, é especialmente indicada para os casos onde for obrigatória a escolha de um diâmetro não normalizado ou nos casos onde se torne necessária a verificação do dimensionamento de tampo em virtude de condições especiais de cálculo.

4.10.3. Tampos sujeitos à pressão do lado côncavo.

A espessura mínima requerida em qualquer ponto de um tampo deve ser calculada, pelas fórmulas correspondentes a cada formato, expostas nos itens seguintes, onde:

e = espessura mínima exigida para chapas do tampo excluindo-se o excesso de espessura relativo à corrosão (mm)

P = pressão de cálculo (kg/cm²).

Di = diâmetro interno do flange cilíndrico do tampo, ou comprimento interno do eixo maior no caso de um tampo elipsoidal, ou diâmetro interno de um tampo cônico num determinado ponto medido perpendicularmente ao eixo longitudinal: em qualquer dos casos, excluindo-se o excesso de espessura relativo à corrosão (mm)

O = Taxa de trabalho aplicável ao material empregado nas condições determinadas de temperatura, conforme especificado no item 4.4.2. (kg/cm²).

n= eficiência das juntas soldadas ou eficiência dos ligamentos, devendo ser considerado o menor desses valores; no caso de tampos semi-esféricos, deve ser considerada também juntas do tampo do casco.

R = raio interno da calora esférica (mm).

B = semi-ângulo do vértice do cone.

4.10.3.1. Tampos elipsoidais (aplicável quando o diâmetro interno do flange do tampo for ao dobro do menor eixo da elipse).

$$e = \frac{P\,Di}{200\,O\,n - 0{,}2\,P}$$

4.10.3.2. Tampos torisféricos (aplicável quando o raio de concordância é 6% do raio interno da calota).

$$e = \frac{0{,}885\,P\,R}{100\,O\,n - 0{,}1\,P}$$

4.10.3.3. Tampos semi-esféricos (aplicável quando a espessura do tampo não exceder a 1/3 do raio interno da calota ou a pressão de projeto não exceder a 2/3 do produto da taxa de trabalho pela eficiência de solda ou ligamento).

$$e = \frac{P\,Di}{400\,O\,n - 0{,}4\,P}$$

4.10.3.4. Tampos cônicos (aplicável somente aos casos onde existir apenas um raio de concordância e ainda quando o valor do semi-ângulo do vértice do cone não exceder a 30°).

$$e = \frac{P\,Di}{200\,\cos B\,(O\,n - 0{,}006\,P)}$$

4.10.3.5. Quando um tampo elipsoidal, torisférico, semi-esférico ou cônico for obrigado a ter espessura menor do que a calculada pelas fórmulas referidas nos itens 4.10.3.1. a 4.10.3.4. ele deve ser estaiado e calculado como tampo plano estaiado (4.10.6.).

4.10.4. Tampos sujeitos à pressão do lado convexo

A espessura mínima requerida em qualquer ponto de um tampo deve ser calculada pelas fórmulas correspondentes a cada formato, exposto nos parágrafos seguintes, onde:

E = espessura mínima exigida para chapas do tampo excluindo-se o excesso de espessura relativa à corrosão (mm).

P = pressão de cálculo (kg/cm²).

De = Diâmetro externo do flange do tampo ou diâmetro externo de um tampo cônico num determinado ponto, medido perpendicularmente ao eixo longitudinal. Em qualquer dos casos, excluindo-se o excesso de espessura relativo à corrosão (mm).

O = taxa de trabalho aplicável ao material empregado nas condições determinadas de temp. conforme especificado no item 4.4.2. (kg/mm²).

n = eficiência das juntas soldadas ou eficiência dos ligamentos devendo ser considerado o menor desses valores; no caso de tampos semi-esféricos, deve ser considerada também a junta do tampo ao casco.

4.10.4.1. Tampos elipsoidais (aplicável quando o diâmetro interno do flange do tampo for igual ao dobro do eixo menor da elipse).

$$e = \frac{P.\,De}{120\,O\,n}$$

4.10.4.2. Tampos, torisféricos (aplicável quando o raio de concordância é 6% do raio interno da coroa).

$$e = \frac{15,5 \, P \, De}{100 \, O \, n}$$

4.10.4.3. Tampos semi-esféricos (aplicável quando a espessura do tampo não exceder 1/3 do raio interno da coroa, ou a pressão de projeto não exceder a 2/3 do produto da taxa de trabalho pela eficiência de solda).

$$e = \frac{P \, De}{120 \, O \, n}$$

4.10.4.4. Tampos cônicos. Quando o ângulo do vértice do cone for igual ou menor que 60°, a espessura do tampo deve ser calculada de forma idêntica a de um costado sujeito à pressão externa, considerando-se como comprimento livre deste costado a altura do cone. Admite-se a colocação de anéis de reforço de forma a subdividir-se o comprimento livre do costado.

4.10.5. Tamplos planos

A espessura mínima requerida para um tampo plano deve ser calculada pela fórmula seguinte:

$$e = \frac{D}{10} \sqrt{\frac{kP}{O}}$$

e = espessura mínima para chapas do tampo, excluindo-se o excesso da espessura relativo à corrosão (mm).
P = pressão de cálculo (kg/cm²).
D = Diâmetro da linha de centro dos parafusos ou do engastamento da superfície plana ao costado (mm).
O = taxa de trabalho aplicável ao material empregado nas condições determinadas de temperatura, conforme especificado no item 4.4.2. (kg/mm²).
k = fator variável, função do tipo de fixação ou do engastamento do tampo ao costado.

k = 0,162 — Para tampo rebitado ou parafusado a costado ou flangeado. Fig. 9a.

k = 0,162 — Para tampo integral com costado (sem junta soldada) desde que D seja igual ou menor que 600 mm e a relação entre a espessura do tampo e D seja no mínimo igual a 0,05, Fig. 9b.

k = 0,300 — Para tampo flangeado e engastado ao costado por junta circunferencial sobreposta, soldada, observando-se ainda que o raio de concordância interno do tampo não seja menor que três vezes a espessura do flange adjacente, Fig. 9c.

k = 0,250 — Para tampo flangeado e engastado ao costado por junta circunferencial de topo, soldada, observando-se ainda que o raio de concordância interno do tampo não seja menor que três vezes a espessura da flange adjacente. Neste caso, é necessário que sejam observadas as exigências sobre o tratamento térmico de alívio de tensões (item 5.4.) e sobre o ensaio radiográfico (item 7.5.), Fig. 9d.

k = 0,500 — Para tampo soldado no interior do costado, satisfazendo aos requisitos sobre o tratamento térmico de alívio de tensões (5.4.). O ensaio radiográfico não é exigido. O tamanho da solda deve ser não inferior à espessura requerida para um costado sem costura com o mesmo diâmetro, nem inferior 1,25 vezes a espessura nominal do costado. Por outro lado, não deve ser superior à espessura do tampo. O chanfro para a solda deve ser tal que a raiz fique na superfície interna do tampo, Fig. 9e.

$k = 0,300 + \frac{1,40 \, . \, W. \, h. \, g}{H \, . \, d}$ Para tampos parafusados a costado ou flange de tal forma que a fixação dos parafusos tenda a abaular o tampo, atuando a pressão na face do tampo voltada para o flange (ou costado), Fig. 9f.

k = 0,500 — Para tampos com diâmetro D não superior a 450 mm soldado no interior do costado conforme Fig. 9g, satisfazendo aos requisitos do tratamento térmico de alívio de tensões (5.4.). O ensaio radiográfico não é exigido. A extremidade do costado deverá possuir uma conicidade igual ou superior a 30°, tendo como valor máximo 45°. A parte cônica será formada a frio somente quando esta operação não danificar o material do costado. A garganta da solda deverá ser, no mínimo, igual à espessura do tampo ou do costado (tomar o maior dos dois valores).

k = 0,750 — Para tampo rosqueado na extremidade de costado cujo diâmetro interno D não exceda 300 mm ou para tampo com flange integral rosqueada externamente à extremidade de costado com aquele diâmetro. O projeto da junta rosqueada deverá ser baseado num coeficiente de segurança igual a 4 no cálculo da resistência à tração, compressão ou cizalhamento, devidos à força exercida pela pressão. Os filetes deverão ter, no mínimo, a secção dos filetes, de roscas para canos padronizados. Poderá ser feita, ainda, solda de selagem, Fig. 9h.

k = 0,300 — Para tampo inserido na extremidade do costado e fixado por dispositivos adequados, tais como indicados na Fig. 9i. O projeto de tais dispositivos deverá ser baseado num coeficiente de segurança igual a 4 no cálculo da resistência à tração, compressão ou cizalhamento, devidos à força exercida pela pressão. Poderá ser feita, ainda, solda de selagem.

4.10.6. Superfícies nervuradas e estaiadas

4.10.6.1. A espessura mínima das chapas planas nervuradas e estaiadas, inclusive a de componentes de vasos que devam ser considerados como chapas planas que requeiram nervuras ou estais de diâmetro uniforme e simetricamente espaçados é dada pela seguinte fórmula:

$$e = p \sqrt{\frac{P}{O \, C}}$$

Onde:

e = espessura mínima da chapa exclusive a sobre-espessura de corrosão (mm).
P = pressão de projeto (ou a pressão máxima de trabalho, no caso de vasos já existentes) (kg/cm²).

O = Taxa de trabalho do material do vaso (kg/cm²).

P = Passo máximo medido entre linhas retas passando pelos centros dos estais, nas diversas fileiras, cujas linhas podem ser horizontais, verticais ou inclinadas (mm).

C = 210 para estais soldados ou estais parafusados através de chapas de espessura não superior a 11 mm (7/16"), tendo as extremidades rebitadas.

C = 220 para estais soldados ou estais parafusados através de chapas de mais de 11 mm (7/16") de espessura, tendo as extremidades rebitadas.

C = 250 para estais parafusados através de chapas e providos, cada um, com uma porca e uma arruela na parte externa da chapa ou com porcas nas partes externa e interna, sendo omitida a arruela.

C = 280 para estais cujas extremidades possuam ressaltos não inferiores a 1,3 vezes os diâmetros dos estais rosqueados através de chapas ou com ajuste cônico, sendo que os ressaltos devem ser feitos antes da instalação dos estais e não por rebitamento posterior. Os ressaltos devem apresentar contacto perfeito com a chapa.

C = 320 para estais com porca interna e externa e com arruela externa. O diâmetro deve ser não inferior a 0,4 p e a espessura não inferior a "e".

4.10.6.1.1. Não e permitido o uso de estais em chapas de espessura "e" inferior a 8 mm (5/16") exceto no caso de chapas cilíndricas ou esféricas externas a costados e no caso de estais soldados.

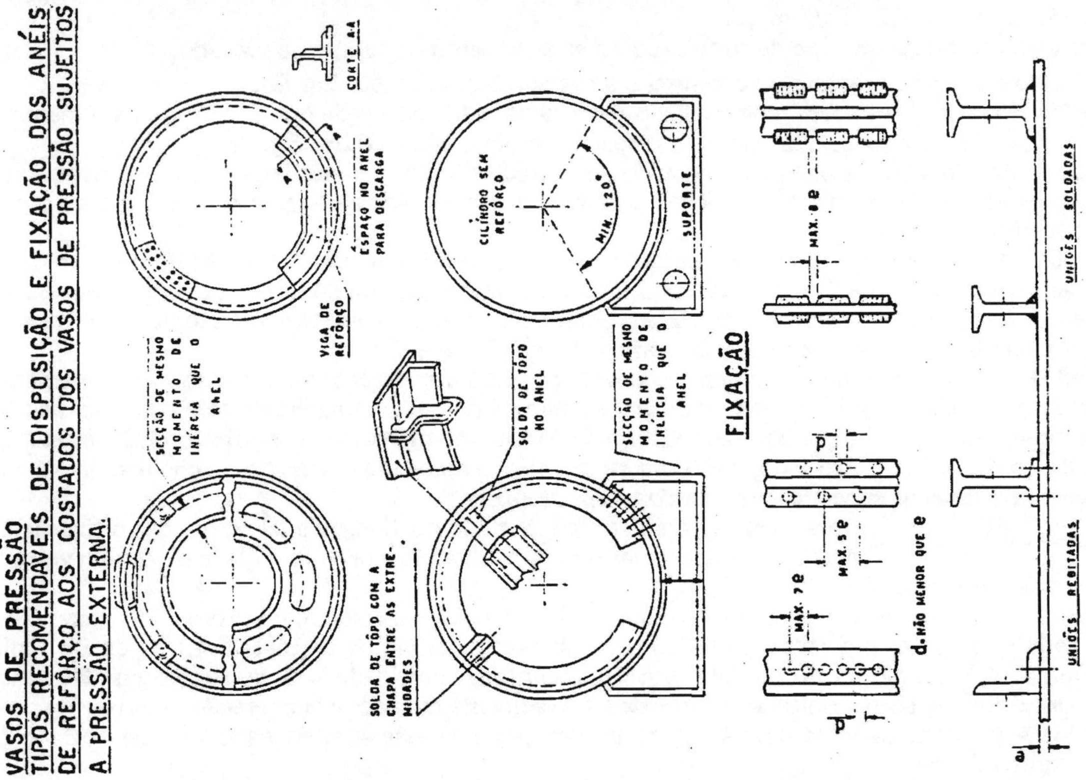

Fig. 8

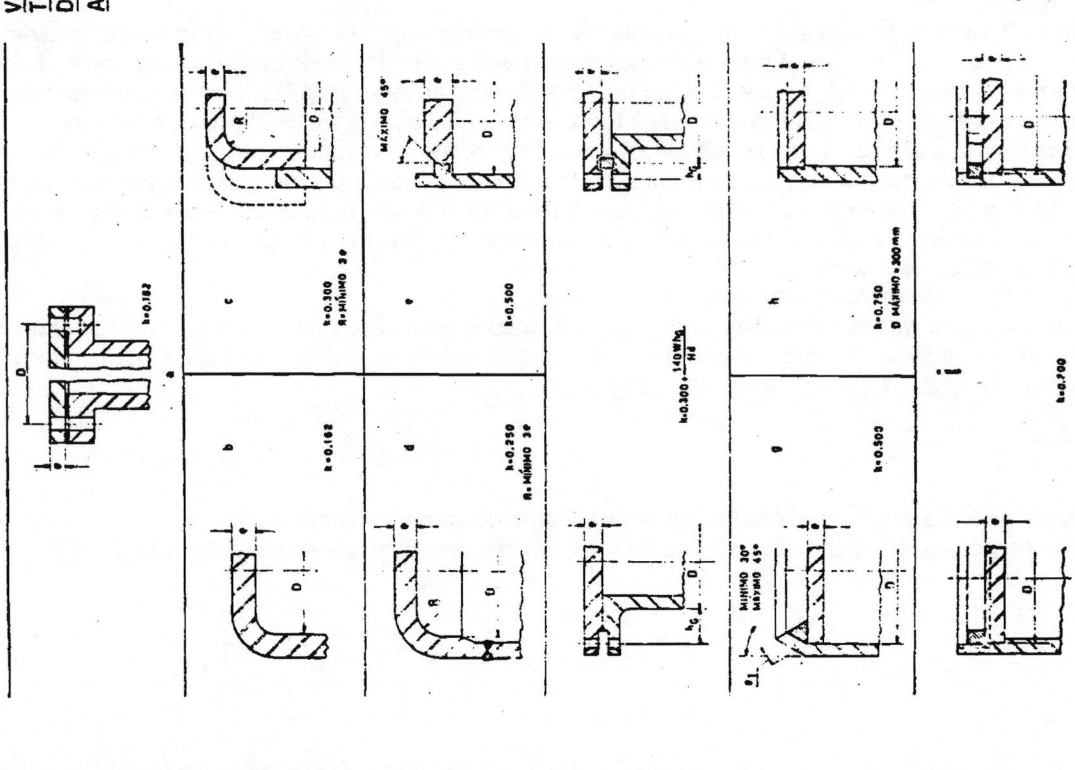

Fig. 9

4.10.6.1.2. No caso de uma camisa estaiada envolver completamente um vaso cilíndrico ou esférico ou então um tampo estampado ela deverá satisfazer o requerido em 4.10.6.1., bem como os requisitos para espessuras de costados ou tampo dados nos itens 4.7. e 4.10. respectivamente.

4.10.6.1.3. Quando duas chapas forem ligadas por estais e apenas uma delas necessitar estaiamento o valor de C será ditado pela espessura da chapa que requerer o estaiamento.

DIMENSIONAMENTO DOS COSTADOS E TAMPOS DOS VASOS DE PRESSÃO SUJEITOS A PRESSÃO EXTERNA

APLICÁVEL A AÇOS CARBONO E AÇOS LIGA ENTRE OS LIMITES DE TEMPERATURA DE +200°C E +650°C

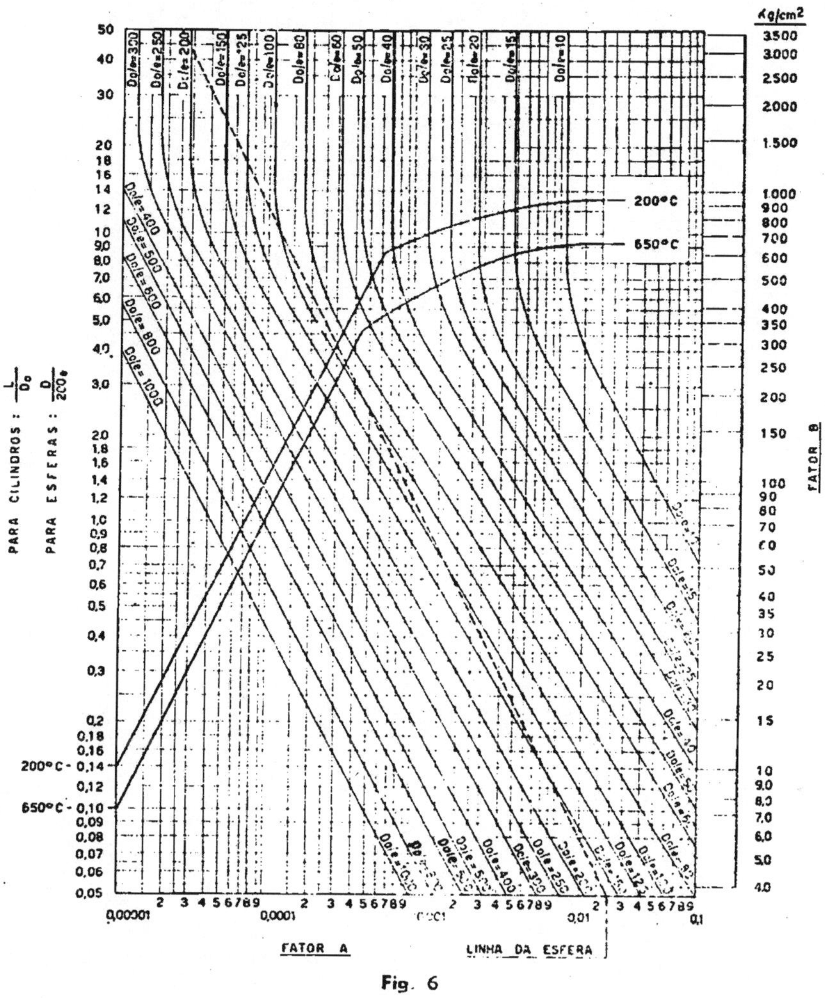

Fig. 6

COMPRIMENTO MÁXIMO DE ARCO NÃO SUPORTADO POR ANEL DE REFÔRÇO

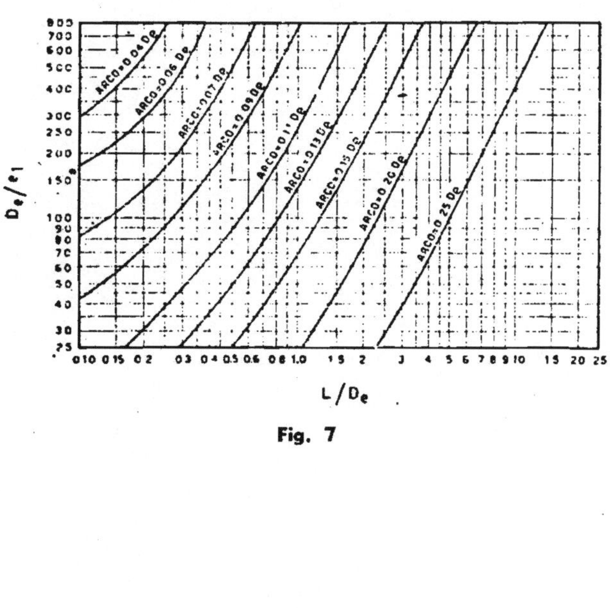

Fig. 7

CAPÍTULO X

VASOS DE PRESSÃO

Neste capítulo veremos as aplicações para desenhar e projetar vasos de pressão. Primeiro o desenhista recebe uma folha de dados gerais, que foi projetada e calculada. Nesta folha segue um anexo que vem em forma de croqui dando o formato geral do vaso a ser desenhado.
Nesta folha vem também determinado tudo sobre o vaso a ser desenhado nela está as especificações gerais e a norma para execução.
Deve-se ler atenciosamente todos os itens e, em seguida, consultar as normas indicadas parapoder desenhá-lo.

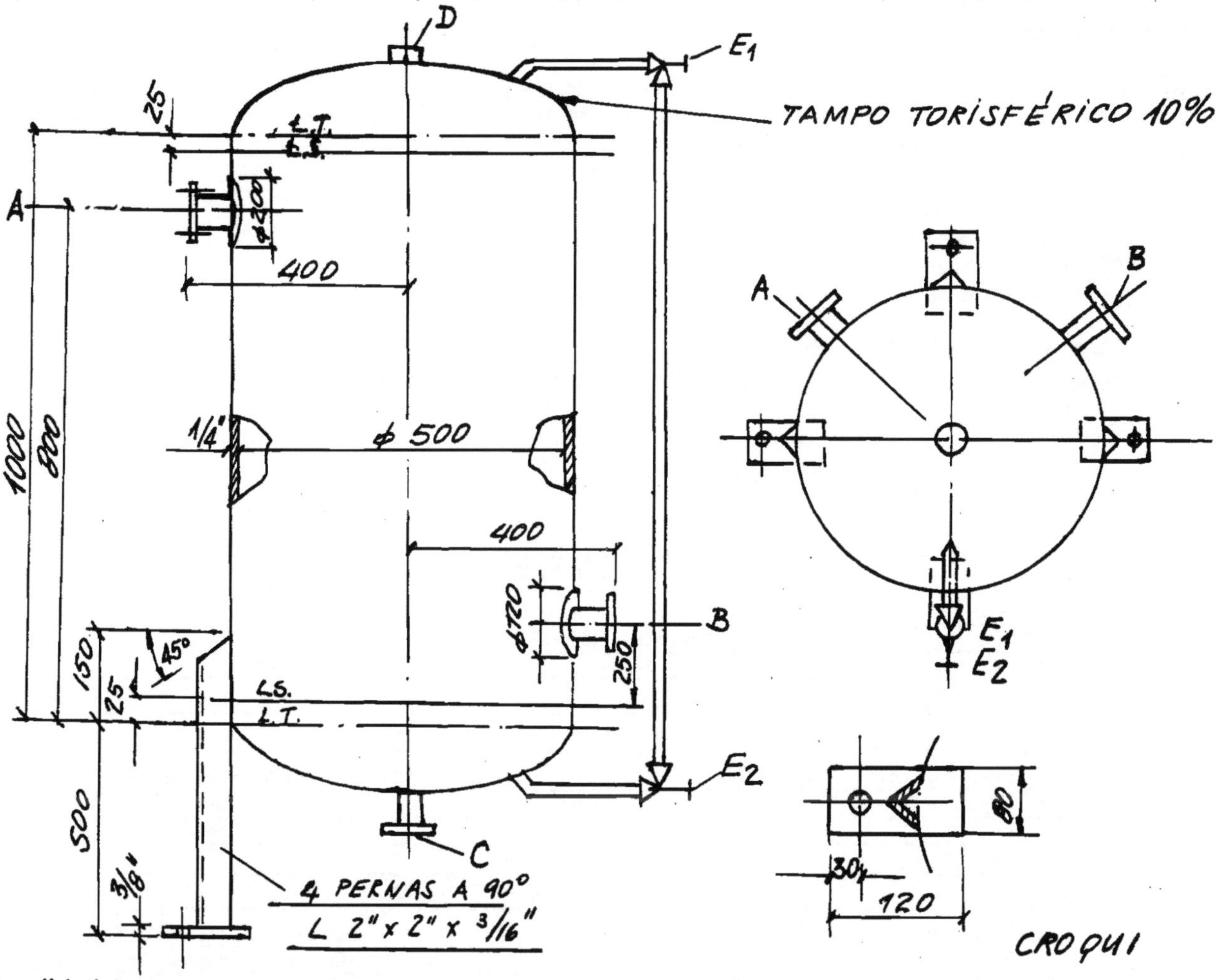

Generalidades

Nas diversas fases de processamento de uma indústria química, petroquímica pu outras, existem produtos que devem ser armazenados em recipientes cuja pressão interna é diferente da pressão atmosférica. Por exemplo, armazenamento de gás liquefeito de petróleo. Estes recipientes denominados vasos de pressão.

O projeto, fabricação, inspeção e teste deste equipamento são regulados pelo código ASME Seção VIII e pela NB 109 (ABNT).

Os materiais utilizados na sua fabricação devem estar de acordo com ASTM (American Society Testing Materials).

Veremos no nosso curso vasos de pressão de acordo com a Div. 1 da secção VIII do ASME de construção soldada que corresponde à grande maioria dos equipamentos atualmente fabricados.

Parâmetros a considerar para completa determinação de 1 (um) vaso de pressão.

Características Geométricas

Diâmetro, comprimento entre tangenciais – tipo de tampos, suportes (posição).

Características de Processo

Pressão, temperatura, sobre-espessura, espessura de corrosão, material, bocais.

Características de fabricação e inspeção

Eficiência da junta, tipo de junta, radiografia, tolerâncias, pressão de teste, tipo de teste.

Indicação de normas

ASM . Sec. II Materiais
a = ferrosos b = não ferrosos c = eletrodos
ASME. Sec. VIII Div. I Vasos de pressão
ASME Sec. IX Procedimento de solda
ANSI - Divisão de flanges, válvulas e curvas, interligações de tubulação.
tema - trocadores de calor
API 620 Tanques com pressão
API 650 Tanques atmosféricos

Roteiro de projeto
1) especificações; 2) análise técnica; 3) verificação dos desenhos finais para fabricação.

FOLHA DE DADOS – VASOS		Data	Número
Projeto	Área	Revisão	Folha
Cliente	Local		

	DADOS GERAIS		
1	Serviço:		– Quantidade: 1 (um)
2	Tipo: Vertical	– Capacidade Nominal 2 m^3	– Total: 2,3 m^3
3	Peso: Vazio	– Cheio d'água	– Cheio de Produto
4			
	[illegible]		
5	Pressão de operação: 4 kgf/cm^2		– Temperatura de operação: 70° C
6	Volume: Máximo: 2,0 m^3	Normal: 1,8 m^3	Mínimo: 0,15 m^3
7	Produto:		– Densidade: 1,0
8			
	DADOS DE PROJETO DE CONSTRUÇÃO		
9	Pressão de projeto 6 kgf/cm^2		– Pressão de teste: 6 kgf/cm^2
10	Temperatura de projeto: 100° C		– Corrosão admissível: 1/8"
11	Costado: Dimensões: Ø 500 x 1000	Chapa 1/4"	Material A-285 - Gr. C
12	Tampo torosférico 10%	Chapa 5/16"	Material A-285 - Gr. C
13	Fundo: Tipo torosférico 10%	Chapa 5/16"	Material A-285 - Gr. C
14	Apoio ou suporte: Tipo pernas	Quantidade: 4	– Material: A-36
15	Solda: Topo	Eficiência: 0,85	– Radiografia: Não
16	Tratamento térmico após a solda		
17	Parafuso chumbador: diâmetro 1/2"	– Quantidade: 4	– Material: A-307 - Gr. B
18	Código de projeto e fabricação ASME Sec. VIII		
19	Normas: ASME – ASTM – ANSI		
20			
	ACESSÓRIOS E ACABAMENTOS		
21	Plataforma: Dimensões	– Norma:	– Clips:
22	Escada: Marinheiro	– Norma:	– Clips:
24	Pintura: uma demão de tinta antiferruginosa		
24			
	RELAÇÃO DE CONEXÕES		
26	Material: Flange A-105 - Gr I – Pescoço - A-106 A/B - Terminal:		
27	Parafusos e porcas: A-307 Gr. B		– Guarnição: ASBERIT
28	Classe: 150# – Norma: ANSI B-16.5 – Tipo: Slip-on – Faceamento R.F. – Acabamento: Ranhuras		

Item	DN	Serviço	Sch.	Proj.
A	4"	Alimentação	40	400
B	2"	Saída	40	400
C	1 1/2"	Dreno	40	–
D	1"	Respiro	40	–
E_1	1/2"	Indicador Nível	Luva	–
E_2	1/2"	Indicador Nível	Luva	–

Características Geométricas

As características geométricas são extremamente importantes não só para definir o volume do vaso como também elas vão influir na espessura do costado e tampos.

O tipo dos tampos definiram sua forma geométrica e desta forma a distribuição das tensões.

Se um vaso for horizontal ou vertical isto vai influenciar o dimensionamento dos suportes. Quando o vaso for horizontal deve ser considerada a influência da reta (suporte horizontal e a diminuição da região resistente no ponto de suporte).

Características de Processo

Pressão de Projeto:

A ASME define a pressão de projeto no parágrafo UG-21.

Em muitos casos apenas é indicada a pressão de operação do equipamento então torna-se necessário determinar-se a pressão de projeto.

Alguns valores normalmente aceitos são obtidos em função da pressão de operação como segue:

Pressão de operação — Vácuo total 0 kg/cm^2 g.
Pressão de projeto — Vácuo total (pressão externa) e 1,75 kg/cm^2 g (pressão interna)

Pressão de operação — 0 kg/cm^2 a 15 kg/cm^2 g
Pressão de projeto — pressão de operação + 1,4 kg/cm^2 + coluna de líquido e valor mínimo de 1,75 kg/cm^2

Pressão de operação — maior que 15 kg/cm^2
Pressão de projeto — Pressão de operação + 10% da pressão de operação + coluna de líquido

Quando um vaso tem uma camisa externa (para aquecimento ou resfriamento), o mesmo deve ser dimensionado para a máxima diferença entre as pressões. Se o vaso opera com uma pressão interna superior à atmosférica, e a camisa também, deve-se dimensionarr o costado do vaso a:

1- Pressão interna
2 - Considerar a pressão da camisa atuando ao lado externo do vaso e não considerar a pressão interna

Seqüência para Determinação de um Vaso de Pressão

1 - As dimensões são função do processo.
2 - Tipo vertical ou horizontal são função do processo e do arranjo da tubulação.
3 - Material: devem ser determinados os materiais para costado, tampos, bocais, flanges, parafusos, gaxetas e suportes. Para vasos que devem ser fabricados de aço carbono, a especificação das diversas partes são encontradas na tabela UCS-23 do ASME.

4 - Lista de bocais: devem constar de (parágrafos UG-36 e UG-37):
Exemplo:
Item A
Descrição: entrada de líquido
Espessura do tubo: escala 40
Diâmetro do tubo: 4"
Tipo do flange: slip-on
Classe: 150-Fr
Tipo de acabamento: standard (face do flange)
5 - Cálculo de espessura do costado e tampo:
Costado: UG-27/UG-28/UG-29
Tampo: UG-32/UG-33/UG-34 e UA-4/5
Eficiência da junta: tabela MW 12
Sobre-espessura corrosão: UG-25
6 - Cálculo do suporte: (UG-22)
7 - Detalhes de solda: Figura UW 16.1
8 - Especificação de fabricação: tolerância (UG-80) (para aço carbono) tratamento térmico UCS 85/UCS 86.
9 - Testes: Hidrostáticos e/ou pneumáticos UG—99 e seguintes
10 - Condições de fornecimento.

Temperatura de Projeto

Podemos adotar como temperatura de projeto os seguintes valores:

Temperatura de Operação	Temperatura de Projeto
Maior que 15°	Temp. Máx. de operação + 30°C
Menor que 15°	Temperatura de operação

Para vasos que tenham revestimento interno, adota-se a temperatura de operação à temperatura do fluido.

Quando o vaso está sujeito a uma pressão inferior à atmosférica, considerar o mesmo sujeito a uma pressão externa que seja a soma da pressão da camisa à pressão do vaso.

3. Cargas a Considerar no Projeto

No projeto de um vaso devem ser considerados os esforços produzidos pelos seguintes fatores:
a) pressão interna e/ou externa.
b) Impactos, inclusive os provenientes de flutuações rápidas de pressão.
c) peso próprio do vaso, inclusive o conteúdo do mesmo sob as condições normais de operação ou ensaio e, também a pressão adicional devida à carga hidrostática quando for o caso.
d) cargas adicionais sobrepostas, tais como as provenientes do peso próprio de outros equipamentos, isolamentos térmicos, revestimento e encanamentos.
e) cargas provenientes de ventos.
f) reações em orelhas de suporte, anéis, sapatos ou berços.
g) efeitos do gradiente de temperatura sobre as taxas de trabalho.

4. Materiais

O material para a fabricação de um vaso de pressão deve ser selecionado a partir de considerações econômicas. Se o produto contido no vaso não for excessivamente corrosivo para o aço carbono, este deve ser o material escolhido, por ser mais barato que um aço liga, mas deve-se considerar que, usando-se um aço liga, como sua tensão admissível é maior, reduz-se a espessura necessária, reduzindo-se o peso; se esta redução de peso resultar em um custo final menor que o obtido com o uso da chapa de aço carbono, devemos usar este aço liga. Não esquecer que o custo final inclui o custo de solda e tratamento térmico, que são geralmente maiores para os aços ligas.

O freqüente emprego de aços ligas é devido certos produtos corroerem tanto o aço carbono que a sobre-espessura para corrosão seria excessivamente grande, caso o vaso fosse construído com este material.

Deve-se, ainda, ao selecionar um material, verificar se não existem restrições ao seu emprego, por exemplo: os aços carbono A-283 e A-285 são recomendados para fabricação de vasos; ambos praticamente iguais, mas o aço ASTM-A-283 só deve ser usado se as seguintes condições forem verificadas:
1 - Os vasos não se destinarem ao armazenamento de substâncias letais, líquidas ou gasosas.
2 - Não se destinar à fabricação de caldeiras.
3 - Temperatura de projeto na faixa de — 20° F a 650° F.
4 - Espessura da chapa inferior a 5/8".
5 - Aço fabricado em forno elétrico ou Siemens-Martin.

As tensões admissíveis para cada material em função da temperatura são encontradas em tabelas, no código ASME.

5. Juntas Soldadas

5.1. As chapas empregadas na construção de um vaso à pressão são unidas umas às outras por um dos seguintes tipos de juntas soldadas:
— Junta de topo, com cordão duplo
— Junta de topo, com cordão simples, com contra-chapa
— Junta sobreposta, com cordãoduplo.
- Junta sobreposta, com cordão simples.
— Junta sobreposta, com solda de tampão.

5.2. Estas juntas podem ser feitas por um dos seguintes processos de soldagem:
a) soldagem por arco elétrico com eletrodos revestidos, para aplicação manual.
b) soldagem por arco elétrico com eletrodos consumível, protegido por gás inerte e para aplicação manual.

c) soldagem por arco elétrico com eletrodos inconsumível protegido por gás inerte e para aplicação manual.
d) soldagem por arco elétrico submerso, com eletrodo nu e para aplicação com máquina automática.
e) soldagem por arco elétrico com eletrodo consumível protegido por gás inerte e para aplicação com máquina automática.
f) soldagem por arco elétrico com eletrodo inconsumível protegido por gás inerte e para aplicação com máquina automática.

5.3. Conforme a inspeção radiográfica sofrida por estas juntas, terão os seguintes valores para eficiência da junta (eficiência de única junta soldada é a relação entre o limite de resistência previsto para uma determinada junta e o da chapa do costado ou tampo, com a qual é fabricado o vaso).
Junta de topo com cordão duplo:
Limitação: nenhuma
Inspeção radiográfica: total: 1,00 — Parcial: 0,85 — não exigida: 0,70

Junta de topo com cordão simples, com contra-chapa:
Limitação: aplicável quando as chapas da junta tiverem a mesma espessura, a qual deverá ser no máximo 5/8".
Inspeção radiográfica: total: 0,90 — parcial: 0,80 — não exigida: 0,65.

5.4. Dependendo da espessura da chapa empregada, bem como do material da chapa, o vaso de pressão deverá sofrer um tratamento térmico de alívio das tensões internas resultantes da execução das juntas soldadas.

As exigências para vasos construídos com aços carbonos A-283, A-285. Espessuras superiores a 300 mm, ou espessuras superiores a (D + 1.270 / 120), onde D = diâmetro interno do vaso em mm, admitindo-se, porém, como valor mínimo, D = 500 mm.

Este tratamento térmico deve ser realizado de acordo com as prescrições das normas (P-NB-89) (Código ASME -UW9, UW10, UW11, etc.).

6. Espessura de Cascos Cilíndricos Submetidos à Pressão Interna

6.1. No caso de vasos com paredes pouco espessas, calcula-se esta espessura com uma seguinte fórmula:

$$t = \frac{P \cdot R}{S \cdot E - 0{,}6\,P} + C \quad \text{ou} \quad t = \frac{P \cdot Ro}{S \cdot E + 0{,}4\,P} + C$$

Onde:
t = espessura mínima necessária
P = pressãao interna do projeto
R = raio interno do trecho do vaso em consideração, antes da aplicação da sobre-espessura para corrosão.
Ro = raio externo do trecho do costado em consideração.
S = tensão admissível
E = eficiência da junta
C = sobre-espessura para corrosão

6.1.1. Todavia, não deveremos usar espessuras inferiores aos seguintes valores:
D.I. < 4' – t min. = 3/16"; D.I. 4' a 8' – t. min. = 1/4".
D.I. 8' a 12" – tmin = 5/16"; 12' a 16' – tmin = 3/8"; 16' a 20' – tmin 5/8"; 32' a 36' – tmin = 11/16", todos + C.

6.2. Para cilindros de paredes espessas (espessura da parede maior que metade do raio interno do vaso ou P maior que 0,385 S.E.). Aplica-se a seguinte fórmula:

$$t = R\,(Z^{1/2} - 1) = Ro\,\frac{(Z^{1/2} - 1)}{Z^{1/2}}$$

Sendo: $Z = \frac{SE + P}{SE - P}$

VASOS E TROCADORES
PLACA DE IDENTIFICAÇÃO

FABRICANTE

Aparelho Nº — Projeto

Data de fabricação

Nº de fabricação — Nº do pedido

Códigos	Lado	Costado	Tubos
	Pressão de projeto	kg/cm²	kg/cm²
Tipo de construção	Pressão máxima de operação	kg/cm²	kg/cm²
	Pressão de prova hidrostática	kg/cm²	kg/cm²
Rdaiografia	Temperatura de projeto	°C	°C
	Temperatura máxima de operação	°C	°C
Tratamento térmico	Temperatura de entrada	°C	°C
	Temperatura de saída	°C	°C
	Corrosão admissível	mm	mm

Peso vazio kg — Cheio d'água kg

INDÚSTRIA BRASILEIRA

Método para Cálculo das Espessuras de Vasos de Pressão

As características de um vaso de pressão resumem-se nos seguintes casos:

I - Corpo
a) cilíndricos
b) esféricos

II - Fundo
a) elipsoidal
b) torosférico (abaulado)
c) hemisférico
d) cônico
e) torocônico

Valores de "S" para alguns materiais em função da temperatura de serviço. Em kg/cm².

Material	Temperatura em (°C)												
	Até 60	100	150	200	260	320	350	370	400	430	450	480	510
Aço carbono	900	900	900	900	900	900	900	–	–	–	–	–	–
Aço inox 304	1140	1030	970	940	910	905	905	905	902	900	898	895	893
Aço inox 306	1140	1140	1080	1060	1040	1040	1040	1040	1030	1025	1020	970	900
Alumínio	235	222	204	190	–	–	–	–	–	–	–	–	–
Cobre	425	415	350	180	–	–	–	–	–	–	–	–	–

Valores de "S" já estão multiplicados por um "E" = 0,85.

COMPRIMENTO MÁXIMO DE ARCO NÃO SUPORTADO POR ANEL DE REFÔRÇO

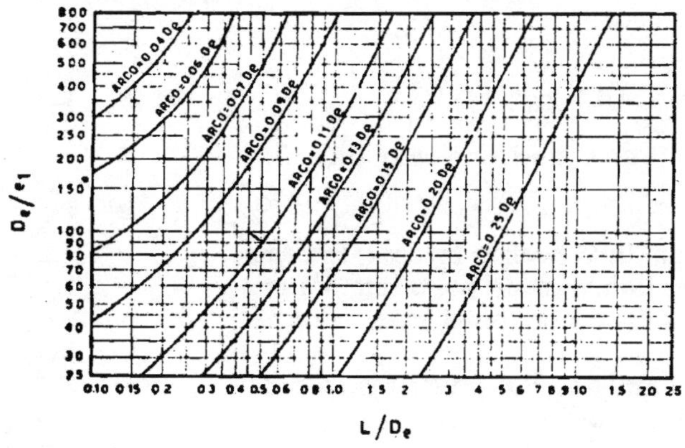

Fig. 1

Pressão Externa

Pressão Externa para Corpos Cilíndricos

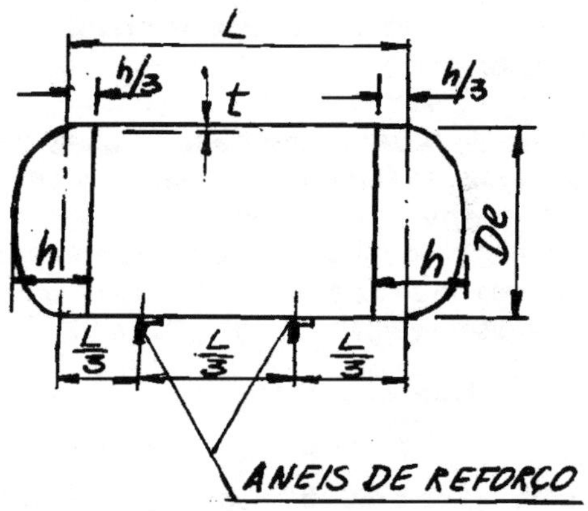

A figura ilustra um tipo de vaso de pressão para resistir à pressão externa, caracterizado pelos anéis de reforço (pode ou não haver necessidade do uso destes anéis para que o vaso resista à pressão externa.

Na figura temos a seguinte simbologia:
t = espessura mínima necessária da chapa do costado, excluída a sobre-espessura para corrosão.

No cálculo, aparecerá o valor L, que deverá ser tomado como sendo o maior dos seguintes valores:
L = comprimento de projeto da seção do vaso, tomado como o maior dos seguintes valores:
1 - comprimento do trecho cilíndrico do vaso mais 1/3 da profundidade de cada tampo se não houver anéis de reforço.
2 - a maior distância de centro a centro entre dois anéis adjacentes, de reforço.
3 - a distância do centro do primeiro anel de reforço até o início do trecho cilíndrico, mais um terço da profundidade do tampo, em todos os casos, medidas paralelas ao eixo do vaso.

Temos ainda:
De = diâmetro externo do vaso, que equivale ao diâmetro interno + a espessura considerada.
t = espessura resistente à pressão externa.
L = distância entre 2 anéis consecutivos.

CONVERSÃO DE ESCALAS TERMOMÉTRICAS														°C – Centígrados °F – Fahrenheit	
t °C	F °F	t °C	F °F	t °C	F °F	t °C	F °F	t °C	F °F	t °C	F °F	t °C	F °F	t °C	F °F
10	50	35	95	80	176	175	347	300	572	425	797	550	1022	575	1067
15	59	40	104	90	194	200	392	325	617	450	842	95	203	55	131
20	68	50	122	100	212	225	437	350	662	475	887	85	185	45	113
25	77	60	140	125	257	250	482	375	707	500	932	75	167	39	102,2
30	86	70	158	150	302	275	527	400	752	525	977	65	149	38	100,4
28	82,4	29	84,2	31	87,8	32	89,6	33	91,4	34	34	93,2	36	37	98,6

Modo de Cálculo:

a) atribui-se um valor qualquer para "t".

b) determina-se as relações.

$$\frac{L}{De} \quad e \quad \frac{De}{t} \quad (De = Di + 2t)$$

c) usa-se o ábaco correspondente ao material do vaso, Fig. 12.

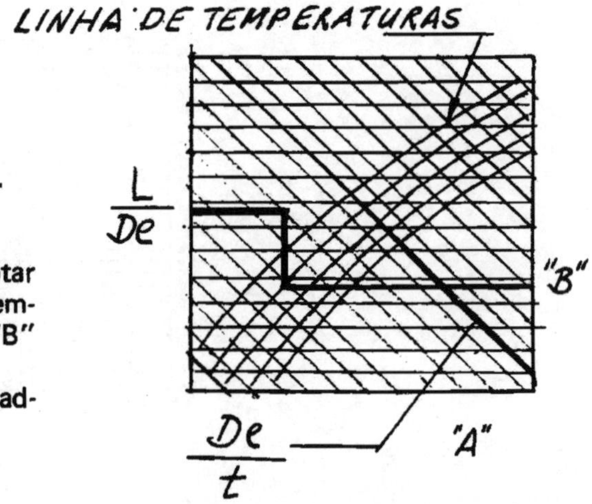

Resumindo:

Com o valor L/De traça-se uma linha horizontal até interceptar o valor De/t; deste ponto, uma linha vertical até o valor da temperatura do projeto. Daí, nova linha horizontal até o valor "B" (tal valor é dado em psi).

d) definindo-se o valor "B", calcula-se Pa (pressão externa admissível), usando-se a seguinte fórmula:

$$Pa = \frac{B}{De / t}$$

Compara-se Pa com P (pressão de projeto). Se Pa > Po o vaso suporta pressão externa (se Pa >> P) pode-se fazer nova tentativa com uma espessura "t" menor.

Se Pa < P, o vaso não suporta pressão externa, devendo-se então fazer uma nova tentativa com uma espessura "t" maior.

No caso de haver necessidade de anéis de reforço, o cálculo do mesmo deverá ser feito da seguinte maneira:

a) adota-se um reforço qualquer (cantoneira, ferro chato, etc.)

b) tem-se então do mesmo:

I (momento de inércia em relação ao eixo paralelo ao eixo do vaso e que passe pelo centro de gravidade do anel) e As (área da secção transversal do reforço).

c) tendo-se o valor "L", "P", "t" e "De", calcula-se o valor "B" com a seguinte fórmula:

$$B = \frac{P \, . \, De}{t + \frac{As}{L}}$$

d) com o valor de "B" (em psi) no ábaco indicado acima, traça-se uma linha horizontal até interceptar a linha de temperatura de projeto, daí uma linha vertical até a base do gráfico onde se lê o valor de "A".

e) calcula-se, então, o valor "Is" (momento de inércia necessário), usando-se a seguinte expressão:

$$Is = \frac{De \, . \, L. \, (t + \frac{As}{L})}{14} \times A$$

f) compare "Is" com "I". Se: "Is" < "I", o perfil escolhido serve (se "Is" <<< "I", pode-se fazer uma nova tentativa com um perfil mais leve). "Is" > "I", o perfil escolhido não serve, então escolhemos um perfil mais pesado e recalculamos.

Quando se coloca anel de reforço em um vaso de pressão, normalmente o mesmo circunda totalmente o diâmetro do corpo.

Há caso em que o anel coincide com uma abertura. Neste caso, o mesmo deverá ser cortado, assumindo assim o seguinte aspecto da figura abaixo.

Deve-se então saber qual o valor máximo de "l" permissível, isto é, qual o comprimento máximo do corpo não suportado. Para tanto, recorre-se ao ábaco, onde se determina o arco correspondente à corda "l".

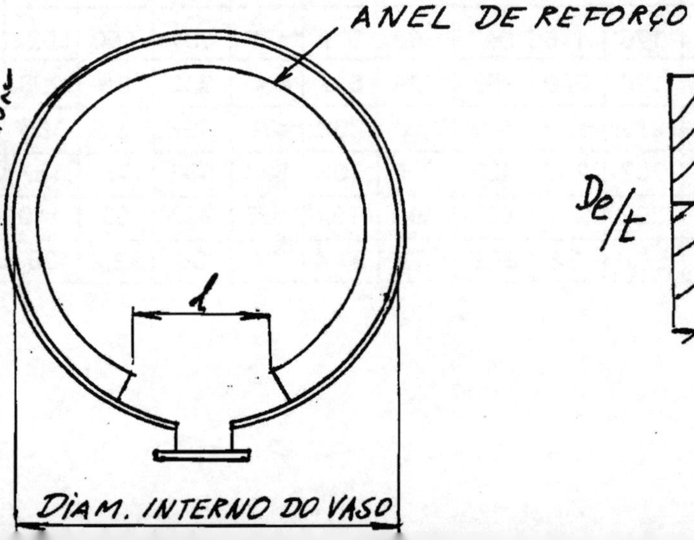

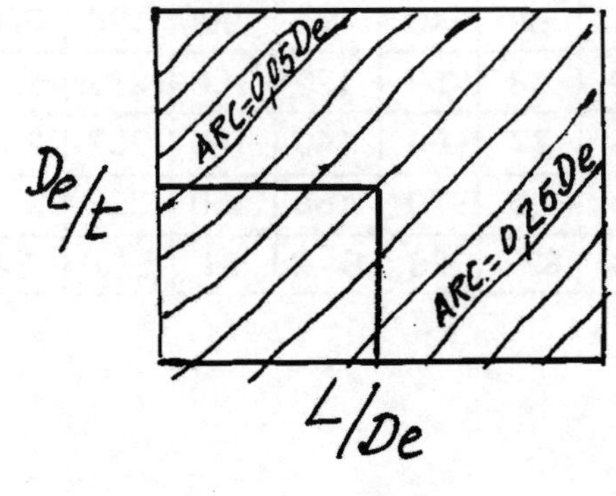

Dados Resistência de Material
ASTM-283; DIN 2441; AISI 1020.
Carga de ruptura: 35-45 kg/mm²
Kz = 36 kg/mm² com fator de segurança S = 4,5
Comparação S = 11.000 psi = 774 kg/mm².
Pa = pressão externa do projeto psi ou a máxima externa admissível de operação para vasos.

ÁBACO PARA CÁLCULO DA ESPESSURA DA CHAPA

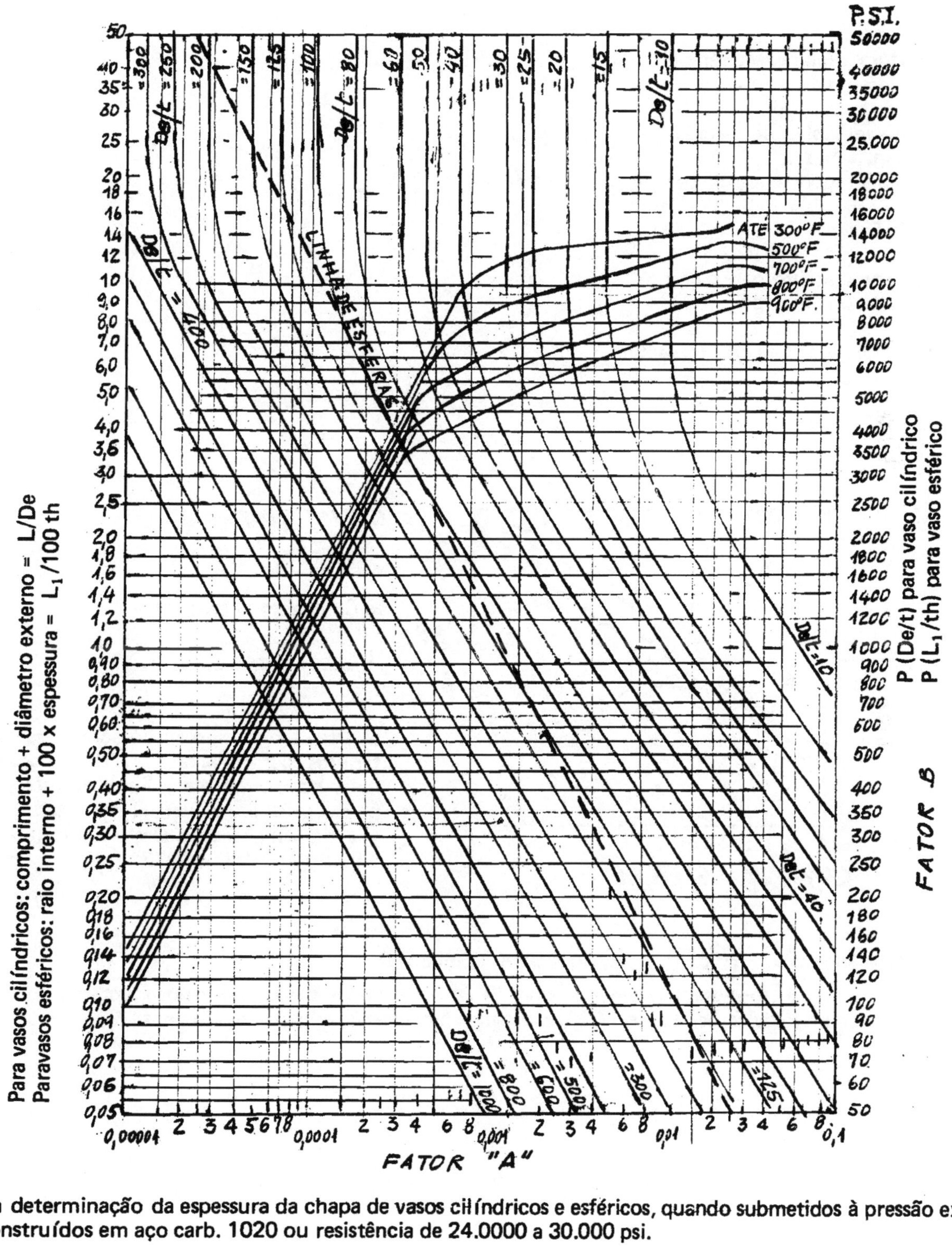

Para determinação da espessura da chapa de vasos cilíndricos e esféricos, quando submetidos à pressão externa e construídos em aço carb. 1020 ou resistência de 24.0000 a 30.000 psi.

Corpo Esférico

a) Pressão interna:
No caso de paredes pouco espessas, calcula-se a espessura com seguinte fórmula:

$$t = \frac{P \cdot R}{2\,SE - 0{,}2\,P} + C$$

Sendo:
t = espessura mínima necessária
R = raio interno do corpo
P = pressão de projeto
S = tensão admissível do material
E = Eficiência da solda
C = Adicional sobre espessura para corrosão (adota-se).

b) Pressão Externa
Sendo:
th = espessura mínima para o corpo
L = raio interno do corpo

Modo do cálculo (ver diagrama abaixo)

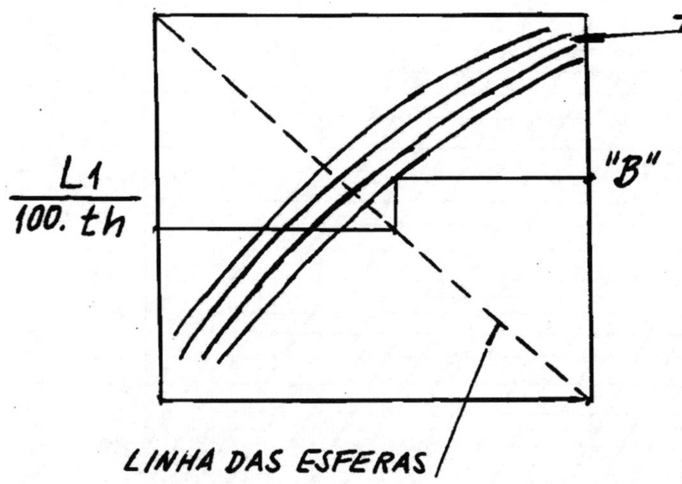

a) Calcula-se as relações:

$$\frac{L_1}{th} \quad e \quad \frac{L_1}{100 \cdot th}$$

b) Usa-se o mesmo ábaco como nos casos anteriores, com o valor $L_1/100$ th, traça-se uma linha horizontal até a linha de esferas, deste ponto uma linha vertical até interceptar a linha de temperatura. Deste ponto, nova linha horizontal e define-se "B" (psi).

c) calcula-se então: $Pa = \frac{B}{L_1/th}$ (pressão máxima admissível).

d) Se "Pa" > "P", a espessura th adotada satisfaz. Se Pa >>> P pode-se fazer uma nova tentativa com uma espessura menor e recalcular. Se "Pa" < "P", a espessura th não serve, adota-se então um th maior e recalcula-se.

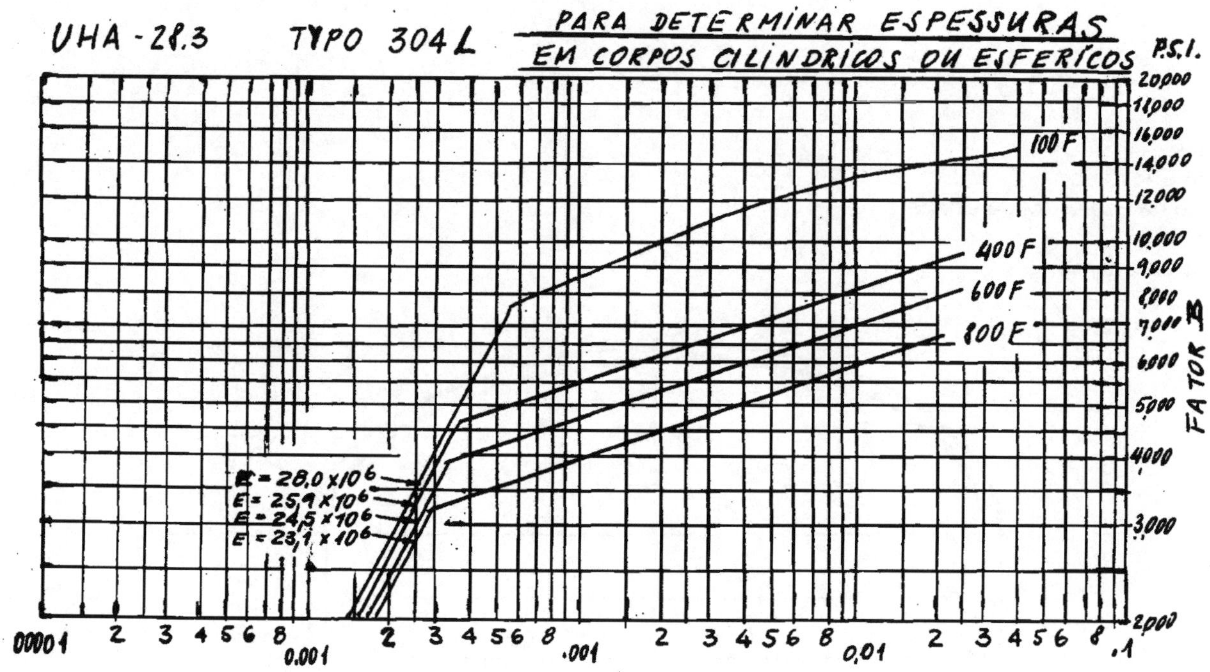

Para pressão externa aço inoxidável (T8 CR. 8 Ni)

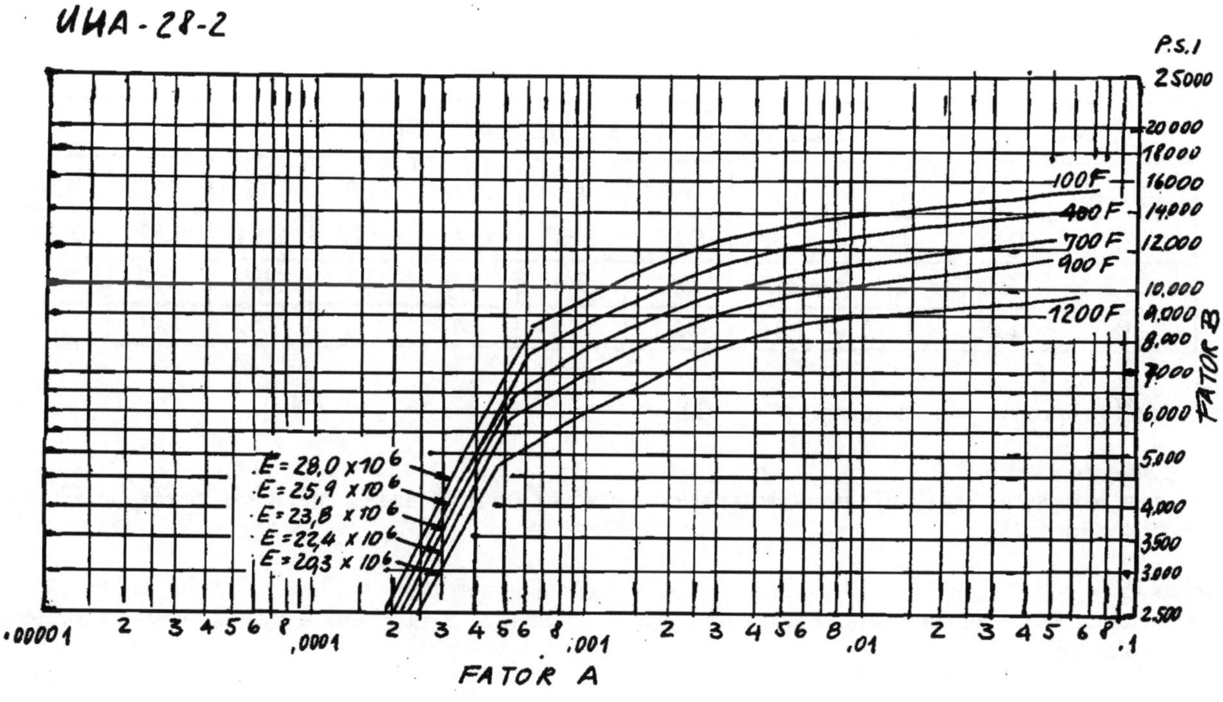

Aço inoxidável tipo 316; tipo 321; tipo 347 e tipo 309

Após determinarmos o fator "A", vamos localizar o fator "B" no gráfico do material correspondente, juntamente com a curva da temperatura. Sendo assim, encontramos o fator "B" que corresponde a psi.

Exemplo: De = 78"; L = 25", t = 0,250, temp. 400° F, mat. 316 inox.

Tabela UA-28-2 Valor S: $\frac{L}{De} = \frac{25}{78} = 0{,}32 \qquad \frac{De}{t} = \frac{78}{0{,}25} = 312$

Fator A = 0,0008 – Fator B = 8200 psi.

$\frac{L}{De} = 1{,}3 \qquad \frac{De}{t} = 400$ – Fator A = 0,00015 – Tempo. 400° F – Tabl. UHA-28-2

Fundos
Fundo Elipsoidal
Cálculo da Espessura da Chapa (t)

a) Pressão interna

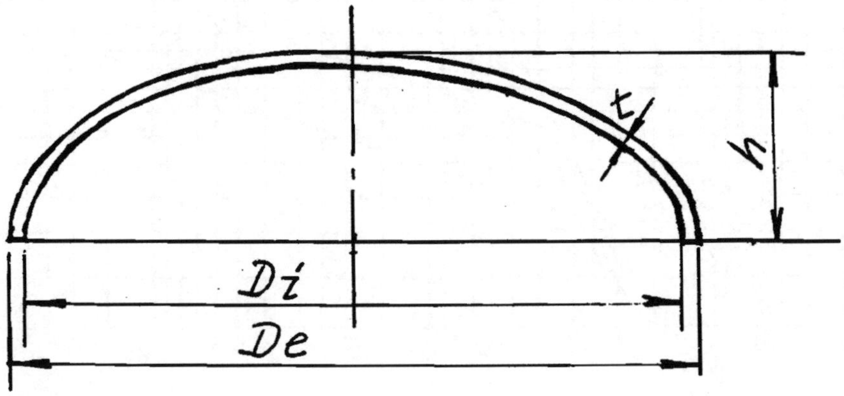

Usamos a seguinte expressão:

$$t = \frac{P \cdot Di \cdot K}{2\,SE - 0{,}2\,P}$$

Onde: $K = \frac{1}{6}\left[2 + \left(\frac{Di}{2h}\right)^2\right]$

VALORES DE "K" EM FUNÇÃO DE Di/2h										
Di/2h	1,0	1,1	1,2	1,3	1,4	1,5	1,6	1,7	1,8	1,9
K	0,50	0,53	0,57	0,61	0,66	0,71	0,76	0,81	0,87	0,93
Di/2h	2,0	2,1	2,2	2,3	2,4	2,5	2,6	2,7	2,8	2,9
K	1,00	1,07	1,14	1,21	1,29	1,37	1,46	1,55	1,64	1,73

Obs.: Fundo elipsoidal padrão quando K = 1,00.

b) Pressão externa
Para o cálculo da espessura de um fundo submetido à pressão externa, faz-se 2 cálculos distintos, sendo o maior deles o valor adotado.

Cálculo 1:
Cálculo da espessura supondo-se que a pressão seja interna é igual a 1,67 vezes a pressão externa e supondo-se ainda o valor "E" = 1.

Cálculo 2:
Admite-se uma espessura qualquer "th". Determina-se as relações $L_1/100$ th e $L_1/$th onde $L_1 = K_1 \cdot De$. e K_1 é tabelado em função de "D/2H".

D/2H	1,0	1,2	1,4	1,6	1,8	2,0	2,2	2,4	2,6	2,8	3,0
K_1	0,5	0,57	0,65	0,73	0,81	0,90	0,99	1,08	1,18	1,27	1,36

No mesmo ábaco de materiais usado anteriormente para o cálculo do corpo, com o valor $L_1/100$ th determinado, traça-se uma linha horizontal até a linha de esferas. Deste ponto uma linha vertical até interceptar a linha de temperatura de projeto e daí uma nova linha horizontal para o lado direito e determina-se o valor "B".

Com o valor "B" determinado, calcula-se "Pa" com a seguinte fórmula:

$$Pa = \frac{B}{L_1/th}$$

Se "Pa" > "P" a espessura "th" é suficiente. Se "Pa" < "P", deve-se adotar nova espessura e recalcular.

Fundo Torosférico

Cálculo da espessura da chapa (t)

a) Pressão interna

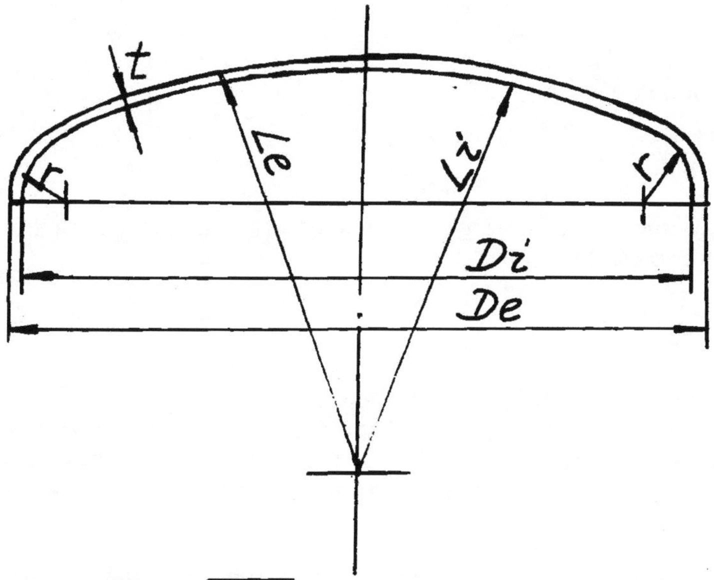

Usamos a seguinte fórmula:

$$t = \frac{P \cdot Li \cdot M}{2\,Se - 0{,}2\,P} \qquad \text{Onde: } M = \frac{1}{4}\left(3 + \sqrt{\frac{Li}{r}}\right)$$

VALORES DE M EM FUNÇÃO DE Li/r											
Li/r	1,00	1,25	1,50	1,75	2,00	2,25	2,50	2,75	3,00	3,25	3,50
M	1,00	1,03	1,06	1,08	1,10	1,13	1,15	1,17	1,18	1,20	1,22
Li/r	4,0	4,5	5,0	5,5	6,0	6,5	7,0	7,5	8,0	8,5	9,0
M	1,25	1,28	1,31	1,34	1,36	1,39	1,41	1,44	1,46	1,48	1,50
Li/r	9,5	10,0	10,5	11,0	11,5	12,0	13,0	14,0	15,0	16,0	16.2/3*
M	1,52	1,54	1,56	1,58	1,60	1,62	1,62	1,65	1,69	1,72	1,77

* Para tal valor de "L/r" vem:

$$\frac{L}{r} = 16\frac{2}{3} = \frac{50}{3} = \frac{100}{6}$$ (é o máximo valor permitido)

Quando:

$$\frac{L}{r} = \frac{100}{6}$$ o fundo torosférico é chamado padrão.

b) Pressão externa

Usa-se o mesmo procedimento adotado para o cálculo da espessura de um fundo elipsoidal quando submetido à pressão externa, notando-se que o valor de "L" será agora igual a "L" (raio de curvatura do fundo).

Fundo Hemisférico

Cálculo da Espessura da Chapa (t)

a) Pressão Interna

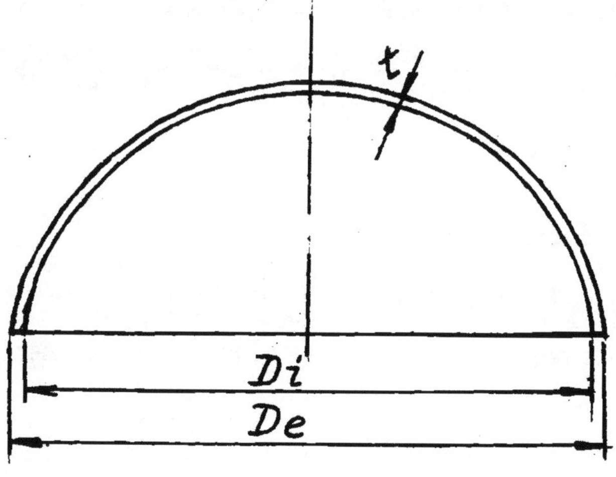

Usamos a seguinte expressão:

$$t = \frac{P \cdot D}{4\,Se - 0{,}4P}$$

b) Pressão externa: o valor da espessura é o mesmo valor calculado para uma esfera de mesmo diâmetro quando submetida às mesmas condições.

Eficiência de Juntas

Existem e (três) tipos de eficiências para juntas de solda:
- Eficiência 1: deverá ser feito raio "X" total (em todas as juntas soldadas).
- Eficiência 0,85: deverá ser feito raio "X" parçial (só nos cruzamentos).
- Eficiência 0,70: não há necessidade de se fazer o raio "X" (solda de estanqueidade) para tanques API.

Problemas:
Calcular as espessuras das paredes dos seguintes vaos de pressão, conforme dados de projeto que se seguem:
1) T = 600° F; Mat. = SA-285-c2 S = 13.800 PSI, stress ASME VIII, Ø int. = 3.000 mm, R = 1.500 mm = 59", P Projeto = 12 kg/cm² = 12 x 14,22 = 170,6 lb/pol².

$$t = \frac{P \cdot R}{SE - 0{,}6P} = \frac{170{,}6 \times 59}{13800 \cdot 1 - 0{,}6 \cdot 170{,}6} = \frac{10065{,}4}{13800 - 102{,}36} = \frac{10065{,}4}{13697{,}64} = 0{,}734'' \times 25{,}4$$

= 18,64 mm

2) T = 600° F, Mat. SA-285-C, S = 13800 psi, R = 59", E = 0,85, Pp = 170,6 lb/pol².

$$t = \frac{P \cdot R}{SE - 0{,}6P} = \frac{170{,}6 \times 59}{13800 \cdot 0{,}85 - 0{,}6 \cdot 170{,}6} = \frac{10065{,}4}{11730 - 102{,}36} = \frac{10065{,}4}{11627{,}64} = 0{,}865''$$

0,865 x 25,4 = 21,9 mm.

3) T = 800° F, mat = SA-285-C, S = 10200 psi, R = 59", E = 1,0, Pp = 170,6 lb/pol².

$$t = \frac{P \cdot R}{SE - 0{,}6P} = \frac{10065{,}4}{10.200 \cdot 1 - 0{,}6 \cdot 170{,}6} = \frac{10065{,}4}{10200 - 102{,}36} = \frac{10065{,}4}{10097{,}64} = 0{,}996''$$

= 0,996" x 25,4 = 25,3 mm.

4) T = 800° F, Mat. SA-285-C, S = 10200 psi, R = 59", E = 0,85, Pp = 17-,6 psi.

$$t = \frac{P \cdot R}{SE - 0{,}6P} = \frac{170{,}6 \times 59}{10200 \cdot 0{,}85 - 0{,}6 \cdot 170{,}6} = \frac{10065{,}4}{8670 - 102{,}36} = \frac{10065{,}4}{8567{,}64} = 1{,}174''$$

= 1,174" x 25,4 = 29,8 mm

5) T = 600° F, Mat. AISI-304, S = 11400 psi, R = 59", E = 1, Pp = 170,6 psi.

$$t = \frac{P \cdot R}{SE - 0{,}6P} = \frac{170{,}6 \times 59}{11400 \cdot 1 - 0{,}6 \cdot 170{,}6} = \frac{10065{,}4}{11400 - 102{,}36} = \frac{10065{,}4}{11.297{,}64} = 0{,}89''$$

0,89 x 25,4 = 22,6 mm.

Cálculo de Vasos de Pressão

Unidades de medida de pressão: kgf/cm² ou libra/pol².
1 kgf/cm² = 14,22 lb/pol² = 1 atmosfera = 760 mm/hg
Vácuo: vamos nos orientar na coluna de mercúrio. Temperatura em °C (graus centígrados) e em °F (graus Fahrenheit).

Para calcular o schedule, usamos: $Sch = \frac{P \cdot 1000}{5}$

Onde:
P = pressão em p.s.i.g
S = tensão admissível do material na temperatura de operação.

Pressão Coluna de Água

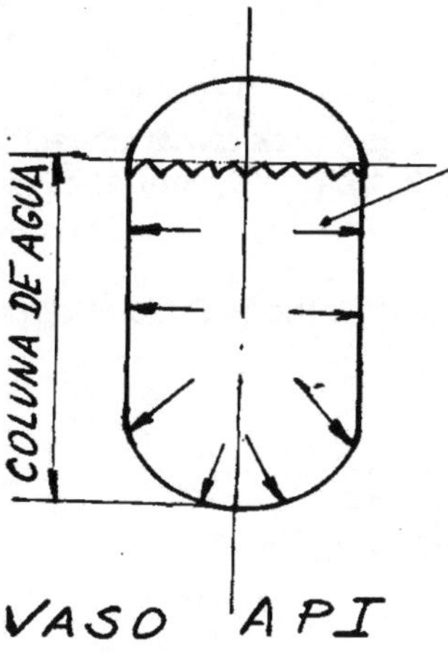

Vasos de Pressão: a pressão interna é maior que a pressão externa.
Pint > Pext.

Volume V = 18.496 Peso = 18.496 kg

A pressão na coluna de água é 10% da altura considerada.
Ex.: 15,00 m x 10% = 1,5 kgf/cm²
P = altura x 10% = kgf/cm²

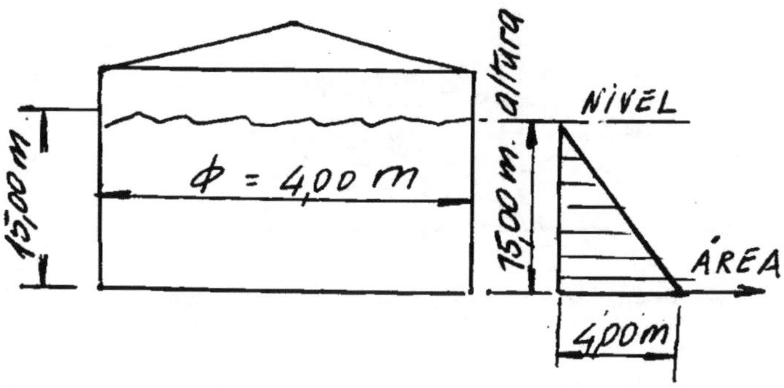

Onde:
P = pressão na coluna d'água (vasos atmosféricos) em altura da columa em m.
Peso específico da água é 1. Para acharmos a pressão de um outro produto (diferente da água), primeiro calcula-se a pressão como se fosse na coluna de água e depois multiplica-se pelo peso específico do produto a ser usado, considerando o mesmo tanque, porém com o diâmetro de 8,00 m.

Ex.: o produto do tanque tem peso específico de 1,4:
15 x 10% = 1,5 kgf/cm² ∴ 1,5 x 1,4 = 2,1 kgf/cm² ou P = altura x 10% x peso específico

No vácuo, a pressão interna é menor que a pressão externa:
Pint < Pext, vácuo absoluto = – 1 kgf/cm²

O vácuo absoluto não é possível se conseguir, mas, para efeito de cálculos, sempre usaremos o valor de – 1 kgf/cm², que seria o de vácuo absoluto.

Determinação da Pressão com Camisa de Pressão

Pressão do vaso pode ser: — { Maior que a pressão atmosférica; Menor que a pressão atmosférica }

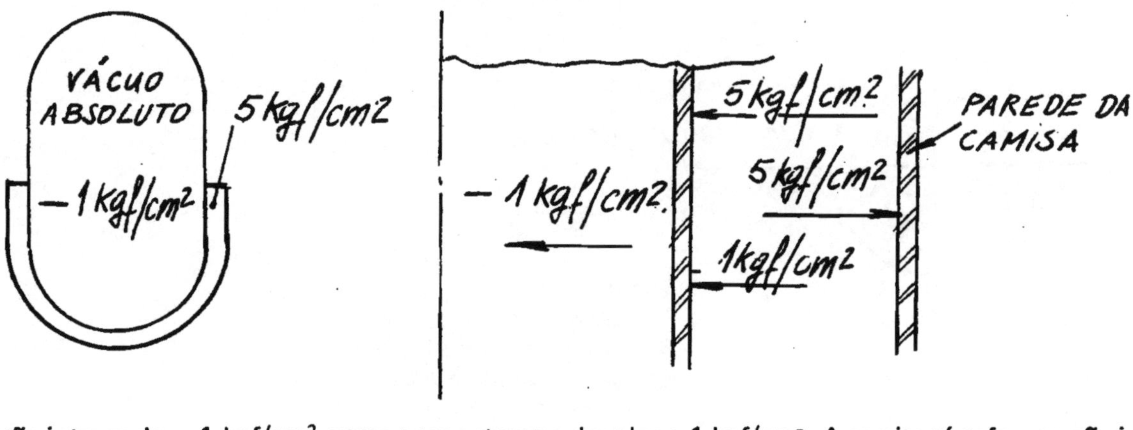

A pressão interna de – 1 kgf/cm² passa a ser externa e de valor + 1 kgf/cm2. A camisa só sofre pressão interna.

Quando formos calcular um vaso de pressão com camisa para aquecimento, devemos tomar os seguintes cuidados. Considerando vácuo absoluto internamente no vaso e considerando 5 kgf/cm^2 na camisa, devemos adotar os seguintes métodos.

Para calcular a espessurada chapa no vaso, adotamos: 1 kgf/cm^2 + 5 kgf/cm^2 como pressão externa do vaso = 6 kgf/cm^2.

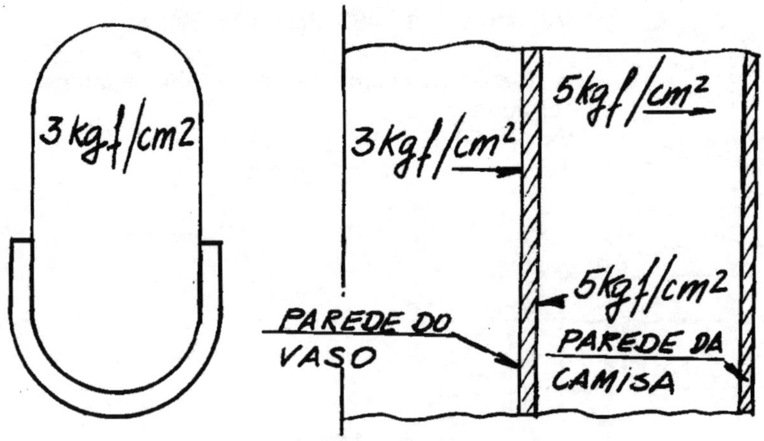

Para calcularmos a espessura da chapa da camisa adotamos 5 kgf/cm^2 no caso da figura anterior como pressão interna para a camisa.

Neste caso, calculamos pela pressão externa, pois, às vezes, o vaso poderá estar sendo descarregado e, conseqüentemente, estará sem pressão interna, mas a sua camisa estará com pressão.

Cálculo para Pressões:
Pressão de operação = x
Pressão de projeto ≅ 1,32 . x
Pressão de testes = 1,5 pressão de projeto.

Exemplo:
Pressão de operação = 4 kgf/cm^2
Pressão de projeto = 1,32 . 4 = 5,28 kgf/cm^2
Pressão de testes = 5,28 . 1,5 = 7,92 kgf/cm^2

Pata temperaturas usamos:
Temperatura de projeto = temperatura de operação + 15° C.

Fórmulas para cálculo de vasos de pressão

Tensão circunferencial

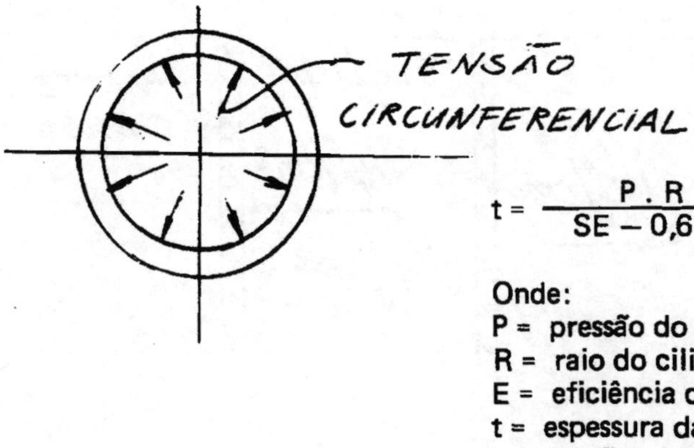

$$t = \frac{P \cdot R}{SE - 0{,}6\,P}$$

Onde:
P = pressão do projeto em psi.
R = raio do cilindro (int.)
E = eficiência das juntas
t = espessura da chapa
s = tensão admissível do material na temperatura do projeto
t = mínimo = sem corrosão
t = máximo = t mínimo + corrosão adotado.

Nota: a tolerância para corrosão deverá ser fornecida pelo cliente

Tensão longitudinal:

$$t = \frac{P \cdot R}{2 \cdot Se + 0{,}4\,P}$$

Sempre calcularemos t pela tensão circunferencial, pois, nesta fórmula, o valor de t sempre será maior do que na fórmula da tensão longitudinal.

Cálculo de Tampos

1) Torisféricos
2) Semi-elípticos
3) Tori-cônicos
4) Cônico
5) Hemisférico

1) Tampos Torisféricos:

Tampos torisféricos são aqueles que o ASME menciona de 10% e 6%.

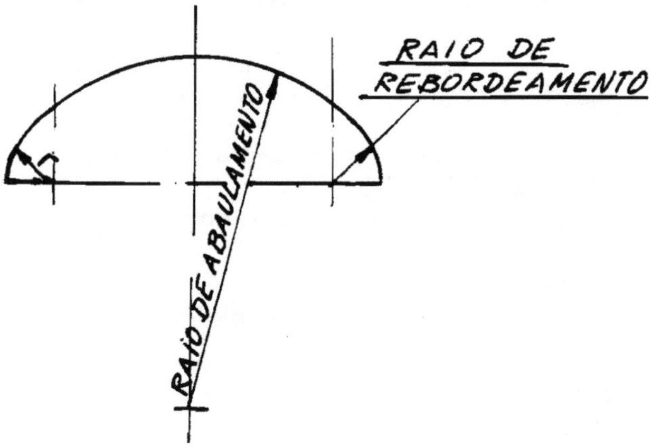

Onde:
r = raio de rebordeamento
L = radio de abaulamento

Sendo:

$$\frac{r}{L} = 0{,}1 = 10\% \quad e \quad \frac{r}{L} = 0{,}06 = 6\%$$

Notas:
Sempre usa-se eficiência = 1 para tampos.
Nos tampos torisféricos 10% e 6% o valor de L será igual ao diâmetro interno do vaso.

Aplicando-se a fórmula: para 10% temos:

$$\varnothing \text{ int} = 3000 \quad \frac{r}{L} = 0{,}1$$

$$\frac{r}{3000} = 0{,}1 = r = 3000 \cdot 01 = r = 300 \text{ mm}$$

Fórmula para calcular a espessura da chapa para tampos torisféricos 10%.

Onde:
P = pressão de projeto
L = raio de abaulamento
S = strees do material
E = 1

$$t = \frac{P \cdot L \cdot M}{2\,SE - 0{,}2\,P} \qquad M = \frac{1}{4}\left[\,3 + \sqrt{\frac{L}{r}}\,\right]$$

Calcular t sendo: P = 150 psi, Ø int. = 3000, L = 3000 = 118,11", S = 11400 psi.

$$t = \frac{P \cdot L \cdot M}{2\,SE - 0{,}2\,P} = \frac{150 \cdot 3000 \cdot 1{,}77}{2 \cdot 11400 - 0{,}2 \times 150} = \frac{31358{,}205}{22800 - 30} = \frac{31358{,}25}{22770} = 1{,}377''$$

1,377 x 25,4 = 34,9 mm.

2) Tampos Semi-Elípticos 2 : 1

Fórmula para calcular a espessura da chapa para fundos semi-elípticos 2 : 1

Sendo:
D = diâmetro interno
h = altura

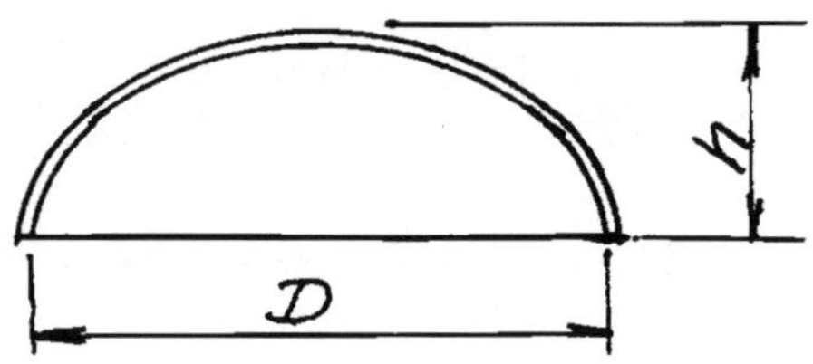

$$\frac{D}{2h} = 2$$

$$t = \frac{P \cdot D \cdot M}{2\,Se - 0{,}2\,P} \qquad M = \frac{1}{6}\left[\,2 + \left(\frac{D}{2h}\right)^2\,\right]$$

Exercício:
Calcular a espessura t para um tampo com as seguintes características de projeto:
Material AISI 304, P = 150 psi, diâmetro interno = 300 mm = 118,11", M = 1, S = 11400 psi, T = 600° F, E = 1.

$$\frac{D}{2h} = \frac{3.000}{2 . h} = 2 \qquad h = \frac{3000}{4} = 750$$

$$t = \frac{P . D . M}{2\,SE - 0{,}2\,P} = \frac{150 . 118{,}11 . 1}{2 . 11400 . 1 - 0{,}2 . 150} = \frac{17765}{22770} = \frac{0{,}778''}{} = 0{,}778 \times 25{,}4 = 19{,}76 \text{ mm}$$

Para se calcular L, r e h no fundo semi-elíptico 2:1, usa-se:
L = 0,825 x Ø int, r = 0,154 x Ø int, h = 0,25 x Ø int.

Calcular as dimensões L, r e h para um tampo com o diâmetro interno de 3000 mm.
L = 0,825 x 3000 = 2,475 mm r = 0,154 x 3000 = 462 mm h = 0,250 x 3000 = 750 mm
Resposta: L = 2475 mm, r = 462 mm, h = 750 mm

Exercício:
Calcular o desenvolvimento da chapa para o fundo do exemplo nº 1 calculado.

Sendo:
t = 30,43 mm
h = 25 mm
Ø int. = 300 mm
D = 1,14 x 3000 x (1,57 x 30,43) + (2 x 25) = 3517,7 mm

nota: todo o fundo ao ser rebordeado sofre um esmagamento de material afinando assim a chapa.

Ao se calcular um fundo, deve-se consultar a firma fabricante do fundo para sabermos quanto será esse esmagamento.

Nos fundos: 10% e 2:1 o esmagamento será ± 5% da espessura da chapa, e nos fundos 6% será ± 10% da espessura.

Fórmula para calcular a espessura da chapa para tampos 6% torisféricos.

Onde:

P = pressão de projeto
S = strees do material
L = raio de abaulamento
E = 1

$$t = \frac{P . L . M}{2\,SE - 0{,}2\,P} \qquad M = \frac{1}{4}\left[\,3 + \sqrt{\frac{L}{r}}\,\right]$$

Para se calcular r usa-se: $\frac{r}{L} = 0{,}06$

Exemplo:
Para um tampo com diâmetro interno 3000, calcular r:

$$L = 3000 \qquad \frac{r}{L} = 0{,}06 = r = 3000 . 0{,}06 = 180$$

Calcular a espessura da chapa t para um tampo com as seguintes características de projeto: Material AISI 304, P = 150 psi, Ø int. 3000 mm = 118,11", M = 1,77, S = 11400 psi, T = 600° F, E = 1.

$$\frac{r}{L} = 0{,}06 = r = L \times 0{,}06 = 3000 \times 0{,}06 = 180 \text{ mm}$$

Nota: para todos os tampos 6% M = 1,77.

O tampo elipsoidal considerado padrão é o que tem os eixos da elipse na relação 2:1.

($\frac{D}{2h} = 2$). Para esse padrão m = 1.

Tampo cônico

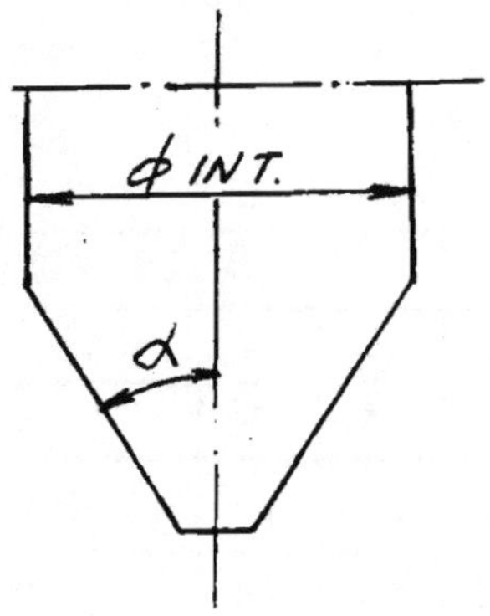

Fórmula para calcula a espessura da chapa para fundos cônicos:

Sendo:
D = diâmetro interno
P = pressão

$$t = \frac{P \cdot D}{2 \cos \alpha \, (SE - 0{,}6\, P)}$$

Nota: Geralmente α ˆ 30°.

Tampo Tori-Cônico

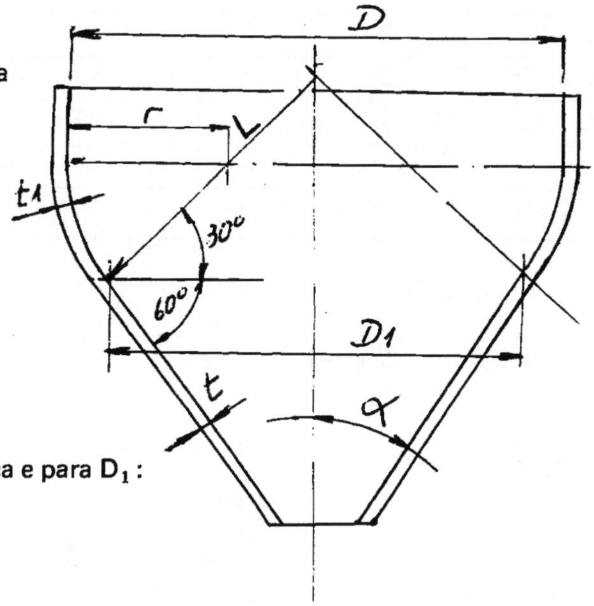

Fórmula para calcular a espessura da chapa para fundos tori-cônicos.

Parte curva

$$t_1 = \frac{P \cdot L \cdot M}{2\,SE - 0{,}2\,P}$$

Onde:

$$L = \frac{D_1}{2 \cos \alpha}$$

$$M = \frac{1}{4} \left(3 + \sqrt{\frac{L}{r}} \right)$$

Adotamos a seguinte expressão para a parte t cônica e para D_1:

$$D_1 = D - 2r\,(1 - \cos\alpha)$$

$$t = \frac{P \cdot D_1}{2 \cos\alpha \, (SE - 0{,}6\, P)}$$

Calcular a espessura do fundo tori-cônico conforme as seguintes características de projeto: Material AISI 316, r = 10% = 300 mm, P = 150 psi, diâmetro interno = 3000 mm = 118,11″, T = 600° F, α = 30°, S = 9400 psi.

$$L = \frac{D_1}{2 \cos\alpha} = \frac{2916}{2 \cdot 0{,}866} = \frac{2916}{1{,}732} = 1683{,}6 \text{ mm} \quad L = 66{,}28''$$

$D_1 = D - 2r\,(1 - \cos\alpha) = 3000 \cdot 2 \cdot 300\,(1 - 0{,}866) = D_1 = 3000 - 600 \cdot 0{,}14 = 3000 - 84 = 2.916$

D_1 = 2916 mm.

$$M = \frac{1}{4} \left(3 + \sqrt{\frac{1683{,}6}{300}} \right) = \frac{1}{4}(3 + 2{,}368) = \frac{1}{4} \cdot 5368 = 1{,}342 \quad M = 1{,}342$$

$$t_1 = \frac{P \cdot L \cdot M}{2\,SE - 0{,}2\,P} = \frac{150 \cdot 66{,}28 \cdot 1{,}342}{2 \cdot 9400 \cdot 1 - 0{,}2 \cdot 150} = \frac{13 \cdot 342{,}16}{18.770} = 0{,}71'' \quad t_1 = 0{,}71 \times 25{,}4 = 18{,}05 \text{ mm}$$

$$t = \frac{P \cdot D_1}{2 \cos\alpha \,(SE - 0{,}6\,P)} = \frac{150 \cdot 114{,}8''}{2 \cdot 0{,}866\,(9400 \cdot 1 - 0{,}6 \cdot 150)} = \frac{17220{,}4}{1{,}732 \cdot 9310} = \frac{17220{,}4}{16124{,}9} =$$

$= 1{,}06'' = 1{,}06 \times 25{,}4 = 27{,}1$ mm

As flechas F são determinadas com a fórmula

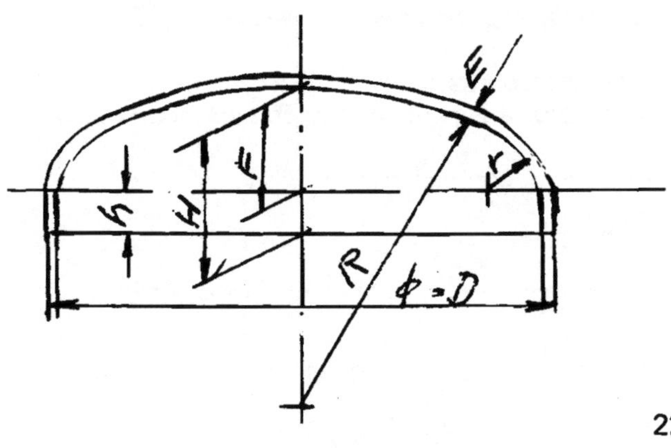

$$F = R - \sqrt{(R - r)^2 - (K - r)^2}$$

da qual:

$$K = \frac{D - 2E}{2}$$

PESOS APROXIMADOS EM QUILOGRAMAS																	
D mm	R mm	r mm	Espessura em milímetros														
			6	7	8	9	10	11	12	13	14	15	16	17	18	19
500	500	50	15	17	20	23	25	29	31	33	37	40	43			
550.	550	55	18	21	25	28	30	34	37	41	45	48	52	55	60	
600	600	60	21	24	28	31	34	38	43	46	50	54	59	63	67	72
650	650	65	24	28	32	36	40	45	48	51	59	63	67	72	78	82
700	700	70	28	32	37	41	46	52	56	61	67	72	78	82	89	94
750	750	75	31	37	42	47	52	58	53	69	69	75	81	88	91	106
800	800	80	35	41	47	53	58	65	71	77	83	91	98	105	112	118
850	850	85	39	46	52	59	65	73	80	86	94	101	109	116	125	132

Fundo Toricônico

Cálculo da espessura da chapa (t)

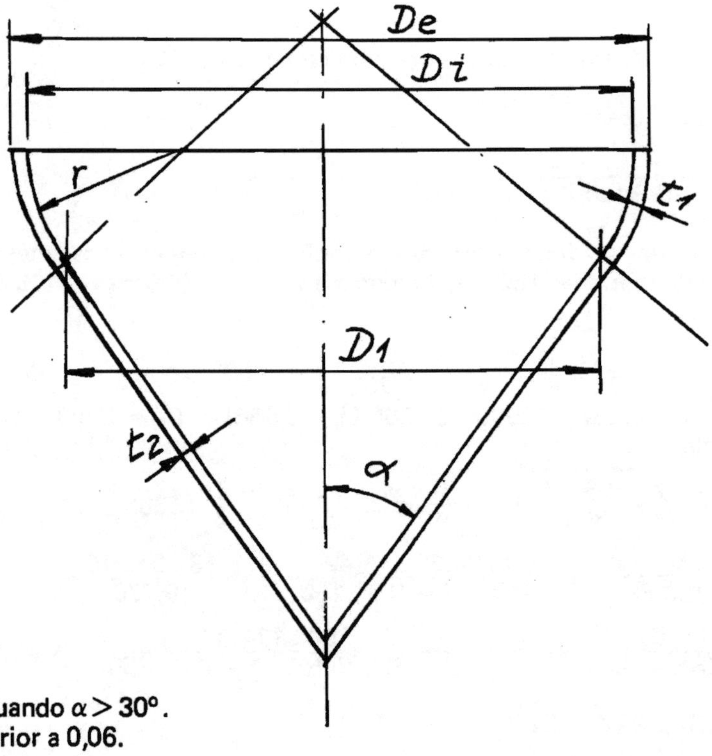

Adotamos este tipo de fundo quando $\alpha > 30°$.
A relação r/Di não deve ser inferior a 0,06.

a.1) Pressão interna:
Adotamos a seguinte expressão para a parte curva:

$$t = \frac{P \cdot L \cdot M}{2\,SE - 0{,}2\,P}$$

Onde:

$$L = \frac{D_1}{2 \cos\alpha} \qquad M = \frac{1}{4}\left(3 + \sqrt{\frac{L}{r}}\right)$$

Adotamos a seguinte expressão para a parte cônica:

$$t_2 = \frac{P \cdot D_1}{2 \cos\alpha\,(SE - 0{,}6\,P)}$$

a.2) Pressão externa: calcula-se como se fosse um fundo torosférico para a parte curva e como se fosse um fundo cônico para a parte reta.

Fundo Cônico

Cálculo da espessura da Chapa (t)

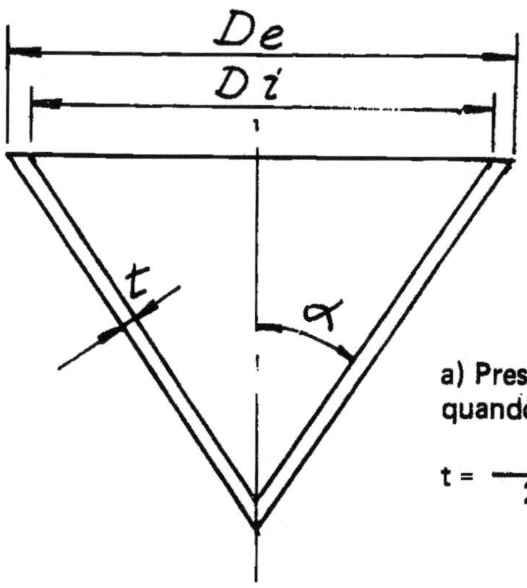

a) Pressão interna:
quando o ângulo α for menor que 30° usamos a seguinte expressão:

$$t = \frac{P \cdot D}{2 \cos\alpha \, (SE - 0{,}6\,P)}$$

No caso de α exceder o valor Δ dado na tabela abaixo, haverá necessidade de um anel de reforço na secção onde o fundo se une ao corpo.

TANQUES GRANDES	
$\frac{P}{SE}$	Δ (graus)
0,001	11
0,002	15
0,003	18
0,004	21
0,005	23
0,006	25
0,007	27
0,008	28,5
0,009	30

TANQUES PEQUENOS	
$\frac{P}{SE}$	$\angle$ (graus)
0,002	4
0,005	6
0,01	9
0,02	12,5
0,04	17,5
0,08	24
0,1	27
0,125	30

Sendo:
P = Pressão
S = Tensão admissível
E = eficiência da solda

A área de secção transversal deste anel pode ser calculada pela seguinte fórmula:

$$A = \frac{P}{SE} \times \frac{D^2}{8} \times \operatorname{tg}\alpha \times \left(1 - \frac{\Delta}{\alpha}\right)$$

b) Pressão externa: temos dois casos:
1º caso: $\alpha < 22{,}5$: a espessura do cone será a mesma de um corpo cilíndrico com o comprimento igual a altura do cone, e diâmetro externo o mesmo do cone (De).

2º caso: $22{,}5 \leqslant \alpha \leqslant 60°$: a espessura do cone será a mesma de um corpo cilíndrico com comprimento e diâmetro igual ao diâmetro interno do cone (D).

Roteiro do Cálculo:

1 - Determinar as características do vaso.
2 - Cálculo da espessura do corpo cilíndrico
3 - Cálculo da espessura do tampo
4 - Cálculo da espessura do fundi
5 - Verificar a pressão da coluna do produto
6 - Posição do vaso
7 - Quantidade de bocais
8 - Pressão de teste hidrostático
9 - Alívio de tensão
10 - Acabamento
11 - Transporte

Projeto

Pressão projeto = 150 psi, temperatura projeto = 650° F, material = A-285-C, S = 13700, Tampo 2:1, E = 0,85, Fundo torisférico, corrosão = 1/8", produto = líquido, densidade = 2, volume = 15 m^3.

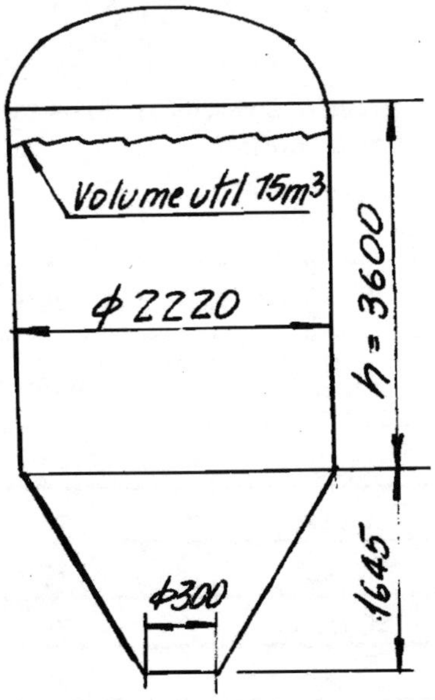

Vertical Ø 22 mm de diâmetro, altura h = 3,60 m.

$$\text{Volume } V = \frac{\pi \ .\ 1.645}{3} \ (1110^2 + 150^2 + 1110 \times 130) =$$

V = 2,447 m^3 volume do fundo toricônico.

Volume do tampo 2:1

V = 0,1323 . D^3 = 0,1323 . 2,23 = 1,10 m^3

Volume do corpo

V = $1{,}11^2 \times \pi \times h$ = $1{,}11^2 \times 3{,}1416 \times 3{,}60$ = 14,00 m^3

Volume total = 14 + 2,447 + 1,1 = Vt = 17,547 m^3

Cálculo da espessura t do corpo, conforme especificação: E = 13.700, P = 150 psi, R = 1,1 = 43,7", S = 0,85

$$t = \frac{P\ .\ R}{SE - 0{,}6\ P} = \frac{150 \times 43{,}7}{13700\ .\ 0{,}85 - 0{,}6\ .\ 150} = \frac{6555}{11555} = 0{,}567''$$

$$t = 0{,}567 \times 25{,}4 = 14{,}41 + \frac{1}{8} = 17{,}6 \text{ chapa de } 3/4'' = 19{,}05 \text{ mm}$$

Cálculo da espessura t do tampo 2:1. D = 2,22 = 87,4", M= 1

$$t = \frac{P\ .\ D\ .\ M}{2\,SE - 0{,}2\ P} = \frac{150\ .\ 87{,}4\ .\ 1}{2\ .\ 13700\ .\ 1 - 0{,}2\ .\ 150} = \frac{13.110}{27.370} = 0{,}478''$$

t = 0,478" x 25,4 = 12,14 mm   12,14 + 1/8 = 15,31 t = 5/8".

Obs.: De acordo com a tabela da Niken, esse tampo sofre um esmagamento de 1/8" então, t será igual:

$$t = \frac{5}{8} + \frac{1}{8} = \frac{3''}{4}$$

Cálculo do fundo tori-cônico (t_1)

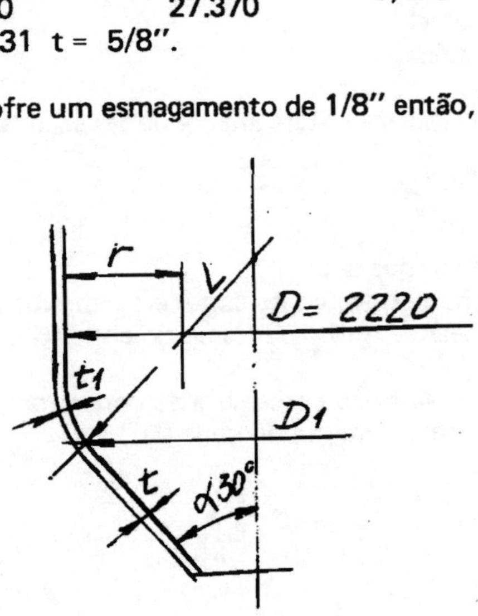

$$M = \frac{1}{4}\left(\sqrt{\frac{L}{r}} + 3\right) = \frac{1}{4}\left(\sqrt{\frac{12476}{220}} + 3\right)$$

$$M = \frac{1}{4} .\ 5{,}381 = 1{,}345$$

$$L = \frac{D_1}{2\cos\alpha} = \frac{2161}{2.\ 0{,}866}$$

$$= \frac{2161}{1{,}732} = 1247{,}6 = 49{,}11''$$

$D_1 \hat{} D - 2 N (1 - \cos\alpha) = 2220 - 2 . 220 (1 - 0{,}866) = 2220 - 440 (0{,}134) = 2220 - 58{,}96 =$
$D_1 = 2161$ mm

$$t1 = \frac{P . L . M}{2 SE - 0{,}2 P} = \frac{150 . 49{,}11 . 1{,}345}{2 . 13700 . 1 - 0{,}2 . 150} = \frac{9907{,}9}{27370} = 0{,}361''$$

$t_1 = 0{,}361'' \times 25{,}4 = 9{,}1$ mm com corrosão $t_1 + 1/8'' = 9{,}1 + 1/8 = 12{,}37$ mm.

Obs.: de acordo com a tabela da Niken, o rebordeamento sofrerá um esmagamento de 1,6, portanto, t final será:

$t_1 + 1{,}6 = t_1 = 12{,}37 + 1{,}6 = t_1 = 13{,}97$ arredondado $t_1 = 5/8''$.

Coluna d'água
h = 3600 + 1.645 = 5245 m $\qquad h_1 = 5.245 \times 10\% = 0{,}5245$ m
Pc. d'água = 5.245 x 2 = 1,049 kg/cm² $\qquad$ 1,049 x 14,22 = 14,92 psi.
Pt = 150,00 + 14,92 = 164,92 psi.

Cálculo de t
$D_1 = 2161$ mm = 85" $\quad$ P = 164,92 psi.

$$t = \frac{P . D_1}{2 \cos\alpha - (SE - 0{,}6P)} = \frac{164{,}92 . 85}{2 . 0{,}866 - (13700 . 0{,}85 - 99)} = \frac{14.108}{1{,}372 . 11{,}546} = \frac{14.018}{19.998} =$$

= 0,701" x 25,4 = 17,8 mm + 1/8" = 20,9 mm $\quad$ t = 7/8".

Comparando: t1 = 5/8" $\quad$ t = 7/8".
Deverá ser adotada a chapa com espessura de 7/8" = t.

Pressão de teste
P projeto x 1,5 = P de teste $\quad$ 1,50 x 1,5 = 225 psi, Pteste

Exemplos:
1) Calcular a espessura da chapa t para um tampo torisférico com as seguintes características de projeto. Material AISI 304, P = 150 psi, Ø int. 3000 mm, L = 118,11" = 3000, M = 1,54, S = 11400 psi, T = 600° F, E = 1.

$$M = \frac{1}{4}\left(3 + \sqrt{\frac{L.}{r}}\right) = \frac{1}{4}\left(3 + \sqrt{\frac{3000}{300}}\right) = \frac{1}{4}(3 + \sqrt{10}) = \frac{1}{4} \cdot 6{,}16 = 1{,}54$$

Nota: para tampos 10% todos sempre M = 1,54.

$$t = \frac{P . L . M}{2 SE - 0{,}2 P} = \frac{150 . 118{,}11 . 1{,}54}{2 . 11400 . 1 - 0{,}2 . 150} = \frac{27283{,}4}{22770} = 1{,}198''$$

1,198" x 25,4 = 30,435 mm.
Resposta: a espessura da chapa é de 30,435 mm.

2) Calculando um tampo qualquer: os raios L e R são considerados arbitrários. Calcular a espessura da chapa t, com as seguintes características de projeto: Material AISI 304, P = 150 psi, L = 4000 mm = 157,48", r = 300 mm, M = 1,6628, S = 11400, t = 600° F, E = 1.

$$M = \frac{1}{4}\left(3 + \sqrt{\frac{L}{r}}\right) = \frac{1}{4}\left(3 + \sqrt{\frac{4000}{300}}\right) = \frac{1}{4}(3 + \sqrt{13{,}3}) = \frac{1}{4}(3 + 3{,}65) = \frac{1}{4} \cdot 6{,}65 = 1{,}6628''$$

$$t = \frac{P . L . M}{2 SE - 0{,}2 P} = \frac{150 . 157{,}48 . 1{,}6628}{2 . 11400 . 1 - 0{,}2 . 150} = \frac{39278{,}66}{22.770} = 1{,}725''$$

1,725" x 25,4 = 43,8 mm.

Cálculo de um tampo torisférico para o desenvolvimento da chapa

Onde:
D = desenvolvimento da chapa
t = espessura da chapa
h = parte cilíndrica

D = 1,14 x Ø int. (1,57 x t) + (2 x h)

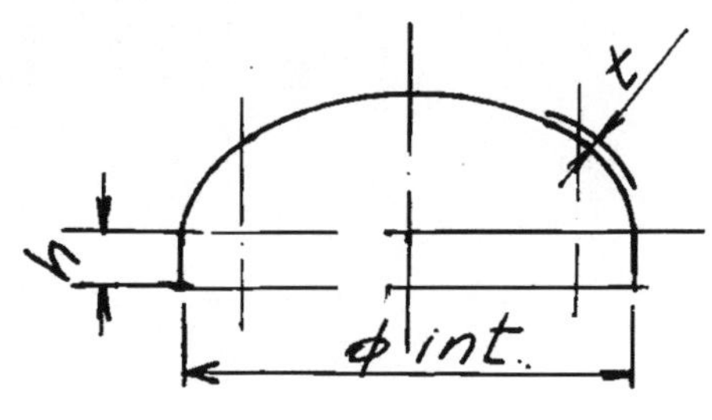

Impresso na Prol editora gráfica ltda.
03043 Rua Martim Burchard, 246
Brás - São Paulo - SP
Fone: (011) 270-4388 (PABX)
com filmes fornecidos pelo Editor.